园林植物

（园林工程技术专业适用）

（十二五）

普通高等教育土建学科专业「十二五」规划教材
全国住房和城乡建设职业教育教学指导委员会
建筑与规划类专业指导委员会规划推荐教材

本教材编审委员会组织编写

顾　英　主编

季　翔　主审

中国建筑工业出版社

图书在版编目（CIP）数据

园林植物 / 顾英主编．—北京：中国建筑工业出版社，2018.7
全国住房和城乡建设职业教育教学指导委员会建筑与规划类专业
指导委员会规划推荐教材．园林工程技术专业适用
ISBN 978-7-112-22358-9

Ⅰ．①园…　Ⅱ．①顾…　Ⅲ．①园林植物－高等职业教育－
教材　Ⅳ．①S688

中国版本图书馆CIP数据核字（2018）第131829号

本书为全国住房和城乡建设职业教育教学指导委员会建筑与规划类专业指导委员会规划推荐教材。全书共分6章：第1章绪论，介绍园林植物的概念、功能以及园林植物资源；第2、3章为普通植物学中的植物形态及植物分类的基础知识；第4章为园林树木的知识；第5、6章为园林花卉、草坪和地被的知识。书中附有大量图片，易于学生理解和掌握相关知识点。每章最后附有实践教学内容，以加强和巩固相关理论知识，增强学生的植物识别能力，更好地掌握园林植物生物学特性和生态学习性，进一步提高学生的动手能力及综合应用能力。每章另附复习思考题，供学生练习使用。本书可作为高等职业院校园林工程技术、风景园林设计等专业园林植物课程教材用书，也可供园林工作人员参考。

为更好地支持本课程的教学，我们向使用本书的教师免费提供教学课件，有需要者请与出版社联系，邮箱：cabp_gzyl@163.com。

责任编辑：朱首明　杨　虹　尤凯曦
责任校对：刘梦然

普通高等教育土建学科专业"十二五"规划教材
全国住房和城乡建设职业教育教学指导委员会建筑与规划类专业指导委员会规划推荐教材

园林植物

（园林工程技术专业适用）

本教材编审委员会组织编写

顾　英　主　编

季　翔　主　审

*

中国建筑工业出版社出版、发行（北京海淀三里河路9号）
各地新华书店、建筑书店经销
北京雅盈中佳图文设计公司制版
北京圣夫亚美印刷有限公司印刷

*

开本：787×1092毫米　1/16　印张：24$\frac{1}{2}$　字数：518千字
2018年12月第一版　2018年12月第一次印刷
定价：49.00元（赠课件）
ISBN 978-7-112-22358-9
（32222）

版权所有　翻印必究

编审委员会名单

主　任：季　翔

副主任：朱向军　周兴元

委　员（按姓氏笔画为序）：

王　伟　甘翔云　冯美宇　吕文明　朱迎迎

任雁飞　刘艳芳　刘超英　李　进　李　宏

李君宏　李晓琳　杨青山　吴国雄　陈卫华

周培元　赵建民　钟　建　徐哲民　高　卿

黄立营　黄春波　鲁　毅　解万玉

前　言

随着工业化的高度发展和城市化进程的加剧，环境危机使得园林绿化建设的发展方向逐渐以植物造景为主，走生态园林的道路。植物作为园林绿地的主体，在很大程度上决定了它多种功能的发挥，影响着园林绿化的质量和水平。所以，园林植物是植物栽培养护管理、园林植物病虫害防治、园林规划设计、园林工程施工等专业课程学习的基础，也是学生今后从事园林工作的基础。

本教材根据近年来园林植物的教学实践，把植物学、树木学、花卉学等多学科相关的教学内容进行有机整合。理论部分依据"必需、够用"的原则，对教学内容进行了调整，并注意学科生产实践技术最新发展成果的引入。主要内容包括园林植物的概念、功能和我国园林植物资源，园林植物形态基础，园林植物分类基础，园林树木，园林花卉，草坪与地被。其中，园林树木、园林花卉、草坪和地被选取各地常见的园林植物种类进行介绍，包括常见的乔木，灌木，竹类，一、二年生花卉，多年生花卉，室内花卉，水生花卉，多肉多浆类植物，草坪植物及地被植物，重点阐述了园林植物的生态学特性、形态学特征及园林用途。在描述植物形态特征的时候尽量简化微观特征，从学生实际接受能力出发，从宏观特征上加以阐述。同时增加实践指导的教学内容，使得每个相关的理论知识都通过实践教学——学生实验、实习等形式增强学生对植物的识别能力；更好地掌握园林植物生物学特性和生态学习性；学会基本的实验操作方法及手段；进一步帮助学生提高动手能力及综合应用能力。本教材的每章还增加了学习要点、小结及复习思考题，以帮助学生自学及巩固复习。

本教材由上海城建职业学院的顾英老师担任主编，并编写了绪论、园林植物形态基础及园林植物分类基础的内容。园林树木部分由上海城建职业学院钱军老师编写，并由顾英老师和钱军老师合作编写了该章的实践指导内容。上海城建职业学院的韩敏老师编写了园林花卉及草坪与地被的内容。编者在长期的园林植物教学和园林工作实践中积累了园林植物形态的大量图片资料，书中很多图片资料由编者自己拍摄。

本教材适合高职建筑与规划类、园林类园林工程技术、风景园林设计、园艺学、林学等专业的学生学习使用，也可供园林工作者、相关行业人员和爱好者使用。

由于编者水平有限，加之时间仓促，书中错误和缺陷在所难免，恳请同行和读者批评指正，以帮助我们进一步修订和完善。

编　者

目 录

1 绪论 ··· 1

  1.1　园林植物的概念 ··· 2

  1.2　园林植物的功能 ··· 2

  1.3　我国园林植物资源 ··· 8

  1.4　"园林植物"课程的学习内容和学习方法 ··························· 10

  本章小结 ··· 10

  复习思考题 ·· 11

2 园林植物形态基础 ··· 13

  2.1　园林植物的根 ··· 14

  2.2　园林植物的茎 ··· 20

  2.3　园林植物的叶 ··· 28

  2.4　园林植物的花 ··· 39

  2.5　园林植物的果实和种子 ··· 48

  本章小结 ··· 51

  复习思考题 ·· 54

  本章实践指导 ··· 55

  一、茎形态的识别 ··· 55

  二、叶形态的识别 ··· 56

  三、花形态的识别 ··· 57

  四、果实形态的识别 ·· 59

3 园林植物分类基础 ··· 61

  3.1　植物分类基础知识 ··· 62

  3.2　植物的基本类群 ··· 66

  3.3　常见园林植物分科简介 ··· 69

  3.4　园林植物人为分类法 ··· 75

  本章小结 ··· 79

  复习思考题 ·· 81

  本章实践指导 ··· 81

  一、苔藓、蕨类与裸子植物代表类型的观察 ··························· 81

  二、植物标本的采集、制作和保存 ··· 83

4 园林树木 ··· 89

  4.1　乔木类 ··· 90

  4.2　灌木类 ··· 162

4.3　藤本类 ……………………………………………………………… 186

4.4　竹类 …………………………………………………………………… 196

本章小结 …………………………………………………………………… 206

复习思考题 ………………………………………………………………… 208

本章实践指导 ……………………………………………………………… 209

一、园林树木调查 ………………………………………………………… 209

二、园林树木物候观测法 ………………………………………………… 211

三、树木冬态识别 ………………………………………………………… 216

四、裸子植物树种识别 …………………………………………………… 222

五、主要观花类树种分类、鉴定及园林应用 …………………………… 223

六、单子叶树种识别 ……………………………………………………… 224

七、古树名木调查 ………………………………………………………… 224

5　园林花卉 ……………………………………………………………… **227**

5.1　一、二年生花卉 ……………………………………………………… 228

5.2　宿根花卉 ……………………………………………………………… 263

5.3　球根花卉 ……………………………………………………………… 287

5.4　室内花卉 ……………………………………………………………… 298

5.5　仙人掌类及多浆植物 ………………………………………………… 338

5.6　水生花卉 ……………………………………………………………… 350

本章小结 …………………………………………………………………… 360

复习思考题 ………………………………………………………………… 360

本章实践指导 ……………………………………………………………… 361

一、常见园林花卉识别 …………………………………………………… 361

二、常见园林花卉应用情况调查 ………………………………………… 363

6　草坪与地被 …………………………………………………………… **365**

6.1　草坪植物 ……………………………………………………………… 366

6.2　地被植物 ……………………………………………………………… 371

本章小结 …………………………………………………………………… 381

复习思考题 ………………………………………………………………… 382

本章实践指导 ……………………………………………………………… 382

常见草坪植物和地被植物识别与分类 …………………………………… 382

参考文献 ………………………………………………………………… **384**

园林植物

1

绪论

本章学习要点：

　　了解园林植物的概念；熟悉园林植物的美化功能、生态功能及其他功能；了解我国丰富的园林植物资源；了解我国园林植物资源利用存在的问题；了解本课程的学习内容；熟悉本课程学习方法。

1.1　园林植物的概念

　　园林植物是指适用于园林绿化的植物材料，是指木本和草本的观花、观叶或观果植物，以及适用于园林、绿地和风景名胜区的防护植物、经济植物和室内装饰用植物。一般包括园林树木及园林花卉两大类。

1.2　园林植物的功能

1.2.1　园林植物的美化功能

　　园林景观中的组成元素很多，如园林植物、园林建筑、园林小品、园路、园桥、水体、山石等，其效用虽各不相同，但园林景观中如果没有园林植物就不能称为真正的园林，植物是园林景观营造的主要素材，园林绿化能否达到实用、经济、美观的效果，在很大程度上取决于对园林植物的选择和配置。

　　园林植物种类繁多，形态各异。有高逾百米的巨大乔木，也有矮至几厘米的草坪及地被植物；有直立的、也有攀缘和匍匐的；树形也各异，如圆锥形、卵圆形、伞形、圆球形等。植物的叶、花、果更是色彩丰富，绚丽多姿。同时，园林植物作为活体材料，在生长发育过程中呈现出鲜明的季节性特色和兴盛、衰亡的自然规律。可以说，世界上没有其他生物能像植物这样富有生机而又变化万千。如此丰富多彩的植物材料为营造园林景观提供了广阔的天地。

　　1. 利用园林植物形成空间变化

　　植物也像建筑、山水一样，具有构成空间、分隔空间、引起空间变化的功能。造园中运用植物组合来划分空间，形成不同的景区和景点，往往是根据空间的大小，树木的种类、姿态、株数多少及配置方式来组织空间景观。一般来讲，植物布局应根据实际需要做到疏密错落，在有景可借的地方，植物配置要以不遮挡景点为原则，树要栽得稀疏，树冠要高于或低于视平线以保持透视性。对视觉效果差、杂乱无章的地方要用植物材料加以遮挡。大片的草坪地被，四面没有高出视平线的景物屏障，视界十分空旷，空间开朗，极目四望，令人心旷神怡，适于观赏远景。而用高于视平线的乔灌木围合环抱起来，形成闭锁空间，仰角愈大，闭锁性也随之增大。闭锁空间适于观赏近景，感染力强，景物清晰，但由于视线闭塞，容易产生视觉疲劳。所以，在园林景观设计中要应用植物材料营造既开朗又闭锁的空间景观，两者巧妙衔接，相得益彰，使人既不感到单调，又不觉得疲劳。用绿篱分隔空间是常见的方式，在庭院四周、建筑物周围，用绿篱四面围合可形成独立的空间，增强庭院、建筑的安全性、私密性；公路、街道外侧用较高的绿篱分隔，可阻挡车辆产生的噪声污染，创造相对安静的空间环境；国外流行用绿篱做成迷宫，增加园林的趣味性。

2. 利用园林植物创造观赏景点

园林植物作为营造园林景观的主要材料，本身具有独特的姿态、色彩、风韵之美。不同的园林植物形态各异，变化万千。既可孤植以展示个体之美，又能按照一定的构图方式配置，表现植物的群体美，还可根据各自的生态习性，合理安排，巧妙搭配，营造出乔、灌、草结合的群落景观。银杏、毛白杨树干通直，气势轩昂，油松曲虬苍劲，铅笔柏则亭亭玉立，这些树木孤立栽培，即可构成园林主景。而秋季变色叶树种，如枫香、银杏、重阳木等大片种植可形成"霜叶红于二月花"的景观。许多观果树种，如海棠、山楂、石榴等的累累硕果呈现一派丰收的景象。色彩缤纷的草本花卉更是创造观赏景观的好材料，由于花卉种类繁多，色彩丰富，株体矮小，园林应用十分普遍，形式也是多种多样。既可露地栽植，又能盆栽摆放组成花坛、花带，或采用各种形式的种植钵，点缀城市环境，创造赏心悦目的自然景观，烘托喜庆气氛，装点人们的生活。棕榈、大王椰子、假槟榔等营造出一派热带风光；雪松、悬铃木与大片的草坪形成的疏林草地展现了欧陆风情；而竹径通幽，梅影疏斜则表现了我国传统园林的清雅。许多园林植物芳香宜人，能使人产生愉悦的感受。如桂花、腊梅、丁香、兰花、月季等带有香味的园林植物种类非常多，在园林景观设计中可以利用各种香花植物进行配置，营造成"芳香园"景观，也可单独种植成专类园，如丁香园、月季园等，还可种植于人们经常活动的场所，如在盛夏夜晚纳凉场所附近种植茉莉花和晚香玉，微风送香，沁人心脾。

3. 利用园林植物形成地域景观特色

植物生态习性的不同及各地气候条件的差异，使植物的分布呈现地域性。不同地域环境形成不同的植物景观，如热带雨林及阔叶常绿林相植物景观、暖温带针阔叶混交林相景观等具有不同的特色。根据环境气候等条件选择适合生长的植物种类，营造具有地方特色的景观。各地在漫长的植物栽培和应用观赏中形成了具有地方特色的植物景观，并与当地的文化融为一体，甚至有些植物材料逐渐演化为一个国家或地区的象征。如日本把樱花作为自己的国花，大量种植，樱花盛开季节，男女老少涌上街头公园观赏，载歌载舞，享受樱花带来的精神愉悦，场面十分壮观。我国地域辽阔，气候多样，园林植物栽培历史悠久，形成了丰富的植物景观。例如北京的国槐和侧柏，云南大理的山茶，深圳的叶子花等，都具有浓郁的地方特色。运用具有地方特色的植物材料营造植物景观对弘扬地方文化，陶冶人们的情操具有重要意义。

4. 利用园林植物烘托建筑和雕塑

植物的枝叶呈现柔和的曲线，不同植物的质地、色彩在视觉感受上有所不同，园林中经常用柔质的植物材料来软化生硬的几何式建筑形体，如基础栽植、墙角种植、墙壁绿化等形式。一般体形较大、立面庄严、视线开阔的建筑物附近，要选干高枝粗、树冠开展的树种；在玲珑精致的建筑物四周，要选栽一些枝态轻盈、叶小而致密的树种。现代园林中的雕塑、喷泉、建筑小品等也常用植物材料作装饰，或用绿篱作背景，通过色彩的对比和空间的围合来加强人们对景点的印象，产生烘托效果。

5. 利用园林植物形成时序景观

园林植物随着季节的变化表现出不同的季相特征，春季繁花似锦，夏季绿树成荫，秋季硕果累累，冬季枝干虬劲。这种盛衰荣枯的生命节律，为我们创造园林四时演变的时序景观提供了条件。根据植物的季相变化，把不同花期的植物搭配种植，使得同一地点在不同时期产生某种特有景观，给人不同的感受。对植物材料的生长发育规律和四季的景观表现有深入的了解之后，可根据植物材料在不同季节中的不同色彩来创造园林景色供人欣赏，引起人们的不同感受，利用园林植物表现时序景观。自然界花草树木的色彩变化是非常丰富的，春天开花的植物最多，加之叶、芽萌发，给人以山花烂漫、生机盎然的景观效果。夏季开花的植物也较多，但更显著的季相特征是绿荫匝地，林草茂盛。金秋时节开花植物较少，却也有丹桂飘香、秋菊傲霜，而丰富多彩的秋叶秋果更使秋景美不胜收。隆冬草木凋零，山寒水瘦，呈现的是萧条悲壮的景观。四季的演替使植物呈现不同的季相，而把植物的不同季相应用到园林艺术中，就构成四时演替的时序景观。

1.2.2　园林植物的生态功能

1. 调节气温

园林植物调节气温主要是通过植物的冠层对太阳辐射的反射，使到达地面的热量有所减少。植物叶片对热效应最明显的红外辐射的反射率可达70%。单株植物树冠越大层次越多，遮挡的太阳辐射也越多，遮阴作用越明显；植物群落越复杂、群落层次越多，所阻挡的太阳辐射也就越多，地面温度下降得越快。

园林植物对地面、建筑的墙体、屋顶具有遮阴效果。据日本学者调查，在夏季，虽然建筑物的材质不同，但墙体温度都可达50℃，如此高温必然使热量向室内传递，造成室内温度上升，而用藤蔓植物进行墙体、屋顶绿化，其墙体表面温度最高不超过35℃，从而证明墙体、屋顶园林植物的遮阴作用。为此，他们还作了一个比较经典的实验来证明之：建造两栋结构完全相同的实验住宅，在夏季，其中一栋在向阳南窗面用葫芦、牵牛花、丝瓜、紫蔓等进行配置，使其形成植物帘，而另一栋不采取任何措施，在该条件下使两栋建筑内的空调开放，并始终保持在28℃，最后通过对两者的电力消耗进行比较，结果表明配置植物帘的那一栋比没有配置的那一栋节省电力21%～42%（平均为30%），有人形象地称之为自然能源冷却。该法最初在欧美产生，日本广为应用，我国也有类似的研究。种植攀缘植物的建筑物与不种植的相比，表面温度要低5～14℃，室内温度要低2.4℃。

2. 增加湿度

改善小环境内的空气湿度。一株中等大小的杨树，在夏季白天每小时可由叶片蒸腾 5kg 水到空气中，一天即达 120kg。如果在一块场地种植 100 株杨树，相当于每天在该处洒 12t 水的效果。不同的植物具有不同的蒸腾能力。不同植物的蒸腾度相差很大，有目标地选择蒸腾度较强的植物种植对提高空气湿度有明显作用。

3. 防风固沙

园林植物具有防风固沙的作用。树林的迎风面和背风面均可降低风速，一般以背风面降低的效果最为显著，所以可将被防护区设在防风林带背面，防风林带的方向与主风方向垂直。在选择树种时一般选择抗风力强、生长快且生长期长、寿命亦长并能适应当地气候、土壤条件的乡土树种，其树冠呈尖塔形或柱形，叶片较小。常用防风树有杨、柳、榆、桑、白蜡、紫穗槐、桂香柳、柽柳、马尾松、黑松、圆柏、乌桕、柳、台湾相思、木麻黄、假槟榔、桄榔等。

4. 防止水土流失

树冠的截流、地被植物的截流以及死地被植物的吸收和土壤的渗透作用，减少或减缓了地表径流量和流速，因而园林植物能起到水土保持作用。在园林工作中，为了涵养水源、保持水土，应选择树冠厚大、郁闭度强、截留雨量能力强、耐阴性强、生长稳定并能形成富于吸水性落叶层的树种，如柳、械、核桃、枫杨、水杉、云杉、冷杉、圆柏等乔木和榛、夹竹桃、胡枝子、紫穗槐等灌木。在土石易于流失塌陷的冲沟处，选择根系发达、萌蘖性强、生长迅速而又不易生病虫害的树种，如旱柳、白蜡、山杨、青杨、侧柏、杞柳、沙棘、胡枝子、紫穗槐、紫藤、南蛇藤、葛藤、蛇葡萄等。

5. 吸收二氧化碳释放氧气

植物通过光合作用，吸收二氧化碳，放出氧气。科学数据显示，每公顷森林每天可消耗 1000kg 二氧化碳，放出 730kg 氧气。这就是人们到公园中后感觉神清气爽的原因。城市中，园林植物是空气中二氧化碳和氧气的调节器。在光合作用中，植物每吸收 44g 二氧化碳可放出 32g 氧气，园林植物为保护人们的健康默默地作着贡献。当然不同植物光合作用的强度是不同的，如每 1g 重的新鲜松树针叶在 1h 内能吸收二氧化碳 3.3mg，同等情况下柳树却能吸收 8.0mg。通常，阔叶树种吸收二氧化碳的能力强于针叶树种。在居住区园林植物的应用中，就充分考虑到了这个因素，合理地进行配置。此外，还要给习惯早晨锻炼的人提个醒，早晨日出前植物尚未进行光合作用，此时空气中含氧量较低，最好在日出后再进行锻炼，相比较而言，下午空气中氧气含量较高，此时锻炼为佳。

6. 杀菌

据统计数据显示，城市空气中的细菌数比公园绿地中多 7 倍以上。公园绿地中细菌少的原因之一是很多植物能分泌杀菌素。根据科学家对植物分泌杀菌素的系列科学研究得知，具有杀灭细菌、真菌和原生动物能力的主要园林植物有：雪松、侧柏、圆柏、黄栌、大叶黄杨、合欢、刺槐、紫薇、广玉兰、木槿、茉莉、洋丁香、悬铃木、石榴、枣、钻天杨、垂柳、栾树、臭椿及一些蔷薇属植物。此外，植物中的一些芳香性挥发物质还可以起到使人们精神愉悦的效果。

7. 吸收有毒气体

城市中的空气中含有许多有毒物质，某些植物的叶片可以吸收消解，从而减少空气中有毒物质的含量。当然，吸收和分解有毒物质时，植物的叶片也会受到一定的影响，产生卷叶或焦叶等现象。据实验可知，汽车尾气排放产生大量二氧化硫，臭椿、旱柳、榆、忍冬、卫矛、山桃既有较强的吸毒能力又有较强的抗性，是良好的净化二氧化硫的树种。此外，丁香、连翘、刺槐、银杏、油松也具有一定的吸收二氧化硫的功能。普遍来说，落叶植物的吸硫能力强于常绿阔叶植物。对于氯气，如臭椿、旱柳、卫矛、忍冬、丁香、银杏、刺槐、珍珠花等也具有一定的吸收能力。

8. 阻滞尘埃

城市中的尘埃除含有土壤微粒外，还含有细菌和其他金属性粉尘、矿物粉尘等，它们既会影响人体健康又会造成环境污染。园林植物的枝叶可以阻滞空气中的尘埃，相当于一个滤尘器，使空气清洁。各种植物的滞尘能力差别很大，其中榆树、朴树、广玉兰、女贞、大叶黄杨、刺槐、臭椿、紫薇、悬铃木、腊梅、加杨等植物具有较强的滞尘作用。通常，树冠大而浓密、叶面多毛或粗糙以及分泌有油脂或黏液的植物都具有较强的滞尘能力。

9. 减弱光照和降低噪声

阳光照射到植物上时，一部分被叶面反射，一部分被枝叶吸收，还有一部分透过枝叶投射到林下。由于植物吸收的光波段主要是红橙光和蓝紫光，反射的部分主要是绿光，所以从光质上说，园林植物下和草坪上的光是具有大量绿色波段的光，这种绿光要比铺装地面上的光线柔和得多，对眼睛有良好的保健作用。在夏季还能使人在精神上觉得爽快和宁静。城市生活中有很多噪声，如汽车行驶声、空调外机声等，园林植物具有降低这些噪声的作用。单棵树木的隔声效果较小，丛植的树阵和枝叶浓密的绿篱墙隔声效果就十分显著了。实践证明，隔声效果较好的园林植物有：雪松、松柏、悬铃木、梧桐、垂柳、臭椿、榕树等。

10. 监测环境污染

有些植物对特定的气体反应敏感，如果环境中的特定气体的浓度超出一定的标准（城市当中最容易出现这种情况），植物就会出现伤害的病征，因此可以作监测环境污染的指标植物。

1.2.3 其他功能

1. 烘托城市文化氛围功能

园林绿化根据不同地区的自然生态环境，引进大量具有自然气息的花草树木，按照园林手法加以组合栽植，同时将民俗风情、传统文化、宗教、历史文物等融合在园林绿化中，营造出各种不同风格的园林绿化景观，从而使园林色彩更丰富，外观更美丽，并且通过不同园林绿化景观的展现，充分体现出城市的历史文脉和精神风貌，使城市更富文化品位。

2．软化城市环境功能

植物可以软化或减弱形态粗糙、僵硬的建筑物，无论何种形态、质地的植物都比那些呆板、生硬的建筑物显得柔和，即使那些造型优美的园林建筑物，被植物所软化的城市空间比那些没有植物的空间往往更诱人、更富有人情味。

3．心理和生理上的功能

随着经济的发展，城市不断扩大。在城市中充斥着由钢筋水泥等组成的人工建（构）筑物，造成了城市居民与自然环境的隔离，使人感到视觉上的枯燥、心理上的紧张、情绪上的压抑。因此，人们不由得想回归大自然，陶醉于山、水、林木的自然环境中。

美国森林服务中心的科研人员，经过三年的研究证明，在城市住宅小区多栽种一些园林植物，会给人类带来莫大的益处。他们认为：植物可以协调人的心理状态，改善人际关系。研究人员对不同住宅区的 300 名居民进行了为期三年的调查。这些住宅区的建筑结构基本相似，居民的社会地位也基本相同。所不同的是，一些住宅区的周围有树有草，另一些住宅区则是光秃秃的一片，真正是被"混凝土围成的沙漠"。居住在绿荫丛中的居民，邻里之间的联系更紧密，人际关系也更加和谐，人们喜欢外出，有安全感，心理更趋平静。在这样的环境里，甚至暴力行为也减少了。而住在"沙漠"中的居民，深居简出，更喜欢呆在公寓中。于是，研究人员认为，有树木花草的地方，为人们提供了一个赏心悦目，而且便于改善人际关系的环境。通过朋友或邻里之间提供的帮助，能减少不愉快感和挫折感。人与人之间增加了交流，也就减少了争吵和使用暴力。

另外，在绿色的环绕中，人们可以享受到宁静、温柔，感到更加舒适。因而能镇静神经、降低血压，也更容易解除疲劳。而生活在广植树木花草之地的人，不仅身体健康，而且癌症的发病率也降低许多。科学家们解释说：这是由于植物周围的空气特别清新，含有的负离子数量也相对较多。人们生活在这样的环境中，可以呼吸到更多的新鲜空气，对心肺功能很有益处。

4．安全防护功能

城市中心的植物具有安全防护的功能，在台风经常侵袭的沿海城市和沿海岸线设立防风林带，可以减轻台风的破坏。在地形起伏的山地城市，或是河流交汇的三角地带城市，多植树也可有效地防止洪水和塌方，这些地带利用树木来保水固土、防洪固堤均是十分重要的。在地震区的城市，为防止地震灾害，城市绿地能有效地成为防灾的避难场所，保护人体免受放射性伤害。种植大面积的园林树木可以减少空气中的放射性危害，尽管树木不能破坏放射现象，却可以使之消散。

5. 经济作用

园林植物的经济效益有两方面：生产苗木，可以带来直接的经济效益；促进旅游业的发展，带来间接的经济效益。

总之，园林植物绿化、美化环境，是改善城市环境的一个重要手段，它可以创造一个具有新鲜的空气、明媚的阳光、清澈的水体和舒适而安静的生活和工作环境。园林植物不仅能使人从视觉上、精神上得到美的享受，更能带给人们健康、安静的生活环境。

1.3 我国园林植物资源

1.3.1 我国丰富的园林植物资源

中国地域辽阔，自然条件复杂，地形、气候、土壤多种多样，特别是中生代和新生代第三纪裸子植物繁盛和被子植物发生发展的时期一直是温暖的气候。第四纪冰川时，中国没有直接受到北方大陆冰盖的破坏，只受到山岳冰川和气候波动的影响，基本保持了第三纪古热带比较稳定的气候，从而使植物资源丰富多彩，成为世界著名的园林树木宝库之一，是不少观赏树木的故乡，其中包括很多中国所独有的属，如银杏属（*Ginkgo*）、银杉属（*Cathaya*）、金钱松属（*Pseudolarix*）、水杉属（*Metasequoia*）、水松属（*Glyptostrobus*）、杉木属（*Cunninghamia*）、台湾杉属（*Taiwania*）、福建柏属（*Fokienia*）、青檀属（*Pteroceltis*）、棣棠属（*Kerria*）、结香属（*Edgeworthia*）、腊梅属（*Chimonanthus*）、珙桐属（*Davidia*）、喜树属（*Camptotheca*）、杜仲属（*Eucommia*）、猬实属（*Kolkwitzia*）、七子花属（*Heptacodium*）等。不仅如此，在北半球其他地区早已灭绝的一些古老孑遗植物类群，中国仍大量保存着，除前面所列属中的银杏、银杉、水杉、珙桐外，还有鹅掌楸、连香树、伯乐树、香果树等。

中国素以"世界园林之母"著称于世。在目前已知的 27 万种有花植物中，中国就有 25000 种，其中乔灌木树种即有 8000 余种，在世界树种总数中占有很大的比重，尤其是我国西部地区，已成为世界观赏树木的分布中心之一。很多著名的花卉和观赏树木的科、属，是以我国为中心的。山茶属（*Camellia*）的国产种类数占世界总种类数的 90%，丁香属（*Syringa*）、石楠属（*Photinia*）、溲疏属（*Deutzia*）、刚竹属（*Phyllostachys*）等其国产种类数占世界总种类数均在 80% 以上，而国产种类数占世界总种类数在 70% 以上的则更多，如槭树属（*Acer*）、花楸属（*Sorbus*）、含笑属（*Michelia*）、报春花属（*Primula*）、菊属（*Dendranthema*）、李属（*Prunus*）等。同时我国园林花卉驯化历史源远流长，栽培技术精湛，创造了五彩缤纷的品种，如我国的梅花品种就有 300 个以上，牡丹品种共约有 500 个，极大地丰富了各国的园艺世界。

丰富而有特色的资源，吸引了不少外国植物学家和园艺工作者前来中国考察、引种，从此，我国各种名贵花木不断传至世界各地。早在公元 8 世纪梅花、牡丹就东传日本，茶花亦于 14 世纪传入日本，且公元 17 世纪时便传至欧美。各国的植物学家从 16 世纪开始，就纷纷来华搜集各种花卉和观赏树种资源。

在英国，大量的中国植物装点着英国园林。英国丘园曾成功引种中国园林植物，其中 15% 的树种产于我国华东地区；爱丁堡皇家植物园的 216 万种活植物中引自中国的就有 1527 个种与变种。1818 年英国从中国引走了紫藤，至 1839 年，在花园里已长成 180ft（54.86m），涵盖了 1800ft^2 的墙面，开了 67500 朵花，被认为是世界上观赏植物中的一个奇迹。

更为值得自豪的是我国的蔷薇资源。公元 1800 年前，欧洲各国栽培的蔷薇都是法国蔷薇（*Rosa gallica*），只有夏季一次开花，自从中国的月月红（*Rosa chinensis*）和香水月季（*Rosa odorata*）分别于 1789 年和 1810 年传入法国后经参与杂交，借此而培育出了四季开花、繁花似锦、香味浓郁、姿态各异、数以万计的现代杂种茶香月季和多花攀缘月季品种，因此可以说，中国月季是现代月季的鼻祖。1869 年法国一位名叫戴维斯的神父，在四川穆坪首次发现珙桐（鸽子树），他发表文章后，引起各国植物学家的重视，英国人、法国人、美国人、荷兰人、日本人和俄国人先后来到中国，采集标本、种子和苗木，现在瑞士日内瓦街头和美国白宫门前的鸽子树在盛花季节，一对对大苞片好似展翅的白鸽。"中国鸽子树"的名字广为世界人民所知。同样，1960 年代在广西发现的金花茶，由于其花色金黄，而震撼世界园艺界，为各国所关注。

因此，在欧洲流行着"没有中国的花木，就称不上花园"的说法。

1.3.2 我国园林植物资源利用存在的问题

1. 园林植物使用种类贫乏

国外园林中观赏植物种类近千种，就连私人花园一般都有 400 ~ 500 种，有的甚至多达 80064 种。而我国园林中的常用植物种类却相对贫乏：一般乔灌木种类只有一两百种左右；我国植物园中所收集的活植物种类也很少。这与我国植物资源丰富的地位是极不相称的。

2. 园艺水平较低

较低的育种及栽培养护水平，导致了园艺栽培品种不足并退化。一些以我国为分布中心的园林植物，杜鹃花属（*Rhododendron*）、山茶属（*Camellia*）、月季属（*Rosa*）、丁香属（*Syringa*）等，不但没有加以很好地利用，育出优良的栽培品种，有的甚至退化，甚为可惜。较低的园艺水平，贫乏的园林植物种类，使得园林中的植物不够多样化，园林景观显得单调，缺乏生气，产生了同一树种在各园林中出现频率较高的现象。据统计，在苏州园林中各园都有罗汉松、白玉兰、桂花等植物，重复率达 100%，重复率在 75% 以上的有 26 种，而重复率在 50% 以上的累计可达 67 种，约占总种数的 34%。同一种植物在不同园子里重复出现，使人觉得乏味。

1.4 "园林植物"课程的学习内容和学习方法

1.4.1 学习内容

园林植物课程是依据绿化种植工程施工与养护、园林设计岗位的典型工作任务、园林景观设计的主要内容设计的，根据园林绿化种植工程施工与养护的过程、园林景观设计工作的完成、高级绿化工和花卉园艺师所必须的基本知识和技能，将课程划分为绪论、园林植物形态基础、园林植物分类基础、园林树木、园林花卉、草坪与地被6大模块。园林植物形态基础以园林植物的根、茎、叶、花、果实和种子组织内容；园林植物分类以自然分类和人为分类组织内容；园林树木以乔木类、灌木类、藤本类、竹类植物组织内容；园林花卉以一、二年生花卉、宿根花卉、球根花卉、室内花卉、仙人掌类及多浆植物、水生花卉组织内容；草坪与地被以草坪植物和地被植物组织内容。

1.4.2 学习方法

1. 观察与比较

植物学是一门实践性很强的学科，因此学习时必须密切联系实际，丰富感性认识，不仅实验课上要认真观察和操作，也应多到大自然中观察各种植物，掌握直观的植物学特点，平常走在路上看到路边的一株小草或一棵小树或令人感到新奇的植物，也要应用学到的植物学知识观察和描述一下，回去再翻一翻书，与书本上的记载对照一下，熟悉有关的术语和概念。通过细致的观察，增强对植物的形态结构和生活习性的全面认识，然后再结合理论知识，就能加深理解。

"有比较才有鉴别"，对相似植物、植物类群，既要比较其相同点，也要比较其不同点。如对叶序、花的构造、果实类型等，经过从各种不同角度的联系和比较，就能理解深刻。

2. 梳理与记忆

对所学的知识点进行梳理，形成清晰的思维导图式的知识构架，以利于系统地掌握知识点，避免对知识点产生混淆。如对于园林植物的梳理，可以按照科属分类、用途分类、开花月份分类、花色分类、习性分类，各梳理出一份园林植物分类表。

植物学的专业术语比较多，正确理解和熟练地运用这些专业术语，才能正确掌握植物的特征，因此一定要注意在理解的基础上记忆，通过反复记忆，才能真正掌握相关的知识点。

本章小结

本章介绍了园林植物的概念，指木本和草本的观花、观叶或观果植物以及适用于园林、绿地和风景名胜区的防护植物、经济植物和室内装饰用植物。园林植物的美化功能，包括利用园林植物形成空间变化、创造观赏景点、形成地域景观特色、烘托建筑和雕塑、形成时序景观。园林植物的生态功能，包括调节气温、增加湿度、防风固沙、防止水土流失、吸收二氧化碳释放氧气、杀菌、吸收有毒气体、阻滞尘埃、减弱光照和降低噪声、监测环境污染。园林植物的其他功能，包括烘托城市文化氛围、软化城市环境、心理和生理上的舒缓、安全防护和经济作用。

我国有丰富的园林植物资源，成为世界著名的园林树木宝库之一，吸引了不少外国植物学家和园艺工作者前来中国考察、引种，极大地丰富了各国的园艺界。但我国园林植物资源利用还存在一些问题，如园林植物使用种类贫乏、园艺水平较低。

本课程的学习内容主要包括园林植物形态基础、园林植物分类基础、园林树木、园林花卉及草坪与地被。本课程的主要学习方法有观察与比较、梳理与记忆。

复习思考题

1—1　园林植物主要指的是哪些植物？

1—2　园林植物有哪些功能和作用？请举例说明。

2

园林植物形态基础

本章学习要点：

了解园林植物营养器官根、茎、叶和生殖器官花、果实、种子的生理功能；掌握各器官的形态特征及相关术语；了解园林植物各器官的观赏特性。

园林植物的植物体由无数细胞组成，细胞和细胞之间靠胞间层互相连结在一起，通过胞间连丝使相连的生活细胞互相沟通。细胞内所有有生命活动的部分总称为原生质体，高度分化为细胞质、细胞核、质体、线粒体等，分化出来的各部分有各自的特点和独特的功能。包围在原生质体周围的是细胞壁，细胞内出现的液泡及贮藏养料是原生质体生命活动的产物。原生质体与外界环境不断发生联系，进行新陈代谢，随时更新，保证细胞生命活动的正常进行。构成植物的细胞，由于长期适应不同环境条件引起了细胞功能上和形态结构上的分化，形成了各种不同的组织。植物组织一般分为分生组织、薄壁组织、保护组织、机械组织、辅导组织和分泌组织。其中，后面的五种组织都是器官形成时，由分生组织衍生的细胞发展而成的，因而这五种组织也总称为成熟组织或永久组织。分生组织按发生的部位则可分为顶端分生组织、侧生分生组织和居间分生组织。植物的一些薄壁组织、保护组织、机械组织组合起来形成了一种专门运输物质的复合组织即维管组织；维管组织一般成束存在，故称为维管束，根据运输物质的不同分为木质部和韧皮部两部分，一般木质部运输无机物，韧皮部运输有机物；又由于维管组织在植物体内贯穿于整个植株，成组织系统，一般又称为维管系统。由各种组织有机地结合，形成了具有一定的外部形态和内部结构的器官，执行着不同的生理功能。其中根、茎、叶执行着养料、水分的吸收、运输、转化、贮藏与营养等功能，称为营养器官；而花、果实及种子完成开花结果至种子成熟的全部生殖过程，称为生殖器官。这些器官有机结合为一个整体，共同完成植物的新陈代谢及生长发育过程。

2.1　园林植物的根

2.1.1　根的生理功能

1. 吸收功能

植物所需的水分和无机盐类是靠根吸收的，但吸收最活跃的区域仅限于根尖部分。根尖自下而上可分为根冠、分生区（生长点）、伸长区和成熟区（根毛区）等区域（图2-1）。根冠起保护作用，形似小套，覆盖于生长点之外。分生区负责细胞的分裂和生长。成熟区密生根毛，是吸收水分最强烈的区域，根毛

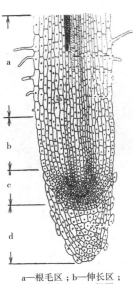

图2-1　植物根尖的
分区

a—根毛区；b—伸长区；
b—分生区；d—根冠

也吸收无机盐。

2．固着与支持功能

根深深扎根于土壤之中，以其反复分枝形成的庞大根系和根内部的机械组织共同构成了植物体的固着、支持部分，使植物体固着在土壤中，并使其直立。

3．输导功能

根不仅可以从土壤中吸收水分、无机盐等，还要将这些物质输送到茎，以至整个植物体。

4．合成功能

根可合成某些重要的有机物，如十几种氨基酸、生物碱、有机氮、激素等都是在根中合成的，其中的氨基酸再输送到生长部位进一步合成蛋白质。

5．贮藏与繁殖功能

根由于其薄壁组织较发达，常具贮藏功能，贮藏物有糖类（甜菜）、淀粉（红薯）、维生素、胡萝卜素（胡萝卜）。当然，根中含量最多的还是水分。

此外，某些植物的根还有繁殖作用，其根较易发芽，以形成不定芽，进而形成新枝（如白杨、刺槐）。利用根的这种性质可对植物进行扦插繁殖。正因如此，在自然界中，根具有保护坡地、堤岸及防止水土流失的作用及一定的经济利用价值。

2.1.2　根的形态

1．根的组成和类型

当种子萌发的时候，种子里面的胚根首先突破种皮向下生长形成主根。裸子植物和双子叶植物都有一条主根。主根通常呈垂直状，入土较深。主根生长到一定的时候，生出许多分枝的根，叫做侧根（图2-2）。侧根不像主根一直向下生长。它们生长的方向往往成一定的角度，向各方生长。侧根又可反复分枝，如果按照它们的次序，那么，在主根上所生的侧根，叫做一级侧根，一级侧根上生有二级侧根，二级侧根上生有三级侧根，如此分枝下去，便形成了一个庞大的根系。

主根和侧根，它们都有一定的发生位置，都来源于胚根，所以称定根。此外由茎、叶和较老的根上发生的根都叫不定根（图2-3）。

2．根系

植物根的总合称为根系。分为直根系和须根系。

1）直根系

植物的直根系由一明显的主根（由胚根形成）和各级侧根组成（图2-4）。大部分双子叶植物都具有直根系，大多数乔林、灌木以及某些草本植物，例如雪松、石榴、蚕豆、蒲公英、甜菜、胡

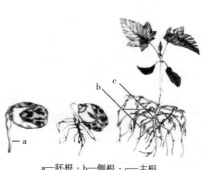

a—胚根；b—侧根；c—主根　　　　图2-2　植物根的组成

图 2-3　植物的不定根
(a) 玉米不定根；
(b) 肉质植物插叶生根

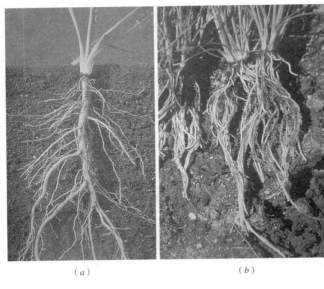

图 2-4　植物根系及
　　　　类型
(a) 双子叶植物的直
　　根系；
(b) 单子叶植物的须
　　根系

萝卜、萝卜等植物的根系是直根系。直根系的特点是主根明显，从主根上生出侧根，主次分明。从外观上看，主根发育强盛，在粗度与长度方面极易与侧根区别。由扦插、压条等营养繁殖所长成的树木，它的根系由不定根组成，虽然没有真正的主根，但其中一两条不定根往往发育粗壮，外表类似主根，具有直根系的形态，这种根系习惯上也看成直根系。

　　2）须根系

　　植物的须根系由许多粗细相近的不定根（由胚轴和下部的茎节所产生的根）组成，在根系中不能明显地区分出主根（图 2-4）（这是由于胚根形成主根生长一段时间后，停止生长或生长缓慢造成的）。大部分单子叶植物都为须根系。禾本科植物如稻、麦、各种杂草、苜蓿，以及葱、蒜、百合、玉米、水仙等的根系都是须根系。须根系的特点是种子萌发时所发生的主根很早退化，而由茎基部长出丛生须状的根，这些根不是来自老根，而是来自茎的基部，是后来产生的，称为不定根。不定根的数量非常惊人，如一株成熟的黑麦草有

1500万条根及根的分枝，根总长度达到644km，根表面积有一个排球场大，还有0.57m³的土壤。

3. 根的变态

有些植物，由于适应环境而改变器官原有的功能和形态，这种变异称为变态，园林植物根的变态最普遍的有储藏根、气生根、寄生根等类型（图2—5）。主根、侧根和不定根都可以发生变态。

（a）	（b）	（c）	（d）
（e）	（f）	（g）	（h）

图2-5　根的变态类型
(a) 肉质直根；
(b) 块根；
(c) 寄生根；
(d) 板根；
(e) 攀缘根；
(f) 附生根；
(g) 呼吸根；
(h) 支持根

1）贮藏根

根体肥大多汁，形状多样，贮藏大量养分，贮藏的有机物有的为淀粉，有的为糖分和油滴。多见于2～3年或多年生草本植物中，根据发生来源不同，又可分以下两种。

肉质直根：由主根和下胚轴膨大发育而成，外形呈圆锥状或纺锤状、球状等。萝卜、芜菁、胡萝卜的肉质直根很发达，为日常蔬菜。

块根：由侧根或不定根发育而来。菊芋、大丽花的块根中含有菊糖，甘薯、木薯块根的薄壁组织中含有大量淀粉。其他如乌头块根中含乌头碱，为镇痉、镇痛药，麦冬根中含有多种甾体皂苷，有滋阴生津、润肺止咳功能。

2）气生根

气生根是生长在地面以上空中的根，这种根在生理功能和结构上与其他根有所不同，又可分以下几种。

支持根：像玉米从节上生出的一些不定根，表皮往往角质化，厚壁组织发达，不定根伸入土中，继续产生侧根，成为增强植物体支持力量的辅助根系。另像榕树从枝上产生多数下垂的气生根，部分气生根也伸进土壤，由于以后的次生生长，成为粗大的木质支持根，树冠扩展的大榕树能呈现"一树成林"的壮观。还有甘蔗等植物也属这一类型的根。

板根：板根常见于热带树种中，如香龙眼、臭棟、漆树科和红树科中的一些种类。板根是在特定的环境下，主根发育不良，侧根向上侧隆起生长，与树干基部相接部位形成发达的木质板状隆脊。有的板根可达数米，增强了对巨大树冠的支持力量。

攀缘根：像常春藤、络石、凌霄等植物的茎细长柔弱，不能直立，生出不定根。这些根顶端扁平，有的成为吸盘状，以固着在其他树干、石山或墙壁表面，而攀缘上升，有攀缘吸附作用，故称攀缘根。

附生根：在热带森林中，像兰科、天南星科植物生有附生根。附贴在木本植物的树皮上，并从树皮缝隙内吸收蓄存的水分，这种根的外表形成根被，由多层厚壁死细胞组成，可以贮存雨水、露水供内部组织用，干旱时根被失水而为空气所充满。附生根内部的细胞往往含有叶绿素，有一定的光合作用能力。

呼吸根：分布于沼泽地区或海岸低处的一些植物，例如水龙、红树、落羽松等，在它们的根系中，有一部分根向上生长，露出地面，成为呼吸根。呼吸根外有呼吸孔，内有发达的通气组织，有利于通气和贮存气体，以适应土壤中缺气的情况，维持植物的正常生活。还有海桑、水龙等植物。

3）寄生根

高等寄生植物所形成的一种从寄主体内吸收养料的变态根，常又称为吸器。菟丝子苗期产生的根，生长不久即枯萎，以后从缠绕茎上由不定根变态而形成一些突起的垫状物，紧贴寄生豆科植物的茎表面，并由其中形成吸器。吸器顶端的长形菌丝状细胞伸入寄主内部组织，吸取其水分和养料。寄生根构造简单，除少量输导组织外，并无其他复杂构造。寄生根还有桑寄生、槲寄生、列当和独脚金。

2.1.3　根系在土壤中的分布

根系在土壤中的分布与植物生长有很大关系，植物的地上部分必须依赖根系从土壤中吸收水分和营养，并借助根系固着于地上。因此，植物的根要充分适应这样的机能，必须在土壤中广泛分布，一面向下深入，另一面向四方扩展，根据根系在土壤中分布的深度和广度可分为两种情况：一种是具有明显主根的直根系，常分布在较深的地层，属于深根性。具深根性根系的树种称为深根性树种，如马尾松、黑松、桧柏、核桃等。另一种是主根不发达，侧根或不定根向四面发展，长度远远超过主根的须根系，大部分分布于较浅的土层，属于浅根性。具浅根性根系的树种称为浅根性树种，如悬铃木、梧桐、垂柳、刺槐等。

根系的深浅不但决定于植物的本性（遗传性），也决定于外界条件，特别是土壤条件，如土壤分布、土壤种类等。长期生长在河流两岸或低湿地区的树种，如柳树、枫杨等，由于在土壤表层就能获得充分的水分，所以根系发育为浅根性的。而生长在干旱或沙漠地区的植物，由于适应吸收土壤深层的水分，一般发育成深根性的。例如马尾松，生长在干旱的荒山荒地，根系发育很深，又如沙漠中的骆驼刺，根可深达 15m 左右。

　　同一树种中，生长在地下水位较低，土壤肥沃、排水和通气良好的地区，其根系则分布于较深的土层，反之，生长在地下水位较高，土壤肥力较差，排水、通气不良的地区，则其根系便多分布在较浅的土层。例如马尾松虽具有深根性的特性，但是若生长在土层浅薄的荒山上，主根不能下伸，则由侧根向四周扩张，根系成水平伸展。浅根性的垂柳如生长在较干旱的环境，则产生较深的根系。此外，人为的影响也可改变根系的发育，用种子繁殖的苗木主根明显，根系深，而移植苗木则主根发育不良，侧根大量发生；扦插和压条繁殖的苗木，无明显主根，根系浅。因此，植物根系因植物种类、土壤状况和栽培技术的不同而有差异，它的生长方式和外部形态具有较大的适应性。

2.1.4　根瘤和菌根

　　植物的根系生长在土壤里，与土壤中的各种微生物形成多种多样的关系。这些关系中最密切的一种是共生。植物根部与微生物共生的现象，通常有两种类型，即根瘤与菌根（图2-6）。

（a）　　　　　　　　　　（b）

图2-6　植物的根瘤和菌根
（a）根瘤；
（b）菌根

　　豆科植物的根上都有各种形状和颜色的瘤状物，叫做根瘤。它是由生活在土壤中的根瘤细菌侵入到根内而产生。根瘤细菌和豆科植物的关系是一种非绿色植物与高等绿色植物有益的共生，根瘤菌可以从根的皮层细胞中取得生活上所需的水分和养料，同时根瘤菌固定空气中的游离氮素，供给豆科植物利用。

　　根瘤细菌是一种固氮细菌，豆科植物与根瘤菌的共生，不但使豆科植物本身得到氮的供应，而且还可以增加土壤的氮素，这就是农林生产上栽种豆科植物作绿肥的原因；除豆科植物以外，其他一些植物如木麻黄、桤木、胡颓子、杨梅、罗汉松等，它们的根上也有根瘤形成。

　　高等植物的根除了与根瘤细菌共生以外，还可以与土壤中的真菌共生。生长着真菌的根尖，称为菌根。菌根比根瘤更为普遍，真菌的营养体是由许多细长苗丝组成。有些菌根的苗丝大部分生长在幼根的外表，只有少数苗丝侵入根皮层的细胞间隙中，这称为外生菌根，许多木本植物如马尾松、油松、冷杉、云杉、栓皮栎、毛白杨等，常有这种外生菌根。另一些苗根的苗丝大部侵入幼根的活细胞内，这称为内生苗根，具有这种菌根的植物，有银杏、侧柏、核桃、桧柏、桑、五角枫等。

在菌根的共生体中，真菌的菌丝从根细胞内吸收生活所需的有机营养物质，同时对植物带来益处。除能供给水和无机盐类外，还能促进细胞内贮藏物质的溶解，增强呼吸作用，可以产生维生素B，加强根系的生长。此外，有的根菌还有固氮作用。

2.1.5 根的观赏

一些古老树木因地质上的变迁或洪水的冲击，或由于根的增粗生长而裸露地面，或盘绕于基干，给人以苍老、稳健的感觉。如高山上的松树常因其根穿于岩缝之间而成为佳景。盆景中的老树盘根正是园艺师模仿植物的天姿而创造出来的大自然的缩影。

暴露在空气中的气生根，如椿树，从树冠上垂下的支持根，壮观奇特。在福建、广东、台湾和浙江南部生长着的榕树有的成了一座座天然的凉亭，为人们游玩的好场所。常春藤、络石的气生根能吸附在树、墙、山石等上面，人们常把它们用来绿化和美化庭园房舍。

2.2 园林植物的茎

2.2.1 茎的生理功能

1. 输导功能

茎是植物体内物质输导的主要通道。通过它把水分、无机盐类及有机营养物质输送到植物体所需要的各部分。

2. 支持功能

茎具有支持枝、叶、花、果实的作用，并使枝、叶合理地分布在一定的空间，充分利用空气和阳光，进行光合作用，制造有机营养物质。同时，花、果实的适宜位置，有利于开花、传粉以及果实和种子的生长与传播。

3. 贮藏功能

在茎的薄壁组织细胞中，常贮存有大量的贮藏物质，尤其是地下茎（如块茎、鳞茎、根状茎等变态器官）中贮藏物质尤为丰富，如土豆、萝卜、甘薯等。

4. 繁殖功能

某些植物的茎容易产生不定根和不定芽，利用这一特性，采用扦插、压条、嫁接等方法来繁殖植物个体。植树造林中多利用这一特性。

此外，植物幼茎中含有具有叶绿体的细胞，故可进行光合作用。

2.2.2 茎的形态

1. 茎的外形

一般种子植物茎的外形多为圆柱形，这种形状与其主要生理功能——运输和支持是密切配合，互相统一的。但是，植物界毕竟是多种多样的，除圆柱形以外，也有少数植物的茎有着其他的形状，如莎草科植物的茎呈三角柱形，唇形科植物的茎是方柱形等，有的具木栓翅，如卫矛等。此外，茎的中心通常是充实的，但有些植物，茎的中心是空的，如竹子的节间是中空的，节处是实心的，这种茎称为秆；溲疏、金银木等植物的枝条是中空的。

茎可分为节和节间两部分。茎上生着叶的部位叫节，相邻两节之间的无叶部分叫节间，叶片与茎之间所形成的夹角称为叶腋。茎顶端生有顶芽，叶腋处生有腋芽。木本植物的枝条，其叶片脱落后在枝条上留下的痕迹叫叶痕，叶痕中突出的小点，是枝条与叶柄间维管束断离后留下的痕迹，叫维管束痕。枝条上还有皮孔，这是枝条与外界气体交换的通道，皮孔因后来枝条不断加粗而胀破，所以通常在老茎上就看不到皮孔。有的枝条上还有芽鳞痕存在，这是芽鳞片脱落后留下的痕迹。根据芽鳞痕的数目可以判断枝条的年龄。茎的外形如图2-7所示。

2. 芽

植物体上所有的枝条和花都是由芽发育来的，芽是枝条和花的原始体。一棵大树树冠的形成，就是各级枝条上芽逐年开放的结果。我们按芽的不同特点，可把芽分为几种类型（图2-8）。

依芽在枝上的位置，可以分为顶芽和腋芽两种。顶芽是生于主干或侧枝顶端的芽，腋芽是生在枝侧面叶腋内的芽，也称侧芽。大多数植物的每一叶腋只有一个腋芽，但是有些植物（如桃等）的叶腋可发生两个或几个芽。在这种情况下，除一个腋芽外其余的都叫副芽。顶芽和腋芽的发生位置固定，所以又叫定芽。此外，有些植物在老茎、根上也能产生芽，没有一定的位置，这都称为不定芽，如蒲公英、榆、刺槐等生在根上的根上芽，都属不定芽。不定芽在营养繁殖上常加以利用，在园林工作上有重要意义。有些腋芽生长位置很低，要到落叶后才能看到芽的显露，如八角金盘、悬铃木、刺槐的芽为膨大的叶柄基部所覆盖，故称柄下芽。

a—芽；b—节；
c—节间；d—芽鳞痕；
e—叶痕；f—叶迹；
g—皮孔

图 2-7 茎的外形

  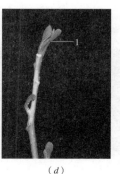

(a) (b) (c) (d)

图 2-8　芽的类型
(a) 1—顶芽，2—腋芽；
(b) 1—花芽，2—叶芽；
(c) 1—芽鳞毛，2—花
　　原基，3—叶原基，
　　4—腋芽原基；
(d) 1—裸芽

按芽将来形成的器官性质，可分为叶芽、花芽和混合芽。芽开放后形成枝条的芽叫叶芽。芽开放发展为花或花序的为花芽。如果一个芽开放既生枝叶又有花形成，叫做混合芽，如梨、苹果、海棠的芽。

按芽鳞的有无，芽可以分为鳞芽和裸芽。有芽鳞保护的芽称鳞芽或被芽，如榆树、杨树等植物的芽。芽鳞是叶的变态，能保护芽内部的组织，在越冬时免受冻害和干旱的损伤，有些植物的芽没有芽鳞，称为裸芽，如枫杨、木绣球等植物的芽。

按芽的生理活动状态可分为活动芽和休眠芽。一株植物体上芽的数目很多，一般在生长过程中只有顶端几个芽（顶芽及顶端几个腋芽）开放形成枝条或花，这类芽叫做活动芽。但也有的芽不开放，处于不活动状态，叫做休眠芽。这些芽可能以后伸展开放，也可能在植物一生中，始终处于休眠状态，不再形成活动状态。

在多年生草本植物和木本植物中，芽一般在春季具形，随即又开始形成新芽。新芽在本年内不开展，经过冬季休眠，到次年春季才开展。但有时在夏季或初秋，叶被摘除（如冰雹把树叶打掉）或被昆虫侵食的时候，本年内所形成的芽可以开展，而形成一年中两次长出枝叶或开花的现象。在南方，由于一年中气候的变化幅度小，芽一年内可以活动几次。

3. 茎的分枝

植物的顶芽和侧芽，存在着一定的生长相关性。当顶芽活跃地生长时，侧芽的生长则受到一定的抑制。顶芽因某些原因而停止生长时，一些侧芽就会迅速生长。由于上述的关系，以及植物的遗传特性，每种植物就有一定的分枝方式，种子植物的分枝方式有四种（图2-9）。

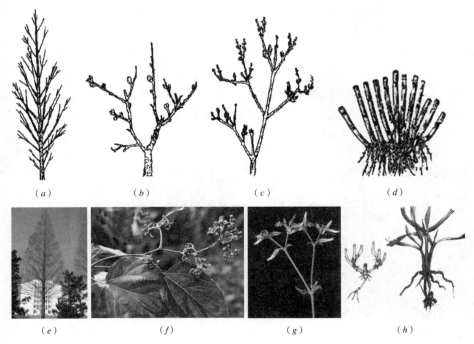

（a）   （b）   （c）   （d）

（e）   （f）   （g）   （h）

图2-9　茎的分枝方式
（a）单轴分枝；
（b）合轴分枝；
（c）假二叉分枝；
（d）分蘖；
（e）水杉的单轴分枝；
（f）枳椇的合轴分枝；
（g）石竹的假二叉分枝；
（h）禾本科植物的分蘖

1）总状分枝（单轴分枝）

总状分枝是从幼苗开始，主茎的顶芽活动始终占优势，因而形成发达而通直的主干，主茎上发生侧枝，侧枝再分枝，各级侧枝生长均不如主茎。松柏类植物和杨、山毛榉等，均为这种分枝。

2）合轴分枝

合轴分枝的特点是主干或侧枝的顶芽经过一段时间生长以后，停止生长或分化成花芽，由靠近顶芽的腋芽代替顶芽，发育成新枝，继续主干的生长。过一段时间，新枝的顶芽又依次为下部的腋芽所代替而向上生长。因此，这种分枝其主干或侧枝均由每年形成的新侧枝相继接替而成。在较年幼的枝条上，可看到接替的曲折情况，而较老的枝条上则不明显，如杨、柳、槭、核桃、苹果、梨等。

3）假二叉分枝

这种分枝是具有对生叶的植物，在顶芽停止生长或分化为花茎后，由顶芽下两个对生的腋芽同时生长，形成叉状的侧枝，如丁香、梓树、泡桐等。

有些植物，在同一植株上有两种不同的分枝方式，如玉兰、水莲，既有总状分枝，又有合轴分枝。有些树木，在苗期为总状分枝，生长到一定时期变为合轴分枝。

总状分枝在裸子植物中占优势，合轴分枝则在被子植物中占优势，合轴分枝是一种进化的性状，因为顶芽有抑制腋芽生长的作用，顶芽死亡或停止生长，促进了腋芽的开放，形成繁茂的枝叶，扩大光合作用的面积。合轴分枝还有多生花芽的特性，同属植物总状分枝的种，果少而成熟迟，合轴分枝的种则果多而成熟早；如果在一株植物上，同时具有总状与合轴分枝，则总状分枝的枝条为不结实的营养枝，而合轴分枝的枝条则多为结果枝。

4）分蘖

分蘖是指植株的分枝主要集中于主茎的基部的一种分枝方式。其特点是主茎基部的节较密集，节上生出许多不定根，分枝的长短和粗细相近，呈丛生状态。典型的分蘖常见于禾本科作物，如常见的园林草坪草。

了解芽与分枝的关系，可以有目的地利用和改变植物的分枝方式，例如在园林里，可选择不同形状树冠的树种，进行配置，以满足不同的功能和观赏要求或者用人为的方法加以整形，以达到种植设计的理想要求。

4. 茎的类型

茎的类型大体上可以从茎的质地、茎的生长方式来划分。

1）按照茎的质地来划分，有木质茎、草质茎和肉质茎（图2-10）。

（1）木质茎

在茎的内部构造中，木质化细胞很多，茎的质地坚实而通常较为高大，称为木质茎。凡具木质茎的植物称木本植物，木本植物全是多年生植物，一般都能生长几十年至上百年，甚至上千年。它在整个生活期中，不论是地上部分

(a) (b) (c)

图 2-10　茎的类型 I
(a) 木质茎；
(b) 草质茎；
(c) 肉质茎

或地下部分，都不会全部枯死。在识别植物时，常用到"枝条"或"小枝"这一名称，枝条或小枝就是指木质茎的幼小部分。对于各种植物的枝条和小枝我们都应该充分地加以注意，因为在枝条上可以表现出许多比较稳定的特征。而这些特征，有助于我们区别两个相似的植物。例如小枝的形状是圆柱形的还是四棱柱形的，小枝的表面有纵行排列的浅沟还是有明显的木栓质翅等，这些都是很稳定而清楚的特征。有些植物的小枝的节旁有一个环纹，如玉兰、荷花玉兰；有些小枝上有两个很靠近的圆环，如青桐槭；有时小枝的顶端没有顶芽，而变成一尖尖的刺，如石榴；还有许多植物的小枝外表，覆盖有各式各样的毛，这对于识别植物也是很有帮助的。必要时还需把小枝纵向切开，因为一般的小枝中心有一松软的髓，但在某些植物的小枝中却是空的，如溲疏、金银花；另一些植物小枝的中心不空也不实，却生有许多片状的横隔，如金钏花。

（2）草质茎

在茎的内部构造中，没有或极少有木质化细胞，茎秆柔弱，常保持绿色，称为草质茎。凡具有草质茎的植物称为草本植物。草本植物的茎不会长得很粗，寿命也较短，一般是一、两年生，少数是多年生。

（3）肉质茎

茎的质地柔软多汁，肉质肥厚的，称肉质茎，如芦荟、仙人掌。

2）按照茎的生长方式来划分，有直立茎、缠绕茎、攀缘茎、平卧茎及匍匐茎（图 2-11）。

（1）直立茎

茎干垂直于地面向上直立生长的称直立茎。大多数植物的茎是直立茎，植物的直立茎，可以是草质茎，也可以是木质茎，如向日葵就是草质直立茎，而榆树则是木质直立茎。

（2）缠绕茎

这种茎细长而柔软，不能直立，必须依靠其他物体才能向上生长，但它不具有特殊的攀缘结构，而是以茎的本身缠绕于他物上。缠绕茎的缠绕方向在每一种植物中是固定的，有些是向左旋转（即反时针方向），如牵牛、茑萝；有些是向右旋转（即顺时针方向），如忍冬；也有些植物的缠绕方向可左可右，如何首乌。

图 2-11 茎的类型Ⅱ
(a) 直立茎；
(b) 缠绕茎；
(c) 攀缘茎；
(d) 匍匐茎；
(e) 平卧茎

(3) 攀缘茎

这种茎细长柔软，不能直立，唯有依赖其他物体作为支柱，以特有的结构攀缘于其上才能生长。根据攀缘结构的不同，可分为以卷须攀缘的，如丝瓜、葡萄；以气生根攀缘的，如常春藤；以叶柄的卷曲攀缘的，如威灵仙；以钩刺攀缘的，如猪殃殃；还有以吸盘攀缘的，如爬山虎等几种情况。在少数植物中，茎既能缠绕，又具有攀缘结构，如葎草。它的茎本身能向右缠绕于他物上，同时在茎上也生有能攀缘的钩刺，帮助柔软的茎向上生长。

(4) 平卧茎

茎通常草质而细长，在近地表的基部即分枝，平卧地面向四周蔓延生长，但节间不甚发达，节上通常不长不定根，故植株蔓延的距离不大，如地锦、蒺藜等。

(5) 匍匐茎

茎细长柔弱，平卧地面，蔓延生长，一般节间较长，节上能生不定根，如蛇莓、番薯、狗牙根等。有少数植物，在同一植株上直立茎和匍匐茎两者兼有，如虎耳草、剪股颖。在这种植物体上，通常主茎是直立茎，向上生长，而由主茎上的侧芽发育成的侧枝，就发育为匍匐茎。有些植物的茎本身就介于平卧和直立之间，植株矮小时，呈直立状态，植株长高长大不能直立时则呈斜伸甚至平卧，如酢浆草。

5. 茎的变态

茎的变态可分为两大类，即地上茎的变态和地下茎的变态。

（a）　　　　　　　　（b）　　　　　　　　（c）　　　　　　　　（d）

1）地上茎的变态（图2—12）

（1）叶状枝

茎扁化变态成的绿色叶状体。叶完全退化或不发达，而由叶状枝进行光合作用。如昙花、令箭荷花、文竹、天门冬、假叶树和竹节蓼等的茎，外形很像叶，但其上具节，节上能生叶和开花。

（2）枝刺

由茎变态为具有保护功能的刺。如山楂和皂荚茎上的刺，都着生于叶腋，相当于侧枝发生的部位。

（3）茎卷须

由茎变态成的具有攀缘功能的卷须。如黄瓜和南瓜的茎卷须发生于叶腋，相当于腋芽的位置，而葡萄的茎卷须是由顶芽转变来的，在生长后期常发生位置的扭转，其腋芽代替顶芽继续发育，向上生长，而使茎卷须长在叶和腋芽位置的对面，使整个茎成为合轴式分枝。

（4）肉质茎

由茎变态成的肥厚多汁的绿色肉质茎。可行光合作用，发达的薄壁组织已特化为贮水组织，叶常退化，适于干旱地区的生长。如仙人掌类的肉质植物，变态茎可呈球状、柱状或扁圆柱形等多种形态。

2）地下茎的变态（图2—13）

（1）根状茎

由多年生植物的茎变态成的横卧于地下、形状似根的地下茎。根状茎上具有明显的节和节间，具有顶芽和腋芽，节上往往还有退化的鳞片状叶，呈膜状，同时节上还有不定根，营养繁殖能力很强。如竹类、鸢尾、白茅和蓟等。

（2）块茎

由茎的侧枝变态成的短粗的肉质地下茎。呈球形、椭球形或不规则的块状，

图2—12　地上茎的变态
（a）叶状枝；
（b）枝刺；
（c）茎卷须；
（d）肉质茎

图2—13　地下茎的变态
（a）根状茎；
（b）块茎；
（c）球茎；
（d）鳞茎

（a）　　　　　　　　（b）　　　　　　　　　　　（c）　　　　　　　　　　（d）

贮藏组织特别发达，内贮丰富的营养物质。从发生上看，块茎是植物茎基部的腋芽伸入地下，先形成细长的侧枝，到一定长度后，其顶端逐渐膨大，贮积大量的营养物质而成。如马铃薯块茎，顶端有一个顶芽，节间短缩，叶退化为鳞片状，幼时存在，以后脱落，留有条形或月牙形的叶痕。在叶痕的内侧为凹陷的芽眼，其中有腋芽一至多个，叶痕和芽眼在块茎表面相当于茎上节的位置上呈规律地排列，两相邻芽眼之间，即节间。除马铃薯外，菊芋（洋姜）、甘露子（草石蚕）等也有块茎。

（3）球茎

由植物主茎基部膨大形成的球状、扁球形或长球形的变态茎。观赏植物唐菖蒲和药用植物番红花具比较典型的球茎。节与节间明显，节上生有退化的膜状叶和腋芽，顶端有较大的顶芽。从发生上看，有些球茎，如荸荠、慈姑等是由地下匍匐枝（侧枝）末端膨大形成的。球茎内部贮有大量的营养物质，供营养繁殖之用。

（4）鳞茎

扁平或圆盘状的地下变态茎。其枝（包括茎和叶）变态为肉质的地下枝，茎的节间极度缩短为鳞茎盘，顶端有一个顶芽。鳞茎盘上着生多层肉质鳞片叶，如水仙、百合和洋葱等。营养物质主要贮存在肥厚的变态叶中。鳞片叶的叶腋内可生腋芽，形成侧枝。大蒜的营养物质主要贮存在肥大的肉质腋芽（即蒜瓣）中，包被于其外围的鳞片叶，主要起保护作用。

2.2.3　茎的观赏

在植物配置中，树形是构景的基本因素之一，它对园林境界的创造起着重要的作用。如在小土丘上种植树形长尖的乔木，能加强小地形的高耸感。又如不同树形的树木经过恰当的搭配可以产生韵律感、层次感等艺术组景的效果。至于在庭前、草坪、广场上孤植树，则更能表现出树形的美化作用。

总状分枝的树木，主干直立，树形整形，树冠呈圆锥形或近似伞状等，合轴分枝或假二叉分枝的树木，树形不整，树冠接近圆顶形或卵形等。

树冠是指全部分枝的总称，它对树形起着决定性的作用，不同树种各有其独特的树形，主要决定于树种的遗传性，但在一定程度上也受到外界环境因素的影响。一般来说，树形均指在正常生长环境下形成的，成年树的外形常见的有以下类型。

乔木类主要树型如下。

尖塔形：雪松、南洋杉。

圆锥形：水杉、幼年期桧柏。

圆柱形：龙柏、黑杨。

伞形：合欢、盘槐。

卵形：广玉兰。

圆球形：国槐、樟树。

椭球形：刺槐。

垂枝形：垂柳、旱柳。

一般来说，凡具有尖塔状及圆锥状树形者，多有严肃端庄的效果；具有圆钝树冠者，多有雄伟浑厚的气概；具有垂枝树形者，常形成优雅宜人的气氛。

在灌木方面，其团簇丛生者，有朴实之感，宜用于树木群丛之外缘，或点缀草坪；拱形者多有潇洒的姿态，宜作点景或在自然水石旁适当配置；匍匐形者宜作植被或丰富地面景观，也宜作岩石园配植用。

决定一般树木的形状的要素，除树冠外，还有树高，枝下高，胸径。树高是指从根部地表到树冠最上端的垂直高度；枝下高指第一次分枝以下的高度。主干离地面1.3m高处的干粗称胸高直径（简称胸径），也可用圆周长（简称周长）来表示。而树冠的幅度称冠幅。乔木树种根据树高可分为大乔木，树高20m以上；中乔木，树高10～20m；小乔木，树高10m以下。灌木树种按其树高可分为大灌木，2m以上；中灌木，1～2m；小灌木，1m以下。

树木的枝条，除因其生长习性而影响树形外，它的颜色亦具有一定的观赏意义。

如冬天观赏红色枝干的红瑞木、绿色枝干的棣棠等。

树皮的外形也有观赏效果。如紫薇、悬铃木等树皮光滑，给人以清洁秀丽的印象；柏树、榆树等深裂树皮有雄劲有力之感。树木的皮色有白色，如白桦、白皮松，紫色的如紫竹，黄色的如金竹，绿色的如青桐。通常在树干或树枝外面所看到的，或者一块块从树枝上落下来的部分，叫做硬树皮或干树皮。

2.3 园林植物的叶

2.3.1 叶的生理功能

1. 光合作用

绿色植物（主要是在叶内）吸收日光能量，利用二氧化碳和水，合成有机物质，并释放氧的过程称为光合作用。

2. 蒸腾作用

水分以气体状态从体内通过生活的植物体的表面，散失到大气中的过程，称为蒸腾作用。植物的主要蒸腾器官是叶，所以蒸腾作用也是叶的一个重要生理功能。蒸腾作用对植物的生命活动有重大意义。第一，蒸腾作用是根系吸水的动力之一；第二，根系吸收的矿物质，主要是随蒸腾液流上升的，所以蒸腾作用对矿质元素在植物体内的运转有利；第三，蒸腾作用可以降低叶的表面温度，使叶在强烈的日光下，不致因温度过分升高而受损害。

3. 吸收功能

向叶面上喷洒一定浓度的肥料，叶片表面就能有一定的吸收。这是植物根外营养的理论基础。

4.繁殖功能

有少数植物的叶,还具有繁殖能力,如落地生根,在叶边缘上生有许多不定芽或小植株,脱落后掉在土壤上,就可以长成一新个体。

a—叶片;b—叶柄;c—托叶   图2—14 叶的组成

2.3.2 叶的形态

1.叶的组成(图2—14)

典型的叶由叶片、叶柄和托叶组成。叶片是叶最重要的部分,一般为薄的扁平体,这一特征与它的生理功能——光合作用相适应。在叶片内分布着叶脉,叶脉具有支持叶片伸展和输导水分与营养物质的功能。叶柄位于叶片基部,并与茎相连。叶柄的功能是支持叶片,并安排叶片在一定的空间位置,以接收较多阳光和联系叶片与茎之间水分与营养物质的输导。托叶位于叶柄和茎的连接处,通常细小,早落。一般把具有叶片、叶柄和托叶三部分的叶叫完全叶,如梨、桃、豌豆、月季等植物的叶。缺少一部分或两部分的叶叫做不完全叶。无托叶的最为普通,如女贞、丁香、连翘、茶、白菜、甘薯等的叶;同时,无托叶和叶柄的有莴苣、苦苣菜、石竹、烟草等的叶(又称无柄叶)。

2.单叶和复叶

叶片是一个单个的称单叶。单叶如具叶柄,则在叶柄上只着生一片叶片,叶柄的另一端着生在枝条上,叶柄与叶片间不具关节。二至多枚分离的小叶共同着生在一个叶柄上,称为复叶。复叶的叶柄称总叶柄,它着生在茎或枝条上。在总叶柄以上着生小叶片的轴称叶轴。复叶中每一片小叶的叶柄,称为小叶柄。小叶柄的一端连在小叶片上,另一端着生在总叶柄或叶轴上。复叶依小叶排列情况不同可以分为下列几种类型(图2—15)。

图2—15 复叶的类型

1）羽状复叶

多数小叶排列在叶轴的两侧呈羽毛状，称为羽状复叶。又分为两类。

奇数羽状复叶：叶轴顶端只生有一片小叶，如槐。

偶数羽状复叶：顶生小叶有两枚，如无患子。

羽状复叶的叶轴两侧各具一列小叶时，称为一回羽状复叶，如槐树。叶轴两侧有羽状排列的小叶轴，而羽状排列的小叶着生在小叶轴两侧，称为二回羽状复叶，如合欢。在二回羽状复叶中的小叶称羽片。以此类推，可以有三回至多回羽状复叶，最末一次的羽片称小羽片。有的羽状复叶的小叶大小不一、参差不齐或大小相间，则称为参差羽状复叶，如番茄、龙芽草等。

2）掌状复叶

在复叶上缺乏叶轴，数片小叶着生在总叶柄顶端的一个点上，小叶的排列呈掌状向外展开，称为掌状复叶，如木通、五加。

3）三出复叶

仅有三片小叶着生在总叶柄的顶端。三出复叶又有：羽状三出复叶，顶端的小叶柄较长，如大豆、菜豆、苜蓿等的叶；掌状三出复叶，三小叶柄等长，如酢浆草、车轴草的叶。有些二回掌状复叶和三回掌状复叶实际上是二回三出复叶和三回三出复叶。前者如淫羊藿的叶；后者如唐松草的叶。

4）单身复叶

三出复叶的侧生两枚小叶发生退化，仅留下一枚顶生的小叶，外形似单叶，但在其叶轴顶端与顶生小叶相连处，有一明显的关节，这种复叶称单身复叶，如橘。在单身复叶中，叶轴的两侧通常或大或小向外作翅状扩展。

3. 叶序

叶在茎上排列的方式称为叶序（图2-16）。植物体通过一定的叶序，使叶均匀地、适合地排列，充分地接收阳光，有利于光合作用的进行。常见类型有以下几种。

互生：在茎枝的每个节上交互着生一片叶，称为互生，如樟、向日葵。叶通常在茎上呈螺旋状分布，因此，这种叶序又称为旋生叶序。

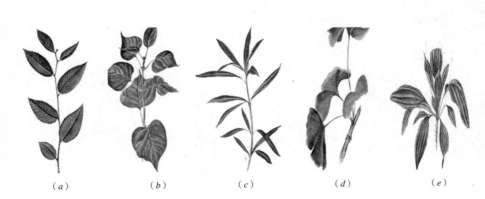

图2-16 植物的叶序
（a）互生；
（b）对生；
（c）轮生；
（d）簇生；
（e）基生

对生：在茎枝的每个节上相对地着生两片叶，如女贞、石竹。有的对生叶序的每节上，两片叶排列于茎的两侧，称为两列对生，如水杉。茎枝上着生的上、下对生叶错开一定的角度而展开，通常交叉排列成直角，称为交互对生，如女贞。

轮生：在茎枝的每个节上着生三片或三片以上的叶。例如夹竹桃为三叶轮生，百部为四叶轮生。

簇生：两片或两片以上的叶着生在节间极度缩短的茎上。例如，马尾松是两针一束，白皮松是三针一束，银杏、雪松是多枚叶片簇生。在某些草本植物中，茎极度缩短，节间不明显，其叶恰如从根上成簇生出，称为基生叶，如蒲公英、车前。基生叶常集生成莲座状，称为莲座状叶丛。

基生：也着生在茎部近地面处，如丝兰、凤尾兰等。

在各种植物中，绝大多数植物具有一种叶序，也有些植物会在同一植物体上生长两种叶序类型。例如圆柏、栀子具有对生和三叶轮生两种叶序；紫薇、野老鹳草有互生和对生两种叶序；金鱼草甚至可以看到互生、对生、轮生三种叶序。

4. 叶片的形态

叶的形态多种多样，而每一种植物一般具有一定形状的叶，因此，叶的形态是识别植物种的重要分类特征之一。常常按照单叶和复叶、叶序、叶形、叶尖、叶基、叶缘、叶裂、叶脉等进行识别。

1）叶缘

在叶片生长时，叶的边缘生长或以均一的速度进行，或生长速度不均，结果出现不同形状的叶缘。叶缘有如下形状（图 2-17）。

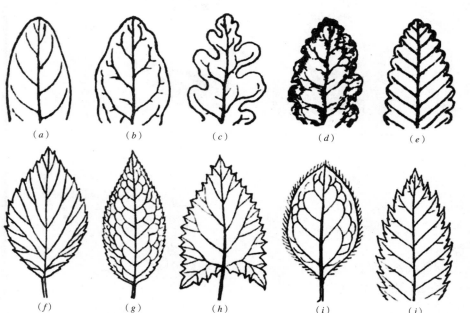

(a) (b) (c) (d) (e)

(f) (g) (h) (i) (j)

图 2-17　植物的叶缘
(a) 全缘；
(b) 浅波状；
(c) 波状；
(d) 深波状；
(e) 皱波状；
(f) 圆齿状；
(g) 锯齿状；
(h) 细锯齿状；
(i) 睫毛状；
(j) 重锯齿状

全缘：叶缘平整，如玉兰、女贞、香樟等的叶。

波状：叶缘稍显凹凸而呈波纹状，如胡颓子的叶。

齿状：叶缘凹凸不齐，裂成齿状。其中又有锯齿、重锯齿、牙齿、圆齿等各种形状。所谓锯齿，是齿尖锐而齿尖朝向叶先端，如月季的叶；重锯齿是锯齿上又出现小锯齿，如樱草的叶；牙齿是指齿尖直向外方，如茨藻的叶；圆齿是齿尖不尖锐而成圆钝，如山毛榉的叶。

2）叶裂

根据叶裂的深浅可分为浅裂、深裂、全裂三种（表2-1）。浅裂的缺刻很浅，最深不到半个叶片的二分之一，如梧桐叶；深裂是缺刻超过半个叶片的二分之一以上，如荠菜叶；全裂的缺刻极深，可深达中脉或叶片基部，如茑萝、铁树等。因此，羽状缺刻和掌状缺刻都可以根据缺刻深浅再加以划分。

植物的叶裂 表2-1

叶缺裂		三出裂	掌状裂	羽状裂
类型	标准			
浅裂	不到半个叶片宽的一半			
深裂	裂入半个叶片宽的一半			
全裂	裂至叶片的基部			

3）叶尖

叶的尖端主要有以下形状（图2-18）。

卷须：叶尖呈卷须状。

芒尖：叶尖呈芒状。

尾尖（尾状）：先端渐狭长或呈长尾状。

渐尖：叶尖较长，逐渐尖锐，如垂柳的叶。

锐尖：叶尖较短而尖锐，如竹。

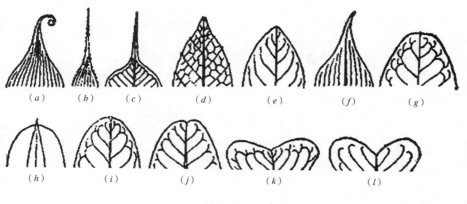

图 2-18 植物的叶尖
(a) 卷须；
(b) 芒尖；
(c) 尾尖；
(d) 渐尖；
(e) 锐尖；
(f) 骤凸；
(g) 钝形；
(h) 凸尖；
(i) 微凸；
(j) 凹尖；
(k) 凹缺；
(l) 倒心形

骤凸：叶尖较短而尖，如女贞的叶。

钝形：叶尖钝而不尖，或近圆形，如厚朴、大叶黄杨的叶。

凸尖：叶尖具突然伸出的小尖，如紫穗槐、胡枝子的叶。

截形：叶尖如横切成平边状，如鹅掌楸的叶。

微凹：叶尖圆而有显著的凹缺，如黄檀。

倒心形：叶尖具较深的尖形凹缺，而叶两侧稍内缩，如酢浆草的叶。

二裂形：先端具二浅裂，如银杏。

4）叶基

即指叶片的基部，亦称下部。主要有下列类型（图 2-19）。

心形：基部两边的夹角明显大于平角，下端略呈心形，两侧叶耳宽大圆钝的叶基，如苘麻。

耳形：基部两边夹角明显大于平角，下端略呈耳形，两侧叶耳较圆钝的叶基，如白英。

楔形：基部两边的夹角为锐角，两边较平直，叶片不下延至叶柄的叶基，如枇杷。

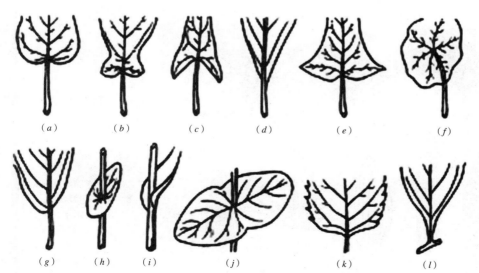

图 2-19 植物的叶基
(a) 心形；
(b) 耳形；
(c) 箭形；
(d) 楔形；
(e) 戟形；
(f) 盾形；
(g) 偏斜；
(h) 穿茎；
(i) 抱茎；
(j) 合生抱茎；
(k) 截形；
(l) 渐狭

渐狭：基部两边的夹角为锐角，两边弯曲，向下渐趋尖狭，但叶片不下延至叶柄的叶基，如樟树。

下延：基部两边的夹角为锐角，两边平直或弯曲，向下渐趋狭窄，且叶片下延至叶柄下端的叶基，如鼠曲草。

截形：基部近于平截，或略近于平角的叶基，如金线吊乌龟。

箭形：基部两边夹角明显大于平角，下端略呈箭形，两侧叶耳较尖细的叶基，如慈姑。

戟形：基部两边的夹角明显大于平角，下端略呈戟形，两侧叶耳宽大而呈戟刃状的叶基，如打碗花。

偏斜：基部两边大小形状不对称的叶基，如曼陀罗、秋海棠。

盾形：似盾，叶柄着生于叶背部的一点，如荷花。

穿茎：两个对生无柄叶的基部合生成一体而包围茎，茎贯穿叶中，如忍冬。

抱茎：叶基部抱茎，如诸葛菜。

合生抱茎：对生叶的基部两侧裂片彼此合生成一整体，而茎恰似贯穿在叶片中。

5) 叶脉

叶脉就是生长在叶片上的维管束，它们是茎中维管束的分枝。这些维管束经过叶柄分布到叶片的各个部分。位于叶片中央大而明显的脉，称为中脉或主脉。由中脉两侧第一次分出的许多较细的脉，称为侧脉。自侧脉发出的、比侧脉更细小的脉，称为小脉或细脉。细脉全体交错分布，将叶片分为无数小块。每一小块都有细脉脉梢伸入，形成叶片内的运输通道。高等植物的叶脉一般有以下几种类型（图 2—20）。

(1) 网状脉

具有明显的主脉，经过逐级的分枝，形成多数交错分布的细脉，由细脉互相联结形成网状，称为网状脉。又分为：

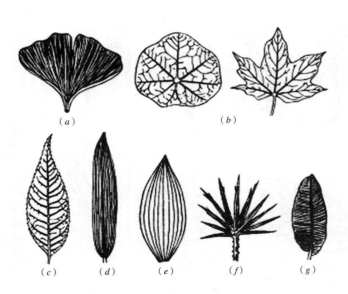

(a)　　　　　　　(b)

(c)　(d)　(e)　(f)　(g)

图 2—20　植物的叶脉
(a) 分叉状脉；
(b) 掌状网脉；
(c) 羽状网脉；
(d) 直出平行脉；
(e) 弧形平行脉；
(f) 射出平行脉；
(g) 横出平行脉

羽状网脉：其中有一条明显的主脉，侧脉自主脉的两侧发出，呈羽毛状排列，并几达叶缘，如女贞、垂柳。

掌状网脉：主脉的基部同时产生多条与主脉近似粗细的侧脉，再从它们的两侧发出多数的侧脉，复从侧脉产生极多的细脉，并交织成网状，如蓖麻、南瓜等。

三出脉：从主脉基部两侧只产生一对侧脉，这一对侧脉明显比其他侧脉发达，如山麻杆、朴树等；当三出脉中的一对侧脉不是从叶片基部生出，而是离开基部一段距离才生出时，则称为离基三出脉，如樟。

双子叶植物的叶脉多为网状脉序。少数的单子叶植物也具网状脉序，如天南星、薯蓣，但是叶脉脉梢多为相互联结在一起的，缺乏游离的脉梢。这一点可与双子叶植物的网状脉序相区别。

（2）平行脉

主要是单子叶植物所特有的脉序。叶片的中脉与侧脉、细脉均平行排列或侧脉与中脉近乎垂直，而侧脉之间近于平行，都属于平行脉。又分为：

直出平行脉：所有叶脉都从叶基发出，彼此平行直达叶尖，细脉也平行或近于平行生长，如麦冬、莎草等。

弧形平行脉：所有叶脉都从叶片基部生出，彼此之间的距离逐步增大，稍作弧状，最后距离又缩小，在叶尖汇合，如紫萼、玉簪等。

射出平行脉：所有叶脉均从叶片基部生出，以辐射状态向四面伸展，称为射出平行脉，如棕榈。

横出平行脉：侧脉垂直或近于垂直于主脉，侧脉之间彼此平行直达叶缘，如芭蕉、美人蕉等。

（3）分叉状脉

叶脉从叶基生出后，均呈二叉状分枝，称为分叉状脉。这种脉序是比较原始的类型，在种子植物中极少见，如银杏，但在蕨类植物中较为常见。

6）叶形

叶形通常指叶片（含复叶的小叶片）的整体形状、叶缘特点、叶裂程度、叶尖及叶基的形状以及叶脉分布式样等，主要根据叶片的长度和宽度的比例和最宽的部位来决定（图2-21）。常见叶形有以下几种：

针形、披针形、倒披针形、条形、剑形、圆形、矩圆形、椭圆形、卵形、倒卵形、匙形、扇形、镰形、心形、倒心形、肾形、提琴形、盾形、箭头形、戟形、菱形、三角形、鳞形。

5.异形叶性

一般情况下，一种植物具有一定形状的叶子，但有些植物，却在一个植株上有不同形状的叶。这种同一植株上具有不同叶形的现象，称为异形叶性（图2-22）。异形叶性可以由生态条件形成，也可以由于植物发育阶段不同引起。如慈姑，有三种不同形状的叶，气生叶，呈箭形；漂浮叶，呈椭圆形；而沉水叶，呈带状。又如水毛茛，气生叶，扁平广阔；而沉水叶，却细裂成丝状。这些都是生态的异形叶性。桉树幼苗上的叶为无柄叶，对生，椭圆形，而在大树

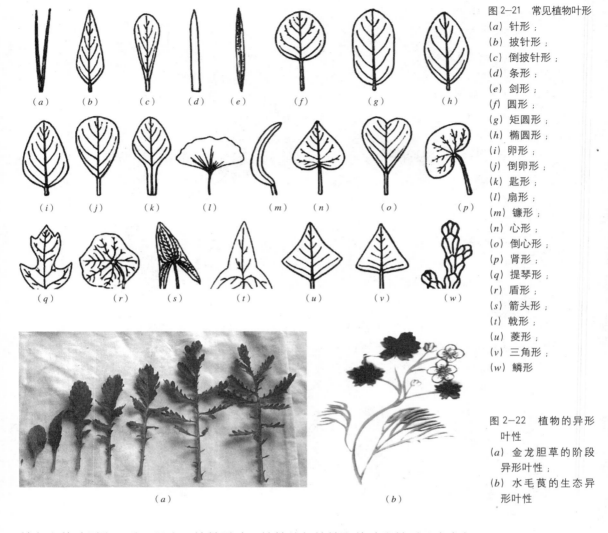

图 2—21 常见植物叶形

(a) 针形；
(b) 披针形；
(c) 倒披针形；
(d) 条形；
(e) 剑形；
(f) 圆形；
(g) 矩圆形；
(h) 椭圆形；
(i) 卵形；
(j) 倒卵形；
(k) 匙形；
(l) 扇形；
(m) 镰形；
(n) 心形；
(o) 倒心形；
(p) 肾形；
(q) 提琴形；
(r) 盾形；
(s) 箭头形；
(t) 戟形；
(u) 菱形；
(v) 三角形；
(w) 鳞形

图 2—22 植物的异形
叶性

(a) 金龙胆草的阶段
异形叶性；
(b) 水毛茛的生态异
形叶性

枝条上的叶则为下垂、互生、披针形叶；桧柏幼年植株上的叶为针形，发育年龄老的枝条上的叶为鳞形，这类异形叶称为系统发育异形叶。

6. 叶的变态（图 2—23）

园林植物的叶变态有以下几种：

1）苞叶

苞叶是生在花下面的一种特殊的叶，其茎顶部枝条变短，簇生瓣化成红色的苞片。如菊花花序外边的总苞。

2）鳞叶

在有些园林树木的芽的外围，有叶变态的芽鳞包围，此外在竹鞭的节上也生有膜状的退化叶（鳞片），文竹、天门冬的叶也退化成鳞片状或刺状。

3）叶卷须

有些植物的叶变为卷须，能攀缘在其他物体上，如香豌豆的羽状复叶，先端小叶变为卷须。

图 2-23　植物叶的变态
(a) 苞叶；
(b) 鳞叶；
(c) 叶卷须；
(d) 叶刺；
(e) 叶状柄；
(f) 捕虫叶

4）叶刺

有些植物叶的一部分或全部变为刺，如刺槐的托叶变为硬刺，称托叶刺；小檗的叶变为刺状叶；仙人掌的全部叶子变为刺状，可减少水分的散失，适应于干旱环境下生活。

5）叶状柄

台湾相思树在幼苗时叶子为羽状复叶，以后长出的叶柄变扁，叶片逐渐退化，只剩下叶片状的叶柄代替叶的功能，称叶状柄。

6）捕虫叶

由叶变态为捕食小虫的器官。具有盘状、瓶状或囊状捕虫叶的植物，称食虫植物，它们既有叶绿素、能进行光合作用，又能分泌消化液来消化分解动物性食物，如茅膏菜和猪笼草等。

2.3.3　叶的生长、寿命与落叶

一般来说，叶的生长期是有限的，在短期内生长达一定大小的植物，在叶的基部保持居间分生组织，可以有较长时期的生长。生长很早就已停止，后期生长是叶基内的居间生长。一般植物叶的顶端很早就已停止生长。

植物叶是有一定寿命的，因各种植物不同而异。一般植物的叶，寿命不过几个月，如杨、柳、榆、槐、合欢等树木，它们的叶春季长出，到秋冬就全部脱落，叶的寿命只有一个生长季，这样的树木称落叶树。而有的树木叶的寿命为一年以上至多年，如松、柏、女贞、樟树、杜果等。松属的叶生活 2～5 年，紫杉 6～10 年，冷杉 3～10 年，植株上虽每年有一部分老叶脱落，但仍有大量的叶子存在，同时每年又增生新叶，因此就整个植株来看是常绿的，称为常绿树。

落叶是多年生植物对不良环境（如低温、干旱）的一种适应。

当植物即将落叶时，在叶子里发生很大的变化，细胞中有用物质逐渐分解，由韧皮部运回茎内。叶绿体中叶绿素解体，叶黄素显出，叶片逐渐变黄。有些植物在落叶前还有花青素产生，使原来的绿叶变为红叶。与此同时在叶柄基部有一层细胞进行分裂形成几层小型的薄壁细胞，这层结构叫做离层。不久这层细胞间的中层黏液化、分解，叶片也逐渐枯萎，以及由于风吹等机械力量，使叶柄自离层处折断，叶片脱落。

离层折断处在茎上留有的疤痕即叶痕（图2-24）。

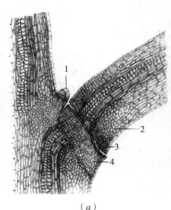 

（a）　　　　　　　　　　　　　　（b）

1—腋芽；2—叶柄；3—离层；4—栓化保护层

图2-24　离层与叶痕
(a) 离层；
(b) 叶痕

2.3.4　叶的观赏

园林植物的叶千变万化，尤其是形状，不同的种类各不相同，观赏特性也不同。有些植物叶形较大，如芭蕉、麒麟尾、棕榈、椰子等，具有热带情调。

叶片的质地不同，观赏效果也不同。革质的叶片，具有较强的反光能力，由于叶色较浓绿，故有光影闪烁的效果。纸质、膜质叶片常呈半透明状，给人以恬静之感，而粗糙、多毛的叶片，则富于野趣。

叶的颜色观赏价值更大。虽同为绿色，但绿色浓淡、深浅随植物种类而异，如雪松、桧柏、侧柏、山茶、女贞、桂花、国槐、毛白杨、构树等，夏季叶呈深绿色；水杉、金钱松、鹅掌楸、薄壳山核桃、芭蕉等，夏季叶呈淡绿色。将不同绿色的树木配置在一起，有增加纵深色彩的效果。

植物叶色还随季节的交替而变化，常在早春呈嫩绿色，夏季为浓绿色，秋季转红色，而以春季和秋季叶色的显著变化更有观赏性。早春叶色有显著变化的树种称为"春色叶树"。如臭椿之春叶呈红色，山麻杆之春叶呈紫红，将其植于淡灰色的建筑物或浓绿色的树丛之前，便能产生很好的烘托效果。秋季叶色有显著变化的树种称为"秋色叶树"，秋色呈红色或紫红色者有乌桕、鸡爪槭、五角枫、茶条槭、枫香、爬山虎、五叶地锦、樱花、漆树、盐肤木、黄连木、黄栌、南天竹、小檗、柿、卫矛、山楂等；呈黄色、褐色者有银杏、金钱松、水杉、鹅掌楸、栾树、悬铃木、垂柳、麻栎、栓皮栎等。

有些树木之变种或变型，其叶常年均为异色，如紫叶李、紫叶栎、紫叶桃、紫叶小檗、红羽毛枫、紫红鸡爪槭等，全年叶呈紫红色；金心黄杨、银边黄杨、变叶木、洒金桃叶珊瑚等全年均具斑驳彩纹。

又有一些树木，在生长季节中，其嫩叶与成长叶之色极为不同，因而形成在绿色的树冠上开满鲜花的感觉，如石楠、樟树等即有此效果。

还有些树种，其叶背色与叶表色显著不同，在微风中就形成特殊的闪烁变化，这类树种特称为"双色叶树"。例如银白杨、胡颓子、油橄榄、青紫木等，均属于此类。

除了叶色之外，叶还可以形成声响的效果。如针状叶最易发音，故古来即有"听松涛"之说；而"雨打芭蕉"亦可成为自然界的音乐；至于响叶杨，即以易产生音响而得名。但这些园林树木艺术效果的形成并不是孤立的，而须进行全面的考虑和安排，然后才可得心应手，曲尽其妙。

总之，园林工作者在进行美化配置时应深刻了解不同树种叶部的观赏特征，再进行细致搭配，才能创造出优美的景色。

2.4　园林植物的花

种子植物又称为显花植物，分为裸子植物和被子植物两大类。裸子植物的花叫做大、小孢子叶球，大孢子叶球又称雌球花，小孢子叶球又称雄球花，其结构比较简单；被子植物的花形态结构则比较复杂。

2.4.1　花的组成及形态

通常被子植物的花由花梗、花托、花萼、花冠、雄蕊群和雌蕊群等几部分组成（图2-25）。花梗或叫花柄，是枝条的一部分，花托是花梗顶端略为膨大的部分，它的节间极短，很多节密集在一起，花萼、花冠、雄蕊群和雌蕊群即着生在花托之上。萼片、花瓣、雄蕊和雌蕊都是变态叶，为分别组成花萼、花冠、雄蕊群和雌蕊群的单位。虽然它们在形态和功能上与寻常的叶差别很大，但它们的发生、生长方式和维管系统则与叶相类似，因此，花是适应于生殖的变态短枝。

1. 花梗与花托

花梗是每一朵花所着生的小枝，它支持着花，使花位于一定空间，同时又是茎和花相连的通道。果实成熟时，花梗成为果柄。花梗的长短，常因植物而不同，有些植物的花就没有花梗。

花托也有多种形状（图2-26），例如草莓花托膨大成圆锥形；莲的花托呈倒圆锥形，形成莲蓬；桃花的花托呈杯状。

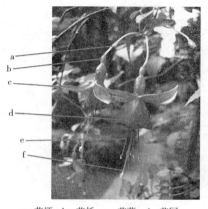

a—花梗；b—花托；c—花萼；d—花冠；
e—雄蕊群；f—雌蕊群

图2-25　花的组成

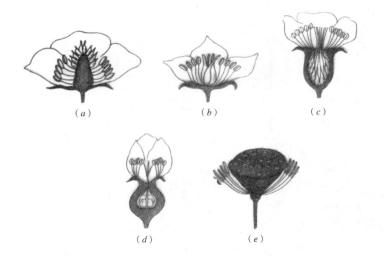

图 2-26 花托的形状
(a) 圆锥形花托；
(b) 浅凹形花托；
(c) 杯状花托；
(d) 壶状花托；
(e) 花盘状花托

2. 花萼（图 2-27）

花萼是花的最外一轮变态叶，由若干萼片组成，常绿色，其结构与叶相似。花萼有以下两种。

1）离萼

萼片完全分离，如山茶。

2）合萼

萼片合生，其合生部分叫萼筒，如锦带花。有些植物的萼筒伸长成一细长空管，叫做距，如旱金莲。有些植物在花萼之外，还有副萼，如锦葵。

花萼和副萼具有保护幼花的作用。有些植物的花萼大，类似花冠，如铁线莲。柿、枸杞的花萼花后宿存，叫做宿存萼。

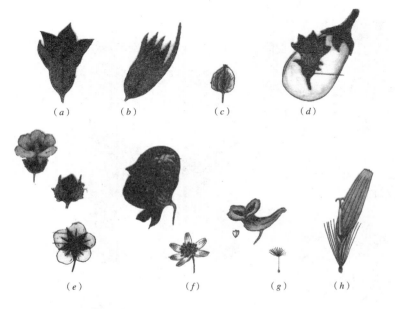

图 2-27 花萼的组成
与类型
(a) 辐射型花萼；
(b) 两侧对称型花萼；
(c) 三翅萼；
(d) 宿存花萼；
(e) 副花萼；
(f) 瓣状花萼；
(g) 早落花萼；
(h) 冠毛

3. 花冠（图2—28）

位于花萼的内轮，由若干花瓣组成。花瓣细胞内含有花青素或有色体，因而常有鲜艳的颜色。含有花青素的花瓣呈现红、蓝、紫各色，含有色体的花瓣则呈黄色、橙黄色或橙红色，有的花瓣两者全有，则呈现出各种色彩，两者都没有的则呈白色。花瓣中有分泌组织，挥发油类，放出特殊的香气，花冠的彩色与芳香适应于昆虫传粉和园林观赏，此外，花冠还有保护雌雄蕊的作用。

花瓣有分离和连合之分，花瓣完全分离的花称离瓣花，如桃花；花瓣连合在一起的花，称合瓣花，如牵牛花、金钟花。花冠下部连合的部分称花冠筒，上部分离的部分称花冠裂片。

由于花瓣的分离或连合，花冠筒的长短、花冠裂片的形状和大小等不同，形成各种类型的花冠，常见的有下列几种：

（1）蔷薇形花冠：花瓣5片或更多，分离，如桃花、月季。

（2）十字花冠：花瓣4片，离生，排成十字形，如诸葛菜、杜竹香。

（3）蝶形花冠：花瓣5片，离生，最上的一片叫旗瓣，两侧的两片较小，称翼瓣，最小的两片合生并弯曲成龙骨状，称龙骨瓣，如胡枝子、紫藤。

（4）唇形花冠：花瓣5片，基部合生成筒状，上部裂片分成二唇状，如一串红、金鱼草。

（5）漏斗形花冠：花瓣5片，全部合成漏斗状，如牵牛花、矮牵牛。

（6）钟状花冠：花冠筒宽而短，上部扩大成一钟形，如泡桐、桔梗。

（7）管状花冠：花瓣连合成管状，如翠菊花序的中央花。

（8）舌状花冠：花瓣基部合生成短筒，上部连生并向一边开张呈扁平状，

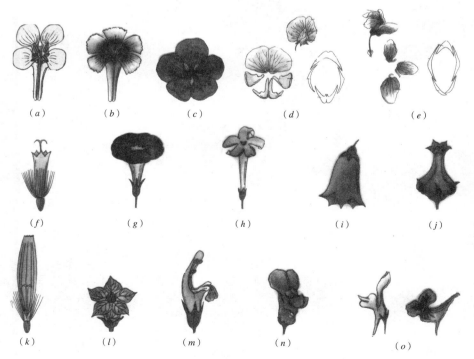

图2—28 花冠的组成与类型
(a) 十字花形；
(b) 石竹形；
(c) 蔷薇形；
(d) 蝶形；
(e) 假蝶形；
(f) 管状；
(g) 漏斗状；
(h) 高脚碟状；
(i) 钟状；
(j) 坛状；
(k) 舌状；
(l) 辐状；
(m) 唇形；
(n) 假面型；
(o) 飞鸟形

如翠菊花序的边缘花。

蔷薇形、十字形、漏斗形、钟状及管状花冠，各花瓣的形状、大小基本一致，常为辐射对称。蝶形、唇形和舌状花冠，各花瓣的形状、大小不一致，常呈两侧对称。也有些植物的花是不对称的，如美人蕉的花。

花萼和花冠总称为花被。当花萼和花冠形态相似、不易区分时，也可统称为花被，如白玉兰。按花中花被情况的不同可分为：

同被花：花萼和花冠形态、颜色、大小相似，不易区分，如白玉兰等。

两被花：有花萼和花冠，如垂丝海棠等。

单被花：多指仅有花萼的花，如梧桐等。

无被花：既无花萼又无花冠的花，也叫裸花，如杨、柳等。

4. 雄蕊群

一朵花内所有的雄蕊总称为雄蕊群。雄蕊着生在花冠的内方，是花的重要组成部分之一。花中雄蕊的数目常随植物种类而不同，如丁香的花有1枚雄蕊，六道木的花有4枚雄蕊，桃花具有多数雄蕊。

每个雄蕊由花药和花丝两部分组成（图2-29）。花药是花丝顶端膨大成囊状的部分，内部有花粉囊，可产生大量的花粉粒。花丝常细长，基部着生在花托或贴在花冠上。

雄蕊通常是分离的，如桃花、牡丹花中雄蕊的花丝全部分离，称离生雄蕊，但也常有各种方式的连合。一般有下列类型（图2-30）。

1）二强雄蕊

一朵花中，有4枚雄蕊，其中两枚花丝较长，两枚较短，如唇形科和玄参科植物。

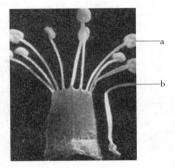

a—花药；b—花丝 　　图2-29　雄蕊的组成

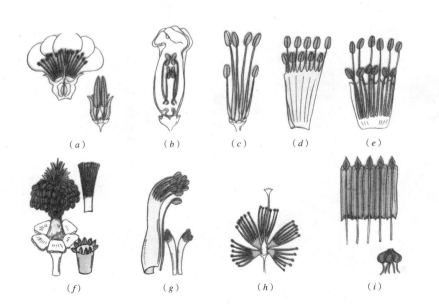

(a)　　　(b)　　　(c)　　　(d)　　　(e)

(f)　　　(g)　　　(h)　　　(i)

图2-30　雄蕊的类型
(a) 离生雄蕊；
(b) 二强雄蕊；
(c) 四强雄蕊；
(d) 五强雄蕊；
(e) 六强雄蕊；
(f) 单体雄蕊；
(g) 二体雄蕊；
(h) 多体雄蕊；
(i) 聚药雄蕊

2）四强雄蕊

一朵花中有6枚雄蕊，其中4长2短的，如十字花科植物。

3）单体雄蕊

花药完全分离，而花丝联合成一束的，称单体雄蕊，如蜀葵、棉花等。

4）二体雄蕊

花丝并联成为两束的，如蚕豆、豌豆等。

5）三体雄蕊

花丝合为三束的，如连翘。

6）多体雄蕊

花丝合为4束以上，如金丝桃和蓖麻等。

7）聚药雄蕊

花丝完全分离，而花药相互联合，如菊科、葫芦科植物。

5. 雌蕊群

一朵花中所有的雌蕊总称为雌蕊群，但多数植物的花中，只有一个雌蕊。雌蕊位于花的中央，是花的另一个重要组成部分。

雌蕊可由一个或多个心皮组成。心皮是变态叶，在形态和结构上与叶很相似。无论一个或多个心皮，在形成雌蕊时，通常有柱头、花柱和子房三个部分（图2-31）。

柱头位于雌蕊的上部，是承受花粉粒的地方，常常扩展成各种形状。花柱位于柱头和子房之间，一般较细长，是花粉萌发后，花粉管进入子房的通道。子房是雌蕊基部膨大的部分，外为子房壁，内包藏着胚珠，受精后，整个子房发育为果实，子房壁成为果皮，胚珠发育为种子。

一朵花中的雌蕊只有一个心皮的，叫做单雌蕊，如豆科植物的雌蕊；有些植物，一朵花中的雌蕊是由几个心皮构成的，这些心皮有的彼此分离，所形成的雌蕊也是分离的，这叫离生雌蕊，如牡丹、玉兰等；有的是几个心皮相互连接形成一个雌蕊，叫合生雌蕊，如丁香、山茶的雌蕊。合生雌蕊各部分结合的情形不一致，有的子房、花柱、柱头全部结合，有的子房和花柱结合，而柱头分离，有的仅子房结合而花柱和柱头都是分离的（图2-32）。

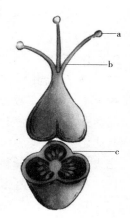

a—柱头；b—花柱；
c—子房

图2-31 雌蕊的组成

（a）　　　　（b）　　　　　　　（c）

图2-32 雌蕊的类型
（a）单雌蕊；
（b）离生心皮雌蕊；
（c）合生雌蕊

 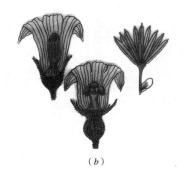 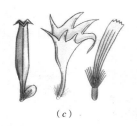

（a） （b） （c）

图 2—33　花的类型
（a）两性花；
（b）单性花；
（c）无性花

根据花中雌雄蕊的具备与否可把花分为下列三种（图 2—33）：

1）两性花

兼有雄蕊和雌蕊，如桃花。

2）单性花

仅有雌蕊或雄蕊；如构树。只有雌蕊的花叫雌花；只有雄蕊的花叫雄花。雌花和雄花生在同一植株上的叫雌雄同株；雌花和雄花分别生在不同植株上的，叫雌雄异株。如在同一植株上既生两性花，又生单性花的，则叫杂性同株。

3）中性花

花中既无雌蕊，又无雄蕊，也可叫做无性花或不育花。

2.4.2　花序

被子植物的花，有的是单独一朵生在茎枝顶上或叶腋部位，称单顶花或单生花，但大多数植物的花，密集或稀疏地按一定排列顺序，着生在特殊的总花柄上，形成花序。花序的总花柄或主轴称花轴，也称花序轴。花序下部的叶有退化，但也有特大而具颜色的。花柄及花轴基部生有苞片，有的花序的苞片密集一起，组成总苞，如菊科植物中的蒲公英等的花序。

根据花序的生长方式可分为无限花序和有限花序两大类。

1. 无限花序（图 2—34）

称总状花序，它的特点是花序的主轴在开花期间，可以继续生长，向上伸长，不断产生苞片和花芽，犹如单轴分枝，所以也称单轴花序。各花的开放顺序是花轴基部的花先开，然后向上方顺序推进，依次开放。如果花序轴缩短，各花密集呈一平面或球面时，开花顺序是先从边缘开始，然后向中央依次开放。无限花序又可以分为以下几种类型。

1）简单花序

（1）总状花序

花轴单一，较长，自下而上依次着生有柄的花朵，各花的花柄大致长短相等，开花顺序由下而上，如紫藤、桂竹香、羽衣甘蓝的花序。

（2）穗状花序

花轴直立，其上着生许多无柄小花。小花为两性花。禾本科、莎草科、苋科和蓼科中许多植物都具有穗状花序。

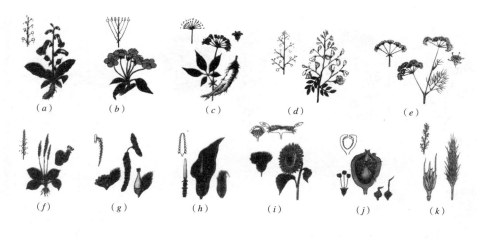

图 2-34　无限花序的
　　　类型
(a) 总状花序；
(b) 伞房花序；
(c) 伞形花序；
(d) 圆锥花序；
(e) 复伞形花序；
(f) 穗状花序；
(g) 柔荑花序；
(h) 肉穗花序；
(i) 头状花序；
(j) 隐头花序；
(k) 复穗状花序

(3) 柔荑花序

花轴较软，其上着生多数无柄或具短柄的单性花（雄花或雌花），花无花被或有花被，花序柔韧，下垂或直立，开花后常整个花序一起脱落。如杨、柳的花序；栎、榛等的雄花序。

(4) 伞房花序

花序上各花花柄的长短不一，下部花柄最长，愈近花轴上部的花花柄愈短，整个花序上的小花几乎排列在一个平面上。如麻叶绣球、山楂等。几个伞房花序排列在花序总轴的近顶部者称复伞房花序，如绣线菊。

(5) 头状花序

花轴极度缩短而膨大，扁形，铺展，各苞片叶常集成总苞，花无梗，多数花集生于一花托上，形成状如头的花序。如菊、蒲公英、向日葵等。

(6) 隐头花序

花序轴特别膨大而内陷成中空头状，许多无柄小花隐生于凹陷空腔的腔壁上，几乎全部隐没不见。如无花果、薜荔等。

(7) 伞形花序

从一个花序梗顶部伸出多个花梗近等长的小花，整个花序形如伞，称伞形花序。每一小花梗称为伞梗。如报春、点地梅、人参、五加、常春藤等。

(8) 肉穗花序

基本结构和穗状花序相同，所不同的是花轴粗短，肥厚而肉质化，上生多数单性无柄的小花，如玉米、香蒲的雌花序；有的肉穗花序外面还包有一片大型苞叶，称佛焰苞，因而这类花序又称佛焰花序，如半夏、天南星、芋等。

2) 复合花序

(1) 圆锥花序

又称复总状花序。长花轴上分生许多小枝，每个分枝又自成一总状花序，如南天竹、稻、燕麦、丝兰等。

(2) 复伞形花序

花轴顶端丛生若干长短相等的分枝，各分枝又成为一个伞形花序，如胡

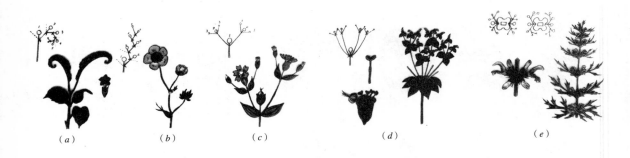

图 2-35　有限花序的类型
(a) 螺旋状聚伞花序；
(b) 蝎尾状聚伞花序；
(c) 二歧聚伞花序；
(d) 多歧聚伞花序；
(e) 轮伞花序

萝卜、前胡、小茴香等。

（3）复伞房花序

花序轴的分枝成伞房状排列，每一分枝又自成一伞房花序，如花楸属。

（4）复穗状花序

花序轴有一或两次穗状分枝，每一分枝自成一穗状花序，也即小穗，如马唐等。

（5）复头状花序

单头状花序上具分枝，各分枝又自成一头状花序，如合头菊。

2. 有限花序（图 2-35）

也称聚伞类花序，它的特点和无限花序相反，花轴顶端或最中心的花先开，因此主轴的生长受到限制，而由侧轴继续生长，但侧轴上也是顶花先开放，故其开花的顺序为由上而下或由内向外。又可以分为以下几种类型。

1）单歧聚伞花序

主轴顶端先生一花，然后在顶花的下面主轴的一侧形成一侧枝，同样在枝端生花，侧枝上又可分枝着生花朵如前，所以整个花序是一个合轴分枝。如果分枝时，各分枝成左、右间隔生出，而分枝与花不在同一平面上，这种聚伞花序称蝎尾状聚伞花序，如委陵菜、唐菖蒲的花序。如果各次分出的侧枝，都向着一个方向生长，则称螺状聚伞花序，如勿忘草的花序。

2）二歧聚伞花序

顶花下的主轴向着两侧各分生一枝，枝的顶端生花，每枝再在两侧分枝，如此反复进行，如卷耳、繁缕、大叶黄杨等。

3）多歧聚伞花序

主轴顶端发育一花后，顶花下的主轴上又分出三数以上的分枝，各分枝又自成一小聚伞花序，如泽漆、益母草等的花序。泽漆短梗，花密集，称密伞花序；益母草花无梗，数层对生，称轮伞花序。

2.4.3　开花

雄蕊中的花粉粒和雌蕊中的胚囊（或二者之一）已经成熟，雄蕊和雌蕊暴露出来的现象叫做开花。开花是园林植物的一个重要观赏时期，而各种植物的开花都有一定的规律，掌握植物的开花规律，有利于组织园林景观，创造出秀丽如画的美好景色。

因此，需要了解植物的开花习性和开花期。

开花的习性各种植物不同。一、二年生植物，生长几个月后都开花，一生只开花一次，称一次开花植物。多年生植物要到一定的年龄才开花，如桃3～5年，柑橘6～8年，以后则每年开花，直到枯亡为止，称多次开花植物。只有少数多年生植物，如竹类，一生中只开花一次。

开花期是指一株植物，从第一朵花开放到最后一朵花开毕所经历的时间。每一种植物的开花期，在同一地区大体上是一定的。有些植物在早春先开花后长叶，有些则花与叶并发，有些则在叶成长后才开花，也有冬季开花的。

花期的长短，各种植物也不一致，如昙花的花期很短，一般只开两三个小时，因而有"昙花一现"之称；牡丹的开花期也只有几天；常见的桃、榆叶梅、丁香等开花期为10天左右；而有些植物开花期较长，如夹竹桃、紫薇等可延续几个月。至于每一朵花开放时间的长短，各种植物也不同，扶桑的花以花期来说是很长的，但每朵花只开放一天，牵牛花是一朝荣华的花卉，而紫茉莉花却是竞争一晚，半枝莲花在日出后开放至下午时凋谢。

花期的长短还受环境的影响，通常适当地降低温度，可以延长开花的时间。

2.4.4　花的观赏

园林植物的花朵形状各异，大小有别，色彩绚丽，各种类型的花序以及芳香，形成了不同的观赏效果。如广玉兰、木芙蓉、荷花等花以形大而取胜；六月雪以白色繁密的小花给人以玲珑清雅的感觉，构成了一幅恬静自然的图画；艳红的石榴花、一串红如火如荼，给人以热情兴奋的气氛；花丝金黄、雄蕊长长地伸出花冠之外的金丝桃，另有风味，独具一格；朵朵红花垂于枝条间的拱手吊兰，似古典的宫灯；带有白色巨苞的拱桐花，宛若群鸽栖止枝梢；而珍珠梅、绣球花等，排成庞大的花序，也具有大花种类的美感。

花朵的色彩变化极多，常见观花植物的花色如下：

红色系花：海棠、贴梗海棠、桃、杏、梅、樱花、榆叶梅、玫瑰、月季、石榴、牡丹、山茶、杜鹃、夹竹桃、紫薇、紫荆、扶桑等。

黄色系花：迎春、金钟花、连翘、云南黄馨、棣棠、金花茶、金丝桃、金丝梅、腊梅、黄花夹竹桃、黄蝉、金莲花、孔雀草等。

蓝色系花：紫藤、紫丁香、杜鹃、紫玉兰、木槿、泡桐、醉鱼草、兰雪花、紫罗兰、葡萄风信子等。

白色系花：白玉兰、茉莉、栀子、白丁香、溲疏、山梅花、白碧桃、麻叶绣球、白花夹竹桃、银薇、葱兰、蓬蒿菊等。

变色系花：西府海棠、金银木、八仙花、海仙花、木芙蓉等。

除花形、花序、花色之外，还有一类园林植物的花具有芳香，如茉莉、桂花、栀子、白兰花、腊梅等，利用各种香花植物可组织成芳香园。

园林植物经过人们的长期栽培，创造出了许多珍贵品种，更丰富了自然界的花形和花色。如牡丹、山茶、杜鹃、月季等都有着不同于原始花形的各类变异。因此，这类花卉在园林中常栽作专类花园。

花的观赏效果还与其在树上的分布、叶簇的陪衬等有密切关系。我们将花或花序在树冠上的整体表现，特称为花相。园林树木的花相可分为纯式和衬式两种形式。

纯式花相即为先花后叶的植物，在开花时，叶片尚未展开，全树只见花不见叶，所以，花感强烈，如桃花、梅花等。衬式花相即为先叶后花的植物，在展叶后开花，全树花叶相衬，有丽而不艳、秀而不媚之效，如山茶、石榴等。

2.5 园林植物的果实和种子

2.5.1 果实的形成

被子植物经开花、传粉和受精后，花的各部分发生显著的变化。通常花瓣凋谢，花萼枯萎，子房或者子房以及花的其他部分一起发育成果实。一般来说，植物形成果实一定要经过受精作用，否则，子房是不会发育成果实的。但有些植物，特别是栽培植物，不经过受精，子房也能长大发育成果实，称为单性结实。单性结实所形成的果实，不含种子，称无籽果实。如葡萄、柑橘、香蕉、凤梨等植物都有单性结实现象。

2.5.2 果实的形态结构及分类

1. 根据果实的发育部位分类

果实可分为真果和假果（图2-36）。多数植物的果实是只由子房发育而来的，这种果实称为真果，如桃、杏等。有些植物的果实除子房外，还有花的其他部分（如花托、花被等）参加发育，和子房一起形成果实，这种果实称为假果，如梨、苹果、石榴等。

2. 根据果实的形态结构分类

果实可分为单果、聚合果和复果（图2-37）。多数植物一朵花中仅一雌蕊，形成一个果实，这叫单果。也有些植物，一朵花中具有许多聚生在花托上的离生雌蕊，以后每一雌蕊形成一个小果，许多小果聚生在花托上，这叫聚合果，如玉兰、莲、草莓等植物的果实。还有些植物的果实，是由一个花序发育而成的，这叫

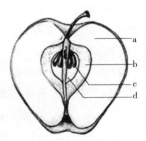

a—花托；b—果皮；
c—种子；d—子房

图2-36 苹果的假果

（a）

（b）

（c）

（d）

图2-37 单果、聚合果和复果
（a）单果（肉质果）；
（b）单果（干果）；
（c）聚合果；
（d）聚花果

复果（聚花果），如桑、凤梨、无花果等。

3. 根据成熟果实的果皮结构、色泽、质地以及各层发育的程度分类

果实可分为干果与肉果。果实包括种子和果皮两部分。果皮的构造可分为外果皮、中果皮、内果皮三层。但由于植物种类的不同，果皮的结构、色泽、质地以及各层发育的程度变化是很大的，可以进一步将肉果和干果进行区别。

1）肉果（图 2—38）

（1）浆果

外果皮薄，中果皮、内果皮均肉质化，充满液汁，内含一粒或多粒种子，如柿、葡萄、番茄等。

（2）核果

外果皮薄，中果皮肉质，内果皮形成坚硬的壳，通常包围一粒种子形成坚硬的核，如桃、梅、杏、李等。

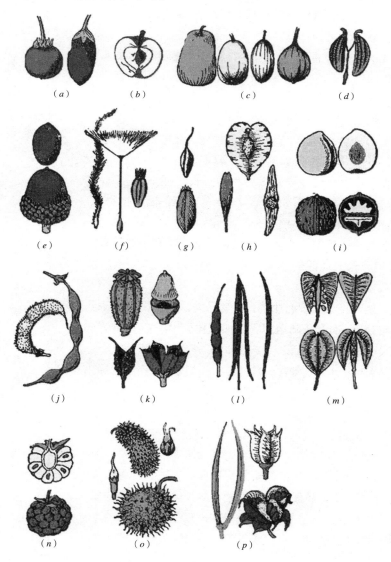

图 2-38 果实的类型
(a) 浆果；
(b) 梨果；
(c) 瓠果；
(d) 双悬果；
(e) 坚果；
(f) 瘦果；
(g) 颖果；
(h) 翅果；
(i) 核果；
(j) 荚果；
(k) 蒴果；
(l) 长角果；
(m) 短角果；
(n) 聚合果；
(o) 聚花果；
(p) 蓇葖果

（3）梨果

外果皮、中果皮肉质化而无明显界限，内果皮革质，如梨、苹果。

（4）柑果

外果皮和内果皮无明显分界，中果皮较疏松，并有很多维管束，中间隔成瓣的部分为内果皮，向内生出许多肉质多汁的肉囊，是食用的主要部分，如柑橘、柚子等。

2）干果（图2-37）

可根据果皮开裂与否分为裂果和闭果。

（1）裂果

果实成熟后果皮开裂，又可根据心皮数目和开裂方式不同，分为下列几种类型：

①荚果：由单心皮发育而成，果实成熟后，果皮沿背缝和腹缝两面开裂。

②蓇葖果：由单心皮或离生心皮发育而成，成熟后只由一面开裂。

③蒴果：由合生心皮的复雌蕊发育而成。

④角果：由两心皮组成的雌蕊发育而成。十字花科植物多具这类果实。可分为长角果和短角果。

（2）闭果

果实成熟后，果皮不开裂，分为下列几种类型：

①瘦果：子房由一至三心皮合生雌蕊发育而成，子房一室，一枚种子。成熟时果皮不开裂，但果皮和种子易分离。如向日葵、荞麦。

②颖果：果皮薄，革质，只含一粒种子。果皮和种子长合在一起，不易区分和剥离。果实小，一般易误认为种子。如小麦、玉米、水稻。园林植物中竹子、黑麦草等一些禾本科植物的果实也是颖果。

③坚果：观察板栗、栓皮栎，子房由二或多个心皮合生而成，常子房一室，一粒种子，果皮坚硬，成熟时常附有花序的总苞，特称为壳斗，是壳斗科植物的重要特征。

④翅果：子房由二心皮或两个以上心皮合生而成，常子房一室，一粒种子。果实成熟时，果皮向外延伸呈翅状，有利于随风飘飞。如榆树、元宝槭、臭椿等。

⑤双悬果：果实由二心皮的子房发育而来，未成熟时联合，成熟时两心皮分离成两瓣，并列悬挂在中央果柄的上端，各含一粒种子。如胡萝卜、小茴香等。

2.5.3 果实的观赏

许多植物的果实不仅有很高的经济价值，而且有观赏意义。选择观果树种，一般须注意形与色两方面。果实的形状以奇、巨、丰为难。所谓"奇"是指形状奇特有趣，如佛手的果实形似佛手，槐树的果实好比串珠，铜钱树的果实犹如铜元等。所谓"巨"是指单体之果体量较大，如柚子；或果虽小，但聚成果穗较大，如葡萄、女贞等。所谓"丰"是指单果或果穗在树冠上具有浓郁的观赏效果，呈现繁茂丰盛，果实的色彩鲜艳夺目，观赏意义更大。主要可分为红色果实和黄色果实两大类，前者如珊瑚树、南天竹、橘、柿、石榴、火棘、枸杞、冬青、枸骨、杨梅、花红、山楂等；后者如杏、枇杷、瓶兰、枸橘、金橘等。选择观果植物，以果实不易脱落、浆汁较少者为好。

2.5.4 种子的结构及类型

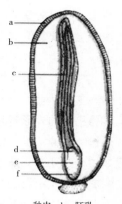

a—种皮；b—胚乳；
c—子叶；d—胚芽；
e—胚轴；f—胚根

图 2-39 种子的结构

种子是种子植物所特有的生殖器官，它是由胚、胚乳和种皮三部分组成。胚是构成种子的重要部分，它是由胚芽、胚根、胚轴和子叶四部分所组成的（图 2-39）。种子萌发后胚根、胚轴和胚芽分别形成植物体的根、茎、叶，胚是包在种子内的幼小植物体，子叶的功能是储藏养料或吸收养料供给幼苗生长，有些植物的子叶在种子萌发时展开变绿，能暂时进行光合作用，胚乳位于种皮和胚之间，是种子内储藏营养物质的部分，在种子萌发后供胚生长。有些植物的胚乳在种子形成过程中，早已被吸收，所以种子成熟后，就无胚乳存在，这些种子的营养物质则储藏在肥大的子叶内。种皮是种子外面的保护层，有些植物的种皮仅一层，但有些植物的种皮分外种皮和内种皮两层。内种皮薄而软，外种皮厚且硬，且常有光泽、花纹或其他附属物，例如橡胶树种皮的花纹和乌桕种皮附着的蜡层。有些种子的种皮扩展成翼，如油松、马尾松、泡桐、梓树等。也有些植物种皮外面包一层肉质化包被，将种子的部分或全部包起来，特称为假种皮，如荔枝、龙眼、卫矛等。

种子一般可以分为如下类型：

（1）有胚乳种子——胚乳常位于胚的周围，呈白色，胚乳细胞内含丰富的淀粉、蛋白质、脂肪等物质。胚乳是由极核受精形成，如蓖麻、柳、小麦、玉米等。

（2）无胚乳种子——常具发达的子叶，在胚的发育过程中，其吸收了胚乳的养料，并贮藏于其子叶中，故不存在胚乳，子叶肥厚，如大豆、杏仁、南瓜子等。

（3）外胚乳——大多数植物种子，当胚发育和胚乳形成时，胚囊外面的珠心细胞被胚乳吸收而消失，但也有少数植物种子的珠心未被完全吸收而形成营养组织包围在胚乳和胚外部，称外胚乳，如肉豆蔻、槟榔、胡椒、姜、甜菜、石竹等。

本章小结

园林植物一般都是高等植物，它们大部分都由根、茎、叶三个营养器官和花、果实、种子三个生殖器官所组成。

根的生理功能主要有吸收功能、固着与支持功能、输导功能、合成功能及贮藏与繁殖功能。根的形态主要从根的组成、类型和变态进行识别：根由主根和侧根组成，并由主根和各级侧根组成了植物的根系。根系有直根系和须根系两种类型。根的变态类型有贮藏根，包括肉质直根和块根；气生根，包括支持根、板根、攀缘根、附生根、呼吸根和寄生根。根系在土壤中的分布有深有浅，一般直根系的植物分布较深，须根系的植物分布较浅，主根不发达；根系的深浅不但决定于植物的本性（遗传性），还决定于外界条件，特别是土壤条件，地下水位较低，土壤肥沃、排水和通气良好的地区，其根系则分布于较深的土层，反之，则相反。植物的根还经常与真菌或细菌共生形成根瘤和菌根。根瘤是高等植物的根与真菌共生形成的；菌根则是高等植物的根与细菌共生形成。根具有一定的观赏价值，一些古老树木的根增粗生长裸露地面或盘绕于基干，给人以苍老、稳健的感觉。暴露在空气中的气生根也可用来绿化和美化庭园房舍。

　　茎的生理功能主要有输导功能、支持功能、贮藏功能和繁殖功能。茎的形态主要从茎的外形、芽、茎的分枝、茎的类型、茎的变态进行识别。一般种子植物茎的外形多为圆柱形，也有少数植物如莎草科植物的茎呈三角柱形，唇形科植物的茎呈方柱形，卫矛具木栓翅等。茎的中心通常是充实的，有些植物如竹子的茎节间是中空的。节处是实心的，这种茎称为秆。溲疏、金银木等植物的枝条是中空的。茎可分为节和节间两部分。茎上着生叶的部位叫节，相邻两节之间的无叶部分叫节间，叶片与茎之间所形成的夹角称为叶腋。茎顶端生有顶芽，叶腋处生有腋芽。木本植物的枝条，其叶片脱落后在枝条上留下的痕迹叫叶痕，叶痕中突出的小点，是枝条与叶柄间维管束断离后留下的痕迹，叫维管束痕。枝条上还有皮孔，有的枝条上还有芽鳞痕存在，根据芽鳞痕的数目可以判断枝条的年龄。芽有顶芽和腋芽，定芽和不定芽，叶芽、花芽和混合芽，鳞芽和裸芽，活动芽和休眠芽之分。茎的分枝形式有总状分枝（单轴分枝）、合轴分枝、假二叉分枝、分蘖之分。茎的类型按照茎的质地来划分，有木质茎、草质茎；按照茎的生长方式来划分，有直立茎、缠绕茎、攀缘茎、平卧茎及匍匐茎。茎的变态中地上茎的变态有：叶状枝、枝刺、茎卷须、肉质茎，地下茎的变态有：根状茎、块茎、球茎、鳞茎。

　　叶的生理功能主要有光合作用、蒸腾作用、吸收功能和繁殖功能。完全叶由叶柄、叶片、叶脉组成，缺少其中任一部分则为不完全叶。叶有单叶和复叶之分，复叶有羽状复叶、掌状复叶、三出复叶及单身复叶之分。叶在植物茎上按一定的排列方式形成叶序，叶序有互生、对生、簇生、轮生、基生几种类型。叶片的形态常根据单叶和复叶、叶序、叶形、叶尖、叶基、叶缘、叶裂、叶脉等特征进行识别。有些植物，在一个植株上有不同形状的叶，称为异形叶性。叶的变态类型有苞叶、鳞叶、叶卷须、叶刺、叶状柄、捕虫叶。一般来说，叶的生长期是有限的，植物叶是有一定寿命的，一般植物的叶的寿命为几个月。叶的形状、叶片的质地、叶的颜色甚至叶形成的声响效果都有不同的观赏效果。

　　花是适应于生殖的变态短枝。通常被子植物的花由花梗、花托、花萼、花冠、雄蕊群和雌蕊群等几部分组成。花梗是每一朵花所着生的小枝，它支持着花，使花位于一定空间，同时又是茎和花相连的通道。花托也有多种形状，如圆锥形、壶形、漏斗形等。花萼是花的最外一轮变态叶，有离萼、合萼之分，植物的萼筒伸长成一细长空管，叫做距，有些植物在花萼之外，还有副萼。花冠由花瓣组成，常有鲜艳的颜色与芳香，适应于昆虫传粉和园林观赏，有保护雌雄蕊的作用，花瓣有分离和连合之分，完全分离的花称离瓣花，连合在一起的花称合瓣花，常见的有蔷薇形花冠、十字形花冠、蝶形花冠、唇形花冠、漏斗形花冠、钟状花冠、管状花冠、舌状花冠等，蔷薇形、十字形、漏斗形、钟状及管状花冠的花瓣的形状、大小基本一致，常为辐射对称。蝶形、唇形和舌状花冠，各花瓣的形状、大小不一致，常呈两侧对称。也有些植物如美人蕉的花是不对称的。花萼和花冠总称为花被，当花萼和花冠形态相似不易区分时，也可统称为花被。根据花被情况的不同，可分为同被花、两被花、单被花、无被花。一朵花中所有的雄蕊称为雄蕊群，每个雄蕊由花药和花丝两部分组成，花药是花丝顶端膨大成囊状的部分，内部有花粉囊，可产生大量的花粉粒；花丝常细长，基部着生在花托或贴在花冠上。雄蕊通常是分离的，称离生雄蕊，但也有部分或完全结合在一起。雄蕊一般有下列类型：二强雄蕊、四强雄蕊、单体雄蕊、二体雄蕊、三体雄蕊、多体雄蕊、聚药雄蕊。一朵花中所有的雌蕊总称为雌蕊群，雌蕊可由一个或多个心皮组成，柱头位于雌蕊的上部，是承受花粉粒的地方，子房内包藏着胚珠，受精后，整个子房发育为果实，子房壁成为果皮，胚珠发育为种子。一朵花中的雌蕊只有一个心皮的，叫做单雌蕊；一朵花中的雌蕊由几个心皮构成时，这些心皮有的彼此分离，所形成的雌蕊也是分离的，这叫离生雌蕊；几个心皮相互连接形成一个雌蕊的，叫合生雌蕊。根据花中雌雄蕊的具备与否可把花分为下列三种：两性花、单性花、中性花。被子植物的花，有的是单生，但多数密集或稀疏地按一定的排列顺序，着生在特殊的总花柄上，形成花序，花序按生长方式可分为有限花序和无限花序两大类。无限花序，可以继续生长，向上伸长，开花顺序为先基部后向上、先边缘后中央，又可以分为总状花序、穗状花序、柔荑花序、伞房花序、头状花序、隐头花序、伞形花序、肉穗花序、复合花序、圆锥花序、复伞形花序、复伞房花序、复穗状花序、复头状花序；有限花序也称聚伞类花序，它的特点和无限花序相反，又可以分为以下几种类型：单歧聚伞花序、二歧聚伞花序、多歧聚伞花序。雄蕊中的花粉粒和雌蕊中的胚囊（或二者之一）已经成熟，雄蕊和雌蕊暴露出来的现象叫做开花。开花的习性各种植物不同，花朵形状各异，大小有别，色彩绚丽，各种类型的花序以及芳香，形成了不同的观赏效果。我们将花或花序在树冠上的整体表现，特称为花相。

被子植物经开花、传粉和受精后，花的各部分发生显著的变化。通常花瓣凋谢，花萼枯萎，子房或者子房以及花的其他部分一起发育成果实。根据果实的发育部位，可以将果实分为真果和假果；根据果实的形态结构，可以将果实分为单果、聚合果和复果（聚花果）；根据成熟果实的果皮结构、色泽、质地以及各层发育的程度，可以将果实分为干果与肉果。由于植物种类的不同，果皮的结构、色泽、质地以及各层发育的程度变化是很大的，进一步将肉果分为：浆果、核果、梨果、柑果。干果可根据果皮开裂与否分为裂果和闭果。裂果根据心皮数目和开裂方式不同分为：荚果、蓇葖果、蒴果、角果、闭果。闭果进一步分为：瘦果、颖果、坚果、翅果、双悬果。果实的形状以奇、巨、丰为难，因此这些果实的观赏意义更大。

种子是种子植物所特有的生殖器官，它由胚、胚乳和种皮三部分组成。胚是构成种子的重要部分，它由胚芽、胚根、胚轴和子叶四部分所组成。种子萌发后，胚根、胚轴和胚芽分别形成植物体的根、茎、叶。胚是包在种子内的幼小植物体，子叶的功能是储藏养料或吸收养料供给幼苗生长，胚乳位于种皮和胚之间，是种子内储藏营养物质的部分，在种子萌发后供胚生长。有些植物种子成熟后，就无胚乳，因此形成了无胚乳种子。有些植物的种皮仅一层，但有些植物的种皮分外种皮和内种皮两层。

复习思考题

2-1 植物的根有哪些生理功能？

2-2 什么叫根和根系？根有哪些种类？根系有哪些类型？

2-3 怎样区分主根、侧根和不定根？

2-4 根的变态具有哪些类型？

2-5 什么叫根瘤和菌根？在园林生产中有何应用？

2-6 根有哪些观赏价值？

2-7 植物的茎有哪些生理功能？

2-8 区分下列各组名词：

定芽、不定芽；花芽、叶芽、混合芽；裸芽、鳞芽；活动芽、休眠芽。

2-9 枝条由哪几部分组成？

2-10 茎有哪些类型？

2-11 茎的变态有哪些类型？

2-12 茎有哪些观赏价值？

2-13 植物的叶有哪些生理功能？

2-14 什么叫完全叶和不完全叶？

2-15 单叶和复叶有何区别？

2-16 试就叶片、叶尖、叶基、叶缘描述 10～15 种植物叶片的形状。

2-17 什么叫叶脉？常见的有哪些种类？

2-18 复叶有哪些种类？试举例说明。

2-19 常见的叶变态有哪些种类？

2-20 简述植物落叶的过程及落叶的意义？

2-21 叶有哪些观赏价值？

2-22 花由哪几部分组成？各部分有何功能？

2-23 常见的花冠有哪些类型？请举例说明。

2-24 雄蕊由哪几部分组成？常见的有哪些类型？请举例说明。

2-25 什么叫花序，常见的花序有哪些种类？

2-26 什么叫传粉？什么叫双受精作用？

2-27 区分下列各组名词：

单果、聚合果、聚花果；真果、假果；荚果、角果；干果、肉果；柑果、核果、浆果、瓠果。

2-28 花有哪些观赏价值？

2-29 果实有哪些观赏价值？

2-30 种子有哪些类型？

本章实践指导

一、茎形态的识别

（本次教学可通过实习方式进行）

实习目的

通过实习使学生牢固掌握枝条的形态特征，并能识别一定树木的冬态。

实习方法

校园苗圃式公园实地进行。

实习内容

常见落叶树种。

实习报告

将实习时所认识的各种落叶树种的各形态特征填于表2-2。

树木冬态记录表　　　　　　　　表2-2

树名		别名		科属	
学名				树性	
冠形			分枝形式		
主干	裂纹		顶芽	形状	
	色泽			色泽	
	色泽			着生方式	
	粗（>5mm）、中、细（<2mm）		芽鳞	有　　　　无	
	直　　之字形　　曲			形状	
横断面	外形			包芽形式	
	外皮	厚度	侧芽	着生方式	
		色泽		类型	
		剥离难　　易		形状	
	内皮	厚度		颜色	
		色泽	皮孔	明显　　　　不明显	
	木质	色泽		形状　　　　颜色	
		质地	宿存物	花	花序
	髓部	形状			着生方式
		色泽			果类型
		质地			着生方式
	变态			叶	
	附着物				
叶痕	形状		其他		
	颜色				
维管束痕	数量				
	形状				
托叶痕	形状				
	着生位置		填表人		

二、叶形态的识别

(本次教学可通过实习方式进行，也可穿插于授课中进行)

实习目的

通过实习便学生牢固掌握叶的形态术语，并对典型叶的构造能加以描述。

实习方法

取新鲜带叶枝条让学生识别。

实习种类

①夹竹桃叶；②狭叶十大功劳叶；③香樟叶；④月桂叶；⑤腊梅叶；⑥胡颓子叶；⑦枫叶；⑧悬铃木叶；⑨泡桐叶；⑩广玉兰叶；⑪苦楝叶；⑫合欢叶；⑬黑松叶；⑭刺槐叶；⑮柳叶；⑯瓜子黄杨叶；⑰桃叶珊瑚叶；⑱小檗叶；⑲枸骨叶；⑳鹅掌楸叶；㉑菖兰叶；㉒紫荆叶；㉓柑橘叶；㉔云南黄馨叶。

实习报告

将观察所得结果填于表 2—3。

叶形态记录表 表2—3

植物名	叶质	叶色	叶形	叶尖	叶基	叶缘	托叶	叶脉	叶类（单叶、复叶）	叶序	叶面附属物

三、花形态的识别

（本次教学可通过实验方式进行）

实验目的

通过实验了解完全花的基本组成，对典型的三基数花与五基数花的组成有所了解。

了解不同植物的花中，雌蕊与雄蕊的各种不同表现形态。

实验材料

（1）用具：解剖镜、镊子、解剖针、解剖刀、剪刀等。

（2）材料：紫藤花、樱花花、紫花地丁花、萱草花、一串红花、诸葛菜花、蜀葵花、金丝桃花、小旋花花、蒲公英花。

实验内容

1．花的基本组成

五基数花的典型构造：

（1）取紫藤花，首先看到有较长的花柄，花柄顶端有略为膨大的花托，然后观察花纹，最外层为花萼，基部结合，花端五裂，花瓣五片，排列成蝶形花冠，除去花萼，紧接着除去蝶形花冠中最上的旗瓣与两侧的翼瓣，可见雄蕊包在龙骨瓣中，挑去龙骨瓣，可观察到雄蕊群，整个雄蕊群所显示的是二体雄蕊，每个雄蕊均由细长的花丝与花药构成（并注意雄蕊与花被的相对位置），最中央的是雌蕊，它由膨大的子房、花柱、柱头构成，子房位于花托之上，花其他部分在花托之下，属于下位子房。从上面的观察可以证明，紫藤花由花梗、花托、花被、雄蕊群与雌蕊群构成，且花萼、花瓣均为五片，雄蕊群由十个雄蕊构成，因而，紫藤花属于五基数完全花。

注意记录紫藤花的花程式。

（2）取樱花，首先看到的是五片上部分离的花萼，然后是五片分离的花瓣，排列成蔷薇形花冠，除去其中两片花瓣，可以看见许多雄蕊着生在花托上，拨去雄蕊，可见一子房仅以基部与花托结合，但花被着生在子房的周围，因此，属于子房上位周位花，另对子房作纵剖，仅见一心皮构成单室子房。

注意记录樱花的花程式与花图式。

2．雌蕊的构造与胎座主要类型的观察

1）单心皮单室雌蕊

取已开放的紫藤花，除去其花萼、花冠、雄蕊，可以清楚地观察到，雌蕊的子房由单心皮构成，呈扁平形，其顶端的花柱向外弯曲（向旗瓣），用解剖针沿雌蕊背缝线（即雌蕊近花的龙骨瓣的边缘）挑开子房，可以看到子房内沿腹缝线排列的一排颗粒状的胚珠，这种胎座形式即边缘胎座。

2）多心皮一室雌蕊

取开放的紫花地丁花，除去花被、雄蕊，然后，从子房中央作一横切，在剖面上可以看到，其子房由多心皮构成，每张心皮以腹缝线结合，但在子房中央不愈合成轴，在每条腹缝线处可见成排的胚珠，可见，紫花地丁花属于多心皮一室子房，侧膜胎座。

3）多心皮多室雌蕊

取萱草花，除去花被、雄蕊，然后，在子房中部作一横切，可以看到，其子房由多心皮构成，每张心皮的腹缝线均在子房中央愈合，形成一纵轴，把子房隔成很多室，胚珠沿纵轴着生，因此，萱草花属于多心皮多室子房，中轴胎座。

3. 雄蕊形态

1）二强雄蕊

取一串红花，首先看到的是它的花冠呈唇形，用解剖针将上唇瓣的花冠稍微折转，便可看到隐藏在上唇内的四枚雄蕊，其花丝成对地彼此重叠着，在这四枚雄蕊中，其中两枚雄蕊的花丝较长，位于下唇瓣方向，另两枚雄蕊的花丝较短，位于上唇瓣方向，这便是二强雄蕊。

2）四强雄蕊

取诸葛菜花，从花顶端可以看见，雄蕊共6枚，其中4枚花丝较长，与花瓣相对着生，另两枚花丝较短，与花萼对生，除去花瓣、花萼，仔细观察，还可见4枚花丝较长的雄蕊分布于内轮，两枚花丝较短的雄蕊分布于外轮，这就是四强雄蕊。

3）单体雄蕊

取蜀葵花，除去花瓣，可以看到雄蕊群的花丝彼此连合成筒状，这就是单体雄蕊，用针挑开雄蕊管，便可看见雌蕊子房被包于中央。

4）二体雄蕊

取紫藤花，除去旗瓣、翼瓣，可见雄蕊群被包在龙骨瓣内，小心地除去龙骨瓣，可以看到，紫藤花的雄蕊共10枚，其中，9枚雄蕊的花丝结合，连成一体，另外一个自成一体，这种10枚雄蕊分二体的情况就是二体雄蕊。

5）多体雄蕊

取金丝桃花，除去花被，可以看到它的雄蕊为多数，它们共成5束，每一束中的花丝均结合，这种雄蕊多数、花丝结合成多体的情况就是多体雄蕊。

6）冠生雄蕊

取小旋花花，从上往下看，可以看到其花冠由结合的花瓣构成喇叭形，雄蕊5枚，花丝的基部着生在花冠上，这就是冠生雄蕊。

7）聚药雄蕊

取蒲公英花序，取下一朵成熟的舌状花，注意其下位子房，并可看到，花周围有一圈冠毛，除去冠毛，可见其花瓣下部连合成筒，上部结合成舌状伸向一侧，用针挑开花筒，便可见它的5枚雄蕊花丝彼此分离，花药细长，彼此结合，围绕于花柱四周，这就是聚药雄蕊。

实验报告

（1）写出紫藤花、樱花的花程式。

（2）绘出实验中涉及的雄蕊形态示意图。

附：花程式

为了简单说明一朵花的结构、花的各部分组成、排列位置和相互关系，可以用一个公式把一朵花的各部分表示出来，称为花程式。

花程式是用字母、符号和数字表明花各部分的组成、排列、位置以及相互关系的公式。

字母：花各组成部分所用符号一般用花各部分拉丁名词的第一个字母来表示。

P表示花被,K或Ca表示花萼,Co或C表示花冠,A表示雄蕊,G表示雌蕊群,子房的位置通常在G的上、下用"—"号表示。

数字：用阿拉伯数字"0、1、2、3……10"以及"∞"或"x"来表示花各部分的数目，"∞"表示多数，不定数；"x"则表示少数，不定数；通常写在花部各轮每一字母的右下方；0表示缺少某一轮或退化；雌蕊之后如果有三个数字，第一个数字表示心皮数目，第二个数字表示子房室数，第三个数字表示每室胚珠数（一般只用第一和第二个数字），并用"："将这三个数字隔开。

符号：整齐花或辐射对称花用"*"表示，不整齐花或两侧对称花用"↑"表示；"♂"表示雄花，"♀"表示雌花，"♂/♀"或不写表示两性花；如果，数字外加上"（）"号表示花的某一部分互相连合，如果同一花部有多轮或同一轮中有几种不同的连合和分离的类型，则用符号"+"来连接。

如柳的花程式:♂,↑K0C0A2;♀,*K0C0G（2：1）。表示:柳的花为单性花，雄花为不整齐花，花萼、花冠都无，只有两枚雄蕊；雌花为整齐花，无花萼和花冠，子房为上位，二心皮一室。

四、果实形态的识别

（本次教学可通过实验方式进行）

实验目的

通过实验能熟悉果实的类型。

实验材料

各种类型果实。

实验内容

1. 单果类观察

1）肉果

桃、葡萄、橘、梨、黄瓜。

2）干果

广玉兰、紫荆、国槐、诸葛菜、荠菜、三色堇、石竹、板栗、向日葵、玉米、枫杨、槭、一串红。

2. 聚合果观察

刺果毛茛、草莓。

3. 聚花果观察

凤梨、无花果。

实验报告

将上述观察内容填于表 2—4 内。

果实形态记录表 表2—4

果实类型			代表植物	主要特点
单果	肉果	核果		
		浆果		
		柑果		
		梨果		
		瓟果		
	干果	裂果	蓇葖果	
			荚果	
			角果	
			蒴果	
		闭果	颖果	
			瘦果	
			坚果	
			翅果	
			分果	
聚合果				
聚花果				

3

园林植物分类基础

本章学习要点：

本章首先讲述了植物分类方法、分类单位、植物的命名及植物分类检索表等植物分类的基础知识；在此基础上介绍了低等植物和高等植物两大植物类群的特点，进一步对常见的园林植物主要科的形态特征及园林用途进行了介绍。同时根据园林植物的生长习性、观赏特性、园林用途等方面的差异及综合性，介绍了园林植物的人为分类法。

3.1 植物分类基础知识

3.1.1 分类方法

园林植物属于高等植物，我国的高等植物约有 3 万多种，占世界高等植物的十分之一。如此众多的种类，为了便于识别、应用和研究，就必须将植物分门别类，使种类繁多、千变万化的植物按一定的顺序排成分类系统。

在植物学的发展中，植物分类的方法大致可分为两种，一种是人为的分类方法，是人们为了自己的方便，选择植物的一个或几个特点，作为分类的标准。如我国明朝李时珍（1518～1593 年）在《本草纲目》一书中，按照植物的性状和功能，把 1195 种植物分为草、谷、菜、果、木五部。瑞典分类学家林奈（Linnaeus，1707～1778 年），根据有花植物雄蕊的数目，把植物分为二十四纲等。这是人为的分类方法，按这种方法建立的分类系统是人为分类系统。它不能反映植物的亲缘关系和进化顺序，但这种方法简单易懂，在园林生产实践中也大量使用。如根据植物的生长习性分为乔木、灌木、草本；根据植物的生态习性分为旱生植物、中生植物、蔓生植物和水生植物；根据植物的观赏性状分为观叶植物、观果植物、观花植物等。

另一种是自然分类方法，是以植物亲缘关系的亲疏远近作为分类标准。判断亲疏远近，是根据植物相同点的多少。如杨树和柳树有许多相同点，于是认为它们较亲近，杨树与樟树、女贞相同的地方较少，所以认为它们较疏远。这样的方法是自然分类方法，这种根据亲缘关系建立的分类系统，是自然分类系统，或称系统发育分类系统。根据自然分类法的思想，提出高等植物自然分类系统的学者，前后有多人，其中有代表性的有恩格勒、哈钦松等，他们根据各自的发育理论提出的被子植物分类系统，被采用至今。

园林植物的自然分类包括在植物分类之中。

3.1.2 分类单位

在自然分类系统中各类分类单位按高低和从属关系顺序排列，具体规定了以下分类单位，即界、门、纲、目、科、属、种等级次，各级又可根据情况再分为亚级，在各级单位前用"亚"来表示。现以桃树为例：

界……植物界

门……种子植物门

亚门……被子植物亚门

纲……双子叶植物纲

亚纲……离瓣花亚纲

目……蔷薇目

亚目……蔷薇亚目

科……蔷薇科

亚科……李亚科

属……梅属

亚属……桃亚属

种……桃

植物分类学家以"种"作为分类的起点，把"种"定为基本单位，然后集合相近的种为属，又将类似的属集合为一科，将类似的科集合为一目，类似的目集合为一纲，再集纲为门，集门为界，这就形成了一个完整的自然分类系统。

物种又简称为"种"，它是分类的依据，"种"是在自然界中客观存在的一种类群，这个类群中的所有个体都有着极其近似的形态特征和生理、生态特性，个体间可以自然交配产生正常的后代而使种族延续，它们在自然界中又占有一定的分布区域。种具有相对稳定性，种的这一特征又不是绝对固定、永远一成不变的，它在长期的种族延续中不断产生变化。

亚种是种内的变异类型，除了在形态构造上有显著的变化特点外，在地理分布上也有一定的较大范围的地带性分布区域；变种也是种内的变异类型，虽然在形态构造上有显著变化，但没有地带性分布区域；变型是指在形态特征上变异比较小的类型，例如花色不同，花的重瓣或单瓣，毛的有无，叶片上有无色斑等。

在园林、园艺等应用科学及生产实践中，尚存在大量由人工培育而成的植物，这类植物原来并不存在于自然界中，而纯属人为创造出来的，所以植物分类学家均不把它们作为自然分类系统的对象，但是这类植物对人类的生活是非常重要的，是园林、园艺等应用科学的研究对象，这类人工培育的植物，当达到一定的数量成为生产资料时即可称为该种植物的"品种"。

3.1.3 植物的命名

植物的名称有俗名和学名之分。俗名地方通用、一说皆知，具有描述性、形象性的特点，如园林植物中的龙爪槐、八角金盘等。俗名不但因各国语言不同而异，即使在同一国家也往往随地区而不同，因而就有同物异名或同名异物的混乱现象，以致在识别这些植物、应用这些植物或交流经验时造成一些困难，为了研究和工作的方便，国际上采用统一的名称，即植物拉丁名，也就是植物的学名。

植物的学名由两个拉丁词组成，第一个词是属名，多是名词；第二个词为种名，常用形容词，形容该植物的主要特征。这种命名方法是由林奈倡用的，所以叫林奈氏双名法。一个完整的学名在学名后应附以命名人的姓名缩写。学名均用拉丁文描写，属名的第一个字母要大写，例如银杏的学名为：*Ginkgo biloba* L.，其中第一个词是属名，第二个词是种名，第三个词是定名人林奈（Crsl von Linne 即 Linnaeus）的缩写。

　　至于变种和变型，则在种名的后面加 var.（varietas 的缩写）或 f（forma 的缩写）然后再加变种名，同样后边附以定名人的姓名缩写。如龙爪槐的学名：*Sophora japonica* L. var. *pendula* Loudo。

　　表 3-1 所示是最常见的学名附带的缩写字。

常见的学名附带的缩写字　　　　　　　　　　　表3-1

缩写字	拉丁文全拼	中文意译	缩写字	拉丁文全拼	中文意译
comb.nov.	combinatio nova	新组合	nov.sp.	nova species	新种
cult.	cultus	栽培的	sect.	sectio	组、节
cv.	cultivarietas	栽培变种	sp.nov.	species nova	新种
et	et	和、同、以及	spp.	species plurimus	许多种
			ssp.	subspecies	亚种
ex	ex,e	从、出自	subgen.	subgenus	亚属
f.	forma	变型	subsp.	subspecies	亚种
f.	filius	儿子	syn.	synonymum	异名
nom.nud.	nomen nudum	裸名	var.	varietas	变种

3.1.4　植物分类检索表

　　植物分类检索表是鉴别植物种类的重要工具之一。检索表是根据法国人拉马克（Lamarck，1744～1829 年）的二歧分类原则编制的。把一群植物相对的特征分成相对应的两个分支，再把每个分支中相对的性状又分成相对应的两个分支，依次下去，直到编制的科、属或种的检索表的终点为止。为了便于使用，各分支按其出现的先后顺序，前边加上一定的顺序数字或符号，相对应前的两个数字或符号应是相同的。第一个相对应的分支，都编写在距左边有同等距离的地方。每一个分支下边相对应的两个分支，较先出现的向右低一个字格，这样继续下去，直到要编制的终点为止。

　　通常有分科、分属和分种检索表，可以分别检索出植物的科、属、种。当检索一种植物时，先以检索表中次第出现的两个分支的形态特征，与植物相对照，选其与植物相符合的一个分支，在这一分支下边的两个分支中继续检索，直到检索出植物的科、属、种为止，然后再对照植物的有关描述或插图，验证检索过程中是否有误。

　　检索表常见的有三种形式：定距式检索表、平行式检索表和连续平行式检索表。结合高等植物的分类将三种形式的检索表列于下面：

定距式检索表。这种形式也叫退格式检索表。在编排时每两个相对应的分支的开头，都编在离左端同等距离的地方，每一个分支的下面，相对应的两个分支的开头，比原分支向右移一个字格，这样编排下去，直到编制的终点为止。例如，定距式植物界分门检索表：

1. 植物体无根、茎、叶的分化，无胚。

  2. 植物体不为藻类和菌类所组成的共生体。

    3. 植物体内有叶绿素和其他色素，为自养生活方式 ……… 藻类植物门

    3. 植物体内无叶绿素和其他色素，为异养生活方式 ……… 菌类植物门

  2. 植物体为藻类和菌类所组成的共生体 ………………… 地衣植物门

1. 植物体有根、茎、叶的分化，有胚。

  4. 植物体有茎、叶而无真根 ……………………………… 苔藓植物门

  4. 植物体有茎、叶而有真根。

    5. 产生孢子 ………………………………………………… 蕨类植物门

    5. 产生种子 ………………………………………………… 种子植物门

平行式检索表。这种形式也叫双项式检索表，每一项两个相对性状的叙述内容都写在相邻的两行中，两两平行；数字号码均写在左侧第一格中。例如，平行式植物界分门检索表：

1. 植物体无根、茎、叶的分化，无胚 …………………………………… 2

1. 植物体有根、茎、叶的分化，有胚 …………………………………… 4

2. 由藻类和菌类所组成的共生体 ……………………… 地衣植物门

2. 非藻类和菌类所组成的共生体 ……………………… 菌类植物门

3. 植物体有叶绿素或其他色素，为自养生活方式 ……… 藻类植物门

3. 植物体无叶绿素或其他色素，为异养生活方式 ……… 菌类植物门

4. 植物体有茎、叶，而无真根 ………………………… 苔藓植物门

4. 植物体有茎、叶，而有真根 …………………………………………… 5

5. 产生孢子 ……………………………………………… 蕨类植物门

5. 产生种子 ……………………………………………… 种子植物门

连续平行式检索表。将一对互相区别的特征用两个不同的项号表示，其中后一项号加括弧，以表示它们是相对比的项目，如下列中的1.（6）和6.（1），排列按1．2．3……的顺序。查阅时，若其性状符合1时，就向下查2。若不符合1时就查相对比的项号6，如此类推，直到查明其分类等级。如：

1.（6）植物体构造简单，无根、茎、叶的分化，无胚。（低等植物）

2.（5）植物体不为藻类和菌类所组成的共生体。

3.（4）植物体内有叶绿素或其他光合色素，营独立生活 …… 藻类植物

4.（3）植物体内不含叶绿素或其他光合色素，营寄生或腐生生活

    ………………………………………………………………… 菌类植物

5.（2）植物体为藻类和菌类的共生体 ……………………… 地衣类植物

6.（1）植物体构造复杂，有根、茎和叶的分化，有胚。（高等植物）

7.（8）植物体有茎、叶和假根 …………………………… 苔藓植物门

8.（7）植物体有根、茎和叶。

9.（10）植物以孢子繁殖 …………………………… 蕨类植物门

10.（9）植物以种子繁殖 …………………………… 种子植物门

查用检索表时，根据标本的特征与检索表上所记载的特征进行比较，如标本特征与记载相符合，则按项号逐次查阅，如其特征与检索表记载的某项号内容不符，则应查阅与该项相对应的一项，如此继续查对，便可检索出该标本的分类等级名称。使用检索表时，首先应全面观察标本，然后才查阅检索表，当查阅到某一分类等级名称时，必须将标本特征与该分类等级的特征进行全面的核对，若两者相符合，则表示所查阅的结果是准确的。

3.2　植物的基本类群

植物界约有植物 50 万种。植物按照从低等到高等，从简单到复杂，从水生到陆生的规律演变与进化。教材中把所有植物分为低等植物和高等植物两大类，低等植物包括藻类、菌类和地衣三类；高等植物包括苔藓、蕨类、裸子植物和被子植物四类。

3.2.1　低等植物

1. 藻类植物

藻类植物是一群比较原始的低等植物，植物体结构简单，为单细胞体、群体、丝状体或片状体，大多数生活在海水或淡水中，少数生于潮湿处。细胞内含有与高等植物同样的色素及其他色素，为绿色植物，可进行光合作用，营自养生活。

1) 蓝藻

细胞无细胞核和叶绿体，为原核生物，植物体呈蓝绿色。代表植物：颤藻、鱼腥藻、发菜。

2) 绿藻

细胞有细胞核和叶绿体，为真核生物，植物体呈绿色。代表植物：水绵、衣藻。

2. 菌类植物

菌类植物是一群原始的低等植物，分布广泛。植物体为单细胞体、多细胞群体或丝状体。细胞一般不含光合色素，不能进行光合作用，营异养生活（寄生、腐生或二者兼营）。

1) 细菌

单细胞植物，细胞内无细胞核，为原核生物。绝大多数异养，少数自养。依形态不同可分为球菌、杆菌、螺旋菌三个基本类型。

2) 真菌

植物体多为菌丝体，少数为单细胞，有些种类其生殖部分可形成子实体。

细胞有细胞核,为真核生物。代表植物:匍枝根霉、青霉、酵母菌、蘑菇、木耳。

3. 地衣

一类特殊的植物,植物体为藻类和真菌的共生体。依植物体形态可分为壳状地衣、叶状地衣、枝状地衣三种类型。

3.2.2 高等植物

1. 苔藓植物

苔藓植物是高等植物中最原始的类群,大多数生活在潮湿的环境中,是水生到陆生的过渡类型。植物体矮小,为叶状体或茎叶体,有假根,无真根,无维管束构造。在生活史中,配子体(单倍体世代)占优势,孢子体(二倍体世代)不发达,不能独立生活,寄养于配子体上。雌性生殖器官称颈卵器,雄性生殖器官称精子器,精子有鞭毛。合子萌发形成胚,胚在颈卵器内发育成具有孢蒴、蒴柄、基足三部分的孢子体。代表植物:地钱、葫芦藓。

2. 蕨类植物

约有两万多种。是高等植物中比较低级的一门,也是最原始的维管植物。蕨类植物孢子体发达,有根、茎、叶之分,不具花,以孢子繁殖,世代交替明显,无性世代占优势。通常可分为水韭、松叶蕨、石松、木贼和真蕨五纲,中国大多分布于长江以南各省区。

蕨类植物大都为草本,仅有桫椤科的蕨类为木本。桫椤又名树蕨,是国家一级保护濒危植物,也是很好的庭院观赏植物。

蕨类植物在园林中的应用形式多样,是不可或缺的植物造景用材之一。常见的植物有鳞毛蕨、铁线蕨、肾蕨、石衣蕨类、荚果蕨、乌毛蕨等。有些蕨类植物在幼嫩时可做菜蔬,如蕨菜、毛蕨、菜蕨、紫萁、西南凤尾蕨、水蕨等。蕨类植物的地下根状茎,含有大量淀粉,可酿酒或供食用,如食用观音座莲。蕨类植物还被广泛地用于医药上,如杉蔓石松能祛风湿,舒筋活血;节节草能治化脓性骨髓炎;乌蕨可治菌痢、急性肠炎等。水田或池塘中的满江红是一种水生蕨类植物,它通过与蓝藻的共生作用,能从空气中吸取和积累大量的氮,成为一种良好的绿肥植物与家畜家禽的饲料植物。

蕨类植物,对外界自然条件的反应具有高度的敏感性,不同的属类或种类的生存,要求不同的生态环境条件,如石蕨、肿足蕨、粉背蕨、石韦、瓦韦等属(少数例外)生于石灰岩或钙性土壤上;鳞毛蕨、复叶耳蕨、线蕨等属生于酸性土壤上;有的种类适应生于中性或微酸性土壤上。有的耐旱性强,适宜于较干旱的环境,如旱蕨、粉背蕨等;相反地,有的只能生于潮湿或沼泽地区,如沼泽蕨、绒紫萁。因此,从生长的某种蕨类植物,可以标志所在地的地质、岩石和土壤的种类,理化性、肥沃性以及光度和空气中的湿度等,借此判断土壤与森林的不同发育阶段,有助于森林更新和抚育工作。其次,蕨类植物的不同种类,可以反映出所在地的气候变化情况,借此可以划分不同的气候区,有利于发展农、林、牧,提高产量。如生长着桫椤树、地耳蕨、巢蕨的地区,标志着热带和亚热带气候,宜于栽培橡胶树、金鸡纳等植物;生长刺桫椤树的地区,标志着南温带气候,其绝对最低温度经常在冰点以上;生长绵马鳞毛蕨、欧洲绵马鳞毛蕨的地区,标志着北温带气候等。另外,生长石松的地方,一般与铝矿有密切关系。

3. 裸子植物

裸子植物约有800种,隶属5纲,即苏铁纲、银杏纲、松柏纲、红豆杉纲和买麻藤纲,9目,12科,71属。我国有5纲,8目,11科,41属,236种及一些变种和栽培种。

裸子植物是原始的种子植物,无子房构造,胚珠裸露,不形成果实。生活史中孢子体发达,占绝对优势,配子体简化,不能脱离孢子体而独立生活。均为多年生木本植物,有形成层和次生结构。花粉管形成,使受精作用摆脱了水条件的限制,更适应于陆地生活。雌性生殖器官为颈卵器构造,这是较为原始的特征。

裸子植物很多为重要林木,尤其在北半球,大的森林80%以上是裸子植物,如落叶松、冷杉、华山松、云杉、黑松、马尾松、柏木等,也是各地普遍用的绿化树种。裸子植物多数木材质轻、强度大、不弯、富弹性,是很好的建筑、车船、造纸用材。苏铁叶和种子、银杏种仁、松花粉、松针、松油、麻黄、侧柏种子等均可入药。落叶松、云杉等多种树皮、树干可提取单宁、挥发油和树脂、松香等。刺叶苏铁幼叶可食,髓可制西米,银杏、华山松、红松和榧树的种子是可以食用的干果。

4. 被子植物

被子植物是植物界最高级的一类,是当今地球上种类最多、数量最大、进化最高级的一大类植物。它们具有真正的花,胚珠包被在子房中,子房形成果实,种子外有果皮包被,更有利于后代的保护和传播。特有的双受精作用使得后代的生活力、适应性更强。

现知被子植物共1万多属,约20多万种,占植物界的一半,中国有2700多属,约3万种。

被子植物分为两个纲,即双子叶植物纲和单子叶植物纲,它们的基本区别如表3-2所示。

双子叶植物和单子叶植物的区别　　　　　　　　表3-2

分类	双子叶植物纲	单子叶植物纲
子叶	具2片子叶	具1片子叶
根	直根系	须根系
茎	维管束成环状排列,有形成层	维管束成星散排列,无形成层
叶	具网状脉	具平行脉或弧形脉
花	各部分基数为4或5 花粉粒,具3个萌发孔	各部分基数为3 花粉粒,具单个萌发孔
胚	具2片子叶	具1片子叶

3.3 常见园林植物分科简介

3.3.1 裸子植物

（1）苏铁科（Cycadaceae），常绿。茎不分枝，树干粗壮，圆柱形，髓心大。叶二型，鳞叶小，营养叶深裂成羽状，中脉明显，幼叶蜷卷状。雌雄异株，雄球花生于树干顶端，由鳞片状小孢子叶组成；雌球花由大孢子叶组成，大孢子叶上部通常分裂，胚珠生于大孢子叶两侧，胚珠 2～10。种子核果状。共10 属 110 种，分布于热带、亚热带地区。我国仅有苏铁属，约 10 种，产台湾、华南及西南各省区，均为重要的园林植物。

（2）银杏科（Ginkgoaceae），落叶乔木，长短枝明显。叶在长枝上螺旋互生，在短枝上簇生，扇形，二叉脉，叶柄长。雌雄异株，雌球花具长柄，通常顶端分两叉，叉顶各生一胚珠。种子核果状，外种皮肉质，中种皮骨质，内种皮膜质，具丰富胚乳。为中国特有的重要园林植物。

（3）松科（Pinaceae），常绿或落叶乔木，稀灌木。枝仅有长枝，或兼有长枝和短枝。叶条形或针形，稀四棱形，基部不下延。叶在长枝上螺旋状排列，散生；在短枝上簇生，或束生于退化短枝顶端。雌雄同株。雄球花具多数雄蕊，每雄蕊两个花药；雌球花具多数珠鳞，每珠鳞具两个倒生胚珠，苞鳞与珠鳞分离。球果成熟时种鳞张开，很少不张开，每个种鳞具 2 个种子，种子具翅，很少无翅。10 属，约 230 余种，多分布于北半球。我国有 10 属 113 种（包括引种栽培种），广布全国，在东北、西北、西南及华南高山地带组成大面积森林。许多树木为重要的园林绿化和观赏树种，如金钱松、日本五针松等。

（4）杉科（Taxodiaceae），常绿或落叶乔木。树皮长条状剥落。叶螺旋状互生，少有交互对生的。叶形为披针形、钻形、鳞形或条形，叶基部常下延，同一植株上有时具二型叶。雌雄同株，雄球花单生或簇生于枝顶；雌球花顶生，珠鳞螺旋状互生或交互对生，珠鳞与苞鳞半合生或仅顶端分离或完全合生，每珠鳞具 2～9 个胚珠。现有 10 属 16 种，主要分布于北温带。我国有 5 属 7 种，引入 4 属 7 种，土产长江流域以南温暖地带。本科许多树种为重要的园林绿化树种，如柳杉、落羽杉、水杉等。

（5）柏科（Cupressaceae），常绿乔木或灌木。叶对生或轮生，鳞形或刺形，基部下延或有关节不下延。球花单生，雌雄同株或异株，雄蕊及珠鳞均交互对生或三枚轮生，雌球花 3～16 枚。种子具翅或无翅。柏科共 22 属 150 多种，分布于南北两半球。我国有 8 属 30 种，分布几乎遍及全国。多为园林绿化树种，如侧柏、柏木、圆柏、福建柏等。

3.3.2 被子植物

1. 双子叶植物

（1）石竹科（Caryophyaceae），草本，茎节部常膨大。单叶对生，全缘，基部常横向相连。花两性，辐射对称，组成聚伞花序或单生；萼片 4～5，分离或合生成管状，花瓣与萼片同数，有时无花瓣，雄蕊数为花瓣数的2倍，分离；心皮2~5，合生；子房上位，一室，特立中央胎座。蒴果，常瓣裂或顶端齿裂，稀为浆果。常见园林植物有石竹、香石竹、剪夏罗、剪秋罗、丝石竹等。

(2) 木兰科 (Magnoliaceae)，乔木或灌木。顶芽大，包被于大型托叶内，枝节上留有环状托叶痕。单叶互生，多全缘，稀缺裂，羽状脉。花大，多两性，花单生，花被、雄蕊、雌蕊均分离，花被片二至数轮，每轮三；雄蕊多数，雌蕊心皮多数。聚合果，少有翅果、坚果。有15属250种，分布于亚洲东部、东南部，北美南部。我国有11属，是组成亚热带和南亚热带森林的重要树种。本科植物花大而美丽，多为重要绿化、庭园树种。如白玉兰、广玉兰、含笑、鹅掌楸等。

(3) 腊梅科 (Calycanthaceae)，落叶或常绿灌木；皮部有含油细胞，芳香。鳞芽或叶柄包芽。单叶，对生，全缘；无托叶。花两性，单生，先叶开放；花被片多数，螺旋状着生于杯状花托外围，内轮花瓣状。聚合瘦果，果托坛状；瘦果具一种子。有两属，分布于东亚、北美。我国有2属4~5种，产于南部，均为重要的木本花卉，如腊梅等。

(4) 樟科 (Lauraceae)，常绿或落叶，多为乔木，细胞含油，有香气。单叶互生、对生或近对生，少有轮生；叶全缘，少有分裂。聚伞花序圆锥状排列，或总状、伞形花序，花小，两性或单性。浆果或核果。约有45属2000余种。我国约有20属450余种，主产秦岭、淮河以南地区，少数种类可分布至辽宁南部，多为珍贵园林绿化树种，有些是香料植物。如樟树、紫楠等。

(5) 毛茛科 (Ranunculaceae)，草本或草质藤本，稀木本。叶基生、互生，少对生。单叶有裂或为复叶，无托叶。花两性，稀单性，多整齐花，花的各部分均未分离；萼片3至多数，雄蕊多数，心皮多数，离生，常呈螺旋状排列，子房一室，胚珠一至多个。聚合蓇葖果或聚合瘦果，稀浆果。本科主要园林植物有花毛茛、飞燕草等。

(6) 山茶科 (Theaceae)，乔木或灌木。单叶，互生；无托叶。花两性，少有单性，通常大而整齐，单生，簇生，少有聚伞或圆锥花序；萼片5，少有4~9，覆瓦状排列；花瓣5，少有4~9或多数；雄蕊多数，少有5或10；花丝有时基部连合或成束。蒴果、浆果或核果状。我国有15属340种。多为重要的木本花卉，如山茶花、金花茶，花大而艳丽，有极高的观赏价值，是培育茶花新品种的种质资源。

(7) 十字花科 (Cruciferae)，多为草本。叶互生，基生叶常呈莲座状，无托叶。花两性，辐射对称，常呈总状花序；萼片4，分离，两轮，花瓣4，具爪，排成十字形；雄蕊6，2短4长，雌蕊二，心皮合生，子房上位，侧膜胎座，中央被假隔膜，呈两室，每室常具多数胚珠。角果。常见的园林植物有桂竹香、诸葛菜、紫罗兰、香雪球等。

(8) 悬铃木科 (Platanaceae)，落叶乔木。叶柄下芽。单叶互生，掌状分裂，少有不分裂；掌状脉，少有羽状脉；托叶常鞘状；枝叶被星状毛。花单性，雌雄同株，头状花序；花小，绿色，不明显；萼片 3 ～ 8，花瓣 3 ～ 8；雄花具 3 ～ 8 雄蕊，药隔盾状；雌花具 3 ～ 8 离心皮雌蕊。小坚果窄长，倒圆锥形，基部围有长毛，花柱宿存；种子一。有一属 10 种，分布于北美至中美、欧洲东南部、亚洲西南部至东南部。我国引入三种，均为优良庭荫树和行道树。

(9) 金缕梅科 (Hamamelidaceae)，乔木或灌木。单叶互生，掌状脉或羽状脉；托叶线形或为苞片状。花序呈头状、穗状或总状，两性或单性同株，萼片 4 ～ 5，花瓣 4 ～ 5 或无；雄蕊 4 ～ 5 或更多，子房半下位或下位，少有上位。蒴果。有 28 属 140 余种，我国有 17 属约 75 余种，主产于南部各省区。本科部分植物为常见的园林绿化树种，如枫香、檵木等。

(10) 蔷薇科 (Rosaceae)，乔木、灌木、草本或藤本，有刺或无刺。单叶或复叶，互生；常具托叶，少有无托叶。花两性，少有单性，花形整齐对称；萼片和花瓣 5 或 4；雄蕊 5 至多数，花丝分离；心皮一至多数，离生至合生；子房上位、半下位或下位。果为核果、梨果、瘦果、蓇葖果，少有蒴果，种子常无胚乳。有 124 属 3300 余种，分布遍及全球，以北温带居多。我国是世界上蔷薇科植物的分布中心之一，有 4 亚科 51 属 1000 余种，分布全国各地。

本科系温带经济植物大科，种类多，形态变异大，多为果树、花卉、园林、香料植物，如香水月季、玫瑰、樱花、火棘、麻叶绣球、石楠、山楂、贴梗海棠等。本科分为四个亚科：绣线菊亚科、苹果亚科、蔷薇亚科和梅亚科。各亚科形态特征见检索表：

1. 果实为开裂的蓇葖果，稀为蒴果；心皮 1 ～ 5（～ 12），分离或连合，每心皮有二至多数胚珠；托叶有或无……………………………… (1) 绣线菊亚科

1. 果实不开裂，叶具托叶

2. 子房下位或半下位；心皮（1）2 ～ 5，多数与杯状花托内壁连合，花托在结果时变成肉质梨果或浆果………………………………… (2) 苹果亚科

2. 子房上位，少数下位

3. 心皮多数，生于膨大的花托上，或仅 1 ～ 2 个心皮生在宿萼上，每心皮有 1 ～ 2 颗胚珠；果实为瘦果，稀为核果；复叶，稀为单叶…… (3) 蔷薇亚科

3. 心皮常为一个，少数 2 或 5 个，核果，萼常脱落，单叶具托叶

………………………………………… (4) 梅亚科

(11) 豆科 (Leguminosae)，为双子叶植物，乔木、灌木、亚灌木或草本，直立或攀缘，常有能固氮的根瘤。叶常绿或落叶，通常互生，稀对生，常为一回或二回羽状复叶，少数为掌状复叶或 3 小叶、单小叶或单叶，叶具叶柄或无；托叶有或无，有时或变为棘刺。花两性，稀单性，辐射对称或两侧对称，呈总状花序、聚伞花序、穗状花序、头状花序或圆锥花序；花被二轮；萼片（3 ～）5（6），分离或连合成管，有时二唇形，稀退化或消失；花瓣（0 ～）5（6），常与萼片的数目相等，稀较少或无，分离或连合成具花冠裂片的管，或有时构成蝶形花冠，雄蕊通常 10 枚，有时 5 枚或多数，单体或二体雄蕊，子房上位，

一室，侧膜胎座，荚果。

豆科是被子植物中仅次于菊科及兰科的三个最大的科之一，分布极为广泛，有很多观赏或园林绿化树种，如合欢、金合欢、槐树、红豆树、紫藤等。

一般分为三个亚科：含羞草亚科、云实亚科和蝶形花亚科，各亚科形态特征见检索表：

1. 花冠辐射对称，花瓣镊合状排列，雄蕊通常多数……（1）含羞草亚科

1. 花冠两侧对称，花瓣覆瓦状排列，雄蕊通常10枚

2. 花冠假蝶形，最上面一花瓣最小，位于最里面，雄蕊分离
………………………………………………………………（2）云实亚科

2. 花冠蝶形，最上面一花瓣最大，位于最外面，雄蕊通常合生成二体或单体
…………………………………………………………（3）蝶形花亚科

（12）芸香科（Rutaceae），木本，少有草本；体内具有芳香的挥发油。叶互生或对生，复叶，少有单叶；叶片具透明油腺点，无托叶。花两性，少有单性；花组成各式花序或单生；萼片4～5；花瓣4～5；雄蕊与花瓣同数或倍数，着生于花盘基部；子房上位，心皮3～5离生或合生成4～5室。蓇葖果、蒴果、核果、浆果、柑果或翅果；种子有或无胚乳。我国有28属约154种。有些植物是重要的果树及观赏植物，如柑橘等。

（13）槭树科（Aceraceae），落叶或常绿，乔木或灌木。叶对生，无托叶，单叶，有时羽状或掌状复叶；花序为伞房状、穗状、聚伞状；花小，两性或杂性、单性；萼、瓣4～5；花盘杯状；雄蕊4～12，通常8；子房上位；二室，每室胚珠二；花柱二裂，仅基部联合。翅果。有2属200种，分布于北温带和热带、亚热带高山，以东亚最为繁盛。我国有2属，约140多种。多为园林观赏树种，如三角枫、五角枫等。

（14）无患子科（Sapindaceae），常绿或落叶，乔木或灌木，少有藤本。羽状复叶，少有掌状复叶或单叶，互生，无托叶。花单性或杂性，整齐或不整齐，总状、伞房或圆锥花序；萼4～5，雄蕊8～10，花丝分离；花盘发达，子房上位。蒴果、浆果或核果；种子具假种皮或无。有150属2000种，分布于热带和亚热带，少数分布于温带。我国有25属56种，主产长江流域以南。本科植物多为很有价值的园林树种，如栾树、无患子等，亦有一些为热带、亚热带著名果树，如龙眼、荔枝、红毛丹等。

（15）锦葵科（Malvaceae），草本、灌木或乔木。常被星状毛。叶互生，通常为掌状脉，有时分裂，托叶常早落。花两性，辐射对称，萼片3～5，常有副萼3至多数；花瓣5，雄蕊多数，连合成一管称雄蕊柱，子房上位，二至多室。果为蒴果，罕为浆果状。本科重要的园林植物如锦葵、蜀葵、秋葵和木槿等是庭园观赏植物。

（16）秋海棠科（Begoniaceae），一年生或多年生肉质或木质草本，或灌木，罕小乔木，常有根茎或块茎。茎常有节，直立，匍匐状或攀缘状。单叶互生，罕对生，全缘、具齿或分裂，基部歪斜，两侧常不对称；托叶二，常脱落。花

单性，雌雄同株，辐射对称或两侧对称，通常组成腋生的二歧聚伞花序；雄花：萼片二，少有 5；花瓣 2～5 或无；雄蕊多数，花丝分离或基部合生，花药顶孔开裂；雌花：花被片 2～5；子房下位，稀半下位，2～3 室，稀 4～6 室，中轴胎座，稀一室而为侧膜胎座。果为蒴果或浆果。

秋海棠科植物的花或叶色彩鲜艳，常用作室内盆栽植物或园艺植物。比较著名的有：球根秋海棠、四季秋海棠、蟆叶秋海棠、铁十字秋海棠、秋海棠、彩叶秋海棠等。

(17) 杜鹃花科（Ericaceae），常绿或落叶灌木，少有乔木。单叶互生，无托叶。花两性，辐射对称或稍左右对称，花单生、簇生或组成花序，花瓣 4～5，合生成钟状、漏斗状或管状，少有分离，具花盘或缺，子房上位，胚珠多数，花柱单生。蒴果，少有浆果或核果。全世界约有 50 属 1300 多种，分布于温带、亚热带和热带山区。我国有 14 属 700 余种，全国均产，以西南部最多，其中杜鹃花属我国约有 600 余种，多为观赏植物，如映山红、大树杜鹃等。

(18) 木犀科（Oleaceae），常绿或落叶，乔木或灌木。单叶或复叶，对生，少有轮生或互生；无托叶。花两性，少有单性，顶生或腋生，圆锥、聚伞花序或簇生，少单生；花冠合瓣，常 4 裂或缺；雄蕊 2（3～5），着生花冠上；子房上位。核果、浆果、翅果或蒴果。有 29 属 600 种，广布温带、亚热带及热带地区。我国有 11 属 200 余种，分布于南北各省。多数种类为观赏花木，如桂花、迎春花等。

(19) 夹竹桃科（Apocynaceae），乔木，直立灌木或木质藤本，也有多年生草本。具乳汁或水液。无刺，稀有刺。单叶对生、轮生，稀互生，全缘，稀有细齿，羽状脉。花两性，辐射对称，单生或多杂组成聚伞花序，顶生或腋生；花萼裂片 5，稀 4，基部合生成筒状或钟状，裂片通常为双盖覆瓦状排列，基部内面通常有腺体；花冠合瓣，高脚碟状、漏斗状、坛状、钟状、盆状，稀辐状，裂片 5，稀 4，覆瓦状排列，花冠喉部通常有副花冠或鳞片或膜质或毛状附属体；雄蕊 5 枚，花丝分离，花药长圆形或箭头状，二室，分离或互相粘合并贴生在柱头上；子房上位，稀半下位，1～2 室。果为浆果、核果、蒴果或蓇葖果。夹竹桃科的庭园观赏植物有蔓长春花、夹竹桃、黄花夹竹桃、络石等。

(20) 玄参科（Scrophulariaceae），大多为草本，少数灌木或乔木。单叶对生，稀互生或轮生，无托叶。花两性；萼 4～5 裂，常宿存；花冠合瓣，二唇形，少辐射对称，裂片（3）4～5；雄蕊多为 4，二强，少为 2 或 5，其第 5 枚常退化；子房上位，二室。果多为蒴果，少有浆果。本科观赏植物有金鱼草、爆仗竹、五蕊花等。

(21) 忍冬科（Caprifoliaceae），灌木、小乔木或木质藤本。叶对生，稀轮生，单叶，很少为奇数羽状复叶，无托叶或具叶柄间托叶，或托叶退化成腺体。花序聚伞状，或由聚伞花序集合成伞房或圆锥式的复花序，有时排成总状或穗状花序，常具发达的小苞片。花两性，极少杂性；花冠合瓣，辐状、筒状、高脚碟状、漏斗状或钟状，（4～5）裂，稀 3 裂，具 1～5 枚蜜腺，有时花冠二唇形，筒基部有时膨肿或呈囊状或距状；雄蕊4～5，极少三枚；子房下位，由2～5枚心皮合成，2～5（7～10）室。果实为肉质浆果、核果、蒴果、瘦果或坚果。

（22）菊科（Compositae），草本，稀灌木，有的具乳汁。叶互生，稀对生、轮生，无托叶。头状花序，在花序基部是由多数苞片组成的总苞；头状花序可再集成总状、穗状、伞房状或圆锥状的复花序。花两性，少有单性或中性，辐射对称或两侧对称，花萼常退化成冠毛或鳞片。花冠合瓣，又分两大类：①管状花，辐射对称，先端5裂；②舌状花，两侧对称，花冠连合成舌状，先端5齿或3齿。头状花序上有的全为舌状花或管状花，或花序边缘的花为舌状花，花序中央的花为管状花。雄蕊5，为聚药雄蕊，着生在花冠管上；雌蕊2，心皮合生，子房下位，一室，一胚珠。瘦果，顶端常有宿存冠毛或鳞片。常见的园林植物有菊花、翠菊、金盏菊、万寿菊、雏菊、非洲菊、百日草等。

2. 单子叶植物

（1）百合科（Liliaceae），多数为草本。地下具鳞茎或根状茎，茎直立或呈攀缘状，叶基生或茎生，茎生叶常互生，少有对生或轮生。花单生或聚集成各式各样的花序，花常两性，辐射对称，各部为典型的三出数，花被片6，花瓣状，两轮，离生或合生。雄蕊6，花丝分离或连合。雌蕊三心皮合生，子房上位，常为三室，中轴胎座，蒴果或浆果。产于温带和亚热带。常见园林植物有百合、郁金香、万年青、玉簪、吊兰、沿阶草等。

（2）石蒜科（Amaryllidaceae），草本，有鳞茎或根茎。叶线形，基生或互生。花被片6，排成两轮，雄蕊6，两轮，三心皮合生复雌蕊，子房下位，三室。蒴果。常见园林植物有水仙、朱顶红、君子兰、网球花等。

（3）禾本科（Poaceae（Gramineae）），一年生或多年生草木，有时为乔木状或灌木状。秆（地上茎）圆筒形，少有扁平，有节，节间中空，少有实心。单叶，互生，二列，有叶鞘、叶耳、叶舌、叶片等部分。花两性，少有单性；小穗由颖及一至多朵花组成，排成穗状、总状、头状或圆锥花序；花由外稃、内稃、鳞被（浆片）、雄蕊及雌蕊组成；雄蕊3（1～6），花药二室，纵裂；子房上位，二室，胚珠二，花柱通常二，少有一或三，柱头通常羽毛状。颖果，少有坚果、浆果。我国有两个亚科225属，约1200种，全国各地均有分布，本科是被子植物中的大科，根据茎是否木质化可分为禾亚科和竹亚科两类。

禾亚科一般为一年生或多年生草本，秆通常草质。秆生叶为普通叶，叶片为狭长披针形或线形，具中脉，通常无叶柄，叶片与叶鞘之间无明显关节，不易从叶鞘脱落。草坪草很多都是禾亚科的植物，如早熟禾、高羊茅、剪股颖等，粮食作物如玉米、水稻、小麦、高粱等也属于禾亚科。

竹亚科为乔木或灌木，少数为藤本。地下茎又称竹鞭。地下茎上或秆基上的芽能发育出土成笋，笋脱箨成秆。秆通常为圆筒形，中空，有节，每节有两环，下环称箨环，上环称秆环，两环之间称为节内，两节之间称为节间。多为颖果，少为坚果或浆果。许多竹种是重要的园林绿化和观赏树种，如毛竹、佛肚竹、紫竹等。

（4）棕榈科（Palmae），常绿乔木或灌木；茎通常不分枝，直立或有时攀缘，树干常具宿存叶基或环状叶痕。单叶，大型，羽状或掌状分裂，通常聚生树干顶；叶柄基部常扩大成纤维质叶鞘。花小，整齐，两性、单性或杂性；圆锥、肉穗花序，具一至多枚大型的佛焰苞；浆果、核果或坚果。我国有 22 属 72 种，分布于热带和亚热带。该科植物树形优美，多为重要的庭园绿化及行道树。如蒲葵（扇叶葵）、棕榈等。

（5）天南星科（Araceae），草本，具块茎或伸长的根茎，有时茎变厚而木质，直立、平卧或用小根攀附于他物上，少数浮水，常有乳状液汁；叶通常基生，如茎生则为互生，呈两行或螺旋状排列，形状各式，剑形而有平行脉至箭形而有网脉，全缘或分裂；花序为一肉穗花序，外有佛焰苞包围；花两性或单性，辐射对称；花被缺或为 4～8 个鳞片状体；雄蕊一至多数，分离或合生成雄蕊柱，退化雄蕊常存在；子房一，由一至数心皮合成，每室有胚珠一至数颗；果浆果状，密集于肉穗花序上。天南星科观叶植物均具有独特的叶形、叶色，是优良的室内观赏植物，如绿巨人、白掌、天堂万年青、绿萝等。

（6）兰科（Orchidaceae），多年生草本，陆生、附生或腐生。叶通常互生，两列或螺旋状排列，极少对生或轮生。花两性，极少单性，两侧对称；花片 6，两轮，外轮三枚花瓣状，其中央 1 枚称中萼片，有时凹陷与花瓣结合；内轮三枚，其中央一片特化为唇瓣。雄蕊二或一，与花柱、柱头完全愈合成蕊柱，呈圆柱状。子房下位，一室，侧膜胎座。蒴果。常见园林植物有春兰、蕙兰、建兰、寒兰、卡特兰、万带兰、蝴蝶兰等。

3.4 园林植物人为分类法

园林植物人为分类法是以植物系统分类法中的"种"为基础，根据园林植物的生长习性、观赏特性、园林用途等方面的差异及综合性，人为划分类型的一种方法，这种方法简单明了、操作和实用性强，在园林生产建设上普遍使用。

3.4.1 按生长习性分类

（1）乔木类：树体高大，具明显的主干者为乔木（6m 以上）。具有明显高大主干，又可依其高度分为伟乔（31m 以上）、大乔（21～30m）、中乔（11～20m）和小乔（6～10m）等四级。依叶片大小和形态，乔木类植物可分为两大类。

①针叶乔木：叶片细小呈针状、鳞片状或线形、条形、钻形、披针形等。除松属、柏属、杉属等裸子植物为此类外，木麻黄、柽柳等叶形细小的被子植物常被置于此类。

②阔叶乔木：叶片宽阔，大小和叶形各异，包括单叶和复叶，种类较多。

（2）灌木类：树体矮小，通常无明显主干，多数呈丛生状或分枝较低。包括针叶树与阔叶树，常绿树与落叶树等类型，常作观叶、观花、观果以及基础种植，盆栽观赏树种。

（3）藤蔓类：地上部分不能直立生长，常借助茎蔓、吸盘、吸附根、钩刺等攀附他物上生长。藤蔓类植物主要用于园林垂直绿化。

（4）匍地类：干、枝等均匍地生长，与地面接触部分可长出不定根，如铺地柏、旱金莲等。

（5）草本类：植物体含水量高，柔软，生命周期较短。

这类植物依其生态习性分为：

①一年生草花：即春播草花。指春天播种，在当年内开花结实的种类，均不耐严寒，冬季到来前枯死，如凤仙花、鸡冠花、一串红、千日红等。其中多数种类为短日照植物。

②二年生草花：即秋插花卉。指秋季播种，第二年春天开花的种类，它们在室外过冬，耐寒性强，如三色堇、雏菊、花菱草等。这一类多为长日照植物。

③多年生草花：生活期比较长，一般为2年以上的草本植物，有些植物的地下部分为多年生，如宿根或根茎、鳞茎、块根等变态器官，而地上部分每年死亡，待第二年春又从地下部分长出新枝，开花结实，如水仙花、郁金香、大丽菊等；另外有一些植物的地上和地下部分都为多年生的，经开花、结实后，地上部分仍不枯死，并能多次结实，如万年青、麦门冬等。

3.4.2 依对环境因子的适应能力分类

1. 按照热量因子

按自然分布区域内的温度状况分：热带树种，亚热带树种，温带树种和寒带亚寒带树种。

根据植物对温度的适应性和抗寒性，可将其分为三大类：耐寒树种、不耐寒树种、半耐寒树种。

2. 按照水分因子

（1）旱生植物：指在干旱环境中能长期忍受干旱而正常生长发育的植物类型。本类植物多见于雨量稀少的荒漠地区和干燥的低草原上，个别的也可见于城市环境中，如柽柳、沙拐枣、仙人掌等。

（2）中生植物：大多数植物均属于此类型，它们不能忍受过干和过湿的条件。此类植物种类众多，因而对于干和湿的忍耐程度有很大的差异。耐旱力极强的种类具有旱生性状的倾向，耐湿力极强的植物具湿生植物的倾向。如中生植物油松、侧柏、酸枣等有较强的耐旱性，但仍以在干湿适度的环境中生长最佳，而如桑树、乌桕、紫穗槐等，则有较强的耐水湿能力，但仍以在中生环境中生长最好。

（3）湿生植物：需生长在潮湿的环境中，若在干燥或中生的环境下则生长不良。如鸢尾、半边莲、池杉、水松等。

（4）水生植物：生长在水中的植物。它可以分为三种类型。

①挺水植物：植物体的大部分露出在水面以上的空气中，如芦苇、香蒲、荷花等。

②浮水植物：叶片漂浮在水面的植物，如睡莲、凤眼莲、浮萍等。

③沉水植物：植物体完全沉没在水中，如金鱼藻、苦草等。

3．依照光照因子

（1）阳性植物：在全日照下生长良好而不能忍受荫蔽的植物，如落叶松属、水杉属、桉属等。

（2）中性植物：在充足的阳光下生长最好，但亦有不同程度的耐阴能力，在高温、干旱时在全光照下生长受抑制。中性植物中包括偏阳、偏阴两种，如榆属、朴属等为中性偏阳，槐、木荷、圆柏、罗汉松等为中性偏阴。

（3）阴性植物：在较弱的光照条件下比在全日照光照条件下生长良好的植物，如许多生长在潮湿、阴暗密林中的草本植物，如人参、三七、合果芋、竹芋等。

4．按土壤因子

（1）酸性土植物：在酸性土壤中生长最好、最多的植物。土壤的 pH 值一般在 6.5 以下，如杜鹃、山茶、马尾松、石榴、大多数棕榈科植物等。

（2）中性土植物：在中性土壤上生长最佳的植物。土壤的 pH 值一般在 6.5～7.5 之间，大多数的花草树木均属此类。

（3）碱性土植物：在呈碱性的土壤上生长最好的植物。土壤的 pH 值一般在 7.5 以上，如柽柳、紫穗槐、沙棘、沙枣等。

3.4.3　按主要观赏性状分类

（1）观叶树木：叶色、叶形、叶大小或着生方式独特的植物。如银杏、鸡爪槭、黄栌、红叶李等。

（2）观形树木：树冠形态和姿态方面有较高观赏价值的植物。如苏铁、南洋杉、雪松、圆柏等。

（3）观花树木：在花色、花形、花香上有突出表现的植物。如牡丹、月季、梅花、米兰、玉兰等。

（4）观果树木：果实形状独特或色彩鲜艳，或果实丰满且挂果时间长的一类植物。如南天竹、火棘、金橘、石榴等。

（5）观枝干树木：植物枝、干具有独特风格或奇特色泽的植物。如红瑞木、梧桐、棕榈等。

3.4.4　按园林用途分类

1．孤植树

通常以单株的形式布置在花坛、广场、草坪中央、道路交叉点等处，起主景、局部点景或遮阴作用的一类树木，赏其花、果、叶等，如白皮松、雪松、广玉兰、合欢、苏铁、紫薇、樱花等。

2．庭荫树（绿荫树）

庭荫树是植于庭园或公园取其绿荫为主要目的的树种。这类树一般冠大荫浓，常为落叶乔木；生长较快，寿命较长；抗病虫害；树干通直，分枝点高，便于人们在树下活动；花果繁茂，树姿挺秀；不污染地面，能保持环境卫生。宜作庭荫树的树种有银杏、青桐、榔榆、朴树、槐树、七叶树、樟树、榕树等。

3. 隐蔽树

凡利用树木茂密的树冠枝叶，以遮掩或转移园林中某些建筑物或简陋视点，增加园林整体艺术效果的树木，称为隐蔽树。如千头柏、桧柏、蚊母、女贞、珊瑚树、杨梅、大叶黄杨、夹竹桃等密植，都能起遮挡视线的隐蔽作用。

4. 行道树类

行道树指栽植在道路系统，如公路、街道、园路、铁路等两侧的树种。行道树整齐排列，以遮阴、美化为主要目的。要求其树冠整齐，冠幅大，树姿优美，分枝点高，抗逆性强，耐修剪，无恶臭或其他凋落物污染环境，如水杉、落羽杉、樟树、悬铃木、杨树、楝树、银杏、鹅掌楸、七叶树等。其中银杏、鹅掌楸、椴树、悬铃木、七叶树被称为世界五大行道树种。

5. 抗污染植物

这类植物对烟尘及有害气体有较强的抗性，还能吸收部分有害气体，起到净化空气的作用，特别适合于厂矿和特殊地区绿化选用。如夹竹桃、臭椿、构树、悬铃木、荷花玉兰、珊瑚树、合欢等。

6. 垂直绿化植物

利用缠绕式攀缘植物来绿化建筑、篱笆、园门、亭廊、棚架等称垂直绿化。如墙面绿化可选用爬山虎、络石、薜荔、常春藤等具吸盘或不定根的植物种类，棚架绿化可选用紫藤、使君子、凌霄、金银花等。

7. 绿篱植物

绿篱植物的主要作用是分隔空间、屏障视线，或作为雕塑、喷泉的背景。要求绿篱树种耐修剪、多分枝、耐阴、耐寒、生长缓慢、四季常青、适于密植。

绿篱种类很多，从形式来分，有自然式和规则式两种，从观赏性质来分，有花篱、果篱、绿篱、刺篱等，从高度来分，有高篱（1m 以上）、中篱（1m 左右）和矮篱（50cm 以下）。

各类绿篱种类列举如下：

花篱：栀子花、山茶、茉莉、扶桑、九里香、月季、玫瑰、木槿、榆叶梅、杜鹃、麻叶绣球、绣线菊、金钟花等。

果篱：南天竹、火棘、枸骨、枸杞等。

刺篱：枸橘、小檗、阔叶十大功劳、蔷薇等。

高篱：侧柏、桧柏、刺柏、女贞、珊瑚树、蚊母、杨梅等。

中篱：千头柏、大叶黄杨、小叶女贞、火棘、栀子等。

矮篱：瓜子黄杨、雀舌黄杨等。

8. 地被植物类

高度在 50cm 以内，铺展能力强，处于园林绿地植物群落底层的一类植物。地被植物的应用可以避免地表裸露，防止尘土飞扬和水土流失，还可以装点园林景观。地被植物以耐阴、耐践踏和适应能力强的种类为主，如铺地柏、金连翘、葱兰、结缕草、鸢尾类、石蒜类、麦冬类、玉簪类等。

9. 桩景类

桩景植物指经过人工整形修剪形成各种图案的单株或绿篱。这类植物的要求与绿篱基本一致，但以常绿种类、生长较慢者更佳，如罗汉松、日本五针松、叶子花、六月雪、榔榆、紫薇等。

10. 花木类

通常是指有美丽、芳香的花朵，色彩鲜艳的果实或供观赏的叶形与叶色的灌木和小乔木。这类树木种类繁多，观赏效果显著，在园林中应用广泛，如梅花、牡丹、月季、杜鹃、山茶、桂花、玉兰、红叶李、金钟花等。

11. 花坛植物

通常是指在园林里布置花坛、花境的草本花卉。这类植物要求植株低矮、生长整齐、株丛紧密、花期集中、花色艳丽或有观叶价值，便于经常更换及移栽布置。故常选用一、二年生花卉。一般适宜作花坛布置的植物有翠菊、一串红、孔雀草、金菊、三色堇、雏菊、石竹、五色苋、羽衣甘蓝等。

上述按在园林绿化中的用途将园林植物进行了分类，也不是绝对的，有些植物，尤其是树种，既有花、果、叶的观赏价值，又有绿荫、隐蔽、攀缘等功能。因此，在选择和配置植物时，要灵活运用，发挥园林植物多方面的作用。而本教材的花卉、树木部分也是以综合人为分类法来划分的。

本章小结

园林植物属于高等植物，数量众多，为了便于识别、应用，必须将植物分门别类，使种类繁多、千变万化的植物按一定的顺序排成分类系统。

植物分类的基础知识主要介绍分类方法、分类单位、植物命名、检索表的运用。

植物分类的方法大致可分为两种，一种是人为的分类方法，是人们按照自己的习惯，选择植物的一个或几个特点，作为分类的标准；另一种是自然分类方法，是以植物亲缘关系的亲疏远近作为分类标准。园林植物的自然分类包括在植物分类之中。

在自然分类系统中各类分类单位按高低和从属关系顺序排列，具体规定了以下分类单位，即界、门、纲、目、科、属、种等级次，各级又可根据情况再分为亚级，在各级单位前用"亚"来表示。"种"定为基本单位，亚种是种内的变异类型，除在形态构造上有显著的变化特点外，在地理分布上也有一定的地带性分布区域；变种也是种内的变异类型，虽然在形态构造上有显著变化，但没有地带性分布区域；变型是指在形态特征上变异比较小的类型。在园林、园艺等应用科学及生产实践中，尚存在大量由人工培育而成的植物，当达到一定的数量成为生产资料时即可称为该种植物的"品种"。

植物的名称有俗名和学名之分。俗名地方通用、一说皆知，具有描述性、形象性的特点，但有同物异名或同名异物的混乱现象；植物的学名由两个拉丁词组成，第一个词是属名，多是名词；第二个词为种名，常用形容词，形容该植物的主要特征。这种命名方法是由林奈提出的。

植物分类检索表是鉴别植物种类的重要工具之一。检索表的编制是根据法国人拉马克的二歧分类原则，把原来一群植物相对的特征分成相对应的两个分支，再把每个分支中相对的性状又分成相对应的两个分支，依次分下去。通常有分科、分属和分种检索表。检索表常见的有三种形式：定距式检索表、平行式检索表和连续平行式检索表。

植物界约有植物50万种。按照从低等到高等，从简单到复杂，从水生到陆生的规律演变与进化，把所有植物分为低等植物和高等植物两大类，低等植物包括藻类、菌类和地衣三类，高等植物包括苔藓、蕨类、裸子植物和被子植物四类。

裸子植物中常见的园林植物主要科为苏铁科、银杏科、松科、杉科和柏科。被子植物中常见的园林植物主要科为双子叶植物：石竹科、木兰科、腊梅科、樟科、毛茛科、山茶科、十字花科、悬铃木科、金缕梅科、蔷薇科、豆科、芸香科、槭树科、无患子科、锦葵科、秋海棠科、杜鹃花科、木犀科、夹竹桃科、玄参科、忍冬科、菊科；单子叶植物：百合科、石蒜科、禾本科、棕榈科、天南星科、兰科等。

园林植物的人为分类法是以植物系统分类法中的"种"为基础，根据园林植物的生长习性、观赏特性、园林用途等方面的差异及综合性，人为划分类型的一种方法，这种方法简单明了、操作和实用性强，在园林生产建设上普遍使用。

按生长习性分类。园林植物分为乔木类、灌木类、藤蔓类、匍地类、草本类；乔木类又分为针叶乔木、阔叶乔木。草本植物依其生态习性分为一年生草本、二年生草本、多年生草本。

依对环境因子的适应能力分类。可按照热量因子进行分类，如按自然分布区域内的温度状况分：热带树种、亚热带树种、温带树种和寒带亚寒带树种。根据植物对温度的适应性和抗寒性，可将其分为三大类：耐寒树种、不耐寒树种、半耐寒树种。还可按照水分因子进行分类，分为旱生植物、中生植物、湿生植物和水生植物，其中水生植物还可以分为三种类型：挺水植物、浮水植物、沉水植物。依照光照因子进行分类，分为阳性植物、中性植物、阴性植物。又可按照土壤因子进行分类，分为酸性土植物、中性土植物、碱性土植物。

按主要观赏性状分类。园林植物分为观叶树木、观形树木、观花树木、观果树木、观枝干树木。

按园林用途分类。园林植物分为独赏树（孤植树、标本树、赏形树）、庭荫树（绿荫树）、隐蔽树、行道树类、抗污染植物、垂直绿化植物、绿篱植物、地被植物类、桩景类、花木类、花坛植物。

复习思考题

3—1　植物分类的方法有哪些？

3—2　植物分类单位有哪些？

3—3　什么是种？什么是植物的亚种、变种、变型和品种？

3—4　何为植物的学名？如何对植物进行命名？

3—5　植物检索表编制的依据是什么？常见的检索表有哪些形式？

3—6　低等植物和高等植物有哪些区别？各包括哪些植物大类？

3—7　描述苏铁科、银杏科、松科、杉科和柏科的形态特征。

3—8　描述石竹科的形态特征。

3—9　描述木兰科、腊梅科、樟科、毛茛科的形态特征。

3—10　描述金缕梅科、悬铃木科的形态特征。

3—11　描述山茶科、十字花科、锦葵科、秋海棠科、杜鹃花科的形态特征。

3—12　描述蔷薇科、豆科、芸香科、槭树科、无患子科的形态特征。

3—13　描述木犀科、夹竹桃科、玄参科、忍冬科、菊科的形态特征。

3—14　描述百合科、石蒜科、禾本科、棕榈科、天南星科、兰科的形态特征。

3—15　按生长习性园林植物可分成哪些类型？

3—16　按照植物对热量、温度、水分、光照、土壤因子的适应能力，植物可分为哪些类型？

3—17　按照观赏性状，植物可分为哪些类型？

3—18　按照园林用途，植物可分为哪些类型？

本章实践指导

一、苔藓、蕨类与裸子植物代表类型的观察

（本次教学可通过实验方式进行）

实验目的

通过对代表植物的观察，了解高等植物不同类群的形态结构特征。

实验材料

器具：显微镜、载玻片、盖玻片、镊子、吸水纸、纱布块、放大镜。

试剂：蒸馏水。

植物材料：新鲜地钱标本、新鲜葫芦藓标本、地钱精子器切片、地钱颈卵器切片、真蕨原叶体装片、苏铁大小孢子叶球干制或浸制标本、新鲜真蕨标本（如铁芒萁、海金沙、井栏边草、鳞毛蕨）、新鲜水生蕨类（如青萍或紫萍、槐叶萍、满江红等）标本、湿地松雌球果标本。

实验内容

（一）苔藓植物

苔藓植物是水生生活向陆生生活的过渡类型，是一类原始的高等植物。植物体有茎、叶和假根分化。配子体发达，孢子体简化。

（1）苔类：地钱是最常见的苔类，多生于潮湿处。取新鲜地钱观察，植物体（配子体）为二叉分枝的叶状体，有背腹之分。生长季节背面（上面）能见到胞芽胚，其内产生胞芽，可进行营养繁殖；腹面生有假根和鳞片，可固着和保水。地钱雌雄异体，有性生殖时分别在雌雄配子体上产生雌器托、雄器托。雌器托顶盘有若干条指状深裂，颈卵器着生其上。取地钱颈卵器切片用低倍镜观察，可以看到指状芒线下方倒悬挂着瓶状颈卵器。高倍镜下颈卵器可区分为颈部和腹部，再仔细观察外面的壁细胞和里面的颈沟细胞、腹沟细胞与卵细胞。雄器托顶盘边缘浅波状，精子器着生在顶盘的小孔中。取地钱精子器切片用低倍镜观察，可见椭圆形精子器陷于顶盘中，精子器外壁由一层薄壁细胞构成，内部充满精细胞。精卵细胞借助于水结合成为合子，经胚发育阶段变成孢子体。孢子体寄生，由孢蒴、蒴柄和基足三部分组成。

（2）藓类：取新鲜葫芦藓观察，葫芦藓植株矮小，长 1 ~ 3cm，有茎叶分化，假根固着，雌雄同株不同枝。雌枝顶端产生雌器苞，其外形似一个顶芽，其中有数个颈卵器和隔丝。雄枝顶端产生雄器苞，其外形似一朵小花，内含许多精子器和隔丝。精卵细胞借助于水受精最终发育成孢子体。葫芦藓孢子体也寄生，可明显分为孢蒴、蒴柄和基足三部分。孢蒴梨形，内生孢子；蒴柄极长，有利于孢子散发；基足插生于配子体内。孢子成熟后散出，落于阴湿处萌发成原丝体，再发育成雌、雄配子体。

（二）蕨类植物

蕨类植物是一类绝大多数陆生的高等植物，但受精仍离不开水。孢子体发达，有根、茎、叶的分化，具有维管束分化；配子体简化，但两者都能独立生活。蕨类植物以孢子进行繁殖，属孢子植物。

（1）在示范桌上和校园内认识一些常见的大型叶陆生真蕨植物，例如铁芒萁、海金沙、井栏边草、鳞毛蕨等。水生蕨类代表，如青萍、紫萍、槐叶萍、满江红等。了解蕨类植物的形态特点。

（2）观察真蕨原叶体（配子体）装片。显微镜下原叶体小、很薄，为绿色、略呈心形的叶状体，有背、腹面。腹面有假根，假根附近有精子器，在心形凹陷处有几个颈卵器。

（3）观察真蕨孢子囊群装片。在井栏边草或鳞毛蕨等叶背面具有褐色孢子囊群的地方刮取一点材料，制成临时装片。显微镜下观察一个孢子囊结构，可见孢子囊具长柄，孢子囊壁由一层细胞组成。囊壁有一纵行内切向壁和侧壁增厚的细胞，称为环带，其中有少数不加厚的细胞，称为唇细胞，唇细胞可使孢子囊开裂和散出孢子。

（三）裸子植物

裸子植物是一类介于蕨类和被子植物之间的陆生种子植物。其孢子体进一步发达，均为高大的木本植物；配子体进一步简化并寄生在孢子体上，雄配子体为花粉，雌配子体有颈卵器产生。花粉管的出现使受精完全摆脱了水的限制。种子的产生使胚得到了保护和营养，但裸子植物种子是裸露的，无心皮包被。例如：

（1）苏铁及大小孢子叶球：苏铁为常见的庭院栽培常绿观赏乔木，主干粗壮不分枝，顶端簇生大型羽状深裂的复叶。雌雄异株，小孢子叶球生于茎顶，圆柱形，其上螺旋状排列许多小孢子叶，小孢子叶鳞片状，其上具有许多小孢子囊；大孢子叶生于茎顶，密被黄褐色绒毛，上部羽状分裂，下部长柄上生有2～6个胚珠。观察大小孢子叶干制或浸制标本。

（2）湿地松雌球果：湿地松成熟球果呈卵圆形，栗褐色，质地坚硬，全部愈合，胚珠已发育为种子。雌球花时大孢子叶称为珠鳞，球果时大孢子叶称为种鳞。每片大孢子叶前端与外界接触的部分称为鳞盾，其上有鳞脐；种鳞的腹面有两枚具翅的种子。

（3）银杏：银杏（白果、公孙树）是子遗植物，我国一级保护植物。银杏植物体高大，为落叶乔木，有长、短枝之分，长枝为营养枝，短枝为生殖枝；叶扇形，具二叉叶脉；种子核果状，又称白果。雌雄异株。

（4）马尾松：马尾松（松树）为常绿乔木，有长、短枝之分，两枚细长的针叶簇生在短枝上，每束针叶基部被宿存的叶鞘所包。小孢子叶球（雄球花）长椭圆形，成熟时黄褐色，每个小孢子叶背面有一对小孢子囊（花粉囊），内生花粉；大孢子叶球（雌球花）卵圆形，紫红色，每片大孢子叶由珠鳞和苞鳞及两枚胚珠组成。大孢子叶球成熟时变为球果，栗褐色，质地坚硬，胚珠发育为种子。

（5）圆柏：圆柏也为常绿乔木，树冠圆锥形，叶片有鳞形及刺形。雌雄异株，有时同株。

（6）水杉：水杉也是我国特有珍稀的子遗植物，落叶大乔木，叶片线形，扁平，交互对生，球花单性，雌雄同株。

（7）观察校园内常见的种类，如池杉、柳杉、雪松、金钱松、罗汉松、湿地松、侧柏等。

实验报告

1. 绘制地钱配子体和葫芦藓配子体与孢子体外形图，并引线注明。
2. 绘制蕨原叶体简图，并引线注明。

二、植物标本的采集、制作和保存

（本次教学可通过综合实习的方式进行）

实习目的

植物标本（腊叶标本）是进行教学和科研工作的重要材料。它可为植物资源的开发利用和保护提供科学依据，如物种的信息，包括形态特征、地理分布、生态环境、物候期、化学成分等。因此，通过植物标本的采集、制作及保存的讲述及具体操作，使学生掌握植物标本的采集、制作和保存的一整套方法。

实习材料

（1）采集用品：标本夹（用板条钉成长约 43cm、宽约 30cm 的两块夹板）、采集箱（现多采用 70cm×50cm 的塑料袋或用塑料背包）、丁字小镐、枝剪和高枝剪、手锯、放大镜、空盒气压计（海拔表）、全球定位仪（GPS）（用于观测方向和坡向）、钢卷尺、照相机（带长焦）或数码相机、望远镜、塑料的广口瓶、酒精、福尔马林（甲醛）等。

（2）材料：吸水纸（易于吸水的草纸或旧报纸）、号签、野外记录签、定名签（具体式样附后）、小纸袋、地图。

实习内容

（一）植物标本的采集方法

1. 植物标本采集的时间和地点

各种植物生长发育的时期有长有短，因此必须在不同的季节和不同的时间进行采集，才可能得到各类不同时期的标本。如有些早春开花植物，在北方冰雪开始融化的时候就开花了。而菊科、伞形科的有些植物到深秋才开花结果，因此必须根据要采的植物，决定外出采集的时间。

采集的地点也很重要。因为在不同的环境里，生长着不同的植物，在向阳山坡见到的植物，阴坡上一般见不到。在低山和平原，由于环境比较简单，因而植物的种类也比较简单。但随着海拔高度的增加，地形变化变得复杂，植物的种类也就比平原要丰富得多。因此，我们在采集植物标本时，必须根据采集的目的和要求，确定采集的时间和地点，这样才可能采到需要的和不同类群的植物标本。

2. 种子植物标本采集应注意的问题

（1）必须采集完整的标本。剪取或挖取能代表该种植物的带花果的枝条（木本植物）或全株（草本植物），大小掌握在长40cm、宽25cm的范围内。有的科如伞形科、十字花科等植物，如没有花、果，鉴定是很困难的。

（2）对一些具有地下茎（如鳞茎、块茎、根状茎等）的科属，如百合科、石蒜科、天南星科等，在没有采到地下茎的情况下难以鉴定，因此应特别注意采集这些植物的地下部分。

（3）雌、雄异株的植物，应分别采集雌株和雄株，以便研究时鉴定。

（4）采集草本植物，应采带根的全草，如发现基生叶和茎生叶不同时，要注意采基生叶。高大的草本植物，采下后可折成"V"或"N"字形，然后再压入标本夹内，也可选其形态上有代表性的部分剪成上、中、下三段，分别压在标本夹内，但要注意编同一的采集号，以备鉴定时查对。

（5）乔木、灌木或特别高大的草本植物，只能采取其植物体的一部分。但必须注意采集的标本应尽量能代表该植物的一般情况。如可能，最好拍一张该植物的全形照片，以补标本的不足。

（6）水生草本植物，提出水面后，很容易缠成一团，不易分开。如金鱼藻、水毛茛、狸藻等。遇此情况，可用硬纸板从水中将其托出，连同纸板一起压入标本夹内。这样，就可保持形态特征的完整性。

（7）有些植物，一年生新枝上的叶形和老枝上的叶形不同，或者新生的叶有毛茸或叶背具白粉，而老叶则无毛，如毛白杨的幼叶和老叶。因此，幼叶和老叶都要采。对一些先叶开花的植物，采花枝后，待出叶时应在同株上采其带叶和结果的标本，如山桃，由于很多木本植物的树皮颜色和剥裂情况是鉴别植物种类的依据，因此，应剥取一块树皮附在标本上。如桦木属的一些种类。

(8) 对寄生植物的采集，应注意连同寄主一起采下。并要分别注明寄生或附生植物及寄主植物，如桑寄生、列当等标本的采集。

(9) 采集标本的份数：一般要采 2～3 份，给以同一编号，每个标本上都要系上号签。标本除自己保存外，对一些疑难的种类，可将其中同号的一份送研究机构，请代为鉴定。他们可根据号签送给你一个鉴定名单，告诉你这些植物的学名，若遇稀少或奇异的、或有重要经济价值的植物，还须多采。

3. 蕨类植物标本的采集法

蕨类植物的分类依据是孢子囊群的构造、排列方式、叶的形状和根茎特点等，所以要采全株，包括带着孢子囊和根茎，否则鉴定时不容易。如果植株太大，可以采叶片的一部分（但在带尖端、中脉和一侧的一段），叶柄基部和部分根茎，同时认真记下植物的实际高度、阔度、裂片数目及叶柄的长度。

4. 苔藓植物标本的采集法

苔藓植物用孢子繁殖，采集时，要力求采到生有孢子囊的植株；如果有长在地面上的匍匐主茎，也一定要采下来。苔藓植物常长在树干、树枝上，这就要连树枝树皮一起采下。苔藓植物有的单生，有的几种混生，应尽力做到每一种做成一份标本，分别采集，分别编号。孢子囊没有成熟的、精器卵器没有长成的也应适量采一些，这对研究形态发育是有用的。标本采好以后，要一种一种地分别用纸包好，放在软纸匣，不要夹，不要压，保持它们的自然状态。

5. 必须认真做好野外记录

关于植物的产地、生长环境、性状、花的颜色和采集日期等，对于标本的鉴定和研究有很大的帮助。一张标本价值的大小，常以野外记录详细与否为标准。因此，在野外采集标本时，应尽可能地随采、随记和编号，以免过后忘记或错号等。野外记录的编号和号签上的编号要一致。回来应根据野外记录签上的记录，如实地抄在固定的记录本上，以长期保存和备用。在野外编的号应一贯连续，不要因为改变地点或年月，就另起号头。

此外，在野外工作中，对有关人员的调查访问工作，也是很重要的。如对当地植物的土名、利用情况和有毒植物的情况的调查访问，对这些实际资料应认真记录和整理。

6. 植物标本的压制和整理方法

在标本采来后应及时压制，当天晚上就应以干纸更换一次，借此要对标本进行整理。第一次整理最为重要，由于在标本夹内压了一段时间，植物基本被压软了，这时怎么整理都行，如果等标本快干时再去整理就容易折断。整理时要注意不使多数叶片重叠，叶子要正面和反面的都有，以便观察叶的正、反面上的特征，如蕨类植物的部分孢子叶下面朝上；落下来的花、果和叶要用纸袋装起来，和标本放在一起。标本中间隔的纸多一些，就压得平整，而且干得也快，前 3 天每天应换两次干纸，以后每天换一次即可，直至标本完全干为止。

在换纸或压标本时，植物的根部或粗大的部分要经常调换位置，不可集中在一端，致使高低不均，同时要注意尽量把标本向四周放，决不能都集中在中央，否则也会形成边空而中央突起很高，致使标本压不好。在压标本或换纸时，各标本要力争按编号顺序排列，换完一夹，应在夹上注明由几号到几号的标本；采集的日期和地点。这样做既有利于将来查找，又可以及时发现在换纸过程中丢失的标本。

换纸时还应注意，一定要换干燥而无皱褶的纸。纸不干吸水力就差，有皱褶会影响标本的平整。对体积较小的标本可以数份压在一起（同一号的），但不能把不同种类（不同号）放在一张纸上，以免混乱。对一些肉质植物，如景天科的一些植物，在压制时，需要先放入沸水中煮 3 ～ 5min，然后再照一般的方法压制，这样处理可以防止落叶。换纸时最好把含水多的植物分开压，并增加换纸的次数。

（二）植物标本（腊叶标本）的制作和保存

一份合格的植物标本制作需经压制、消毒、上台纸和标本保存等基本过程，具体如下：

（1）消毒：一般使用升汞（$HgCl_2$）酒精饱和溶液进行消毒。配制方法是将升汞 2 ～ 3g，溶于 1000mL 70% 的酒精中即成。消毒时，可用喷雾器直接往标本上喷消毒液，或将标本放在大盆里，用毛笔沾上消毒液，轻轻地在标本上涂刷，也可将消毒液倒在盆里，将标本放在消毒液里浸一浸，还可把标本放进消毒室和消毒箱内，将敌敌畏或四氯化碳、二硫化碳混合液置于玻皿内，利用毒气熏杀标本上的虫子或虫卵，约 3 天后即可。升汞有剧毒，消毒时要避免手直接接触标本，以防中毒。经消毒的标本，要放在标本夹中再压干，才能装上台纸。

（2）上台纸：用白色台纸（白板纸或卡片纸 8 开，约 39cm×27cm），平整地放在桌面上，然后把消毒好的标本放在台纸上，摆好位置，右下角和左上角都要留出贴定名签和野外记录签的位置。这时，便可用小刀沿标本的各部的适当位置切出数个小纵口，再用具有韧性的白纸条由纵口穿入，从背面拉紧，并用胶水在背面贴牢。这种上台纸的方法，既美观又牢固，比在正面贴的方法要好得多。对体积过小的标本（如浮萍）或脱落的花、果、种子等，不便用纸条固定时，可将标本放在一个折叠的纸袋内，再把纸袋贴在台纸上，这样在观察时可随时打开纸袋观察。

（3）腊叶标本的入柜和保存：凡经上台纸和装入纸袋的高等植物标本，经正式定名后，都应放进标本柜中保存。为了减少标本的磨损，入柜的标本最好用牛皮纸做成的封套按属套好，在封套的右上角写上署名，以便查阅。

标本柜以铁制的最好，可以防火，但由于价格高，现在一般多用木制标本柜。通常采用两节四门的标本柜，柜分上下两节，这样搬运起来方便。每节的大小约为高 80cm、宽 75cm、深 50cm，每节分成两大格，每格再以活板隔成几格，上节的底部左右各装活动板一块，用时可以拉出，供临时放置标本用。每格内可放樟脑防虫剂，以防虫蛀。

腊叶标本在标本柜内一般按分类系统排列。如可按现在一般较为完善的系统——恩格勒（Engel）系统、哈钦松系统等将各科进行排列，编以一个固定的号，如蔷薇科 67 号、豆科 69 号、菊科 173 号、禾本科 184 号……把编号、科名及科的拉丁名标识于标本柜门上，并在此基础上按科的系统排列顺序、中文笔画顺序及拉丁文字母顺序等编成相应的标本室馆藏标本的检索表。这对一些专门研究某科的人，以及学生，整理和查找起来都比较方便。目前一般较大的标本室各科都是按照系统排列的。

附式样 1 号签（4cm×2cm）

采集人：
采集时间：
地点：
第　　号

附式样 2 野外记录签（7cm×10cm）

（××省）植物

采集人／号　　　　　　年　　月　　日
产地：
生境：（如森林、草地、山坡等）
海拔：　　　　　性状：　　　　　体高：
分布：
胸高直径：　　　　　树皮：
叶：（正反面的颜色或有毛否）
花：（花序、颜色等）
果、种子：（颜色、性状）
学名：　　　　　科名：
土名：
附记：（特殊性状等）

附式样 3 定名签（10cm×7cm）

××标本室
中名：
学名：　　　　　　　科名：
采集人：　　　　产地：　　　　　号数：
鉴定人：　　　　日期：

园林植物

4

园林树木

本章学习要点：

掌握常见的 52 种常绿乔木、82 种落叶乔木的形态特征，熟悉其生态习性及各乔木树种的园林应用特点；掌握常见的 23 种常绿灌木、28 种落叶灌木的形态特征，熟悉其生态习性及各灌木树种的园林应用特点；掌握 20 种藤本植物的形态特征及攀缘方式，掌握其生态习性及各藤本植物的园林应用特点；掌握 18 种竹类植物的形态特征，熟悉其生态习性及竹类植物的园林应用特点。

园林树木是适于在城市园林绿地及风景区栽植应用的木本植物，包括各种乔木、灌木和藤本。在分类系统上，它们主要属于种子植物门的裸子植物和被子植物。通常又可分为常绿和落叶两大类。

4.1 乔木类

乔木是指树身高大的树木，由根部发生独立的主干，树干和树冠有明显区分。其往往树体高大（通常 6m 至数十米），具有明显的高大主干。又可依其高度而分为伟乔（31m 以上）、大乔（21 ~ 30m）、中乔（11 ~ 20m）、小乔（6 ~ 10m）等四级。乔木按冬季或旱季落叶与否又分为落叶乔木和常绿乔木。

乔木是园林中的骨干树种，无论在功能上还是艺术处理上都能起主导作用，诸如界定空间、提供绿荫、防止眩光、调节气候等。其中多数乔木在色彩、线条、质地和树形方面随叶片的生长与凋落可形成丰富的季节性变化，即使冬季落叶后也能展现出枝干的线条美。

4.1.1 常绿乔木类

1. 苏铁（图 4-1）

学名：*Cycas revoluta*

科属：苏铁科、苏铁属

别名：凤尾蕉、凤尾松、避火蕉、铁树

识别要点：棕榈状木本植物，乔木，茎干粗短，不分枝或很少分枝。叶羽状，羽片条形，厚革质而坚硬，长达 18cm，边缘显著反卷；雄球花长圆柱形，小孢子叶木质，密被黄褐色绒毛；雌球花略呈扁球形，大孢子叶宽卵形，有羽状裂，密被黄褐色绵毛。花期 6 ~ 8 月，种子 10 月成熟，熟时红色。

分布：原产中国南部各省。日本、印度及菲律宾亦有分布。

a—羽片叶的一段；b—羽状裂片的横切面；c—小孢子叶的背、腹面；d—花药；e—大孢子叶及种子

图 4-1 苏铁

习性：喜暖热湿润气候，不耐寒。俗传"铁树60年开一次花"，实则十余年以上的植株在南方每年均可开花。

繁殖方式：可用播种、分蘖、埋插等法繁殖。

园林用途：苏铁体形优美，有体现热带风光的观赏效果；在园林中应用，常布置于花坛的中心或盆栽布置于大型会场内供装饰用。

2. 云杉（图4-2）

学名：*Picea asperata*

科属：松科、云杉属

识别要点：乔木；树冠圆锥形。小枝近光滑或疏生至密生短柔毛，一年生枝淡黄、淡褐黄或黄褐色，芽圆锥形，有树脂，小枝具显著叶枕。叶长1～2cm，

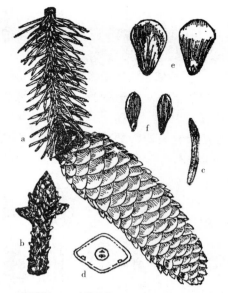

a—球果枝；b—小枝及芽；c、d—叶及其横剖面；
e—种鳞；f—种子   图4-2 云杉

先端尖，横切面菱形，上面有5～8条气孔线，下面4～6条。球果圆柱状长圆形或圆柱形，成熟时成灰褐或栗褐色。花期4月，果当年10月成熟。

分布：产四川、陕西、甘肃海拔1600～3600m山区。

习性：有一定的耐阴性，喜冷凉湿润气候。要求排水良好，喜微酸性深厚土壤，人工造林及定植的可生长更快。

繁殖方式：用种子繁殖，苗期须遮阴。

园林用途：树冠尖塔形，苍翠壮丽，材质优良，生长较快，故在用材林和风景林等方面，都可有所作为。

3. 雪松（图4-3）

学名：*Cedrus deodara*

科属：松科、雪松属

识别要点：乔木；树冠圆锥形。树皮灰褐色，鳞片状裂；大枝不规则轮生，平展，叶针状，灰绿色，长2.5～5cm，各面有数条气孔线，在短枝顶端聚生20～60枚。雌雄异株；雄球花椭圆状卵形；雌球花卵圆形。球果椭圆状卵形。花期10～11月；球果次年9～10月成熟。

分布：原产于喜马拉雅山西部自阿富汗至印度海拔1300～3300m间；中国自1920年起引种，现广为栽培。

习性：阳性树，有一定的耐阴能力，但最好顶端有充足的光热，否则生长不良；喜温凉

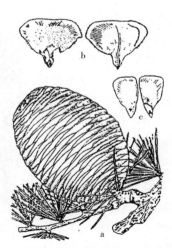

a—球果枝；b—种鳞背、腹面；c—种子   图4-3 雪松

气候，有一定的耐寒能力；耐旱力较强。

繁殖方式：用播种、扦插及嫁接法繁殖。30年生以上的雪松才能开花结实，但因雌球花比雄球花晚开花约10天而且雪松约有95％均为雌雄异株，故造成因授粉不良而很少结实。扦插繁殖法亦较常用。

园林用途：雪松树体高大，树形优美，为世界著名的观赏树。最宜植于草坪中央、建筑前庭之中心、广场中心或主要大建筑的两旁及园门的入口等处。其主干下部的大枝自近地面处平展，常年不枯，能形成繁茂雄伟的树冠。

4. 华山松（图4-4）

学名：*Pinus armandii*

科属：松科、松属

识别要点：乔木；树冠广圆锥形。小枝平滑无毛，冬芽小，圆柱形，栗褐色。幼树树皮灰绿色，老则裂成方形厚块片固着树上。叶5针一束，长8～15cm，质柔软，边缘有细锯齿，树脂道多为三。球果圆锥状长卵形。花期4～5月，球果次年9～10月成熟。

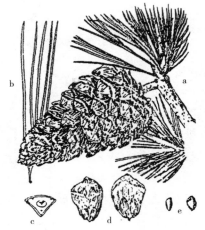

a—球果枝；b——束针叶；c—针叶横切面；
d—种鳞背、腹面；e—种子

图4-4　华山松

分布：山西、河南、西藏、四川、台湾等省（区）均有分布。

习性：阳性树。喜温和凉爽、湿润气候。耐寒力强，不耐炎热。喜排水良好，能适应多种土壤，最宜深厚、湿润、疏松的中性或微酸性土壤。

繁殖方式：播种繁殖。

有松瘤病、松大小蠹、华山松大小蠹、欧洲松叶蜂及鼢鼠等为害。

园林用途：华山松高大挺拔，针叶苍翠，冠形优美，生长迅速，是优良的庭园绿化树种。华山松在园林中可用作园景树、庭荫树、行道树及林带树，亦可用于丛植、群植，系优良风景林树种。

5. 日本五针松（图4-5）

学名：*Pinus parviflora*

科属：松科、松属

别名：五钗松、日本五须松、五针松

识别要点：乔木；树冠圆锥形。树皮灰黑色，呈不规则鳞片状剥裂。冬芽长椭圆形，黄褐色。叶较细，5针一束，长

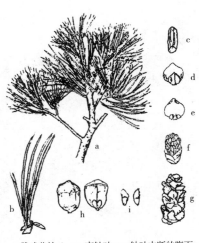

a—雌球花枝；b——束针叶；c—针叶中断的腹面；
d—珠鳞背面及苞鳞；e—珠鳞腹面及胚珠；
f—雄球花；g—球果；h—种鳞背、腹面；
i—种子

图4-5　日本五针松

3～6cm，内侧两面有白色气孔线，边缘有细锯齿。球果卵圆形或轮状椭圆形；种翅三角形，淡褐色。

分布：原产于日本本洲中部及北海道等地。中国长江流域部分及青岛等地园林中有栽培。

习性：阳性树，稍耐阴。喜生于土壤深厚、排水良好、适当湿润之处，在阴湿之处生长不良。

繁殖方式：用种子、嫁接或扦插繁殖。但我国花农均用嫁接法繁殖。

园林用途：该树为珍贵的树种之一，主要作观赏用，宜与山石配植形成优美的园景，稍作修整树冠美观。亦适作盆景、桩景等用。

6. 北美乔松

学名：*Pinus strobus*

科属：松科、松属

别名：美国白松、美国五针松

识别要点：乔木；小枝绿褐色，初时有毛，后脱落，无白粉；针叶5针一束，长7～14cm，不下垂，叶细而柔软。球果长8～12cm，种子有长翅。

分布：原产美国东部；中国南京、北京、杭州等地均有引种栽培。

园林用途：北美乔松树冠呈阔圆头状，针叶纤细柔美，观赏价值较高。

7. 白皮松（图4-6）

学名：*Pinus bungeana*

科属：松科、松属

别名：虎皮松、白骨松、蛇皮松

识别要点：乔木；树冠阔卵形或圆头形。树皮淡灰绿色或粉白色，呈不规则鳞片状剥落。一年生小枝灰绿色，光滑无毛；大枝自近地面处斜出。冬芽卵形，赤褐色。针叶三针一束，长5～10cm，边缘有细锯齿；基部叶鞘早落。球果圆锥状卵形。花期4～5月；果次年9～11月成熟。

分布：为中国特产，是东亚唯一的三针松。山东、湖北、甘肃等省均有分布。

习性：阳性树，稍耐阴，幼树略耐半阴，喜生于排水良好而又适当湿润的土壤上，对土壤要求不严，在中性、酸性及石灰性土壤上均能生长。

繁殖方式：用种子繁殖。

园林用途：白皮松寿命很长。白皮松是特产中国的珍贵树种，自古以来即配植于宫庭、寺院以及名园之中。其树干皮呈斑驳状的乳白色，可谓独具奇观。宜孤植，亦宜团植成林，或列植成行，或对植堂前。

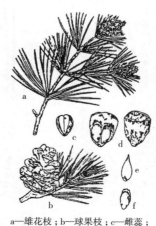

a—雄花枝；b—球果枝；c—雌蕊；
d—种鳞背、腹面；e—雌花苞片；
f—种子

图4-6　白皮松

8．赤松（图4-7）

学名：*Pinus densiflora*

科属：松科、松属

别名：日本赤松

识别要点：乔木；树冠圆锥形或扁平伞形。树皮呈不规则片状剥落。一年生小枝橙黄色，略有白粉。冬芽长圆状卵形，栗褐色。叶两针一束，长5～12cm。一年生小球果种鳞先端的刺向外斜出。

分布：产于东北各省及苏北云台山区等地；日本、朝鲜及俄罗斯东部亦有分布。

习性：赤松性喜阳光，耐寒；喜酸性或中性排水良好的土壤，在石灰质、沙地及多湿处生长略差。

繁殖方式：用播种法繁殖。

9．马尾松（图4-8）

学名：*Pinus massoniana*

科属：松科、松属

识别要点：乔木；树冠在壮年期呈狭圆锥形，老年期则开张如伞状；冬芽圆柱形，褐色。叶两针一束，罕三针一束，长12～20cm，质软，叶缘有细锯齿；球果长卵形。花期4月；果次年10～12月成熟。

分布：分布于长江流域及南部海拔600～800m以下地带。

习性：阳性树，幼苗亦不耐阴庇。性喜温暖湿润气候。耐寒性差。喜酸性黏质壤土，对土壤要求不严。马尾松根系深广，能生于瘠薄的荒山及砾岩地区，是荒山绿化的先锋树种。

繁殖方式：种子繁殖。幼苗期应注意防治立枯病。

园林用途：马尾松高大雄伟，是江南及华南自然风景区和普遍绿化及造林的重要树种。

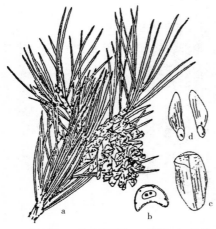

a—球果枝；b—针叶横切面；c—种鳞；d—种子

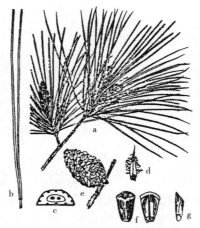

a—雄球花枝；b——束针叶；c—叶横切面；d—牙鳞；e—球果枝；f—种鳞背、腹面；g—种子

图4-7　赤松（左）

图4-8　马尾松（右）

10. 黄山松

学名：*Pinus taiwanensis*

科属：松科、松属

别名：台湾松

识别要点：乔木；树冠伞形。一年生小枝淡黄褐色或暗红褐色，无毛。叶两针一束，长 5～13cm。球果卵形，几无梗，可宿存树上数年之久，鳞脐有短刺。花期 4～5 月，果次年 10 月成熟。

分布：本种为中国特有树种，浙江山区、安徽、江西和湖南等地带有分布。

习性：阳性树，性喜凉爽湿润的高山气候。喜排水良好、土层深厚的酸性黄壤，pH 值约为 4.5～5.5。亦耐瘠薄土地，但生长矮小。

繁殖方式：用播种繁殖。

园林用途：本种可供自然风景的高、中山地带绿化配植用，树形优美雄伟，极为美观，黄山的迎客松就是风致型的一个成功特例。

11. 黑松（图 4—9）

学名：*Pinus thunbergii*

科属：松科、松属

别名：白芽松、日本黑松

识别要点：乔木；树冠幼时呈狭圆形，老时呈扁平的伞状。树皮灰黑色，枝条开展，老枝略下垂。冬芽圆筒形，银白色。叶两针一束，粗硬，长 6～12cm。球果卵形。花期 3～5 月，果次年 10 月成熟。

分布：原产日本及朝鲜。中国沿海地区有栽植。

习性：阳性树。性喜温暖湿润的海洋性气候，极耐海潮风和海雾。对土壤要求不严，喜生于干沙质壤土上。

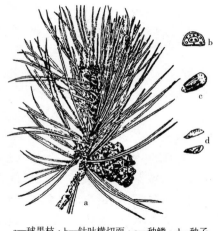

a—球果枝；b—针叶横切面；c—种鳞；d—种子　　　　图 4-9　黑松

黑松在根上亦有菌根菌共生。

繁殖方式：用种子繁殖，春播前，种子应消毒和进行催芽。

园林用途：本树为著名的海岸绿化树种，可用作防风、防潮、防沙林带及海滨浴场附近的风景林、行道树或庭荫树。

12. 火炬松

学名：*Pinus taeda*

科属：松科、松属

识别要点：乔木；树干通直，树冠呈紧密的圆头状，小枝黄褐色，冬芽长圆形，有松脂，淡褐色，芽鳞分离而顶端反曲。叶三针一束，罕两针一束，叶细而硬，亮绿色，长 16～25cm。球果常对称着生，无柄，果长圆形。

分布：原产美国东南部，亦为重要的用材树种。本树是中国引种驯化成功的外国产松树之一。其树干通直无节，能耐干旱瘠薄土地，适应性较强，对松毛虫有一定的抗性。

13. 湿地松（图4—10）

学名：*Pinus elliottii*

科属：松科、松属

识别要点：乔木；树皮灰褐色，纵裂成大鳞片状剥落；枝每年可生长3～4轮，小枝粗壮；冬芽红褐色，粗壮，圆柱形，无树脂。针叶两针、三针一束并存，长18～30cm，粗硬，叶缘具细锯齿。球果常2～4个聚生，罕单生，圆锥形。花期2月上旬至3月中旬；果次年9月上中旬成熟。

分布：原产美国南部暖热潮湿的低海拔地区（600m以下）。中国广大地区多处栽植表现良好。

习性：强阳性树种，极不耐阴。性喜夏雨冬旱的亚热带气候。在中性以至强酸性土壤上均生长良好，而在低洼沼泽地边缘生长更佳，故名湿地松。

繁殖方式：播种繁殖。

园林用途：湿地松苍劲而速生，适应性强，材质好，松脂产量高。中国已引种驯化成功达数十年，故在长江以南的园林和自然风景区中作为重要树种应用。

14. 杉木（图4—11）

学名：*Cunninghamia lanceolata*

科属：杉科、杉木属

别名：沙木、沙树、刺杉

识别要点：乔木；树冠幼年期为尖塔形，大树为广圆锥形，树皮褐色，裂成长条片状脱落。叶披针形或条状披针形，常略弯曲呈镰状，革质，坚硬，深绿而有光泽，长2～6cm，在相当粗的主枝、主干上亦常有反卷状枯叶宿存不落；球果卵圆至圆球形。花期4月，果10月下旬成熟。

a—球果枝；b—种鳞背面和侧面；
c—树脂面；d—种子

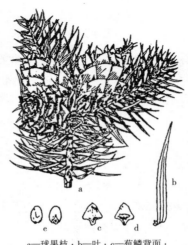

a—球果枝；b—叶；c—苞鳞背面；
d—苞鳞腹面及种鳞；e—种子

图4—10 湿地松（左）
图4—11 杉木（右）

分布：分布广，淮河和长江流域均有分布。

习性：阳性树，喜温暖湿润气候，不耐寒。杉木的耐寒性大于其耐旱力。杉木喜肥嫌瘦，畏盐碱土，最喜深厚肥沃、排水良好的酸性土壤。杉木为速生树种之一。

繁殖方式：多播种或扦插繁殖。

园林用途：杉木主干端直，最适于造林及在园林中群植成林丛或列植道旁。

15. 柳杉（图4—12）

学名：*Cryptomeria fortunei*

科属：杉科、柳杉属

别名：长叶柳杉、孔雀松、木杪椤树、长叶孔雀松

a—球果枝；b—种子；c—种鳞　　图4-12　柳杉

识别要点：乔木；树冠塔圆锥形，树皮赤棕色，纤维状裂成长条状脱落，大枝斜展或平展，小枝常下垂，绿色。叶长1.0～1.5cm，钻形，微向内曲，先端内曲，四面有气孔线。雄球花黄色，雌球花淡绿色。球果熟时深褐色。种鳞约20，苞鳞尖头与种鳞先端之裂齿均较短；每种鳞有种子二，花期4月，果10～11月成熟。

分布：产于浙江天目山、福建及江西庐山等处。

习性：为中等的阳性树，略耐阴，亦略耐寒，喜空气湿度过高。喜生长于深厚肥沃的沙质壤土，喜排水良好，在积水处，根易腐烂。

繁殖方式：可用播种及扦插法繁殖。

园林用途：柳杉树形圆整而高大，树干粗壮，极为雄伟，最适独植、对植，亦宜丛植或群植。在江南习俗中，自古以来常用作墓道树，亦宜作风景林栽植。

16. 日本柳杉

学名：*Cryptomeria japonica*

科属：杉科、柳杉属

识别要点：乔木；与柳杉之不同点主要是种鳞数多，为20～30枚；苞鳞的尖头和种鳞顶端的齿缺较长，每种鳞有3～5种子。

分布：原产日本。中国有引入，在南京、上海、扬州及庐山等地均有栽培。

17. 侧柏（图4—13）

学名：*Platycladus orientalis*

科属：柏科、侧柏属

别名：扁桧、黄柏、香柏

识别要点：乔木；幼树树冠尖塔形，老

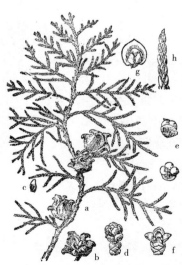

a—球果枝；b—球果；c—种子；d—雄球花1；
e—雌蕊；f—雄球花2；g—珠鳞及胚珠；
h—鳞叶枝　　　　　　　图4-13　侧柏

树广圆形；树皮薄，浅褐色，呈薄片状剥离；大枝斜出；生鳞叶小枝成一平面，直展或斜展，扁平。叶全为鳞片状。雌雄同株，单性，球花单生小枝顶端；雌球花有 4 对珠鳞。球果卵形，肉质，种鳞顶端反曲尖头，红褐色。花期 3 ~ 4 月；果 10 ~ 11 月成熟。

品种很多，在国内外较多应用的有：

（1）千头柏（cv.Sieboldii）（子孙柏、凤尾柏、扫帚柏）：丛生灌木，无明显主干，高 3 ~ 5m，枝密生，树冠呈紧密卵圆形或球形。叶鲜绿色。

（2）洒金千头柏（cv.Aurea）：矮生密丛，圆形至卵圆形，高 1.5m。叶淡黄绿色，入冬略转褐绿色。杭州等地有栽培。

分布：原产华北、东北，目前全国各地均有栽培。

习性：喜光，但有一定的耐阴力，喜温暖湿润气候，但亦耐多湿，耐旱，较耐寒。抗盐性很强，可在含盐 0.2% 的土壤上生长。

繁殖方式：用播种繁殖法。多在春季行条播。

园林用途：侧柏是我国广泛运用的园林树种之一，自古以来即常栽植于寺庙、陵墓地和庭园中。

18. 美国香柏（图 4—14）

学名：**Thuja occidentalis**

科属：柏科、崖柏属

别名：美国侧柏、美国金钟柏

识别要点：乔木；高 20m，胸径 2m；树冠圆锥形，老树有板根。鳞叶有芳香，主枝上的叶有腺体或很小。球果长卵形，果鳞薄。种子扁平，周围有窄翅。

分布：原产北美。

习性：阳性树，有一定的耐阴力，耐寒，不择土壤，能生长于湿润的碱性土壤上。生长较慢。

图 4—14　香柏

繁殖方式：用种子繁殖。

园林用途：在美洲广泛用于园林，美国园林界均推崇作绿篱用。我国早已引入栽培，在庐山等地生长良好。

19. 日本花柏（图 4—15）

学名：**Chamaecyparis pisifera**

科属：柏科、扁柏属

别名：花柏

识别要点：乔木；树冠圆锥形。叶表亮绿色，下面有白色线纹，鳞叶端锐尖，略开展，侧面之前较中间之叶稍长。球果圆球形。

品种颇多，国外栽培者在 60 个以上，我国习见者有：

（1）线柏（cv.Filifera）：常绿灌木或小乔木，小枝细长而下垂。

（2）绒柏（cv.Squarrosa）：树冠塔形，大枝近平展，小枝不规则着生，非扁形，而呈苔状；小乔木，高5m。叶条状刺形，柔软，长6～8mm，下面有2条白色气孔线。

（3）凤尾柏（cv.Plumosa）：小乔木，高5m；小枝羽状。鳞叶较细长，开展，稍呈刺状，但质软，长3～4mm，也偶有呈花柏状枝叶的。枝叶浓密，树姿、叶形俱美。

（4）卡柏（cv.Squarrosa Interrnedia）：幼树平头圆头形；叶全呈幼年性状，如绒柏，而3叶轮生密着，有白粉。幼株矮生而美观。

分布：原产日本。中国东部、中部及西南地区城市园林中有栽培。

习性：对阳光的要求属中性而略耐阴；喜温凉湿润气候；喜湿润土壤，不喜干燥土地。生长速度比日本扁柏快。

繁殖方式：可用播种及扦插法繁殖，有些品种可用扦插、压条或嫁接法繁殖。

园林用途：在园林中可行独植、丛植或作绿篱用。枝叶纤细、优美、秀丽，特别是许多品种具有独特的姿态，观赏价值较高。日本庭园中常见应用。

20. 日本扁柏（图4—16）

学名：*Chamaecyaris obtusa*

科属：柏科、扁柏属

别名：扁柏、钝叶扁柏

识别要点：乔木；树冠尖塔形；干皮赤褐色。鳞叶尖端较钝。球果球形；种鳞常为4对；花期4月；球果10～11月成熟。

著名的观赏品种很多，常见的有：

（1）云片柏（云头柏）（cv.Breviramea）：生鳞叶的小枝呈云片状，很别致可爱。

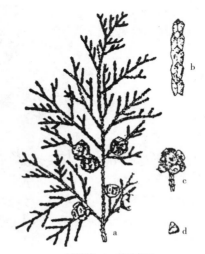

a—球果枝；b—鳞叶排列；
c—球果；d—种子

a—球果枝；b—鳞叶排列；
c—果球；d—种子

图4—15 日本花柏（左）
图4—16 日本扁柏（右）

（2）凤尾柏（cv.Filicoides）：灌木，较矮生，生长缓慢；枝长生而窄，小枝短，扁平而密集，外形如凤尾蕨状；鳞叶小而厚，顶端钝，背具脊，极深亮绿色。

分布：原产日本。我国青岛、南京、上海、庐山、台湾等地均有栽培。

习性：对阳光要求中等而略耐阴；喜凉爽而温暖湿润气候；喜生于排水良好的较干山地。

繁殖方式：原种、变种用播种法，品种用扦插法繁殖。

园林用途：树形及枝叶均美丽可观，许多品种具有特殊的枝形和树形，故常用于庭园配植。可作园景树、行道树、树丛、风景林及绿篱用。

21．柏木（图4—17）

学名：*Cupressus funebris*

科属：柏科、柏木属

别名：垂丝柏

识别要点：乔木；树冠狭圆锥形；干皮淡褐灰色，成长条状剥离；小枝下垂，圆柱形，生鳞叶的小枝扁平。鳞叶端尖，叶背中部有纵腺点。球果形小，次年成熟。

分布：分布很广，浙江、福建、广西、陕西南部等地均有生长。

习性：柏木为阳性树，能略耐侧方荫蔽。喜暖热湿润气候，不耐寒，是亚热带地区具有代表性的针叶树种。对土壤适应力强，以在石灰质土壤上生长最好，也能在微酸性土壤上生长良好。耐干旱瘠薄，又略耐水湿。

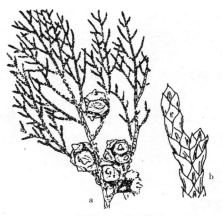

a—球果枝；b—鳞叶排列　　　　　图4—17　柏木

繁殖方式：用种子繁殖。

园林用途：柏木树冠整齐，能耐侧阴，故最宜群植成林或列植成甬道，形成柏木森森的景色。宜于作公园、建筑前、陵墓、古迹和自然风景区绿化用。

22．圆柏（图4—18）

学名：*Sabina chinensis*

科属：柏科、圆柏属

别名：桧柏、刺柏

识别要点：乔木；树冠尖塔形或圆锥形，老树则成广卵形、球形或钟形。树皮灰褐色，呈浅纵条剥离，有时呈扭转状；小枝直立或斜生，亦有略下垂的。叶有两种，鳞叶交互对生，多见于老树或老枝上；刺叶常三枚轮生；有两条白色气孔带。雌

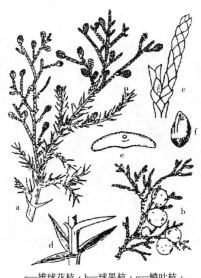

a—雄球花枝；b—球果枝；c—鳞叶枝；
d—刺叶枝；e—刺叶横切面；f—种子　　图4—18　圆柏

雄异株，极少同株；球果球形，次年或第三年成熟，熟时暗褐色，被白粉，果有 1 ~ 4 粒种子，卵圆形。花期 4 月下旬。

变种、变型、品种及园艺品种极多，主要有：

(1) 偃柏（var.*sargentii*）：本变种与圆柏主要区别在于：系匍匐灌木，小枝上伸成密丛状，树高 0.6 ~ 0.8m，冠幅 2.5 ~ 3.0m，老树多鳞叶，幼树之叶常针刺状，刺叶通常交叉对生，长 3 ~ 6mm，排列较紧密，略斜展。球果带蓝色，果有白粉。

(2) 金叶桧（cv.Aurea）：直立窄圆锥形灌木，高 3 ~ 5m，枝上伸；小枝具刺叶及鳞叶，刺叶具窄而不显之灰蓝色气孔带，中脉及边缘黄绿色，鳞叶金黄色。

(3) 龙柏（cv.Kaizuca）：树形呈圆锥状，小枝略扭曲上伸，小枝密，在枝端成几个等长的密簇状，全为鳞叶，密生，幼叶淡黄色，后呈翠绿色；球果蓝黑，略有白粉。

(4) 鹿角桧（cv.Pfitzeriana）：丛生灌木，干枝自地面向四周斜展、上伸。风姿优美，适应于自然式园林配植等。

(5) 塔柏（cv.Pyramidalis）：树冠圆柱形，枝向上直伸，密生，叶几全为刺形。

分布：原产中国东北南部及华北等地，分布很广。朝鲜、日本也产。

习性：喜光但耐阴性很强。耐寒、耐热，对土壤要求不严，能生于酸性、中性及石灰质土壤上，对土壤的干旱及湿润均有一定的抗性。但以在中性、深厚而排水良好处生长最佳。深根性，侧根也很发达。生长速度中等而较侧柏略慢。寿命极长。对多种有害气体有一定抗性。能吸收一定数量的硫和汞，阻尘和隔声效果良好。

繁殖方式：用播种法繁殖。

主要病虫害：圆柏常见的病害有圆柏梨锈病、圆柏苹果锈病及圆柏石楠锈病等。这些病以圆柏为越冬寄生。对圆柏本身虽伤害不太严重，但对梨、苹果、海棠、石楠等则危害颇巨，故应注意防治，最好避免在苹果、梨园等附近种植。

园林用途：圆柏在庭园中用途极广。可作绿篱，可植于建筑之北侧阴处。我国古来多配植于庙宇陵墓作墓道树或柏林。其树形优美，青年期呈整齐之圆锥形，老树则干枝扭曲，奇姿古态，堪为独景。

23. 沙地柏

学名：*Sabina vulgaris*

科属：柏科、圆柏属

别名：叉子圆柏

识别要点：匍匐性灌木，高不及 1m。刺叶长生于幼树上；鳞叶交互对生，斜方形，先端微钝或急尖，背面中部有明显腺体。多雌雄异株；球果熟时褐色、紫蓝色或黑色，多少有白粉。

分布：产于西北及内蒙古。南欧至中亚、蒙古也有分布。

习性：耐旱性强，生于石山坡及砂地、林下。可作园林绿化中的护坡、地被及固沙树种用。

24. 铺地柏（图 4—19）

学名：*Sabina procumbens*

科属：柏科、柏属

别名：爬地柏、矮桧、匍地柏、偃柏

识别要点：匍匐小灌木，高达 75cm，冠幅逾 2m，贴近地面伏生，叶全为刺叶，三叶交叉轮生，叶上面有两条白色气孔线，下面基部有两个白色斑点，叶基下延生长，叶长 6 ～ 8mm；球果球形。

分布：原产日本，我国各地园林中常见栽培，亦为习见桩景材料之一。

习性：阳性树，能在干燥的沙地上生长良好，喜石灰质的肥沃土壤，忌低湿地点。

繁殖方式：用扦插法易繁殖。

园林用途：在园林中可配植于岩石园或草坪角隅，又为缓土坡的良好地被植物，各地亦经常盆栽观赏。

25. 刺柏（图 4—20）

学名：*Juniperus formosana*

科属：柏科、刺柏属

别名：缨络柏、刺松

识别要点：乔木；树冠狭圆形，小枝下垂，树皮灰褐色，叶全刺形，长 2 ～ 3cm，表面略凹，有两条白色气孔带或在尖端处合二为一，白色带比绿色部分宽，叶基不下延。球果球形或卵状球形；种子两年成熟。

分布：产于我国，分布很广。常出现于石灰岩上或石灰质土壤中。

习性：性喜光，耐寒性强。

繁殖方式：用种子或嫁接法繁殖。

园林用途：宜在园林中观赏其长而下垂的枝，体形甚是秀丽。

a—球果枝；b—叶枝；c—叶；d—球果

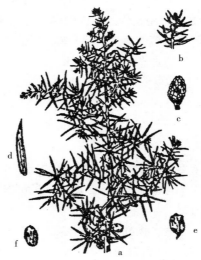

a—雌球花枝；b—雄球花枝；c—雌球花；
d—叶；e—球果；f—种子

图 4—19　铺地柏（左）

图 4—20　刺柏（右）

26．罗汉松（图4-21）

学名：*Podocarpus macrophyllus*

科属：罗汉松科、罗汉松属

别名：罗汉杉、土杉

识别要点：乔木；树冠广卵形；树皮灰色，浅裂，呈薄鳞片状脱落，枝较短而横斜密生，叶条状披针形，长7～12m，叶端尖，两面中脉显著，叶表暗绿色，叶螺旋状互生。雌球花单生于叶腋。种子卵形，未熟时绿色，熟时紫色，外被白粉，着生于膨大的种托上；种托肉质，椭圆形，熟时紫色，有柄。花期4～5月；种子8～10月成熟。

a—种子枝；b—雄球花枝

图4-21　罗汉松

分布：产于长江以南，各省均有栽培。日本亦有分布。

习性：较耐阴，为半阴性树；喜排水良好而湿润的沙质壤土，又耐潮风，在海边也能生长良好，耐寒性较弱。本种抗病虫害能力较强，对多种有毒气体抗性较强，寿命很长。

繁殖方式：可用播种及扦插繁殖。

园林用途：树形优美，绿色的种子下有比其大10倍的红色种托，好似许多披着红色袈裟正在打坐参禅的罗汉，故得名。宜孤植作庭荫树，或对植、散植于厅堂之前。其叶鹿不食，故又宜作动物园兽舍绿化用。矮化的及斑叶的品种是作桩景、盆景的极好材料。

变种、变型有：

（1）狭叶罗汉松（var.*angustifolius*）：叶长5～9cm，宽3～6mm，叶端渐狭成长尖头，叶基楔形。

（2）小罗汉松（var.*maki*）：小乔木或灌木，枝直上着生。叶密生，长2～7cm，较窄，端略钝圆。

（3）短叶罗汉松（var.*maki*）：叶特短小，江、浙有栽培。

27．竹柏（图4-22）

学名：*Podocarpus nagi*

科属：罗汉松科、罗汉松属

别名：大叶沙木、猪油木

识别要点：乔木；树冠圆锥形。叶对生，革质，形态与大小似竹叶，故名，叶长3.5～9cm，宽1.5～2.5cm，平行脉20～30，无明显中脉。种子球形，种子10月成熟，熟时紫黑色，外被

a—种子枝；b—雌球花枝；c—雄球花枝；
d—雄球花；e—雌蕊

图4-22　竹柏

白粉；种托不膨大，木质，花期3～5月。

分布：产于浙江、四川、广西和湖南等省份。

习性：性喜温热湿润气候，为阴性树种，对土壤要求较严，在排水好而湿润、富含腐殖质的深厚呈酸性的沙壤或轻黏壤上生长良好，有良好的自然更新能力。

繁殖方式：用播种及扦插法繁殖。

园林用途：竹柏的枝叶青翠而有光泽，树冠浓郁，树形美观，是南方的良好庭荫树和园林中的行道树，亦是城乡四旁绿化用的优秀树种。

28. 粗榧（图4-23）

学名：*Cephalotaxus sinensis*

科属：三尖杉科（粗榧科）、粗榧属

别名：粗榧杉、中华粗榧杉、中国粗榧

图4-23 粗榧

识别要点：灌木或小乔木；树皮灰色或灰褐色，呈薄片状脱落。叶条形，通常直，很少微弯，端渐尖，长2～5cm，宽约3mm，先端有微急尖或渐尖的短尖头，基部近圆或广楔形，几无柄，上面绿色，下面气孔带白色，较绿色边带约宽3～4倍，4月开花；种子次年10月成熟，2～5个着生于总梗上部，卵圆、近圆或椭圆状卵形。

分布：为我国特有树种，产于江苏南部、浙江、安徽南部、福建、湖南等地。

习性：阳性树，较喜温暖，喜生于富含有机质之壤土内，抗虫害能力很强。生长缓慢，但有较强的萌芽力，耐修剪，但不耐移植。有一定的耐寒力。

繁殖方式：种子繁殖。

园林用途：通常多宜与他树配植，作基础种植用，或在草坪边缘，植于大乔木之下。其园艺品种又宜作切花装饰材料。

29. 三尖杉（图4-24）

学名：*Cephalotaxus fortunei*

科属：三尖杉科（粗榧科）、三尖杉属

识别要点：乔木；小枝对生，基部有宿存芽鳞。叶在小枝上排列较稀疏，螺旋状着生成两列状，线状披针形，长4～13cm，宽3～4.5mm，微弯曲，叶端尖，叶基楔形，叶背有两条白色气孔线，比绿色边缘宽3～5倍。种子椭圆状卵形。

分布：分布于长江流域等地。

习性：性喜温暖湿润气候，耐阴，不耐寒。

繁殖方式：用种子及扦插法繁殖。

园林用途：可作园林绿化树用。

a—种子及雌球花枝；b—雌球花枝；
c—雄球花枝；d—雄球花；
e—雌球花上之苞片与胚珠

图4-24 三尖杉

30. 榧树 （图 4—25）

学名：*Torreya grandis*

科属：红豆杉科、榧树属

别名：榧、野杉、玉榧

识别要点：乔木；树皮黄灰色纵裂。大枝轮生，一年生小枝绿色，对生，次年变为黄绿色。叶条形，直而不弯，长 1.1 ～ 2.5cm，宽 2.5 ～ 3.5mm，先端凸尖，上面绿色而有光泽，中脉不明显，下面有两条黄白色气孔带。雌球花群生于上年生短枝顶部，白色，4 ～ 5 月开放。种子长圆形、卵形或倒卵形，长 2.0 ～ 4.5cm，径 1.5 ～ 2.5cm，成熟时假种皮淡紫褐色；种子第二年 10 月左右成熟。

a—雄球花枝；b—叶；
c—种子；d—种仁横剖

图 4-25　榧树

分布：产于江苏南部、浙江、福建北部、安徽南部及湖南一带。

习性：喜温暖湿润气候，不耐寒，喜生于酸性而肥沃深厚土壤，对自然灾害之抗性较强，树冠开张。耐阴性强，可长期保持树冠外形。病虫亦较少，又较能耐湿黏土壤。

由于榧实第 3 年才成熟，所以一树上可见 3 代种实，对预报产量较有利。

繁殖方式：因种子富含油分，保存困难，故多采后即播。

园林用途：我国特有树种，树冠整齐，枝叶繁密，特别适作孤植、列植用。

品种：香榧（cv.Merrillii）：嫁接树高约 20m。叶深绿色，质较软；种子长圆状倒卵形，长 2.7 ～ 3.2cm，产浙江等地。

31. 杨梅 （图 4—26）

学名：*Myrica rubra*

科属：杨梅科、杨梅属

识别要点：乔木；树冠整齐，近球形。树皮黄灰黑色，老时浅纵裂。幼枝及叶背有黄色小油腺点。叶倒披针形，长 4 ～ 12cm，基部狭楔形，全缘或近端部有浅齿；叶柄长 0.5 ～ 1cm。雌雄异株。核果球形，深红色，也有紫、白等色的，多汁。花期 3 ～ 4 月；果熟期 6 ～ 7 月。

分布：产长江以南各省区，以浙江栽培最多。

习性：中性树，稍耐阴，不耐烈日直射；喜温暖湿润气候及酸性排水良好之土壤，中性及微碱性土上也可生长。不耐寒。深根性，萌芽性强。对二氧化硫、氯气等有毒气体抗性较强。

繁殖方式：繁殖可用播种、压条及嫁接等法。

园林用途：杨梅枝繁叶茂，树冠圆整，初夏又有红果累累，十分可爱，是园林绿化结合

图 4-26　杨梅

生产的优良树种。孤植、丛植于草坪、庭院，或列植于路边都很合适。

图4-27　苦槠

32.苦槠（图4-27）

学名：*Castanopsis sclerophylla*

科属：壳斗科、栲属

识别要点：乔木；树冠圆球形。树皮暗灰色，纵裂。小枝绿色，无毛，常有棱沟。叶长椭圆形，长7～14cm，中上部有齿，背面有灰白色或浅褐色蜡层，革质。坚果单生于球状总苞内，总苞外有环状列之瘤状苞片；花期5月；果10月成熟。

a—果枝；b—果

分布：主产于长江以南各省区，是南方常绿阔叶林组成树种之一，亦是本属中分布最北的一种。

习性：喜雨量充沛和温暖气候，能耐阴，喜深厚、湿润之中性和酸性土，亦耐干旱和瘠薄。深根性，萌芽性强。寿命长。对二氧化硫等有毒气体抗性强。

繁殖方式：播种繁殖。

园林用途：本种枝叶繁密，宜于草坪孤植、丛植，构成以常绿阔叶树为基调的风景林，或作为花木的背景树。

33.青冈栎（图4-28）

学名：*Cyclobalanopsis glauca*

科属：壳斗科、青冈栎属

识别要点：乔木；树皮平滑不裂；小枝青褐色。叶长椭圆形或倒卵状长椭圆形，边缘上半部有疏齿，中部以下全缘，背面灰绿色，有平伏毛，侧脉8～12对，叶柄长1～2.5cm。总苞鳞片结合成5～8条环带。坚果卵形或近球形。花期4～5月；果10～11月成熟。

分布：主要分布于长江流域及其以南各省区。此外，朝鲜、日本、印度亦产。

习性：喜温暖多雨气候，较耐阴；喜钙质土，常生于石灰岩山地，在排水良好、腐殖质深厚的酸性土壤上亦生长很好。萌芽力强，耐修剪；深根性。抗有毒气体能力较强。

繁殖方式：播种繁殖。

园林用途：本种树姿优美，是良好的绿化、观赏及造林树种。宜丛植、群植或与其他常绿树混交成林，具有较好的抗有毒气体、隔声和防火能力，可用

a—果枝；b—雄花枝；c—雌花枝；d—雌花；
e—雄花及苞片；f—雄花花被下面；
g—雄花；h—苞片

图4-28　青冈栎

作绿篱、绿墙、厂矿绿化和防火林等。

34．含笑（图4—29）

学名：*Michelia figo*

科属：木兰科、含笑属

别名：含笑梅、山节子

识别要点：灌木或小乔木，高2～5m。分枝紧密，小枝有锈褐色茸毛。叶革质，倒卵状椭圆形，长4～10cm，宽2～4cm；叶柄极短，密被粗毛。花直立，淡黄色而瓣缘常晕紫，香味似香蕉，蓇葖果卵圆形。花期3～4月。

a—果枝；b—花 　　图4—29 含笑

分布：原产华南山坡杂木林中。现在从华南至长江流域各省均有栽培。

习性：喜弱阴，不耐曝晒和干燥，否则叶易变黄，喜暖热多湿气候及酸性土壤，不耐石灰质土壤。有一定的耐寒力。

繁殖方式：可用播种、分株、压条和扦插法繁殖。

园林用途：本种亦为著名芳香花木，适于在小游园、花园、公园或街道上成丛种植，可配植于草坪边缘或稀疏林丛。除供观赏外，花亦可熏茶用。

35．樟（图4—30）

学名：*Cinnamomum camphora*

科属：樟科、樟属

别名：香樟

识别要点：乔木；树冠广卵形。树皮灰褐色，纵裂。叶互生，卵状椭圆形，长5～8cm，薄质，离基三出脉，脉腋有腺体，全两面无毛，背面灰绿色。圆锥花腋生于新枝，核果球形，熟时紫色，果托盘状。花期5月；果9～11月成熟。

分布：樟树分布大体以长江为北，南至两广及西南，尤以江西、浙江、台湾等东南沿海省份为最。朝鲜、日本亦产之。

习性：喜光，稍耐阴，喜温暖湿润气候，耐寒性不强。对土壤要求不严，而以深厚、肥沃、湿润的微酸性黏质土最好，较耐水湿，但不耐干旱、瘠薄和盐碱土。主根发达，深根性，能抗风。萌芽力强，耐修剪。有一定的抗海潮风、耐烟尘和有毒气体能力，并能吸收多种有毒气体，较能适应城市环境。

繁殖方式：主要用播种法繁殖。大树移栽时更应重剪树冠（疏剪枝叶1/2左右），带大土球，且用草绳卷干保湿，充分灌水和喷洒枝叶，方可保证成活。移植时间以在芽刚开始萌发时为佳。

a—果枝；b—果；c—花；d—雄蕊 　　图4—30 樟

园林用途：本种冠大荫浓，树姿雄伟，是城市绿化的优良树种，广泛用作庭荫树、行道树、防护林及风景林。若孤植于空旷地，在草地中丛植、群植或作背景树都很合适。

36．月桂（图4-31）

学名：*Laurus nobilis*

科属：樟科、月桂属

识别要点：小乔木；树冠卵形。小枝绿色。叶长椭圆形至广披针形，先端渐尖，基部楔形，全缘，常呈波状，表面暗绿色，揉碎有醇香，叶柄带紫色。花黄色，成聚伞状花序簇生于叶腋，4月开放。核果椭圆形，9～10月成熟，黑色或暗紫色。

分布：原产于地中海一带，我国浙江、江苏、福建、云南等省有引种栽培。

习性：喜光。稍耐阴，喜温暖湿润气候及疏松肥沃的土壤，对土壤酸碱度要求不严，在酸性、中性及微碱性土中均能适应，耐干旱，并有一定的耐寒能力。萌芽力强。

繁殖方式：可用扦插、播种等法繁殖。

园林用途：本种树形圆整，枝叶茂密，四季常青，春天又有黄花缀满枝间，颇为美丽，是良好的庭园绿化树种。孤植、丛植于草坪，列植于路旁、墙边，或对植于门旁都很合适。

37．海桐（图4-32）

学名：*Pittosporum tobira*

科属：海桐科、海桐属

别名：海桐花

识别要点：常绿灌木或小乔木；树冠圆球形。叶革质，倒卵状椭圆形，先端圆钝或微凹，边缘反卷，全缘，无毛，表面深绿而有光泽。顶生伞房花序，花白色或淡黄绿色，芳香。蒴果卵球形，长1～1.5cm，有棱角，熟时三瓣裂；种子鲜红色。花期5月；果10月成熟。

分布：产我国江苏南部、福建、台湾等地；朝鲜、日本亦有分布。长江流域及其以南各地庭园习见栽培观赏。

图4-31 月桂（左）

图4-32 海桐（右）

习性：喜光，略耐阴；喜温暖湿润气候及肥沃湿润土壤，耐寒性不强。对土壤要求不严，黏土、沙土及轻盐碱土均能适应。萌芽力强，耐修剪。抗海潮风及二氧化硫等有毒气体能力较强。

繁殖方式：可用播种法繁殖，扦插也易成活。海桐栽培容易，不需要特别管理。唯易遭介壳虫危害，要注意及早防治。

园林用途：海桐枝叶茂密，树冠球形，通常用作房屋基础种植及绿篱材料，孤植、丛植于草坪边缘、林缘或对植于门旁、列植路边也很合适。

变种：银边海桐（cv.Variegatum）；叶之边缘有白斑。

38. 蚊母树（图4—33）

学名：*Distylium racemosum*

科属：金缕梅科、蚊母属

识别要点：常绿乔木，栽培时常呈灌木状；树冠开展，呈球形。小枝略呈"之"字形曲折，嫩枝端具星状鳞毛。叶倒蛋状长椭圆形，全缘，厚革质。总状花序，花药红色。蒴果蛋形，密生星状毛，顶端有两宿存花柱。花期4月；果熟9月成熟。

分布：产中国广东、福建、台湾、浙江等省；日本亦有分布。

习性：喜光，稍耐阴，喜温暖湿润气候，耐寒性不强，对土壤要求不严，酸性、中性土壤均能适应，而以排水良好且肥沃、湿润土壤为最好。萌芽、发枝力强，耐修剪。对烟尘及多种有毒气体抗性很强。

繁殖方式：可用播种和扦插法繁殖。

园林用途：蚊母树枝叶密集，树形整齐，抗性强、防尘及隔声效果好，是理想的城市及工矿区绿化及观赏树种。成丛、成片栽植用于分隔空间或作为其他花木之背景效果亦佳。

39. 石楠（图4—34）

学名：*Photinia serrulata*

科属：蔷薇科、石楠属

a—果枝；b—花 　　　　a—花枝；b—花；c—雌蕊

图4-33　蚊母树（左）
图4-34　石楠（右）

识别要点：小乔木。全体几无毛。叶长椭圆形至倒卵状长椭圆形，缘有细尖锯齿，革质，有光泽，幼叶带红色。花白色，成顶生复伞房花序。果球形，红色。花期 5 ~ 7 月；果熟期 10 月。

分布：产中国中部及南部；印尼也有。

习性：喜光，稍耐阴；喜温暖，耐寒，喜排水良好的肥沃土壤，生长较慢。

繁殖方式：以播种繁殖为主。也可带踵扦插繁殖。一般无须修剪，也不必特殊管理。

园林用途：本种树冠圆形，枝叶浓密，早春嫩叶鲜红，秋冬又有红果，是美丽的观赏树种。园林中孤植、丛植及基础栽植都甚为相宜，尤宜配植于整形式园林中。

40. 椤木（图 4-35）

学名：*Photinia davidsoniae*

科属：蔷薇科、石楠属

别名：椤木石楠

识别要点：乔木；幼枝棕色，贴生短毛，后呈紫褐色，最后呈灰色无毛。树干及枝条上有刺。叶革质，长圆形至倒卵状披针形，叶端渐尖而有短尖头，叶基楔形，叶缘有带腺的细锯齿；叶柄长 0.8 ~ 1.5cm。花多而密，成顶生复伞房花序；花白色。梨果，黄红色。花期 5 月；果 9 ~ 10 月成熟。

分布：产陕西、江苏、安徽、浙江、江西、湖南、湖北、四川、云南、福建、广东、广西。

a—花枝；b—果　　　图 4-35　椤木

习性：耐阴，亦耐贫瘠、干旱，对土壤要求不严。

繁殖方式：播种繁殖。

园林用途：枝繁叶茂，嫩叶鲜红，甚至在整个冬季顶梢还保持着红叶，远看效果尚佳，特别是早春鲜红的嫩叶显得格外醒目，秋冬又有红果，无论是作高、低花篱、色块、绿墙，花柱前景树，丛植池畔湖边，还是植于草坪、大乔木下，高速公路钢丝网外，或作为中层常绿行道树，无不引人入胜。

41. 枇杷（图 4-36）

学名：*Eriobotrya japonica*

科属：蔷薇科、枇杷属

识别要点：小乔木；小枝、叶背及花序均密被锈色绒毛。叶粗大革质，常为倒披针状椭圆形，基部楔形，锯齿粗钝，侧脉 11 ~ 21 对，表面多皱而有光泽。花白色，芳香，10 ~ 12 月开花，翌年初夏果熟。果近球形或梨形，黄

a—花枝；b—果；c—花；
d—花纵剖；e—子房横剖　　　图 4-36　枇杷

色或橙黄色。

分布：原产于中国，四川、湖北有野生。

习性：喜光，稍耐阴，喜温暖气候及肥沃湿润而排水良好之土壤,不耐寒。生长缓慢,寿命较长。

繁殖方式：以播种、嫁接繁殖为主，扦插、压条也可。

园林用途：枇杷树形整齐美观，叶大荫浓，常绿而有光泽，冬日白花盛开，初夏黄果累累，适于庭园栽植，是园林结合生产的好树种。

图4-37 黄杨

42.黄杨（图4-37）

学名：*Buxus sinica*

科属：黄杨科、黄杨属

识别要点：灌木或小乔木；枝叶较疏散,小枝及冬芽均有短柔毛。叶倒卵形、倒卵状椭圆形至广卵形，基部楔形，叶柄及叶背中脉基部有毛。花簇生叶腋或枝端，黄绿色。花期4月；果7月成熟。

分布：产中国中部，久经栽培。

习性：喜半阴，在无庇荫处生长叶常发黄；喜温暖湿润气候及肥沃的中性及微酸性土，耐寒性不如锦熟黄杨。生长缓慢，耐修剪。对多种有毒气体抗性强。

繁殖方式：用播种或扦插法繁殖。

园林用途：在草坪、庭前孤植、丛植，或于路旁列植、点缀山石都很合适，也可用作绿篱及基础种植材料。

43.冬青（图4-38）

学名：*Ilex purpurea*

科属：冬青科、冬青属

识别要点：乔木；枝叶密生，树形整齐。树皮灰青色，平滑。叶薄革质，长椭圆形至披针形，缘疏生浅齿，表面深绿而有光泽，叶柄常为淡紫红色；雌雄异株，聚伞花序着生于当年生嫩枝叶腋；果实深红色，椭球形。花期5～6月；果9～10月成熟。

分布：产长江流域及其以南各省区。

习性：喜光，稍耐阴；喜温暖湿润气候及肥沃之酸性土壤，较耐潮湿，不耐寒。萌芽力强，耐修剪；生长较慢。深根性，抗风力强；对二氧化硫及烟尘有一定的抗性。

繁殖方式：常用播种法繁殖。对病虫害

a—花枝；b—花；c—果　　图4-38 冬青

抵抗力较强。

园林用途：本种四季常青，入秋又有累累红果，经冬不落，十分美观。宜作园景树及绿篱植物栽培，也可盆栽或制作盆景观赏。

44. 大叶冬青

学名：*Ilex latifoia*

科属：冬青科、冬青属

别名：苦丁茶、波罗树

识别要点：乔木；小枝粗而有纵棱。叶大，厚革质，长椭圆形，长10～20cm，缘有细锯齿。花黄绿色，密集生于2年生枝叶腋，春季开花，果红色，秋季成熟。

分布：产日本及中国长江下游至华南。

习性：耐阴，不耐寒。

繁殖方式：播种或扦插繁殖。

园林用途：绿叶红果，颇为美丽，宜用作园林绿化及观赏树种。叶能代茶，并有药效。

45. 波缘冬青

学名：*Ilex crenata*

科属：冬青科、冬青属

别名：钝齿冬青

识别要点：灌木或小乔木。多分枝，小枝有灰色细毛。叶较小，厚革质，椭圆形至长倒卵形，先端钝，缘有浅钝齿，背面有腺点。花小，白色；雄花3～7朵成聚伞花序生于当年枝叶腋。果球形，熟时黑色。花期5～6月；果10月成熟。

分布：产日本及中国广东、福建、山东等省。江南庭园中有栽培。

繁殖方式：以播种或扦插繁殖为主。

园林用途：庭院栽培，或作盆景材料。其变种龟甲冬青（var. *convexa* Makino）叶面凸起，俗称豆瓣冬青，偶见栽作盆景材料。

46. 大叶黄杨（图4-39）

学名：*Euonymus japonicus*

科属：卫矛科、卫矛属

别名：正木

识别要点：灌木或小乔木；小枝绿色，稍四棱形。叶革质而有光泽，椭圆形至倒卵形，缘有细钝齿，两面无毛；叶柄长6～12mm。花绿白色，成密集聚伞花序。蒴果近球形，淡粉红色，熟时4瓣裂；假种皮橘红色。花期5～6月；果9～10月

图4-39 大叶黄杨

成熟。

分布：原产日本南部；中国南北各省均有栽培。

习性：喜光，但也能耐阴；喜温暖湿润的海洋性气候及肥沃湿润土壤，也能耐干旱瘠薄，耐寒性不强。极耐修剪整形；生长较慢，寿命长。对各种有毒气体及烟尘有很强的抗性。

繁殖方式：繁殖主要用扦插法，嫁接、压条和播种法也可。

园林用途：本种枝叶茂密，叶色亮绿，是美丽的观叶树种。园林中常用作绿篱及背景种植材料，亦可丛植草地边缘或列植于园路两旁；若修剪成型，更适合用于规则式对称配植。同时，亦是基础种植、街道绿化和工厂绿化的好材料。

变种：栽培变种很多，常见的有以下几种：

(1) 金边大叶黄杨 (cv.Ovatus Aureus)：叶缘金黄色。

(2) 金心大叶黄杨 (cv.Aureus)：叶中脉附近金黄色，有时叶柄及枝端也变为黄色。

(3) 银边大叶黄杨 (cv.Albo—marginatus)：叶缘有窄白条边。

(4) 银斑大叶黄杨 (cv.Latifolius Albo—marginatus)：叶阔椭圆形，银边甚宽。

47. 杜英 （图 4—40）

学名：*Elaeocarpus decipiens*

科属：杜英科、杜英属

别名：山杜英、胆八树

识别要点：乔木；树冠卵球形。树皮深褐色，平滑不裂；小枝红褐色。叶薄革质，倒卵状长椭圆形，基部楔形，缘有浅锯齿，脉叶有时具腺体，叶柄长 0.5～1.2cm；绿叶中常存少量鲜红的老叶。腋生总状花序，花瓣白色，细裂如丝；核果椭球形，熟时暗紫色。花期 6～8 月；果 10～12 月成熟。

分布：产中国南部。

习性：稍耐阴，喜温暖湿润气候，耐寒性不强；适生于排水良好之酸性土壤。根系发达；萌芽力强，耐修剪；生长速度中等偏快。对二氧化硫抗性强。

繁殖方式：播种或扦插繁殖。

园林用途：本种枝叶茂密，树冠圆整，霜后部分叶变红色，红绿相间，颇为美丽。宜于草坪、地被、林缘丛植，也可栽作其他花木的背景树，或列植成绿墙起隐蔽遮挡及隔声作用。因对二氧化硫抗性强，可作工矿区绿化和防护林带树种。

a—花枝；b—花；c—果　　　图 4—40　杜英

48. 女贞（图4—41）

学名：*Ligustrum lucidum*

科属：木犀科、女贞属

识别要点：乔木；树皮灰色，平滑。枝展开。叶革质，宽卵形至卵状披针形，基部圆形或阔楔形，全缘，无毛。圆锥花序顶生，长10～20cm；花白色，具香气。核果长圆形，蓝黑色。花期6～7月。

分布：产长江流域及以南各省区。

习性：喜光，稍耐阴；喜温暖；适生于微酸性至微碱性的湿润土壤，不耐瘠薄；对二氧化碳、氯气、氟化氢等有毒气体有较强的抗性。生长快，萌芽力强，耐修剪。

a—果枝；b—花；c—果　　图4—41　女贞

繁殖方式：播种、扦插繁殖。

园林用途：女贞枝叶清秀，终年常绿，夏日满树白花，又适应城市气候环境，是长江流域常见的绿化树种；常栽于庭园观赏，广泛栽植于街坊、宅院，或作园路树，或修剪作绿篱用；对多种有毒气体抗性较强，可作为工矿区的抗污染树种。

49. 桂花（图4—42）

学名：*Osmanthus fragrans*

科属：木犀科、木犀属

别名：木犀、岩桂

识别要点：灌木至小乔木，高可达12m；树皮灰色，不裂。芽叠生。叶长椭圆形，长5～12cm，端尖，基楔形，全缘或上半部有细锯齿。花簇生叶腋或聚伞状；花小，黄白色，浓香。核果椭圆形，紫黑色。花期9～10月。

变种有：

(1) 丹桂（var. *aurantiacus* Makino）：花橘红色或橙黄色。

(2) 金桂（var. *thunbergii* Makino）：花黄色至深黄色。

(3) 银桂（var. *latifolius* Makino）：花近白色。

(4) 四季桂（var. *semperflorens* Hort）：花白色或黄色，花期5～9月，可连续开花数次。

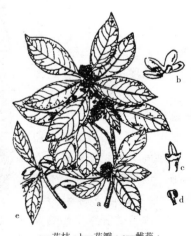

分布：原产我国西南部，现广泛栽培于长江流域各省区。

习性：喜光，稍耐阴；喜温暖和通风良好的环境，不耐寒；喜湿润、排水良好的沙质壤土，忌涝地、碱地和黏重土壤；对二氧化硫、氯气等有中等抵抗力。

繁殖方式：多用嫁接繁殖，压条、扦插也可。

a—花枝；b—花瓣；c—雌蕊；
d—花药；e—果枝　　图4—42　桂花

嫁接可用小叶女贞、女贞等作砧木。

园林用途：桂花树干端直，树冠圆整，四季常青，花期正值仲秋，香飘数里，是我国人民喜爱的传统园林花木。于庭前对植两株，即"两桂当庭"，是传统的配植手法，园林中常大面积栽植或将桂花植于道路两侧、假山、草坪、院落等。

50. 油橄榄（图4—43）

学名：*Olea europaea*

科属：木犀科、油橄榄属

别名：齐墩果

识别要点：小乔木；树皮粗糙，老时深纵裂，常生有树瘤。小枝四棱

a—花枝；b—雄花；c—两性花；d—去花冠及
雄蕊之花；e—果枝；f—果纵剖面，示果核

图4—43 油橄榄

形。叶近革质，披针形或长椭圆形，全缘，边略反卷，表面深绿，背面密被银白色皮屑状鳞片，侧脉不甚明显。圆锥花序长2～6cm，花冠白色，芳香。核果椭圆状至近球形，黑色光亮。花期4～5月；果10～12月成熟。

分布：原产地中海区域，欧洲南部及美国南部广为栽培。我国引种栽植。

习性：油橄榄是地中海型的亚热带树种，生于冬季温暖湿润、夏季干燥炎热的气候条件下。喜光；最宜土层深厚、排水良好的沙壤土，稍耐干旱，对盐分有较强的抵抗力，不耐积水。无主根，侧根发达。寿命长。

繁殖方式：在生产上多用嫁接、扦插、压条等方法。

园林用途：油橄榄常绿，枝繁茂，叶双色，花芳香，可丛植于草坪、墙隅，在小庭院中栽植也很适宜，成片栽植。它被誉为"穷地上富树"，可用于绿化结合生产。

51. 珊瑚树

学名：*Viburnum awabuki*

科属：忍冬科、荚蒾属

别名：法国冬青

识别要点：灌木或小乔木。通体无毛；树皮灰色；枝有小瘤状凸起的皮孔。叶长椭圆形，基部阔楔形，全缘或近顶部有不规则的浅波状钝齿，革质，表面深绿而有光泽。圆锥状聚伞花序顶生，花白色，芳香。核果倒卵形，先红后黑。花期5～6月；果9～10月成熟。

分布：产华南、华东、西南等省份。日本、印度也产。长江流域城市都有栽培。

习性：喜光，稍能耐阴；喜温暖，不耐寒；喜湿润肥沃土壤，喜中性土，在酸性和微碱性土中也能适应；对有毒气体氯气、二氧化硫的抗性较强，对汞和氟有一定的吸收能力；耐烟尘，抗火力强。根系发达，萌蘖力强，易整形，耐修剪，耐移植，生长较快，病虫害少。

繁殖方式：一般扦插繁殖，也可播种繁殖。

园林用途：珊瑚树终年碧绿光亮，春日开以白花，深秋果实鲜红，累累垂于枝头，状如珊瑚，甚为美观。江南城市及园林中普遍栽作绿篱或绿墙，也作基础栽植或丛植装饰墙角；枝叶繁密，富含水分，耐火力强，可作防火隔离树带；隔声及抗污染能力强，也是工厂绿化的好树种。

52. 棕榈（图4—44）

学名：*Trachycarpus fortunei*

科属：棕榈科、棕榈属

别名：棕树、山棕

识别要点：乔木；树干圆柱形。叶

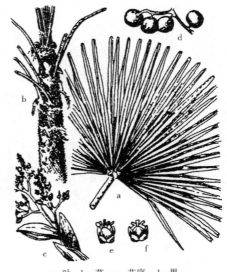

a—叶；b—茎；c—花序；d—果；
e—雄花；f—雌花

图4—44 棕榈

簇竖干顶，近圆形，径50～70cm，掌状裂深达中下部；叶柄长40～100cm，两侧细齿明显。雌雄异株，圆锥状肉穗花序腋生，花小而黄色。核果肾状球形，蓝褐色，被白粉。花期4～5月；10～11月果熟。

分布：原产中国，在我国分布很广。

习性：棕榈是棕榈科中最耐寒的植物，但喜温暖湿润气候。野生棕榈往往生长在林下和林缘，有较强的耐阴能力。喜排水良好、湿润肥沃之中性、石灰性或微酸性的黏质壤土，耐轻盐碱土，也能耐一定的干旱与水湿。喜肥。耐烟尘，对有毒气体抗性强。抗二氧化硫及氟化氢，有很强的吸毒能力。

繁殖方式：播种繁殖。

园林用途：棕榈挺拔秀丽，一派南国风光，适应性强，能抗多种有毒气体，是工厂绿化的优良树种。可列植、丛植或成片栽植，也常盆栽或桶栽作室内或建筑前装饰及用于布置会场。

4.1.2 落叶乔木类

1. 银杏（图4—45）

学名：*Ginkgo biloba*

科属：银杏科、银杏属

别名：白果树、公孙树

识别要点：大乔木，高达40m，干部直径达3m以上；树冠广卵圆形，青状年期树冠圆锥形；树皮灰褐色，深纵裂。主枝斜出，近轮生，枝有长枝、短枝之分。一年生枝的长枝呈

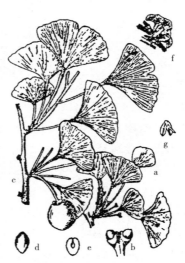

a—雌球花枝；b—雌球花上端；c—长短枝及种子；d—去外种皮的种子；e—去外、中种皮种子纵剖面（示胚乳与子叶）；f—雄球花枝；g—雄蕊

图4—45 银杏

浅棕黄色，后则变为灰白色，并有细纵裂纹，短枝细，被叶痕。叶扇形，有二叉状叶脉，顶端常二裂，基部楔形，有长柄；互生于长枝而簇生于短枝上。雌雄异株；花期4～5月，风媒花。种子核果状，椭圆形，熟时呈淡黄色或橙黄色，外被白粉；外种皮肉质，有臭味；中种皮白色，骨质；肉种皮膜质；种子9～10月成熟。

分布：浙江天目山有野生银杏，各地均有栽培，而以江南一带较多。

习性：阳性树，喜适当湿润而又排水良好的深厚沙质壤土，在酸性土（pH值4.5）、石灰性土（pH值8.0）中均可生长良好；不耐积水之地，较耐旱，但在过于干燥处及多石山坡或低湿之地生长不良。耐寒性颇强。

银杏为深根性树种，寿命极长，可达千年以上。如北京西郊大觉寺的银杏已有900余年的历史，树高及冠幅达18m余，胸围达7.55m，仍生长健壮。

银杏发育较慢。由种子繁殖的约需20年始能开花结果，40年始入结实盛期，但结实期长，近百年的大树年产量可达1000kg左右。嫁接树约用7年生实生苗为砧木，10年结果，60年生大树株产近100kg。

繁殖方式：可用播种、扦插、分蘖和嫁接等法繁殖，但以用播种及嫁接法最多。

园林用途：银杏树姿雄伟壮丽，叶形秀美，寿命既长，又少病虫害，最适宜作庭荫树、行道树或独赏树。

银杏为我国自古以来习用的绿化树种，最常见的配植方法是在寺庙殿前左右对植，故至今在各地寺庙中常可见参天的古银杏。此种近千年的古木是中国的国宝，应特别注意保护。中国各城市中用作行道树，能形成壮丽的街景。尤其在秋季叶变成一片黄金时极为美观，行人赞不绝口。

2. 金钱松（图4-46）

学名：*Pseudolarix kaempferi*

科属：松科、金钱松属

本属在全世界仅有一种，为中国所特产。

识别要点：乔木；树冠阔圆锥形，树皮赤褐色，呈狭长鳞片状剥离。大枝不规则轮生，平展，一年生长枝黄褐或赤褐色，无毛。冬芽卵形，锐尖，芽鳞先端长尖。叶条形，在长枝上互生，在短枝上15～30枚轮状簇生，叶长2～5.5cm，宽1.5～4mm。雄球花数个簇生于短枝顶部，有柄；雌球花单生于短枝顶部，紫红色。球果卵形或倒卵形，长6～7.5cm，径4～5cm，有短柄，当年成熟，淡红褐色；种子卵形，白色，

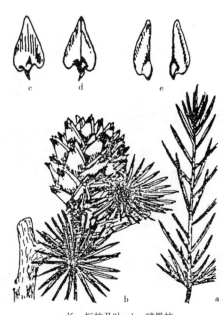

a—长、短枝及叶；b—球果枝；
c、d—种鳞背、腹面；e—种子

图4-46　金钱松

种翅连同种子几乎与种鳞等长。花期 4～5 月；果 10～11 月上旬成熟。

分布：产于浙江、江西、湖北、四川等省。在西天目山生于海拔 100～1500m 处，在庐山生于海拔 1000m 处。

习性：性喜光，幼时稍耐阴，喜温凉湿润气候和深厚肥沃、排水良好且又适当湿润的中性或酸性沙质壤土，不喜石灰质土壤。有相当的耐寒性，能耐 −20℃ 的低温。抗风力强，不耐干旱也不耐积水；生长速度中等偏快。枝条萌芽力较强。

金钱松属于有真菌共生的树种，菌根多则对生长有利。

繁殖方式：用播种法繁殖。播后最好用菌根土覆土。移栽或定植时，为了保护菌根应多带宿土或用菌根土打浆。

园林用途：本树为珍贵的观赏树木之一，与南洋杉、雪松、日本金松和巨杉合称为世界五大公园树。金钱松体形高大，树干端直，入秋叶变为金黄色，极为美丽。可孤植或丛植等。

3. 水松（图 4—47）

学名：*Glyptostrobus pensilis*

科属：杉科、水松属

识别要点：落叶乔木；树冠圆锥形。树皮呈扭状长条浅裂，干基部膨大，有膝状呼吸根。小枝绿色。叶互生，有三种类型：鳞形叶长约 2mm，宿存，螺旋状着生主枝上；条状钻形叶及条形叶，长约 0.4～3.0cm，常排成 2～3 列之假羽状，冬季均与小枝同落。

分布：广东、江西、云南等地。长江流域以南绿地中有栽培。

习性：强阳性树，喜暖热多湿气候，喜多湿土壤，在沼泽地则呼吸根发达，在排水良好土地上则呼吸根不发达，干基也不膨大。性强健，对土壤适应性较强。仅忌盐碱土，最宜富含水分的冲积土。根系发达。不耐低温。

繁殖方式：用种子及扦插法繁殖。

园林用途：树形美丽，最宜湖畔绿化用，根系强大，可作防风护堤树。

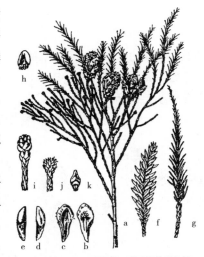

a—球果枝；b、c—种鳞背、腹面及苞鳞先端；
d、e—种子；f—着生线状钻形叶的小枝；
g—着生鳞形叶、线形叶的小枝；h—雄蕊；
i—雄球花枝；j—雌球花枝；k—珠鳞及胚珠

图 4—47 水松

4. 落羽杉（图 4—48）

学名：*Taxodium distichum*

科属：杉科、落羽杉属

别名：落羽松

识别要点：落叶乔木；树冠在幼年期呈圆锥形，老树则开展成伞形，树干尖削度大，基部常膨大而有屈膝状之呼吸根；树皮呈长条状剥落；枝条平展，大树的小枝略下垂；1 年生小枝褐色，生叶的侧生小枝排成两列。叶条形，长 1.0 ～ 1.5cm，扁平，先端尖，排成羽状 2 列，上面中脉凹下，淡绿色，秋季凋落前变暗红褐色。

分布：原产美国东南部，其分布区较池杉为广，有一定的耐寒力。我国已引入栽培达半个世纪以上，在长江流域及华南大城市的园林中常有栽培。

习性：强阳性树；喜暖热湿润气候，极耐水湿，能生长于浅沼泽中，亦能生长于排水良好的陆地上。在湿地上生长的，树干基部可形成板状根，自水平根系上能向地面上伸出筒状的呼吸根，特别称为"膝根"。抗风性强。

繁殖方式：可用播种及扦插法繁殖。

园林用途：落羽杉树形整齐美观，近羽毛状的叶丛极为秀丽，入秋叶变成古铜色，是良好的秋色叶树种。最适水旁配植，又有防风护岸之效。落羽杉属与水杉、水松、巨杉、红杉同为孑遗树种，是世界著名的园林树木。

5. 池杉（图 4—49）

学名：*Taxodium ascendens*

科属：杉科、落羽杉属

别名：池柏、沼杉、沼落羽松

识别要点：落叶乔木；树干基部膨大，常有屈膝状的吐吸根，在低湿地生长者"膝根"尤为显著。树皮褐色，纵裂，成长条片脱落；枝向上展，树冠常较窄，呈尖塔形，当年生小枝绿色，细长，常略向下弯垂，二年生小枝褐红色。叶多钻形，略内曲，常在枝上螺旋状伸展，下部多贴近小枝，基部下延，长 4 ～ 10mm。球果圆球形或长圆状球形，熟时褐黄色。

分布：产于美国，常于沿海平原的沼泽及低湿地处见到。我国自 21 世纪初引入，现已在许多城市尤其是长江南北地区作为重要造林和园林树种。

习性：喜温暖湿润气候和深厚疏松之酸性、微酸性土。强阳性，不耐阴，耐涝，又较耐旱。对碱性土颇敏感，即可发生叶片黄化现象。

a—球果枝；b、c—种鳞顶部及侧面；
d、e、f、g—小枝及叶

a—叶枝；b—雄球花枝；
c—小枝一段；d—种子

图 4—48　落羽杉（左）
图 4—49　池杉（右）

繁殖方式:用播种和扦插池繁殖。

园林用途:池杉树形优美，枝
叶秀丽婆娑，秋叶棕褐色，是观赏
价值很高的园林树种，特适水滨湿
地成片栽植，孤植或丛植为园景树，
也可构成园林佳景。

6．水杉（图4—50）

学名：*Metasequoia glyptostroboides*

科属：杉科、水杉属

识别要点：落叶乔木；干基常
膨大，幼树树冠尖塔形，老树则为
广圆头形。树皮灰褐色；大枝近轮
生，小枝对生。叶交互对生，叶基
扭转排成两列，呈羽状，条形，扁

a—球果枝；b—雄球花枝；c—球果；
d—种子；e—雌球花；f—雄蕊

图4—50　水杉

平，长0.8～3.5cm，冬季与无芽小枝一同脱落。雌雄同株，单性；球果近球
形，长1.8～2.5cm。花期2月；果当年11月成熟。

分布：本属仅1种，有的分类学家单列为1科。现仅我国有1种，1941
年由于铎教授在湖北利川县发现，1946年王战教授等采取标本，经胡先骕、
郑万钧二位教授1948年定名后，曾引起各国植物学家极大的注意。

产于四川省石柱县，湖北省利川县磨道溪、水杉坝一带及湖南龙山、桑
植等地海拔750～1500m，气候温和湿润，沿河酸性土沟谷中。40年来已在
国内南北各地及国外50个国家引种栽培。

习性：阳性树，喜温暖湿润气候。喜深厚肥沃的酸性土，但在微碱性土
壤上亦可生长良好。水杉要求土层深厚、肥沃，尤喜湿润而排水良好，不耐涝，
对土壤干旱也较敏感。耐盐碱能力较池杉为强。对二氧化硫、氯气、氟化氢等
有害气体的抗性较弱。

繁殖方式：主要有播种及扦插两种方法。

园林用途：水杉树冠呈圆锥形，姿态
优美。叶色秀丽，秋叶转棕褐色，均甚美观。
宜在园林中丛植、列植或孤植，也可成片
林植。水杉生长迅速，是郊区、风景区绿
化的重要树种。

7．加拿大杨（图4—51）

学名：*Populus × canadensis*

科属：杨柳科、杨属

别名：加杨

识别要点：乔木；树冠开展呈卵圆形。
树皮灰褐色，粗糙，纵裂。小枝在叶柄下

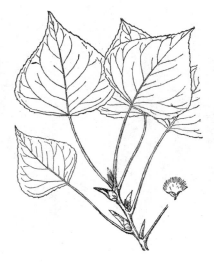

图4—51　加拿大杨

具三条棱脊，冬芽先端不贴紧枝条。叶近正三角形，长 7～10cm，基部截形，边缘半透明，具钝齿；叶柄扁平而长，有时顶端具 1～2 腺体。花期 4 月，果熟期 5 月。

分布：本种系美洲黑杨（*P.delioides*）与欧洲黑杨（*P.nigra*）之杂交种，现广植于欧亚美各洲。19 世纪中叶引入我国，各地普遍栽培，而以华北、东北及长江流域最多。

习性：杂种优势明显，生长势和适应性均较强。性喜光，颇耐寒，喜湿润而排水良好之冲积土，对水涝、盐碱和瘠薄土地均有一定耐性，能适应暖热气候。对二氧化硫抗性强，并有吸收能力。生长快，萌芽力、萌蘖力均较强。寿命较短。

繁殖方式：本种雄株多，雌株少见。一般都采用扦插繁殖，极易成活。

园林用途：加拿大杨树体高大，树冠宽阔，叶片大而具光泽，夏季绿荫浓密，很适合作行道树、庭荫树及防护林用。同时，也是工矿区绿化及"四旁"绿化的好树种。

8. 小叶杨 （图 4—52）

学名：*Populus simonii*

科属：杨柳科、杨属

别名：南京白杨

识别要点：乔木；树冠广卵形。树干往往不直，树皮灰褐色，老时变粗糙，纵裂，小枝光滑，长枝有显著角棱；冬芽瘦而尖，有黏胶。叶菱状倒卵形、菱状卵圆形，长 5～10cm，基部楔形，缘具细钝齿；叶柄短而不扁，常带红色，无腺体。花期 3～4 月；果熟期 4～5 月。

图 4—52　小叶杨

分布：产于中国及朝鲜。在中国分布很广。

习性：喜光，耐寒，亦能耐热；喜肥沃湿润土壤，亦能耐干旱、瘠薄和盐碱土壤。生长较快，寿命较短；根系发达，但主根不明显；萌芽力强。

繁殖方式：可用播种、扦插、埋条等法繁殖。

园林用途：小叶杨是良好的防风固沙、保持水土、固堤护岸及绿化观赏树种；城郊可选用作行道树和防护林。

9. 毛白杨 （图 4—53）

学名：*Populus tomentosa*

科属：杨柳科、杨属

a—长枝叶；b—短枝叶；c—花序；
d—雌花（带花盘）；e—果（已开裂）

图 4—53　毛白杨

识别要点：乔木；树冠卵圆形或卵形。树皮幼时青白色，皮孔菱形；老时树皮纵裂，呈暗灰色。嫩枝灰绿色，密被灰白色绒毛。长枝之叶三角状卵形，先端渐尖，基部心形或截形，缘具缺刻或锯齿，表面光滑或稍有毛，背面密被白绒毛，后渐脱落；叶柄扁平，先端常具腺体。雌雄异株，花芽密集。花期3～4月，叶前开放。蒴果小，三角形，4月下旬成熟。

分布：中国特产，主要分布于黄河流域，北至辽宁南部，南达江苏，西至甘肃东部，西南至云南均有之。

习性：喜光，要求凉爽和较湿润气候，对土壤要求不严，在酸性至碱性土上均能生长，在深厚肥沃、湿润的土壤上生长最好，但在特别干瘠或低洼积水处生长不良。寿命为杨属中最长者，可达200年以上，抗烟尘和抗污染能力强。

繁殖方式：毛白杨是天然杂种，种子稀少。主要采用埋条、扦插、嫁接、留根、分蘖等法繁殖。

园林用途：毛白杨树干灰白、端直，树形高大广阔，颇具雄伟气概。在园林绿地中很适宜作行道树及庭荫树。若孤植或丛植于旷地及草坪，则景观效果突出；在广场、干道两侧规则式列植，则气势严整壮观。

10. 旱柳 （图4—54）

学名：*Salix matsudana*

科属：杨柳科、柳属

别名：柳树、立柳

识别要点：乔木，高达18m，胸径80cm；树冠卵圆形至倒卵形。树皮灰黑色，纵裂。枝条直伸或斜展。叶披针形至狭披针形，长5～10cm，先端长渐尖，基部楔形，缘有细锯齿，背面微被白粉；叶柄短，2～4mm；托叶披针形，早落。花期3～4月；果熟期4～5月。

分布：中国分布甚广，黄河流域为其分布中心，是我国北方平原地区最常见的乡土树种之一。

习性：喜光，不耐庇荫；耐寒性强；喜水湿，亦耐干旱。对土壤要求不严，在干瘠沙地、低湿河滩和弱盐碱地上均能生长，而以肥沃、疏松、潮湿土上最为适宜，在固结、黏重土壤及重盐碱地上生长不良。生长快，萌芽力强；根系发达，主根深，侧根和须根广布于各土层中。固土、抗风力强，不怕沙压。旱柳树皮在受到水侵时，能很快长出新根悬浮于水中，这是它不怕水淹和扦插易活的重要原因。

繁殖方式：以扦插繁殖为主，播种亦可。

园林用途：柳树历来为我国人民所喜爱，其柔软嫩绿的枝叶，丰满的树冠，还有许多多

a—叶枝；b—果枝；c—雄花（带苞片）；d—雌花（带苞片）；e—果（已开裂）

图4—54　旱柳

姿的栽培变种，都给人以亲切优美之感。是重要的园林及城乡绿化树种。最宜沿河湖岸边及低湿处、草地上栽植；亦可作行道树、防护林及沙荒造林等用。但由于柳絮繁多、飘扬时间长，故在精密仪器厂、幼儿园及城市街道等地均以种植雄株为宜。

变种与品种有：

(1) 馒头柳 (cv.Umbraculifera)：分枝密，端梢齐整，形成半圆形树冠，状如馒头。北京园林中常见栽培，其观赏效果较原种好。

(2) 绦柳 (cv.Pendula)：枝条细长下垂，华北园林中习见栽培，常被误认为垂柳。小枝黄色，叶无毛，叶柄长5～8mm，雌花有2腺体。

(3) 龙须柳 (cv.Tortuosa)：枝条扭曲向上，各地时见栽培观赏。生长势较弱，树体较小，易衰老，寿命短。

11. 垂柳

学名：*Salix babylonica*

科属：杨柳科、柳属

别名：垂枝柳、倒挂柳

识别要点：乔木；树冠倒广卵形。小枝细长下垂。叶狭披针形，长8～16cm。先端渐长尖，缘有细锯齿，表面绿色，背面蓝灰绿色；叶柄长约1cm；托叶阔镰形，早落。花期3～4月；果熟期4～5月。

分布：分布于长江流域及其以南各省区平原地区，华北、东北有栽培。

习性：喜光，喜温暖湿润气候及潮湿深厚的酸性及中性土壤。较耐寒，特耐水湿，但亦能生于土层深厚的干燥地区，最好以肥沃土壤为最佳，也是防风固沙的好树种。萌芽力强，根系发达。

繁殖方式：劈接、切接、芽接等嫁接繁殖方法。

园林用途：垂柳枝条细长，柔软下垂，随风飘舞，姿态优美潇洒。在园林绿化中，它广泛用于河岸及湖池边绿化，柔条依依拂水，别有风致，自古即为重要的庭院观赏树。亦可用作行道树、庭荫树、固岸护堤树及平原造林树种。此外，垂柳对有毒气体抗性较强，并能吸收二氧化硫，故也适用于工厂、矿区等污染严重的地方的绿化。

12. 枫杨 (图4-55)

学名：*Pterocarya stenoptera*

科属：胡桃科、枫杨属

识别要点：乔木，高达30m，胸径1m以上。枝具片状髓；裸芽密被褐色毛，下有叠生无柄潜芽。羽状复叶之叶轴有翼，小叶 9～23，长椭圆形，长5～10cm，

a—花枝；b—果枝；c—果　　　　图4-55　枫杨

缘有细锯齿，顶生小叶有时不发育。果序下垂，长 20 ～ 30cm，坚果近球形，具两个长圆形果翅，长 2 ～ 3cm，斜展。花期 4 ～ 5 月；果熟期 8 ～ 9 月。

分布：广布于华北、华中、华南和西南各省，在长江流域和淮河流域最为常见；朝鲜亦有分布。

习性：喜光，喜温暖湿润气候，也较耐寒；耐湿性强，但不宜长期积水。对土壤要求不严，在酸性至微碱性土壤上均可生长，而以在深厚、肥沃、湿润的土壤上生长良好。深根性，主根明显，侧根发达；萌芽力强。

繁殖方式：种子繁殖。

园林用途：枫杨树冠宽广，枝叶茂密，生长快，适应性强，为遮阴树及行道树，唯生长季节后期不断落叶，清扫麻烦。又因枫杨根系发达、较耐水湿，常作水边护岸固堤及防风林树种。

13. 麻栎 (图 4-56)

学名：*Quercus acutissima*

科属：壳斗科、栎属

识别要点：乔木，高达 25m，胸径 1m。干皮交错深纵裂；小枝黄褐色。叶片长椭圆状披针形，长 8 ～ 18cm，先端渐尖，基部近圆形，缘有刺芒状锐锯齿。坚果球形；总苞碗状，鳞片木质刺状，反卷。花期 5 月；果翌年 10 月成熟。

分布：中国分布很广；日本、朝鲜亦产。

习性：喜光，喜湿润气候，耐寒，耐旱；对土壤要求不严，但不耐盐碱土。以深厚、肥沃、湿润、排水良好的中性至微酸性土最为适宜。深根性，萌芽力强。生长速度中等。

繁殖方式：播种繁殖或萌芽更新。

园林用途：为我国著名硬阔叶树优良用材树种。

a—果枝；b—雄花枝；c—果　　　　图 4-56　麻栎

14. 大果榆 (图 4-57)

学名：*Ulmus macrocarpa*

科属：榆科、榆属

别名：黄榆

识别要点：乔木，高达 10m，胸径 30cm；树冠扁球形。小枝淡黄褐色，有时具两 (4) 条规则木栓翅，有毛。叶倒卵形，长 5 ～ 9cm，先端突尖，基部歪斜，

图 4-57　大果榆

缘具不规则重锯齿，质地粗厚。翅果大，径 2.5 ~ 3.5cm。具黄褐色长毛。花期 3 ~ 4 月；果 5 ~ 6 月成熟。

分布：主产中国东北及华北海拔 1800m 以下地区；朝鲜、俄罗斯境内亦有分布。

习性：喜光，抗寒，耐旱，稍耐盐碱，在山麓、阳坡、沙地、平原、石隙间都能生长。深根性，侧根发达；萌蘖性强。生长速度较慢，但在湿润的林区生长尚快。寿命长。

繁殖方式：可用播种及分株法繁殖。

园林用途：本种每当深秋（10 月中下旬）叶色变为红褐色，点缀山林，颇为美观，是北方秋色叶树种之一。

15. 黑榆（图 4—58）

学名：*Ulmus davidiana*

科属：榆科、榆属

别名：山毛榆、热河榆、东北黑榆

识别要点：乔木，高达 15m；树冠开展。树皮褐灰色，纵裂。小枝褐色，幼时有毛，后脱落；两年生以上小枝有时具木栓翅。叶倒卵形，长 5 ~ 10cm，先端突尖，基部一边楔形，另一边圆形，缘有重锯齿，表面粗糙，背面脉腋有毛，叶柄密被丝状柔毛。花簇生。翅果倒卵形，长 0.9 ~ 1.4cm，疏生毛，种子接近缺口处。花期 3 ~ 4 月；果 5 月上旬成熟。

图 4—58　黑榆

分布：产辽宁、河北、山西等省，常生于石灰岩山地或谷地。

习性：喜光，耐寒，耐干旱。深根性，萌蘖力强。

繁殖方式：与榆树相似。

园林用途：与榆树相似。

16. 榔榆（图 4—59）

学名：*Ulmus parvifolia*

科属：榆科、榆属

别名：小叶榆

识别要点：乔木，高达 25m，胸径 1m；树冠扁球形至卵圆形。树皮灰褐色，不规则薄鳞片状剥离。叶较小而质厚，长椭圆形至卵状椭圆形，长 2 ~ 5cm，先端尖，基部歪斜，缘具单锯齿（萌芽枝之叶常有重锯齿）。花簇生叶腋。翅果长椭圆形至卵形，

a—花枝；b—果枝；c—翅果；d—花及柱头　图 4—59　榔榆

长 0.8 ～ 1cm，种子位于翅果中央，无毛。花期 8 ～ 9 月；果 10 ～ 11 月成熟。

分布：主产长江流域及其以南地区，北至山东、陕西等省。一般垂直分布在海拔 500m 以下地区。日本、朝鲜亦产。

习性：喜光，稍耐阴，喜温暖气候，亦能耐 −20℃ 的短期低温；喜肥沃、湿润土壤，亦有一定的耐干旱瘠薄能力，在酸性、中性和石灰性土壤的山坡、平原及溪边均能生长。生长速度中等，寿命较长。深根性，萌芽力强。对二氧化硫等有毒气体及烟尘的抗性较强。

繁殖方式：用种子繁殖。10 ～ 11 月及时采种，随即播之。

园林用途：本种树形优美，姿态潇洒，树皮斑驳，枝叶细密，具有较高的观赏价值。在庭院中孤植、丛植，或与亭榭、山石配植都很合适。栽作庭荫树、行道树或制作成盆景。

17. 白榆（图 4-60）

学名：*Ulmus pumila*

科属：榆科、榆属

别名：榆树、白榆、家榆

识别要点：乔木，高达 25m，胸径 1m；树冠圆球形。树皮暗灰色，纵裂，粗糙。小枝灰色，细长，排成二列状。叶卵状长椭圆形，长 2 ～ 6cm，先端尖，基部稍歪，缘有不规则之单锯齿。早春叶前开花，簇生于去年生枝上。翅果近圆形，种子位于翅果中部。花期 3 ～ 4 月；果 4 ～ 6 月成熟。

习性：喜光，稍耐阴，喜温暖气候，亦能耐低温；喜肥沃、湿润土壤，亦有一定的耐干旱瘠薄能力，在酸性、中性和石灰性土壤的山坡、平原及溪边均能生长。生长速度中等，寿命较长。深根性，萌芽力强。对二氧化硫等有毒气体及烟尘的抗性较强。

繁殖方式：用种子繁殖。

园林用途：本种树形优美，树皮斑驳，枝叶细密，具有较高的观赏价值。在庭院中孤植、丛植，或与亭榭、山石配植都很合适。栽作庭荫树、行道树有良好的观赏效果。

18. 榉树（图 4-61）

学名：*Zelkova serrata*

科属：榆科、榉属

别名：大叶榉

识别要点：乔木，高达 25m；树冠倒卵

a—果枝；b—花枝；c—花；d—果　　　图 4-60　白榆

a—果枝；b—果　　　图 4-61　榉树

状伞形。树皮深灰色，不裂，老时薄鳞片状剥落后仍光滑。小枝细，有毛。叶卵状长椭圆形，长 2～8cm，先端尖，基部广楔形，锯齿整齐，近桃形，表面粗糙，背面密生淡灰色柔毛。坚果小，歪斜且有皱纹。花期 3～4 月；果 10～11 月成熟。

分布：产淮河及秦岭以南，长江中下游至华南、西南各省份。

习性：喜光，喜温暖气候及肥沃湿润土壤，在酸性、中性及石灰性土壤上均可生长。忌积水地，也不耐干瘠。耐烟尘，抗有毒气体；抗病虫害能力较强。寿命较长。

繁殖方式：播种繁殖。

园林用途：榉树枝细叶美，绿荫浓密，树形雄伟，观赏价值远较一般榆树。在园林绿地中孤植、丛植、列植皆宜。同时也是行道树和营造防风林的理想树种。

19. 朴树（图 4-62）

学名：*Celtis sinensis*

科属：榆科、朴属

别名：沙朴

识别要点：乔木，高达 20m，胸径 1m；树冠扁球形。小枝幼时无毛，后渐脱落。叶卵状椭圆形，长 4～8cm，先端短尖，基部不对称，锯齿钝，表面有光泽，背脉隆起并疏生毛。果熟时橙红色，茎 4～5mm，果柄与叶柄近等长，果核表面有凹点和棱脊。花期 4 月；果 9～10 月成熟。

分布：产淮河流域、秦岭以南至华南各省份，散生于平原及低山区，村落附近习见。

习性：喜光，稍耐阴，喜温暖气候及肥沃、湿润、深厚之中性黏质壤土，能耐轻盐碱土。深根性，抗风力强。寿命较长，在中心分布区常见 200～300 年生的老树。抗烟尘及有毒气体。

繁殖方式：播种繁殖。9、10 月间采种，堆放后熟，搓洗去果肉后阴干。秋播或湿沙层积贮藏至翌年春播。条行距约 25cm，覆土厚约 1cm。1 年生苗高 35～40cm。育苗期间要注意整形修剪，培养通直的树干和树冠。大苗移栽要带土球。

园林用途：本种树形美观，树冠宽广，绿荫浓郁，是城乡绿化的重要树种。最宜用作庭荫树，也可用作行道树。并可选作厂矿区绿化及防风、护堤树种。

a—花枝；b—果枝；c—雄花；d—两性花；e—果核　　图 4-62　朴树

20. 糙叶树 （图 4-63）

学名：*Aphananthe aspera*

科属：榆科、糙叶树属

识别要点：乔木；树冠圆球形。树皮灰褐色，老时浅纵裂。单叶互生，卵形至椭圆状卵形，长 5 ～ 12cm，基部三主脉，侧脉直达齿端，两面有平伏硬毛，粗糙。核果近球形，径约 3m，熟时黑色。花期 4 ～ 5 月；果 9 ～ 10 月成熟。

分布：主产长江流域及其以南地区。

习性：喜光，略耐阴，喜温暖湿润气候及潮湿、肥沃而深厚的酸性土壤。

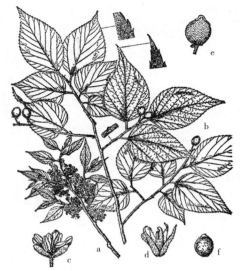

a—花枝；b—果枝；c—雄花；d—雌花；e—果；f—种子　图 4-63　糙叶树

园林用途：本种寿命长，树干挺拔，树冠广展，枝叶茂密，是良好的庭荫树及谷地、溪边绿化树种。

21. 桑树 （图 4-64）

学名：*Morus alba*

科属：桑科、桑属

别名：家桑

识别要点：乔木；树冠倒广卵形。树皮灰褐色；根鲜黄色。叶卵形或卵圆形，长 6 ～ 15cm，先端尖，基部圆形或心形，锯齿粗钝，幼树之叶有时分裂，表面光滑，有光泽，背面脉腋有簇毛。花雌雄异株，花柱极短或无，柱头二，宿存。聚花果（桑葚）长卵形至圆柱形，熟时紫黑色、红色或近白色，汁多味甜。花期 4 月；果 5 ～ 6（7）月成熟。

分布：原产中国中部，现南北各地广泛栽培，尤以长江中下游各地为多。

习性：喜光，喜温暖，适应性强，耐寒，耐干旱瘠薄和水湿，在微酸性、中性、石灰质和轻盐碱（含盐 0.2% 以下）土壤上均能生长。但以土层深厚、肥沃、湿润处生长最好。深根性，根系发达；萌芽性强，耐修剪，易更新。抗风力强，对硫化氢、二氧化氮等有毒气体抗性很强。寿命中等，个别树可长达 300 年。

繁殖方式：可用播种、扦插、压条、

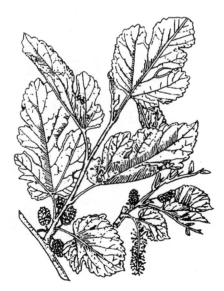

图 4-64　桑树

分根、嫁接等方法繁殖。

园林用途：本种树冠开阔，枝叶茂密，秋季叶色变黄，颇为美观，且能抗烟尘及有毒气体，适于城市、工矿区及农村四旁绿化。其观赏品种，如垂枝桑（cv. Pendula）和枝条扭曲的龙桑（cv.Tortuosa）等更适于庭园栽培观赏。我国古代人民有在房前屋后栽种桑树和梓树的传统，因此常以″桑梓″代表故土、家乡。

22. 构树（图 4-65）

学名：***Broussonetia papyrifera***

科属：桑科、构树属

别名：楮

识别要点：乔木，高达 16m，胸径 60cm。树皮浅灰色，不易裂。小枝密被丝状刚毛。叶互生，有时近对生，卵形，长 7～20cm，先端渐尖，基部圆形或近心形，缘有锯齿，不裂或有不规则 2～5 裂，两面密生柔毛。聚花果球形，径 2～2.5cm，熟时橙红色。花期 4～5 月；果 8～9 月成熟。

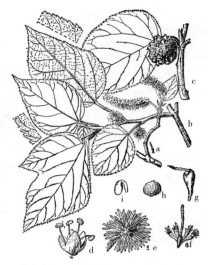

a—雄花序枝；b—雌花序枝；c—果枝；d—雄花；e—雌花序；f—雌花；g—肉质子房柄与小瘦果；h—小瘦果；i—胚

图 4-65　构树

分布：分布很广，北自华北、西北，南到华南、西南各省份均有，为各地低山、平原习见树种；日本、印度等国亦有分布。

习性：喜光，适应性强，能耐北方的干冷和南方的湿热气候；耐干旱瘠薄，也能生长在水边；对土壤适应性强。生长较快，萌芽力强；根系较浅，但侧根分布很广。对烟尘及有毒气体抗性很强。

繁殖方式：播种、埋根、扦插、分蘖和压条等法繁殖。

园林用途：构树外貌虽较粗野，但枝叶茂密且抗性强，是城乡绿化的重要树种，尤其适合用作工矿区及荒山坡地绿化。

23. 柘树（图 4-66）

学名：***Cudrania tricuspidata***

科属：桑科、柘树属

别名：柘刺、柘桑

识别要点：小乔木，常呈灌木状。树皮灰褐色，薄片状剥落。小枝常有枝刺。叶卵形至倒卵形，长 3.5～11cm，全缘，有时三裂。聚花果近球形，径约 2.5cm，熟时红色，肉质。花期 5 月；果 9～10 月成熟。

分布：主产华东、中南及西南，北至

a—具刺枝；b—雌花枝；c—雌花；d—雌蕊；e—雄花；f—果枝

图 4-66　柘树

山东、河北南部和陕西；朝鲜、日本亦有分布。

习性：喜光，耐干旱瘠薄，多生于山野路边或石缝中，为喜钙树种。生长慢。

繁殖方式：播种、扦插或分蘖繁殖均可。

园林用途：可作绿篱、刺篱、荒山绿化及水土保持树种。

图 4—67　玉兰

24．玉兰（图 4—67）

学名：*Magnolia denudata*

科属：木兰科、木兰属

别名：白玉兰、木兰、玉兰花

识别要点：落叶乔木。冬芽密被淡灰绿色长毛。叶互生，大型，为倒卵形，先端短而突尖，基部楔形，表面有光泽。嫩枝及芽外被短绒毛。幼枝上残存环状托叶痕。冬芽具大形鳞片。花先叶开放，顶生、朵大，直径 12～15cm。花被9 片，钟状。果穗圆筒形，褐色；蓇葖果，成熟后开裂，种红色。3～4 月初开花，6～7 月果熟。聚合果圆筒状，红色至淡红褐色，种子具鲜红色肉质外种皮。

习性：性喜光，较耐寒，可露地越冬。爱高燥，忌低湿，喜肥沃、排水良好而带微酸性的沙质土壤。对有害气体的抗性较强，具有一定的抗性和吸收二氧化硫的能力。

繁殖方式：可采用嫁接、压条、扦插、播种等方法。

园林用途：早春重要的观花树木。上海市市花。为庭园中名贵的观赏树。

25．紫玉兰

学名：*Magnolia liliflora*

科属：木兰科、木兰属

别名：木兰、辛夷

识别要点：落叶乔木，高达 3m，常丛生，树皮灰褐色，小枝绿紫色或淡褐紫色。叶椭圆状倒卵形或倒卵形，长 8～18cm，宽 3～10cm，先端急尖或渐尖，基部渐狭，沿叶柄下延至托叶痕，上面深绿色，幼嫩时疏生短柔毛，下面灰绿色，沿脉有短柔毛；侧脉每边 8～10 条，叶柄长 8～20mm，托叶痕约为叶柄长之半。花蕾卵圆形，被淡黄色绢毛；先花后叶，瓶形，直立于粗壮、被毛的花梗上，稍有香气；花被片 9～12，外轮三片萼片状，紫绿色，披针形，长 2～3.5cm，常早落，内两轮肉质，外面紫色或紫红色，内面带白色，花瓣状，椭圆状倒卵形，长 8～10cm，宽 3～4.5cm；雄蕊紫红色，长 8～10mm，花药长约 7mm，侧向开裂，药隔伸出成短尖头；雌蕊群长约 1.5cm，淡紫色，无毛。聚合果深紫褐色，变褐色，圆柱形，长 7～10cm；成熟蓇葖果近圆球形，顶端具短喙。花期 3～4 月；果期 8～9 月。

习性：喜温暖湿润和阳光充足环境，较耐寒，但不耐干旱和盐碱，怕水淹，要求肥沃、排水好的沙壤土。

繁殖方式：常用分株、压条和播种法繁殖。

园林用途：紫玉兰是著名的早春观赏花木，早春开花时，满树紫红色花朵，幽姿淑态，别具风情，适用于古典园林中厅前院后配植，也可孤植或散植于小庭院内。

26. 二乔木兰

学名：*Magnolia soulangeana*

园林用途：由紫玉兰和玉兰自然杂交得到，花色比紫玉兰要淡，介于两亲本之间，外面粉红色或淡紫色，里面白色，是著名的庭园观赏品种。

27. 鹅掌楸 （图4—68）

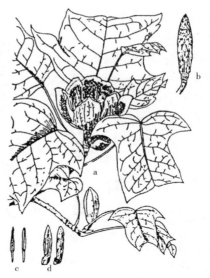

a—花枝；b—聚合果；c—雄蕊；d—小坚果　　图4—68　鹅掌楸

学名：*Liriodendron chinense*

科属：木兰科、鹅掌楸属

别名：马褂木

识别要点：乔木，树冠圆锥状。一年生枝灰色或灰褐色。叶马褂形，长12～15cm，各边1裂，向中腰部缩入，老叶背部有白色乳状突点。花黄绿色。聚合蓇葖果，翅状小坚果。花期5～6月；果10月成熟。

分布：浙江、四川、贵州和云南等省份，越南北部也有。

习性：性喜光，及温和湿润气候，有一定的耐寒性。喜深厚肥沃、湿润而排水良好的酸性或微酸性土壤，在干旱土地土生长不良，亦忌低湿水涝。

繁殖方式：多用种子和扦插繁殖。

园林用途：树形端正，叶形奇特，是优美的庭荫树和行道树种。秋叶呈黄色，很美丽。最宜植于园林中的安静休息区的草坪上。

28. 厚朴 （图4—69）

学名：*Magnolia officinalis*

科属：木兰科、木兰属

识别要点：乔木，高15～20m。树皮紫褐色。叶簇生于枝端，倒卵状椭圆形，叶大，长30～45cm，宽9～20cm，叶表光滑，叶背初时有毛，后有白粉，网状脉上密生有毛，侧脉20～30对，叶柄粗，托叶痕达叶柄中部以上。花顶生，白色，有芳香。聚合蓇葖果圆柱形，且先端有鸟嘴状尖头。花期5月，先叶后花；果9月下旬成熟。

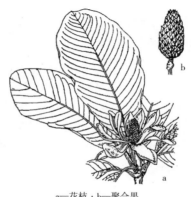

a—花枝；b—聚合果　　图4—69　厚朴

分布：分布于长江流域和陕西、甘肃南部。

习性：性喜光，但能耐侧方庇荫，喜生于空气湿润、气候温和之处，不耐严寒酷暑，在多雨及干旱处均不适宜，喜湿润而排水良好的酸性土壤。

繁殖方式：可用播种法及分蘖法繁殖。

园林用途：厚朴叶大荫浓，可作庭荫树栽培。

29. 枫香（图4—70）

学名：*Liquidambar formosana*

科属：金缕梅科、枫香属

别名：枫树

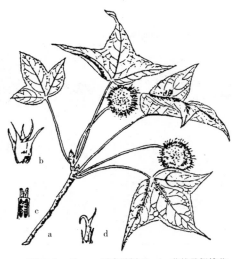

a—果枝；b—果；c—子房纵剖面；d—花柱及假雄蕊　　图4—70　枫香

识别要点：乔木；树冠广卵形或略扁平。树皮灰色，浅纵裂，老时不规则深裂。叶常为掌状三裂（萌芽枝的叶常为5～7裂），长6～12cm，基部心形或截形，裂片先端尖，缘有锯齿；果序较大。花期3～4月；果10月成熟。

分布：产中国长江流域及以南地区；日本亦有分布。

习性：喜光，幼树稍耐阴，喜温暖湿润气候及深厚湿润土壤，也能耐干旱瘠薄，但较不耐水湿。深根性，主根粗壮，抗风力强。对二氧化硫、氯气等有较强抗性。

繁殖方式：主要用播种法繁殖，扦插亦可。

园林用途：枫香树高干直，树冠宽阔，气势雄伟，深秋叶色红艳，美丽壮观，是南方著名的秋色叶树种。园林中栽作庭荫树，或于草地孤植、丛植，或于山坡、池畔与其他树木混植。

30. 杜仲（图4—71）

学名：*Eucommia ulmoides*

科属：杜仲科、杜仲属

识别要点：乔木，高达20m，胸径1m；树冠圆球形。小枝光滑，无顶芽，具片状髓。叶椭圆状卵形，长7～14cm，先端渐尖，基部圆形或广楔形，缘有锯齿，老叶表面网脉下陷，皱纹状。翅果狭长椭圆形，扁平，长约3.5cm，顶端二裂。本种枝、叶、果及树皮断裂后均有白色弹性丝相连，为其识别要点。花期4月，叶前开放或与叶同放；果10～11月。

a—果枝；b—雄花；c—雌花；　　图4—71　杜仲

分布：原产中国中、西部，四川、贵州、湖北为集中产区；垂直分布可达海拔 1300 ～ 1500m。我国栽培历史甚久，公元 396 年传入欧洲。

习性：喜光，不耐庇荫；喜温暖湿润气候及肥沃、湿润、深厚而排水良好之土壤。自然分布于年平均气温 13 ～ 17℃及年雨量 1000mm 左右的地区。但杜仲适应性较强，有相当强的耐寒力（能耐 − 20℃的低温），在北京地区露地栽培不成问题，在酸性、中性及微碱性土上均能正常生长，并有一定的耐盐碱性。但在过湿、过干或过于贫瘠的土上生长不良。根系较浅而侧根发达，萌蘖性强。生长速度中等，幼时生长较快，一年生苗高可达 1m。

繁殖方式：主要用播种法繁殖，扦插、压条及分蘖或根插法也可。

园林用途：杜仲树干端直，枝叶茂密，树形整齐优美，是良好的庭荫树及行道树。也可作一般的绿化造林树种。

经济用途：杜仲是重要的特用经济树种。树体各部分，包括枝、叶、果、树皮、根皮均可提炼优质硬橡胶（即杜仲胶），其有良好的绝缘、绝热及抗酸碱腐蚀性能，是电气绝缘及海底电缆的优质原料。树皮为重要中药材，能补肝肾、强筋骨，治腰膝病、高血压等症。

31．木瓜海棠

学名：*Chaenomeles cathayensis*

科属：蔷薇科、木瓜属

别名：木桃、毛叶木瓜

识别要点：灌木至小乔木，高 2 ～ 6m。枝直立，具短枝刺。叶长椭圆形至披针形，长 5 ～ 11cm，缘具芒状细尖锯齿，表面深绿色且有光泽，叶质较厚。花淡红色或近白色，花柱基部有毛；2 ～ 3 朵簇生于两年生枝上，花梗粗短或近无梗。果卵形至长卵形，黄色有红晕，芳香。花期 3 ～ 4 月，先叶开放；果熟期 9 ～ 10 月。

分布：产于陕西、湖北、云南、贵州、广西等省份。

习性：喜温暖，有一定的耐寒性。要求土壤排水良好，不耐湿和盐碱。

繁殖方式：可采用扦插、分株的方法。

园林用途：集观蕾、观花、赏果、食用、药用为一体的高档树种，观赏期长达 3 个月，是园林绿化中的新秀，可以作美化公园、家庭院落、街道、广场绿化的优秀观赏树种。

32．海棠花

学名：*Malus spectabilis*

科属：蔷薇科、苹果属

别名：海棠、西府海棠

识别要点：小乔木，树形峭立，高可达 8m。小枝红褐色，叶椭圆形至长椭圆形，长 5 ～ 8cm，先端短锐尖，缘具紧贴细锯齿。花在蕾时甚红艳，开放后呈淡粉红色，径 4 ～ 5cm，单瓣或重瓣；萼片较萼筒短或等长，三角状卵形；花梗长 2 ～ 3cm。果近球形，黄色。花期 4 ～ 5 月。

分布：原产中国，是久经栽培的著名观赏树种，华北、华东尤为常见。

习性：喜向阳、肥沃、湿润的环境，耐寒，怕旱怕涝；不择土壤，但肥水过多，植株易徒长，花枝减少，影响观赏价值。

繁殖方式：常用播种、分株和嫁接法繁殖。

园林用途：海棠花花枝繁茂，美丽动人，是著名的观赏花木。宜配置在门庭入口两旁、亭台、院落角隅，堂前、栏外和窗边。在观花树丛中作主体树种，下配灌木类海棠，后衬以常绿之乔木，妩媚动人；亦可植于草坪边缘、水边池畔、园路两侧，可作盆景或切花材料。

33.西府海棠（图4—72）

学名：*Malus micromalus*

科属：蔷薇科、苹果属

别名：小果海棠

识别要点：乔木，树态峭立，为山荆子与海棠花之杂交种。小枝紫褐色或暗褐色，幼时有短柔毛。叶长椭圆形，长5～10cm，先端渐尖，基部广楔形，锯齿尖细，背面幼时有毛，叶质硬实，表面有光泽；叶柄细长，长2～3cm。花淡红色，径约4cm，花柱5，花梗及花均有柔毛，萼片短，有时脱落。果红色。花期4月；果熟期8～9月。

图4—72　西府海棠

分布：原产中国北部，各地有栽培。

习性：喜光，耐寒，忌水涝，忌空气过湿，较耐干旱，对土质和水分要求不高，最适生于肥沃、疏松又排水良好的沙质壤土。

繁殖方式：通常以嫁接或分株法繁殖，亦可用播种、压条及根插等方法繁殖。

园林用途：花色艳丽，一般多栽培于庭园供绿化用。孤植、列植、丛植均极为美观。最宜植于水滨及庭园一隅。新式庭园中，以浓绿针叶树为背景，植西府海棠于前列，则其色彩尤觉夺目，若列植为花篱，鲜花怒放，蔚为壮观。

34.山荆子

学名：*Malus baccata*

科属：蔷薇科、苹果属

别名：山定子

识别要点：小乔木或灌木，高达10～14m。小枝细而无毛，暗褐色。叶卵状椭圆形，长3～8cm，先端锐尖，锯齿细尖，背面疏生柔毛或光滑，叶柄细长，2～5cm。花白色。果近球形，红色或黄色，光亮；萼片脱落。花期4月下旬；果熟期9月。

分布：产于我国华北、东北等地。

习性:喜光,耐寒,耐旱,深根性,寿命长。

繁殖方式:多用播种繁殖。

园林用途:山荆子树姿较美观,抗逆能力较强,生长较快,遮阴面大,春花秋果,可用作行道树或园林绿化树种。

35.垂丝海棠 (图4—73)

学名:*Malus halliana*

科属:蔷薇科、苹果属

识别要点:小乔木或灌木,高5m,树冠疏散。枝开展,幼时紫色。叶卵形至长卵形,长3.5~8cm,锯齿细钝或近全缘,质较厚实,表面有光泽,叶柄及中肋常带紫红色。花4~7朵簇生于小枝端,鲜玫瑰红色。果倒卵形,径6~8mm,紫色。花期4月;果熟期9~10月。

图4—73　垂丝海棠

分布:分布于江苏、陕西、四川、云南等省,各地广泛栽培。

习性:喜阳光,不耐阴,也不甚耐寒,喜温暖湿润环境,适生于阳光充足、背风之处,土壤要求不严,微酸或微碱性土壤均可成长,但以在土层深厚、疏松、肥沃、排水良好、略带黏质的土壤上生长更好。

繁殖方式:可采用扦插、分株、压条等方法。

园林用途:可在门庭两侧对植,或在亭台周围、丛林边缘、水滨布置。

36.梅 (图4—74)

学名:*Prunus mume*

科属:蔷薇科、李属

别名:梅

识别要点:落叶乔木,高达10m。树干紫褐色,有纵驳纹;小枝细而无毛,多为绿色。叶广卵形至卵形,长4~10cm,先端渐长尖或尾尖,基部广楔形或近圆形,锯齿细尖。花1~2朵,具短梗,淡粉或白色,有芳香,在冬季或早春叶前开放。果球形,绿黄色,密被细毛,径2~3cm,核面有凹点甚多,果肉粘核,味酸。果熟期5~6月。

分布:野生于我国西南山区;日本、朝鲜亦有栽培。

习性:喜阳光,性喜湿暖而略潮湿的气候,有一定的耐寒力。对土壤

a—花枝;b—花纵剖面;c—果核;d—果纵剖面　图4—74　梅

要求不严格，较耐瘠薄土壤，亦能在轻碱性土中正常生长。梅树最怕积水之地，要求排水良好地点，因其最易烂根致死，又忌在风口处栽植。梅的寿命很长，可达数百年至千年左右。

繁殖方式：最常用的是嫁接法，其次为扦插、压条法，最少用的是播种法。嫁接时可用桃、山桃、杏、山杏及梅的实生苗等作砧木。

园林用途：梅为中国传统的果树和名花，栽培历史长达 2500 年以上。由于它具有古朴的姿态、素雅的花色、秀丽的花态、恬淡的清香和丰盛的果实，所以自古以来就为人们所喜爱，被历代著名文人所讴歌。

在配植上，梅花最宜植于庭院、草坪、低山丘陵，可孤植、丛植及群植。传统的用法常是以松、竹、梅为"岁寒三友"而配植成景色。梅树又可盆栽观赏或加以整剪做成各式桩景或作切花瓶插供室内装饰用。

37．桃（图 4—75）

学名：*Prunus persica*

科属：蔷薇科、李属

识别要点：落叶小乔木，高达 8m，小枝红褐色或褐绿色，无毛；芽密被灰色绒毛。叶椭圆状披针形，长 7～15cm，先端渐尖，缘有细锯齿；叶柄长 1～1.5cm，有腺体。花单生，粉红，近无柄。果近球形，径 5～7cm，表面密被绒毛。花期 3～4 月，先叶开放；果 6～9 月成熟。

分布：原产中国，在华北、华中、西南等地山区仍有野生桃树。

习性：喜光，耐旱，喜肥沃而排水良好的土壤，不耐水湿。碱性土及黏重土均不适宜。喜夏季高温，有一定的耐寒力。

繁殖方式：以嫁接为主，各地多用切接或盾状芽接。砧木北方多用山桃，南方多用毛桃；雨季要注意排水。

a—果枝；b—花枝；c—花纵剖面；d—果核　　图 4—75　桃

园林用途：桃花烂漫芳菲，妩媚可爱，不论食用种、观赏种，盛开时皆"桃之夭夭，灼灼其华"。种于山坡、水畔、石旁、墙际、庭院、草坪边俱宜，唯须注意选阳光充足之处，且注意与背景之间的色彩衬托关系。我国园林中习惯以桃、柳植水滨，以形成"桃红柳绿"之景色。

38．樱花（图 4—76）

学名：*Prunus serrulata*

科属：蔷薇科、李属

别名：山樱桃

图 4—76　樱花

识别要点：小乔木，高 15 ～ 25cm，直径达 1m。树皮暗栗褐色，光滑；小枝无毛或有短柔毛，赤褐色。冬芽在枝端丛生数个或单生；芽鳞密生，黑褐色，有光泽。叶卵形至卵状椭圆形，长 6 ～ 12cm，叶端尾状，叶表浓绿色，有光泽，叶背色稍淡，两面无毛；叶柄常有 2 ～ 4 腺体，罕一。花白色或淡红色；常 3 ～ 5 朵排成短伞房总状花序。核果球形。花期 4 月，与叶同时开放；果 7 月成熟。

分布：产于长江流域，东北南部也有。朝鲜、日本均有分布。

习性：樱花喜阳光，喜深厚肥沃而排水良好的土壤；对烟尘、有害气体及海潮风的抵抗力均较强。有一定的耐寒能力。根系较浅。

繁殖方式：以播种、扦插和嫁接繁殖为主。

园林用途：我国自古以来即栽植樱花，配植上应注意发挥各种不同种类的观赏特点。一般而言，樱花以群植为佳，最宜行集团状群植，在各集团之间配植常绿树作衬托，这样做不但能充分发挥樱花的观赏效果而且有利于病虫害的防治。最适宜的地形是有缓坡而地处有湖池的地点。

39. 日本樱花（图 4—77）

学名：*Prunus yedoensis*

科属：蔷薇科、李属

别名：江户樱花、东京樱花

识别要点：落叶乔木，树皮暗褐色，平滑；小枝幼时有毛。叶卵状椭圆形至倒卵形，长 5 ～ 12cm，叶端急渐尖，叶基圆形至广楔形，叶缘有细尖重锯齿，叶背脉上及叶柄有柔毛。花白色至淡粉红色，径 2 ～ 3cm，常为单瓣，微香；萼筒管状，有毛；花梗长约 2cm，有短柔毛；3 ～ 6 朵排成短总状花序。核果，近球形，黑色。花期 4 月，叶前或与叶同时开放。

分布：原产中国，日本多有栽培，尤以华北及长江流域各城市为多。

习性：喜光，喜肥沃、深厚而排水良好的微酸性土壤，中性土也能适应，不耐盐碱，耐寒，喜空气湿度大的环境。根系较浅，忌积水与低湿。对烟尘和有害气体的抵抗力较差。

繁殖方式：播种、扦插和嫁接繁殖。

园林用途：本种春天开花时满树灿烂，很美观，整株有极高的观赏价值，樱花的花期从开第一朵花到所有花凋谢，约有 15 天的观赏时间，最美的观赏时间是开花 3 ～ 8 天之内；樱花在园林绿化中适宜种植于山坡、庭院、建筑物前及园路旁，移栽全冠樱花苗，栽植后当年即能体现出非常好的绿化效果。

图 4—77　日本樱花

40. 悬铃木 （图 4—78）

学名：*Platanus acerifolia*

科属：悬铃木科、悬铃木属

别名：法桐、英桐

识别要点：落叶乔木，树高 35m，胸径 4m；干皮呈片状剥落。枝条开展，幼枝密生褐色绒毛；掌裂状叶，广卵形至三角状广卵形，宽 12～25cm，3～5 裂，裂片三角形、卵形或宽三角形，叶裂深度约达全叶的 1/3，叶柄长 3～10cm。球果通常为 2 球 1 串，亦偶有单球或三球的，果径约 2.5cm，有由宿存花柱形成的刺毛。花期 4～5 月；果 9～10 月成熟。

a—花枝；b—果枝；c—果

图 4-78　悬铃木

分布：世界各国多有栽培；中国各地栽培的也以本种为多。

习性：阳性树，喜温暖气候，有一定的抗旱力，对土壤的适应能力极强，能耐干旱、瘠薄，无论酸性或碱性土或富含石灰地、潮湿的沼泽地均能生长。萌芽性强，很耐重剪，抗烟性强，对二氧化硫及氯气等有毒气体有较强的抗性。生长迅速，是速生树种之一。

繁殖方式：可用播种及扦插法繁殖。

园林用途：树形雄伟端庄，叶大荫浓，树冠广阔，干皮光洁，繁殖容易，生长迅速，有极强的抗烟、抗尘能力，对城市环境的适应能力极强，故世界各国广为应用。有"行道树之王"的美称。

41. 合欢 （图 4—79）

学名：*Albizia julibrissin*

科属：豆科、合欢属

别名：绒花树、合昏、夜合花

识别要点：乔木，高达 16m，树冠扁圆形，常呈伞状。树皮褐灰色，主枝较低。叶为二回羽状复叶，羽片 4～12 对，各有小叶 10～30 对；小叶镰刀状长圆形，长 6～12mm，宽 1～4mm，中脉明显偏于一边。花序头状，多数，细长之总柄排成伞房状；花丝粉红色。荚果扁条形，长 9～17cm。花期 6～7 月；果 9～10 月成熟。

分布：产亚洲及非洲。分布于自黄河流域至珠江流域之广大地区。

习性：性喜光，但树干皮薄，畏曝晒，

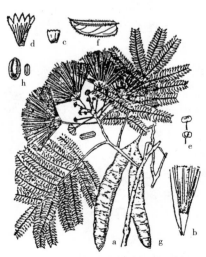

a—花枝；b—雄蕊及雌蕊；c—花萼展开；
d—花冠展开；e—雄蕊；f—小叶；
g—果枝；h—种子

图 4-79　合欢

否则易开裂。耐寒性略差。对土壤要求不严，能耐干旱、瘠薄，但不耐水涝。生长迅速，枝条开展，树冠常偏斜，分枝点较低。

繁殖方式：主要用播种法繁殖。

园林用途：合欢树姿优美，叶形雅致，盛夏绒花满树，有色有香，能形成轻柔舒畅的气氛，宜作庭荫树、行道树，植于林缘、房前、草坪和山坡等地。

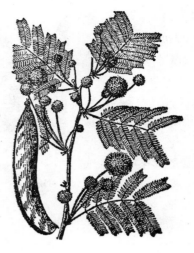

图4—80　金合欢

42. 金合欢（图4—80）

学名：*Acacia farnesiana*

科属：豆科、金合欢属

识别要点：灌木或小乔木。小枝常呈之字形，托叶针刺状。2回羽状复叶，羽片4～8对，小叶10～20对；小叶线形，长2～6mm。花金黄色，极香；头状花序绒球形；3～6月开花。荚果近圆柱形，无毛，密生斜纹。

分布：原产热带雨林。现广布世界热带各地，华南有栽培。

繁殖方式：可用播种、扦插、压条、嫁接、分株等方法进行繁殖。

园林用途：通常栽培观赏或作绿篱。

43. 紫荆（图4—81）

学名：*Cercis chinensis*

科属：豆科、紫荆属

别名：满条红

识别要点：乔木，但在栽培情况下多呈灌木状。叶近圆形，长6～14cm，叶端急尖，叶基心形，全缘，两面无毛。花紫红色，4～10朵簇生于老枝上。荚果。花期4月，叶前开放；果10月成熟。

分布：湖北西部、辽宁南部、河北、甘肃、云南、四川等省。

习性：性喜光，有一定的耐寒性。喜肥沃、排水良好土壤，不耐淹。萌蘖性强，耐修剪。

繁殖方式：用播种、分株、扦插、压条等法，而以播种为主。

园林用途：早春叶前开花，无论枝、干，布满紫花，艳丽可爱。叶片心形，圆整而有光泽，光影相互掩映，颇为动人。宜丛植庭院、建筑物前及草坪边缘。

a—叶枝；b—花枝；c—花；d—雌蕊及雄蕊；
e—雄蕊；f—雌蕊；g—果；h—种子

图4—81　紫荆

44. 黄檀（图4-82）

学名：*Dalbergia hupeana*

科属：豆科、黄檀属

别名：不知春

识别要点：乔木，高达20m。树皮呈窄条状剥落。小叶7～11，卵状长椭圆形至长圆形，长3～6cm，叶端钝而微凹，叶基圆形。花序顶生或生在小枝上部叶腋；花黄白色，雄蕊二体（5+5）。荚果扁平，长圆形，长3～7cm；种子1～3粒。

分布：本种植物分布很广，由秦岭、淮河以南至华南、西南地区均有野生。

习性：性喜光，耐干旱、瘠薄，在酸性、中性及石灰质土上均能生长。生长较慢。

繁殖方式：用种子繁殖。

园林用途：为荒山荒地绿化的先锋树种。

a—花枝；b—果枝；c—花；d、e、f—三种花瓣；g—雄蕊；h—雌蕊；i—种子

图4-82 黄檀

45. 皂荚（图4-83）

学名：*Gleditsia sinensis*

科属：豆科、皂荚属

别名：皂角

识别要点：落叶乔木，高达30m；树干或大枝具分枝圆刺。1回羽状叶，卵状椭圆形，先端钝，缘有钝齿。荚果直而扁平，较肥厚，长12～30cm。

分布：产我国黄河流域及其以南地区，多生长于低山丘陵及平原地区。

习性：喜光，较耐寒，喜深厚、湿润、肥沃的土壤，在石灰岩山地、石灰之土、微酸性及轻盐碱土中都能正常生长，抗污染，深根性，寿命长。

园林用途：树冠广阔，树形优美，叶密荫浓，是良好的庭园及四旁绿化树种。

46. 刺槐（图4-84）

学名：*Robinia pseudoacacia*

科属：豆科、刺槐属

别名：洋槐

识别要点：乔木；干皮深纵裂。枝具托叶

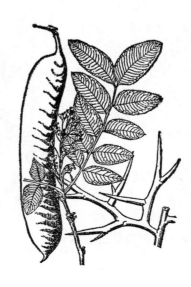

图4-83 皂荚

刺，冬芽藏于枝条内。奇数羽状复叶，小叶7～9,椭圆形,长2～5cm,全缘，先端微凹并有小刺尖。花白色，芳香，成下垂总状花序；4～5月开花。荚果扁平，条状。

分布：原产于北美。17世纪引入欧洲，20世纪初从欧洲引入我国青岛，现南北各地普遍栽培。

习性：喜光，耐干旱瘠薄，对土壤适应性强；浅根性，萌蘖性强，生长快。

园林用途：可作庭荫树、行道树、防护林及城乡绿化先锋树种，也是重要的速生用材树种。常见的有下列栽培变种：

a—花枝；b—果枝；c—旗瓣；d—翼瓣；
e—龙骨瓣；f—托叶刺

图4-84　刺槐

(1) 无刺槐（cv.Inermis）：枝条无刺或近无刺，外形较原种整齐美观，宜作行道树用。

(2) 红花刺槐（cv.Decaisneana）：花淡玫瑰红色。南京、北京等地有栽培。

47. 槐树（图4-85）

学名：*Sophora japonica*

科属：豆科、槐属

别名：国槐

识别要点：乔木，高达25m;树皮灰褐色，浅裂;小枝绿色，奇数羽状复叶，互生，小叶7～17，对生或近对生，卵状椭圆形，长2.5～5cm，全缘。花黄白色，雄蕊10，离生；顶生圆锥花序；7～8月开花。荚果在种子中间缢缩成念珠状。

分布：产于我国北部，现各地均有栽培。朝鲜有分布。

习性：喜光，耐旱，适生于肥沃、湿润而排水良好的土壤，在石灰性及轻盐碱土上也能正常生长；深根性，寿命长，耐强修剪，移栽宜活，对烟尘及有害气体抗性较强。

园林用途：树冠宽广，枝叶茂密，寿命长，为良好的庭荫树及行道树种。

a—花序；b—果枝；c—花萼、雄蕊及雌蕊；d—旗瓣腹、
背面；e—翼瓣；f—龙骨瓣；g—种子

图4-85　槐树

常见变种、变形及栽培变种有：

(1) 龙爪槐（cv.Pendula）：枝条扭转下垂，树冠伞形，颇为美观。适于庭院门旁对植，或路边列植观赏。繁殖常以槐树作砧木进行高干嫁接。

(2) 曲枝槐（cv.Tortuosa）：枝条扭曲。

(3) 紫花槐（cv.Violcea）：又名堇花槐，花期甚晚，翼瓣及龙骨瓣玫瑰紫色。

48.黄檗（图4—86）

学名：*Phellodendron amurense*

科属：芸香科、黄檗属

别名：黄波罗、黄柏

识别要点：乔木，树冠广阔，枝开展。

图4—86 黄檗

树皮厚，浅灰色，木栓质发达，网状深纵裂，内皮鲜黄色。2年生小枝淡柑黄色或淡黄色，无毛。小叶5～13，卵状椭圆形至卵状披针形，长5～12cm，叶端长尖，叶基稍不对称，叶缘有细钝锯齿，齿间有透明油点。花小，黄绿色。核果球形，黑色，径约1cm，有特殊香气。花期5～6月；果10月成熟。

分布：产于中国东北小兴安岭南坡、长白山区及河北省北部；朝鲜、俄罗斯、日本亦有分布。

习性：性喜光，不耐阴，故树冠宽广而稀疏；耐寒。喜适当湿润、排水良好的中性或微酸性壤土，在黏土及瘠薄土壤中生长不良。是喜肥、喜湿性树种。深根性，主根发达，抗风力强。萌生能力亦很强。黄檗的生长速度中等。寿命可达300年。

繁殖方式：多用播种法繁殖，亦可利用根蘖行分株繁殖。

园林用途：树冠宽阔，秋季叶变黄色，很美丽。故可植为庭荫树或成片栽植。

49.臭椿（图4—87）

学名：*Ailanthus altissima*

科属：苦木科、臭椿属

别名：樗

识别要点：乔木；树皮较光滑。小枝粗壮，缺顶芽；叶痕大而倒卵形，内具9维管束痕。奇数羽状复叶，小叶13～25，卵状披针形，长4～15cm，先端渐长尖，基部具1～2对腺齿，中上部全缘。花杂性异株，成顶生圆锥花序。

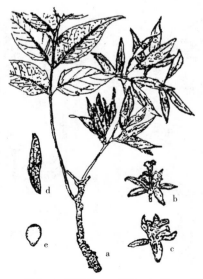

a—果枝；b—两性花；c—雄花；d—果；e—种子　图4—87 臭椿

翅果长3～5cm,熟时淡黄褐色或淡红褐色。花期4～5月;果9～10月成熟。

分布:东北南部、西北至长江流域各地均有分布,华南亦有分布;朝鲜、日本也有分布。

习性:喜光,适应性强,分布广。很耐干旱、瘠薄,但不耐水湿,长期积水会烂根致死。能耐中度盐碱土,在土壤含盐量达0.3%的情况下,幼树可生长良好,在含盐量达0.6%处亦可成活生长。对微酸性、中性和石灰质土壤都能适应,喜排水良好的沙壤土。有一定的耐寒能力。对烟尘和二氧化硫抗性较强。根系发达,为深根性树种,萌蘖性强,生长较快。

繁殖方式:一般用播种繁殖。

园林用途:臭椿的树干通直而高大,树冠圆整如半球状,颇为壮观。叶大荫浓,秋季红果满树,虽叶及开花时有微臭但并不严重,故仍是一种很好的观赏树和庭荫树。

50. 香椿 (图4-88)

学名:*Toona sinensis*

科属:楝科、香椿属

识别要点:乔木。树皮暗褐色,条片状剥落。小枝粗壮;叶痕大,扁圆形,内有5维管束痕。偶数(稀奇数)羽状复叶,有香气,小叶10～20,长椭圆形至广披针形,长8～15cm,先端渐长尖,基部不对称,全缘或具不明显钝锯齿。花白色,有香气。蒴果。种子一端有膜质长翅。花期5～6月;果9～10月成熟。

分布:原产中国中部,现辽宁南部、华北至东南和西南各地均有栽培。

习性:喜光,不耐庇荫;适生于深厚、肥沃、湿润之沙质壤土,在中性、酸性及钙质土壤上均生长良好,也能耐轻盐渍,较耐水湿,有一定的耐寒力。深根性,萌芽、萌蘖力均强。对有毒气体抗性较强。

繁殖方式:主要用播种法繁殖,分蘖、扦插、埋根也可。

园林用途:香椿为我国人民熟知和喜爱的特产树种,栽培历史悠久。枝叶茂密,树干耸直,树冠庞大,嫩叶红艳,是良好的庭荫树及行道树。在庭前、院落、草坪、斜坡、水畔均可配植。木材红褐色,有"中国桃花心木"之美称。其嫩芽、嫩叶可作蔬菜食用,别具风味。

a—花枝;b—果序;c—花;d—去花瓣之花
(示雄蕊和雌蕊);e—种子

图4-88 香椿

51. 楝 （图4-89）

学名：**Melia azedarach**

科属：楝科、楝属

别名：苦楝

识别要点：乔木，高15～20m；枝条广展，树冠近于平顶。树皮暗褐色，浅纵裂。小枝粗壮，皮孔多而明显，幼枝有星状毛。2～3回奇数羽状复叶，小叶卵形至卵状长椭圆形，缘有锯齿或裂。花淡紫色，有香味；成圆锥状复聚伞花序。核果近球形，熟时黄色，宿存树枝，经冬不落。花期4～5月；果10～11月成熟。

分布：产于华北南部至华南，西至甘肃、四川、云南均有分布。

a—花枝；b—果枝；c—花　　　图4-89　楝

习性：喜光，不耐庇荫；喜温暖湿润气候，耐寒力不强。对土壤要求不严，在酸性、中性、钙质土及盐碱土中均可生长。以在深厚、肥沃、湿润处生长最好。萌芽力强，抗风。生长快。对二氧化硫抗性较强，但对氯气抗性较弱。

繁殖方式：多用播种法繁殖，分蘖法也可。

园林用途：楝树是江南地区的重要四旁绿化及速生用材树种。树性优美，叶形秀丽，春夏之交开淡紫色花朵，美丽且有淡香，宜作庭荫树及行道树。

52. 重阳木 （图4-90）

学名：**Bischofia polycarpa**

科属：大戟科、重阳木属

识别要点：乔木。树皮褐色，纵裂。小叶卵形至椭圆状卵形，长5～11cm，先端突尖或突渐尖，缘有细钝齿，两面光滑无毛。花绿色，成总状花序。浆果球形，熟时红褐色。花期4～5月；果9～11月成熟。

分布：产于秦岭、淮河流域以南至两广北部，在长江中下游平原可见。

习性：喜光，稍耐阴，喜温暖气候，耐寒力弱，对土壤要求不严，在湿润、肥沃的土壤中生长最好，能耐水湿。根系发达，抗风力强，生长较快，对二氧化硫有一定的抗性。

图4-90　重阳木

繁殖方式：多用播种法繁殖。

园林用途：本种枝叶茂密，树姿优美，早春嫩叶鲜绿光亮，入秋叶色转红，颇为美观。宜作庭荫树及行道树，也可作堤岸绿化树种，形成壮丽的秋景。

53. 乌桕（图4-91）

学名：*Sapium sebiferum*

科属：大戟科、乌桕属

识别要点：乔木。树皮暗灰色，浅纵裂。小枝纤细。叶菱形，互生，纸质，基部广楔形，全缘。两面均光滑无毛，叶柄细长。花小，黄绿色。蒴果三棱状球形，种子被白蜡，固着于中轴上，经冬不落。花期5～7月；果10～11月成熟。

a—花枝；b—果及种子　　图4-91　乌桕

分布：在中国分布很广，主产长江流域及珠江流域；日本、印度亦有分布。

习性：喜光，喜温暖气候及深厚肥沃、水分丰富的土壤。有一定的耐旱、耐水及抗风能力。对二氧化硫及氯化氢抗性强。

繁殖方式：一般用播种法繁殖，优良品种用嫁接法。

园林用途：乌桕树冠整齐，叶形秀丽，入秋叶色红艳，不亚于丹枫。植于水边、池畔、坡谷、草坪都很合适。若与亭廊、山石等相配，也甚协调。冬日白色的乌桕子挂满枝头，经久不凋，也颇美观。乌桕在园林绿化中可栽作护堤树、庭荫树及行道树。

54. 黄连木（图4-92）

学名：*Pistacia chinensis* Bunge

科属：漆树科、黄连木属

别名：楷木

识别要点：乔木，高达30cm，胸径2m，树冠近圆球形；树皮薄片状剥落。通常为偶数羽状复叶，小叶10～14，披针形或卵状披针形，长5～9cm，先端渐尖，基部偏斜，全缘。雌雄异株，圆锥花序，雄花序淡绿色，雌花序紫红色。核果径约6cm，初为黄白色，后变红色至蓝紫色，若红而不紫多为空粒。花期3～4月，先叶开放；果9～11月成熟。

分布：中国分布很广，北自黄河流域，南至两广及西南各省均有；常散生于低山丘陵及平原。

a—果枝；b—雌花枝；c—雄花枝；
d—雄花；e—雌花；f—果

图4-92　黄连木

习性:喜光,幼树稍耐阴;喜温暖,畏严寒;耐干旱瘠薄,对土壤要求不严,微酸性、中性和微碱性的沙质、黏质土均能适应,而以在肥沃、湿润而排水良好的石灰岩山地生长最好。深根性,主根发达,抗风力强;萌芽力强。生长较慢,寿命可达 300 年以上。对二氧化硫、氯化氢和煤烟的抗性较强。

繁殖方式:常用播种法繁殖,扦插和分蘖法亦可。

园林用途:黄连木树冠浑圆,枝叶繁茂而秀丽,早春嫩叶红色,入秋叶又变成深红或橙黄色,红色的雌花序也极美观。宜作庭荫树、行道树及山林风景树,若要构成大片秋色红叶林,可与槭类、枫香等混植,效果更好。

55. 野漆树 (图 4—93)

学名:*Rhus sylvestris*

科属:漆树科、漆树属

识别要点:乔木,高达 10m。嫩枝及冬芽具棕黄色短柔毛。羽状复叶,小叶 7 ～ 13,卵状长椭圆形至卵状披针形,长 4 ～ 10cm,宽 2 ～ 3cm,侧脉 18 ～ 25 对,全缘,表面多少有毛,背面密生黄色短柔毛。腋生圆锥花序,密生棕黄色柔毛;花小,杂性,黄色。核果偏斜扁圆形,宽约 8mm,光滑无毛。花期 5 ～ 6 月;果 9 ～ 10 月成熟。

分布:产长江中下游各省;朝鲜、日本也有分布。多生于海拔 1000m 以下的山野阳坡林中。

习性:性喜光,喜温暖,不耐寒;耐干燥、瘠薄的砾质土,忌水湿。

繁殖方式:本种植物萌蘖性极强,故多用分蘖法繁殖;也可播种繁殖。

园林用途:本种入秋叶色深红,鲜艳可爱,可在园林及风景区种植,以增添秋天景色。江西庐山秋日之红叶,野漆树占重要地位。

56. 南酸枣 (图 4—94)

学名:*Choerospondias axillaris*

科属:漆树科、南酸枣属

别名:酸枣

识别要点:乔木,高达 30m,胸径 1m。树干端直,树皮灰褐色,浅纵裂,老则条片状剥落。小叶 7 ～ 15,卵状披针形,长 8 ～ 14cm,先端长尖,基部稍歪斜,全缘,

图 4—93　野漆树

a—果枝;b—雄花枝;c—雄花;d—两性花花枝;
e—两性花;f—果核

图 4—94　南酸枣

或萌芽枝上叶有锯齿，背面脉腋有簇毛。核果成熟时黄色，长 2 ~ 3cm。花期4 月；果 8 ~ 10 月成熟。

分布：产华南及西南，浙江南部、安徽南部、湖南、云南及两广均有分布；印度也产。是亚热带低山、丘陵及平原习见树种。

习性：喜光，稍耐阴；喜温暖湿润气候，不耐寒；喜土层深厚、排水良好之酸性及中性土壤，不耐水淹和盐碱。浅根性，侧根粗大平展；萌芽力强。生长快，15 年生树高可达 15m，胸径 25cm 以上。对二氧化硫、氯气抗性强。

繁殖方式：通常用播种繁殖。

园林用途：本种树干端直，冠大荫浓，是良好的庭荫树及行道树种。孤植或丛植于草坪、坡地、水畔等。

57. 黄栌 （图 4-95）

学名：*Cotinus coggygria*

科属：漆树科、黄栌属

识别要点：灌木或小乔木，高达 5 ~ 8m。树冠圆形；树皮暗灰褐色。小枝紫褐色，披蜡粉。单叶互生，通常倒卵形，长 3 ~ 8cm，先端圆或微凹，全缘，无毛或仅背面脉上有短柔毛，侧脉顶端常二叉状；叶柄细长，1 ~ 4cm。花小，杂性，黄绿色；成顶生圆锥花序。果序长 5 ~ 20cm，有多数不育花的紫绿色羽毛状细长花梗宿存；核果肾形，径 3 ~ 4mm。花期 4 ~ 5 月；果 6 ~ 7 月成熟。

分布：产中国西南、华北和浙江；南欧、叙利亚、伊朗、巴基斯坦及印度北部亦产。多生于海拔 500 ~ 1500m 之向阳山林中。

习性：喜光，也耐半阴；耐寒，耐干旱瘠薄和碱性土壤，但不耐水湿。以在深厚、肥沃而排水良好之沙质壤土中生长最好。生长快；根系发达。萌蘖性强，砍伐后易形成次生林。对二氧化硫有较强抗性，对氯化物抗性较差。

繁殖方式：以播种繁殖为主，压条、根插、分株也可进行。

园林用途：黄栌叶子秋季变红，鲜艳夺目，著名的北京香山红叶即为本种。每值深秋，层林尽染，游人云集。初夏花后有淡紫色羽毛状的伸长花梗宿存树梢很久，成片栽植时，远望宛如万缕罗纱缭绕林间，故英名有"烟树"(Smoke-tree) 之称。在园林中宜丛植于草坪、土丘或山坡，亦可混植于其他树群尤其是常绿树群中，能为园林增添秋色。

变种有：

(1) 毛黄栌 (var. *pubescens* Engl.)：小枝有短柔毛，叶近圆形，两面脉上密生灰白色绢状短柔毛。

(2) 垂枝黄栌 (var. *pendula* Dipp)：枝条下垂，树冠伞形。

(3) 紫叶黄栌 (var. *purpurens*

图 4-95　黄栌

Rehd）：叶紫色，花序有暗紫色毛。

58. 丝绵木（图 4—96）

学名：*Euonymus bungeanus*

科属：卫矛科、卫矛属

别名：白杜、明开夜合

识别要点：小乔木；树冠圆形或卵圆形。小枝细长，绿色，无毛。叶对生，卵形至卵状椭圆形，长5～10cm，先端急长尖，基部近圆形，缘有细锯齿；叶柄细，长2～3.5cm。花淡绿色，径约7mm，花部4数，3～7朵成聚伞花序。蒴果粉红色，径约1cm，4深裂；种子具橘红色假种皮。花期5月；果10月成熟。

图 4—96 丝棉木

分布：中国北部、中部及东部均有分布。

习性：喜光，稍耐阴；耐寒，对土壤要求不严，耐干旱，也耐水湿，而以在肥沃、湿润而排水良好之土壤中生长最好。根系深而发达，能抗风；根蘖萌发力强，生长速度中等偏慢。对二氧化硫的抗性中等。

繁殖方式：可用播种、分株及硬枝扦插等法繁殖。

园林用途：本种枝叶秀丽，粉红色蒴果悬挂枝上甚久，亦颇可观，是良好的园林绿化及观赏树种。宜植于林缘、草坪、路旁、湖边及溪畔等。

59. 三角枫（图 4—97）

学名：*Acer buergerianum*

科属：槭树科、槭树属

识别要点：乔木。树皮暗褐色，薄条片状剥落。小枝细，幼时有短柔毛，后变无毛，稍有白粉。叶常三浅裂，长4～10cm，基部圆形或广楔形，三主脉，裂片全缘，或上部疏生浅齿，背面有白粉。花杂性，黄绿色；顶生伞房花序。核果，两果翅张开成锐角或近于平行。花期4月；果9月成熟。

分布：我国东部、华中及广东和贵州。主产长江中下游各省，北到山东，南至广东、台湾均有分布；多生于山谷及溪沟两旁。

习性：弱阳性，稍耐阴；喜温暖

a—花枝；b—果枝；c—雄花；d—果（放大）　图 4—97　三角枫

湿润气候及酸性、中性土壤，较耐水湿；有一定的耐寒能力。寿命 100 年左右。萌芽力强，耐修剪；根系发达，萌蘖性强。

繁殖方式：播种繁殖。

园林用途：本种枝叶茂密，夏季浓荫覆地，入秋叶色变成暗红，颇为美观，宜作庭荫树、行道树及护岸树栽植。在湖岸、溪边、谷地、草坪配植，或点缀于亭廊、山石间都很合适。

60. 鸡爪槭（图 4—98）

学名：*Acer palmatum*

科属：槭树科、槭树属

别名：青枫

a—花枝；b—果枝；c—雄花；d—两性花　　图 4-98　鸡爪槭

识别要点：落叶小乔木，树冠伞形；树皮平滑，灰褐色。枝张开，小枝细长，光滑。叶掌状，5～9 深裂，基部心形，裂片卵状长椭圆形至披针形，锐尖，缘有重锯齿，背面脉腋有白簇毛。花紫色，伞房花序顶生，无毛。翅果无毛，两翅展开成钝角。花期 5 月；果 10 月成熟。

分布：产中国、日本和朝鲜；中国分布于长江流域各省。

习性：弱阳性，耐半阴，在阳光直射处植夏季易遭日灼之害；喜温暖湿润气候及肥沃、湿润而排水良好之土壤，耐寒性不强。酸性、中性及石灰质土均能适应。生长速度中等偏慢。

繁殖方式：一般原种用播种法繁殖，而园艺变种常用嫁接法繁殖。

园林用途：鸡爪槭树姿婆娑，叶形秀丽，且有多种园艺品种，有些长年红色，有些平时为绿色，但入秋叶色变红，色艳如花，均为珍贵的观叶树种。植于草坪、土丘、溪边、池畔，或于墙隅、亭廊、山石间点缀，均十分得体。

本种世界各国园林中早已引种栽培，变种和品种甚多，常见的有以下数种：

（1）小叶鸡爪槭（var. *thunbergii* Pax）：叶较小，掌状 7 深裂，裂片狭窄，缘有尖锐重锯齿，先端长尖，翅果短小。产日本及中国山东、江苏、湖南等省。

（2）细叶鸡爪槭（cv. Dissectum）：俗称羽毛枫，叶掌状深裂几达基部，裂片狭长有羽状细裂；树冠开展而枝略下垂，通常树体较矮小。我国华东各城市庭园中广泛栽培观赏。

（3）红细叶鸡爪槭（cv. Dissectum Ornatum）：株态、叶形同细叶鸡爪槭，唯叶色常年红色或紫红色。俗称红羽毛枫，常植于庭园或盆栽观赏。

（4）紫红鸡爪槭（cv. Atropurpureum）：俗称红枫，叶常年红色或紫红色，株态、叶形同鸡爪槭。

61. 七叶树（图 4—99）

学名：***Aesculus chinensis***

科属：七叶树科、七叶树属

别名：梭椤树

识别要点：落叶乔木。树皮灰褐色，片状剥落。小枝粗壮，冬芽大，具树脂。小叶 5～7，倒卵状长椭圆形至长椭圆状倒披针形，长 8～16cm，先端渐尖，基部楔形，缘具细锯齿。花小，成直立密集圆锥花序，近圆柱形。蒴果球形或倒卵形，黄褐色，粗糙，内含一或两粒种子，形如板栗。花期 5 月；果 9～10 月成熟。

分布：中国黄河流域及东部各省均有栽培，仅秦岭有野生。

习性：喜光，稍耐阴，喜温暖气候，也能耐寒；喜深厚、肥沃、湿润而排水良好之土壤。深根性，萌芽力不强；生长速度中等偏慢，寿命长。

繁殖方式：主要用播种法繁殖，扦插、高压也可。

园林用途：本种树干耸直，树冠开阔，姿态雄伟，叶大而形美，遮阴效果好，初夏又有白花开放，蔚然可观，是世界著名的行道树种之一，最宜栽作庭荫树及行道树用。

a—叶；b—花序；c—花去花瓣（示雌蕊）；
d—花瓣；e—果纵剖面

图 4—99　七叶树

62. 栾树（图 4—100）

学名：***Koelreuteria paniculata***

科属：无患子科、栾树属

识别要点：乔木；树冠近圆球形。树皮灰褐色，细纵裂；小枝稍有棱，无顶芽，皮孔明显。奇数羽状复叶，有时部分小叶深裂而为不完全的 2 回羽状复叶，长 40cm；小叶 7～15，卵形或卵状椭圆形，缘有不规则粗齿，近基部常有深裂片，背面沿脉有毛。花小，金黄色；顶生圆锥花序宽而疏散。蒴果三角状卵形，长 4～5cm，顶端尖，成熟时红褐色或橘红色。花期 6～7 月；果 9～10 月成熟。

分布：中国各地均有分布；日本、朝鲜亦产。

a—花枝；b—花；c—果

图 4—100　栾树

习性:喜光，耐半阴；耐寒，耐干旱、瘠薄，喜生于石灰质土壤，也能耐盐渍及短期水涝。深根性，萌蘖力强；生长速度中等。有较强的抗烟尘能力。

繁殖方式:以播种繁殖为主，分蘖、根插也可。病虫害少，栽培管理较为简单。

园林用途:本种树形端正，枝叶繁密而秀丽，春季嫩叶多为红色，入秋叶色变黄；夏季开花，满树金黄，十分美丽，是理想的绿化、观赏树种。宜作庭荫树、行道树及园景树。

a—花枝；b—雄花；c—果　　　图 4-101　无患子

63．无患子（图 4-101）

学名:**Sapindus mukorossi**

科属:无患子科、无患子属

别名:皮皂子

识别要点:半常绿乔木，高达 20～25m。枝开展，成广卵形或扁球形树冠。树皮灰白色，平滑不裂；小枝无毛，芽两个叠生。羽状复叶互生，小叶 8～14，互生或近对生，卵状披针形或卵状长椭圆形，长 7～15cm，先端尖，基部不对称，全缘，薄革质，无毛。花黄白色或带淡紫色，成顶生多花圆锥花序。核果近球形，径 1.5～2cm，熟时黄色或橙黄色；种子球形，黑色，坚硬。花期 5～6 月；果 9～10 月成熟。

分布:产长江流域及其以南各省区；越南、印度、日本亦产。

习性:喜光，稍耐阴；喜温暖湿润气候，耐寒性不强；对土壤要求不严，在酸性、中性、微碱性及钙质土上均能生长，而以土层深厚、肥沃而排水良好之地生长良好。深根性，抗风力强；萌芽力弱，不耐修剪。生长尚快，寿命长。对二氧化硫抗性较强。

繁殖方式:用播种法繁殖。

园林用途:本种树形高大，树冠广展，秋叶金黄，颇为美观。宜作庭荫树及行道树。孤植、丛植在草坪皆适合。若与其他秋色叶树种及常绿树种配植，更可为园林秋景增色。

64．枣树（图 4-102）

学名:**Zizyphus jujuba**

科属:鼠李科、枣树属

a—花枝；b—果枝；c—具刺之枝；d—花；
e—果；f—果核　　　图 4-102　枣树

识别要点：乔木，高达 10m，树皮灰褐色，条裂。枝有长枝、短枝和脱落性小枝三种：长枝呈之字形曲折，红褐色，光滑，有托叶刺或不明显；短枝俗称枣股，在 2 年生以上的长枝上互生；脱落性小枝为纤细的无芽枝，颇似羽状复叶之叶轴，簇生于短枝上，在冬季与叶俱落。叶卵形至卵状长椭圆形，长 3 ~ 7cm，先端钝尖，缘有细锯齿，基部 3 出脉，两面无毛。花小，黄绿色。核果卵形至矩圆形，长 2 ~ 5cm，熟后暗红色；果核坚硬，两端尖。花期 5 ~ 6 月；果 8 ~ 9 月成熟。

分布：在中国分布很广，自东北南部至华南、西南，西北到新疆均有，而以黄河中下游、华北平原栽培最普遍。伊朗、俄罗斯中亚地区、蒙古、日本也有。

习性：强阳性，对气候、土壤适应性较强。喜干冷气候及中性或微碱性的沙壤土，耐干旱、瘠薄，对酸性、盐碱土及低湿底都有一定的忍耐性。黄河流域的冲积平原是枣树的适生地区，在南方湿热气候下虽能生长，但果实品质较差。根系发达，深而广，根萌蘖力强；能抗风沙。开花年龄早，嫁接苗当年可结果，分蘖苗 4 ~ 5 年可结果。寿命长达 200 ~ 300 年。春天发芽晚。

繁殖方式：主要用根蘖或根插法繁殖，嫁接也可，砧木可用酸枣或枣树实生苗。

园林用途：枣树是我国栽培最早的果树，已有 3000 余年的栽培历史，品种很多。由于结果早，寿命长，产量稳定，农民称之为"铁杆庄稼"。可栽作庭荫树及园路树。

变种有：

(1) 龙枣 (cv.Tortuosa)：又名龙爪枣，枝及叶柄均卷曲，果小质差，生长缓慢。时见于庭园观赏。常以酸枣为砧木行嫁接繁殖。

(2) 酸枣 (var.*spinosa*)：又名棘，常成灌木状，但也可长成高达 10 余 m 的大树。托叶刺明显，一长一短，长者直伸，短者向后钩曲。叶较小，近球形，味酸，果核两端钝。我国自东北南部至长江流域习见，多生长于向阳或干燥山坡、山谷、丘陵、平原或路旁。性喜光，耐寒，耐干旱、瘠薄。常用作嫁接枣树之砧木；也可栽作刺篱。种仁即中药"酸枣仁"，有镇静安神之功效。

65. 木槿 （图 4-103）

学名：*Hibiscus syriacua*

科属：锦葵科、木槿属

别名：朝开暮落花

识别要点：落叶灌木或小乔木。小枝幼时密被绒毛，后渐脱落。叶菱状卵形，端部常 3 裂，边缘有钝齿，仅背面脉稍有毛。

a—花枝；b—果枝；c—花　　　　图 4-103　木槿

花单生叶腋，单瓣或重瓣，有淡紫、红、白等色。蒴果卵圆形，密生星状绒毛。花期6～9月；果9～10月成熟。

分布：原产东亚，中国自东北南部至华南各地均有栽培，尤以长江流域为多。

习性：喜光，耐半阴；喜温暖湿润气候，也颇耐寒；适应性强，耐干旱及瘠薄土壤，但不耐积水。萌蘖性强，耐修剪。

繁殖方式：可用播种、扦插、压条等法繁殖，而以扦插法为主。本种栽培容易，可粗放管理。

园林用途：木槿夏秋开花，花期长而花朵大，且有许多不同花色、花型的变种和品种，是优良的园林观花树种。常作围篱及基础种植材料，也宜丛植于草坪、路边或林缘。因具有较强抗性，故也是工厂绿化的好树种。

66. 木芙蓉（图4-104）

学名：*Hibiscus mutabilis*

科属：锦葵科、木槿属

别名：芙蓉花

识别要点：灌木或小乔木，高2～5m，茎具星状毛或短柔毛。花大，径约8cm，单生枝端叶腋；花冠通常为淡红色，后变深红色；花梗长5～8cm，近顶端有关节。蒴果扁球形，径约2.5cm，有黄色刚毛及绵毛。果瓣5；种子肾形，有长毛。花期9～10月；果10～11月成熟。

图4-104　木芙蓉

分布：原产中国，黄河流域至华南均有栽培，尤以四川成都一带为盛，故成都有"蓉城"之称。

习性：喜温暖、湿润环境，不耐寒。忌干旱，耐水湿。对土壤要求不高，瘠薄土地亦可生长。

繁殖方式：常用扦插和压条法繁殖，分株、播种也可进行。在华南暖地则可作小乔木栽培。

园林用途：木芙蓉秋季开花，花大而美丽，其花色、花型随品种不同有丰富变化，是一种良好的观花树种。由于性喜近水，种在池旁水畔最为适宜。在寒冷的北方可盆栽观赏。

67. 梧桐（图4-105）

学名：*Firmiana simplex*

科属：梧桐科、梧桐属

别名：青桐

识别要点：乔木；树冠卵圆形。树干端直，树皮灰绿色，通常不裂；侧枝每年阶状轮生；

a—花枝；b—果；
c—单体雄蕊；d—雌花　　图4-105　梧桐

小枝粗壮，翠绿色。叶3～5掌状裂，叶长15～20cm，基部心形，裂片全缘；叶柄约与叶片等长。花后心皮分离成5蓇葖果，远在成熟前即开裂呈舟形；种子棕黄色，大如豌豆，表面皱缩，着生于果皮边缘。花期6～7月；果9～10月成熟。

分布：原产中国及日本；华北至华南、西南各省份广泛栽培。

习性：喜光，喜温暖湿润气候，耐寒性不强；喜肥沃、湿润深厚而排水良好的土壤，在酸性、中性及钙质土上均能生长，但不宜在积水洼地或盐碱地栽种。深根性，直根粗壮；萌芽力弱，一般不宜修剪，生长尚快，寿命较长，能活百年以上。发叶较晚，而秋天落叶早。对多种有毒气体都有较强的抗性。

繁殖方式：通常用播种法繁殖，扦插、分根也可。

园林用途：梧桐树干端直，树皮光滑绿色，叶大而形美。入秋则叶凋落最早，故有"梧桐一叶落，天下尽知秋"之说。适于草坪、庭院、宅前、坡地、湖畔孤植或丛植；在园林中与棕榈、修竹、芭蕉等配植尤感调和，且颇具我国民族风味。梧桐也可栽作行道树及工厂区绿化树种。

68．柽柳（图4-106）

学名：*Tamarix chinensis*

科属：柽柳科、柽柳属

别名：三春柳、西湖柳、观音柳

识别要点：灌木或小乔木，高5～7m。树皮红褐色；枝细长而常下垂，带紫色。叶卵状披针形，长1～3mm，叶端尖，叶背有隆起的脊。总状花序侧生于去年生枝上者春季开花，和总状花序集成顶生大圆锥花序者夏、秋开花；花粉红色，苞片条状钻形，萼片、花瓣及雄蕊各为5；花盘10裂（5深5浅），罕为5裂；柱头三，棍棒状。蒴果三裂，长3.5mm。主要在夏秋开花；果10月成熟。

分布：原产中国，分布极广，自华北至长江中下游各省份，南达华南及西南地区。

习性：性喜光，耐寒、耐热、耐烈日曝晒，耐干又耐水湿，抗风又耐盐碱土，能在含盐量达1%的重盐碱地上生长。深根性，根系发达，萌芽力强，耐修剪和刈割；生长较快速。

繁殖方式：可用播种、扦插、分株、压条等法繁殖，通常多用扦插法。

园林用途：姿态婆娑、枝叶纤秀，花期很长，可作篱垣用。又是优秀的防风固沙植物；也是良好的改良盐碱土树种，在盐碱地上种柽柳后可有效地降低土壤的含盐量。亦可植于水边供观赏。

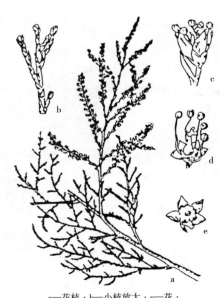

a—花枝；b—小枝放大；c—花；
d—雄蕊和雌蕊；e—花盘和花萼

图4-106　柽柳

69．紫薇（图4—107）

学名：*Lagerstroemia indica*

科属：千屈菜科、紫薇属

别名：痒痒树、百日红

识别要点：灌木或小乔木。树冠不整齐，枝干多扭曲；树皮淡褐色，薄片状剥落后特别光滑。小枝四棱，无毛。叶对生或近对生，椭圆形至倒卵状椭圆形，长3～7cm，先端尖或钝，全缘，具短柄。鲜花淡红色，径3～4cm，花瓣6；成顶生圆锥花序。蒴果近球形。花期6～9月；果10～11月成熟。

分布：产亚洲南部及大洋洲北部。中国华北、华中、华南及西南均有分布，各地普遍栽培。

a—花枝；b—果枝　　　　图4—107　紫薇

习性：喜光，稍耐阴；喜温暖气候，耐寒性不强，喜肥沃、湿润而排水良好的石灰性土壤，耐旱，怕涝。萌蘖性强，生长较慢，寿命长。

繁殖方式：可用分蘖、扦插及播种等方法繁殖。

园林用途：紫薇树姿优美、树干光亮洁净，花色艳丽；开花时正当夏秋少花季节，花期极长，故有"百日红"之称，又有"盛夏绿遮眼，此花红满堂"的赞语。最适宜种在庭院及建筑前，也宜栽在池畔、路边及草坪上。

70．石榴（图4—108）

学名：*Punica granatum*

科属：石榴科、石榴属

别名：安石榴、海榴

识别要点：灌木或小乔木。树冠常不整齐；小枝角棱无毛，端常成刺状。叶倒卵状长椭圆形，无毛而有光泽，在长枝上对生，在短枝上簇生。花朱红色；花萼钟形，紫红色，质厚。浆果近球形，古铜色或古铜红色，具宿存花萼；种子多数。花期5～6（7）月，果9～10月成熟。

分布：原产伊朗和阿富汗；汉代张骞通西域时引入我国，黄河流域及其他以南地区均有栽培，已有2000余年的栽培历史。

习性：喜光，喜温暖气候，有一定的耐寒能力。喜肥沃、湿润而排水良好

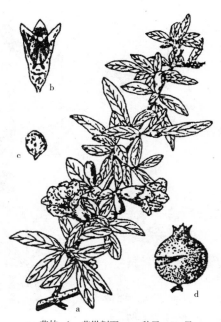

a—花枝；b—花纵剖面；c—种子；d—果　　　图4—108　石榴

之石灰土壤。生长速度中等，寿命较长，可达 200 年以上。

园林用途：石榴树姿优美，叶碧绿而有光泽，花色艳丽如火而花期极长，又正值花少的夏季，古人曾有"春花落尽海榴开，阶前栏外遍植栽"的诗句。最宜成丛配植于茶室、露天舞池、剧场及游廊外或庭院中。又可大量配植于自然风景区。石榴又宜盆栽观赏，亦易做成各种桩景和供瓶养插花观赏。

变种有：

（1）白石榴（var.*albescens*）：花白色，单瓣。

（2）黄石榴（var.*flavescens*）：花黄色。

（3）玛瑙石榴（var.*legrellei*）：花重瓣，红色，有黄白色条纹。

（4）月季石榴（var.*nana*）：植株矮小，枝条细密而上升，叶、花皆小，重瓣或单瓣，花期长，5～7月陆续开花不绝，故又称"四季石榴"。

71．喜树（图 4-109）

学名：***Camptotheca acuminata***

科属：蓝果树科、喜树属

别名：旱莲、千丈树

识别要点：乔木。单叶互生，椭圆形至长卵形，长 8～20cm，先端突渐尖，基部广楔形，全缘，羽状脉弧形而在表面下凹。叶柄长 1.5～3cm，常带红色。花单性同株，头状花序具长柄。坚果香蕉形，集生成球形。花期 7 月；果 10～11 月成熟。

分布：长江以南各省及长江以北部分地区均有分布和栽培。

习性：性喜光，稍耐阴；喜温暖湿润气候，不耐寒。喜深厚、肥沃、湿润土壤，较耐水湿，不耐干旱瘠薄土地，在酸性、中性及弱碱性土壤上均能生长。抗病虫能力强，但耐烟性弱。

繁殖方式：用种子繁殖。

园林用途：主干通直，树冠宽展，叶荫浓郁，是良好的四旁绿化树种。

72．刺楸（图 4-110）

学名：***Kalopanax septemlobus***

科属：五加科、刺楸属

识别要点：乔木，高达 30m。树皮深纵裂；枝具粗皮刺。叶掌状 5～7 裂，

a—花枝；b—果序；c—果　　　　图 4-109　喜树

a—花枝；b—果枝　　　　图 4-110　刺楸

径 10 ~ 25cm 或更大，裂片三角状卵形或卵状椭圆形，先端尖，缘有齿；叶柄较叶片长。复花序顶生；花小而白色。果近球形，径约 5cm，熟时蓝黑色，端有细长宿存花柱。花期 7 ~ 8 月；果熟期 9 ~ 10 月。

分布：我国从东北经华北、长江流域至华南、西南均有分布；朝鲜、日本及俄罗斯之远东也有。在四川、云南垂直分布可达 1200 ~ 2500m。

习性：喜光，对气候适应较强，喜土层深厚湿润的酸性土或中性土，多生于山地疏林中。生长快。

繁殖方式：用播种及根插法繁殖。

园林用途：叶大干直，树形颇为壮观，并富野趣，宜自然风景区绿化时应用，也可在园林作孤树及庭荫树栽培。又是低山地区重要的造林树种。

73. 灯台树 （图 4—111）

学名：*Cornus controversa*

科属：山茱萸科、梾木属

别名：瑞木

识别要点：乔木，高 15 ~ 20m。树皮暗灰色，老时浅纵裂；枝紫红色，无毛。叶互生，常集生枝梢，卵状椭圆形至广椭圆形，长 6 ~ 13cm，叶端突渐尖，叶基圆形，侧脉 6 ~ 8 对，叶表深绿，叶背灰绿色，疏生短柔毛；叶柄 2 ~ 6.5cm。伞房状聚伞花序顶生；花小，白色。核果球形，径 6 ~ 7mm，熟时由紫红色变紫黑色。花期 5 ~ 6 月；果 9 ~ 10 月成熟。

a—果枝；b—花；c—果　　　　图 4—111　灯台树

分布：主产于长江流域及西南各省份，北达东北南部，南至两广及台湾；朝鲜、日本也有分布。

习性：生长于海拔 500 ~ 1600m 的山坡杂木林中及溪谷旁。性喜阳光，稍耐阴；喜温暖湿润气候，有一定的耐寒性，在华北北部不宜植于当风处，否则会枯枝；喜肥沃湿润而排水良好的土壤。

繁殖方式：多用播种繁殖，也可扦插繁殖。

园林用途：灯台树树形整齐，大侧枝呈层状生长，宛若灯台，形成美丽的圆锥状树冠；宜独植于庭院草坪观赏，也可植为庭荫树及行道树。

74. 四照花

学名：*Dendrobenthamia japonica* var *chinensis*

科属：山茱萸科、四照花属

识别要点：灌木至小乔木。小枝细，绿色，后变褐色。叶对生，卵状椭圆形或卵形，长 6 ~ 12cm，叶端渐尖，叶基圆形或广楔形，侧脉 3 ~ 4（5）对，弧形弯曲；叶表疏生白柔毛；叶背粉绿色。头状花序近球性；序基有 4 枚白色花瓣状总苞片，椭圆状卵形，花萼4裂；花瓣4。核果聚为球形的聚合果，成熟后变紫红色。花期5～6月；果9～10月成熟。

分布：产于长江流域诸省份及河南、陕西、甘肃。

习性：性喜光，稍耐阴，喜温暖湿润气候，有一定的耐寒力。喜温润而排水良好的沙质土壤。

繁殖方式：常用分蘖及扦插法繁殖，也可用种子繁殖。

园林用途：本树种树形整齐，初夏开花，白色总苞覆盖满树，是一种美丽的庭园观花树种。

75. 柿树（图4-112）

学名：*Diospyros kaki*

科属：柿科、柿属

别名：朱果、猴枣

识别要点：乔木，高达15m；树冠呈自然半圆形；树皮暗灰色，呈长方形小块状裂纹。冬芽先端钝。小枝密生褐色或棕色柔毛，后渐脱落。叶椭圆形、阔椭圆形或倒卵形，长6～18cm，近革质；叶端渐尖，叶基阔楔形或近圆形，叶表深绿色，有光泽，叶背淡绿色。雌雄异株或同株，花四基数，花冠钟状，黄白色，4裂，有毛；雄花三朵排成小聚伞花序；雌花单生叶腋；花萼4，深裂，花后增大；雌花有退化雄蕊8枚，子房8室，花柱自基部分离，子房上位。浆果卵圆形或扁球形，直径2.5～8cm，橙黄色或鲜黄色，宿存萼卵圆形，先端钝圆。花期5～6月；果9～10月成熟。

分布：原产中国，分布极广，北至河北长城以南，西北至陕西、甘肃南部，南至东南沿海、两广及台湾，西南至四川、贵阳、云南均有分布。

品种：我国约有两三百个品种。从分布上来看，可分为南、北两型。南型类的品种耐寒力弱，喜温暖气候，不耐干旱；果实较小，皮厚，色深，多呈红色。北型类的品种则耐寒，耐干旱；果实较大，皮厚，多呈橙黄色。

习性：性强健，喜温暖湿润气候，也耐干旱。在5、6月开花时如多雨，则有碍授粉，会影响产量。在幼果期如遇阴雨连绵，日照不足，则会引起生理落果。

柿树为阳性树，虽也耐阴，但在阳光充足处果实多而品质好，在光照时数少的谷地则树木向高发展而结果少。

繁殖方式：用嫁接法繁殖。

园林用途：柿树为我国原产，栽培历史悠久，在《诗经·豳风》及《尔雅》

a—花枝；b—雄花；c—雌花；d—去花瓣后的雌花（示退化雄蕊及花柱）；e—雄花的花冠筒展开；
f—雄蕊腹、背面；g—果

图4-112 柿树

中均有记载。树形优美；叶大，呈浓绿色而有光泽，在秋季又变红色，是良好的庭荫树。在9月中旬以后，果实渐变橙黄或橙红色，累累佳果悬于绿荫丛中，极为美观，是极好的园林结合生产树种，既适用于城市园林又适宜山区自然风景点中的配植应用。果实的营养价值较高，有"木本粮食"之称。

76. 白蜡树（图4—113）

学名：*Fraxinus chinensis*

科属：木犀科、白蜡属

别名：梣、青榔木、白荆树

识别要点：乔木，树冠卵圆形。树皮黄褐色。小枝光滑无毛。小叶5～9，通常7，卵圆形或卵状椭圆形，长3～10cm，先端渐尖，基部狭，不对称，缘有齿及波状齿。圆锥花序侧生或顶生于当年生枝上。翅果倒披针形。花期3～5月；果10月成熟。

a—果枝；b—雄花　　　　图4—113　白蜡树

分布：北自我国东北中南部，往南经黄河流域，至长江流域，均有分布。朝鲜、越南也有分布。

习性：喜光，稍耐阴；喜温暖湿润气候，颇耐寒；喜湿耐涝，也耐干旱；对土壤要求不严，碱性、中性、酸性土壤上均能生长；抗烟尘，对二氧化硫、氯气、氟化氢有较强的抗性。萌芽、萌蘖力均强，耐修剪；生长较快，寿命较长，可达200年以上。

繁殖方式：播种或扦插繁殖。

园林用途：白蜡树形体端正，树干通直，枝叶繁茂而鲜绿，秋叶橙黄，是优良的行道树和遮阴树。

77. 小蜡

学名：*Ligustrum sinense*

科属：木犀科、女贞属

识别要点：落叶或半常绿灌木或小乔木，高2～7m；小枝密生短柔毛。叶薄革质，椭圆形，长3～5cm，端锐尖或钝，基阔楔形或圆形，背面沿中脉有短柔毛。圆锥花序长4～10cm，花轴有短柔毛；花白色，芳香，花梗细而明显。核果近圆形。花期4～5月。

分布：小蜡树原产中国大陆。分布于长江以南，主要生长在山坡地、树林下、路旁、沟边等较为潮湿的地方。

习性：喜光，稍耐阴，较耐寒，耐修剪。抗二氧化硫等多种有毒气体。对土壤湿度较敏感，干燥瘠薄地生长发育不良。

繁殖方式：播种、扦插繁殖。

园林用途：常植于庭园观赏，丛植林缘、池边、石旁都可；规则式园林中常可修剪成长、方、圆等几何形体；也常栽植于工矿区；其干老根古，虬曲多姿，宜作树桩盆景；江南常作绿篱应用。

78．丁香（图4-114）

学名：*Syinga oblata*

科属：木犀科、丁香属

别名：华北紫丁香

识别要点：乔木或小乔木；小枝较粗壮。单叶对生，宽卵形，宽大于长，先端渐尖，基部近心形，全缘，两面无毛。花冠堇紫色，花筒细长，呈密集圆锥花序；4～5月开花。蒴果长圆形。

分布：分布在东亚、中亚和欧洲的温带地区。中国是丁香的自然分布中心，主要分布在西南、西北、华北和东北地区。

习性：喜光，稍耐阴，耐寒，耐旱，忌低湿。

繁殖方式：用播种、扦插、嫁接、压条和分株法繁殖。

园林用途：北方重要花木，长日开花，有色有香；植于草地、路缘都很合适。花可提制芳香油。

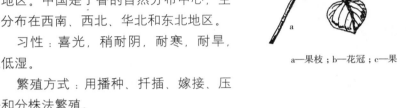

a—果枝；b—花冠；c—果　　　　　图4-114　丁香

79．海州常山（图4-115）

学名：*Clerodendrum trichotomum*

科属：马鞭草科、大青属

别名：臭梧桐、泰山红五星、泡花桐、八角梧

识别要点：落叶灌木或小乔木，嫩枝棕色，具短柔毛，单叶对生，叶卵圆形，长5～16cm，先端渐尖，基部多截形，全缘或有波状齿，两面近无毛，叶柄2～8cm，伞房状聚伞花序着生顶部或腋间，酱紫红色，5裂至基部。花冠细长筒状，顶端5裂，白色或粉红色。核果球状，蓝紫色，整个花序可同时出现红色花萼、白色花冠和蓝紫色果实的丰富景观。花果期6～11月。

分布：产中国北部和中部各省。

习性：喜阳光，较耐寒、耐旱，也喜湿润土壤，能耐瘠薄土壤，但不耐积水。适应性强。

繁殖方式：以播种、扦插、分株等方法进行繁殖。

园林用途：海州常山花序大，花果美丽，一株树上花果共存，白、红、蓝皆有，

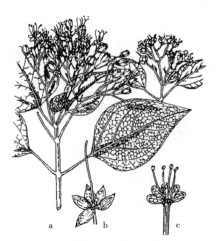

a—花枝；b—果；c—花　　　　图4-115　海州常山

色泽亮丽，花果期长，植株繁茂，为良好的
观赏花木，丛植、孤植均宜，是布置园林景
观的良好材料。

80．黄荆（图4-116）

学名：*Vitex negundo*

科属：马鞭草科、牡荆属

别名：五指枫

识别要点：灌木或小乔木，高可达5m。
小枝四棱形，密生灰白色绒毛。掌状复叶，
小叶5，间有3，卵状长椭圆形至披针形，全
缘或疏生浅齿，背面密生灰白色细绒毛。圆
锥状聚伞花序顶生，长10～27cm；花萼钟状，
顶端5齿裂；花冠淡紫色，外面有绒毛，端5裂，
二唇形。核果球形，黑色。花期4～6月。

a—花枝；b—叶下部分放大；c—花　　　图4-116　黄荆

分布：主产长江以南各省份，分布遍全国。

习性：喜光，耐干旱瘠薄土地，适应性强，常生于山坡路旁、石隙林边。

繁殖方式：播种、分株繁殖均可，栽培简易，无须特殊管理。

园林用途：黄荆，尤其是荆条，叶秀丽、花清雅，是装点风景区的极好材料，
植于山坡、路旁，增添无限生机；也是树桩盆景的优良材料。

常见变种有：

（1）杜荆：小叶边缘有多数锯齿，表面绿色，背面淡绿色，无毛或稍有毛。
分布华东各省份及华北、中南以至西南各省份。

（2）荆条：小叶边缘有缺刻状锯齿、浅裂以至深裂。我国东北、华北、西北、
华东及西南各省份均有分布。

81．泡桐树（图4-117）

学名：*Paulownia fortunei*

科属：玄参科、泡桐属

别名：白花泡桐

识别要点：乔木，树冠宽卵形或圆
形。树皮灰褐色。小枝粗壮。叶卵形，长
10～25cm，宽6～15cm，先端渐尖，全缘，
稀浅裂，基部心形，表面无毛，背面被白色
星状绒毛。花冠漏斗状，乳白色至微带紫色，
内具紫色斑点及黄色条纹。蒴果椭圆形。花
期3～4月；果9～10月成熟。

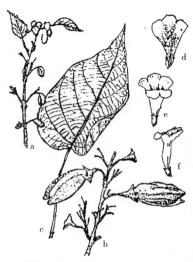

a—花序及花蕾；b—果序；c—叶；d—花纵剖面；
e—花正面；f—花侧面　　　图4-117　泡桐树

分布：主产长江流域以南各省份；越南、
老挝也有。

习性：喜温暖气候，耐寒性稍差，尤其

幼苗很易受冻害；喜光，稍耐阴；对黏重瘠薄的土壤适应性较其他种强。是本属中对丛枝病抗性最强的树种。

繁殖方式：通常用埋根、播种等方法繁殖。

园林用途：泡桐树树干端直，树冠宽大，叶大荫浓，花大而美，宜作行道树、庭荫树。

82．梓树（图 4—118）

学名：*Catalpa ovata*

科属：紫葳科、梓树属

识别要点：乔木，树冠平展，树皮灰褐色，纵裂。叶广卵形或近圆形，长 10～30m，通常 3～5 裂，有毛，背面基部脉腋有紫斑。圆锥花序顶生，长 10～20cm。花萼绿色或紫色，花冠淡黄色，长约 2cm，内面有黄色条纹及紫色斑纹。蒴果细长如筷，长 20～30cm。种子具毛，花期 5 月。

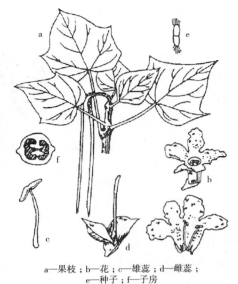

a—果枝；b—花；c—雄蕊；d—雌蕊；
e—种子；f—子房

图 4—118　梓树

分布：本种植物分布很广，东北、华北，南至华南北部，以黄河中下游为分布中心。

习性：喜光，稍耐阴，适生于温带地区，颇耐寒，在暖热气候下生长不良；喜深厚、肥沃、湿润土壤，不耐干旱瘠薄，能耐轻盐碱土；对氯气、二氧化硫和烟尘的抗性均强。

繁殖方式：播种繁殖。也可用扦插和分蘖繁殖。

园林用途：梓树树冠宽大，可作行道树、庭荫树及村旁、宅旁绿化材料。古人在房前屋后种植桑树、梓树，桑梓即意故乡。

4.2　灌木类

灌木是指那些没有明显的主干、呈丛生状态的树木，植株多在 3m 以下，一般可分为常绿、落叶或观花、观果、观枝干等几类。

在园林绿化中，灌木一般为配角，用于绿化道路、公园、小区、河堤等，只要有绿化的地方，多数都有灌木的应用。其具备的叶形小而密集、萌枝力强、耐修剪，体现了整体观赏的色彩效果，有着不可或缺的地位。

4.2.1　常绿灌木类

1．南天竹（图 4—119）

学名：*Nandina domestica*

科属：小檗科、南天竹属

识别要点：灌木，高达 2m，丛生而少分枝。2～3 回羽状复叶，中轴有关节，小叶椭圆状披针形，长 3～10cm，全缘。花小而白色，成顶生圆锥花序，花期 5～7 月。浆果球形，鲜红色，果 9～10 月成熟。

分布：原产中国及日本。国内各地及庭园广泛栽培。

习性：喜半阴，但在强光下亦能生长，唯叶色常发红。喜温暖气候及肥沃、湿润而排水良好之土壤，耐寒性不强，对水分要求不严。生长较慢。

繁殖方式：可用播种、扦插、分株等法。

园林用途：南天竹茎干丛生，枝叶扶疏，秋冬叶色变红，更有累累红果，经久不落，实为赏叶观果佳品。

2. 檵木（图 4-120）

学名：***Loropetalum chinense***

科属：金缕梅科、檵木属

别名：檵花

识别要点：灌木或小乔木，高 4～9 (12) m。小枝、嫩叶及花萼均有锈色星状短柔毛。叶卵形或椭圆形，先端锐尖，全缘，背面密生星状柔毛。花瓣带状线形，浅黄白色；花 3～8 朵簇生于小枝端。蒴果褐色。花期 4 月。

分布：产长江中下游及其以南；印度北部亦有分布。多生于山野及丘陵灌丛中。

习性：耐半阴，喜温暖气候及酸性土壤，适应性较强。

繁殖方式：可用播种或嫁接法（可嫁接在金缕梅属植物上）繁殖。

园林用途：本种花繁密而显著，初夏开花如覆雪，颇为美丽。丛植于草地、林缘，与山石的配合都很合适，亦可用作风景林之下木。其变种红檵木（var.***rubrum***），叶暗紫，花亦红色，更宜植于庭院观赏。

3. 月季（图 4-121）

学名：***Rosa chinensis***

科属：蔷薇科、蔷薇属

a—花枝；b—果枝；c—花蕾；d—花；
e—果；f—雌蕊；g—雄蕊

图 4-119　南天竹

a—花枝；b—带状花瓣；c—花

图 4-120　檵木

图 4-121　月季

别名：月季花

识别要点：半常绿直立灌木，通常具钩状皮刺。小叶 3 ～ 5，广卵至卵状椭圆形，长 2.5 ～ 6cm，先端尖，缘有锐锯齿，两面无毛，表面有光泽；叶柄和叶轴散生皮刺和短腺毛，托叶大部附生在叶柄上，边缘有腺纤毛，花常数朵簇生，罕单生，径约 5mm，深红、粉红至近白色，微香；果卵形至球形，长 1.5 ～ 2cm，红色。花期 4 月下旬～ 10 月。

分布：原产湖北、四川、江苏、广东等省，现各地普遍栽培。原种及多数变种早在 18 世纪末、19 世纪初传至国外，成为近代月季杂交育种的重要原始材料。

习性：月季对环境适应性颇强，我国南北各地均有栽培；对土壤要求不严，但以富含有机质、排水良好而微酸性（pH 值 6 ～ 6.5）的土壤最好。喜光，但过于强烈的阳光照射又对花蕾发育不利。喜温暖，一般气温在 22 ～ 25℃ 最为适宜，夏季的高温对开花不利。因此月季虽能在生长季中开花不绝，但以春、秋两季开花最多、最好。

繁殖方式：多用扦插或嫁接法繁殖。硬枝、嫩枝扦插均易成活，一般在春、秋两季进行。嫁接采用枝接、芽接、根接均可，砧木用野蔷薇等。

园林用途：月季花色艳丽，花期长，是园林布置的好材料。宜作花坛、花境及基础栽植用，在草坪、园路角隅、庭院、假山等处配植也很合适，又可作盆栽及切花用。

4. 柑橘（图 4—122）

学名：*Citrus reticulata*

科属：芸香科、柑橘属

别名：柑橘

识别要点：小乔木或灌木。小枝较细弱，无毛。叶为单生复叶，椭圆形，叶端渐尖钝，全缘或有细钝齿，叶柄近无翼。花黄白色，单生、簇生叶腋，具香气。果扁球形，径 5 ～ 7cm，橙黄色或橙红色，果皮薄、易剥离。春季开花，10 ～ 12 月果熟。

分布：原产中国，广布于长江以南各省。

习性：柑橘性喜温暖湿润气候，耐寒性较酸橙、葫橙稍强，可在江苏南部栽培地生长良好。

繁殖方式：用播种和嫁接法繁殖，是中国著名果树之一。

园林用途：柑橘四季常青，枝叶茂密，树姿整齐，春季满树盛开香花，秋冬黄果累累，黄绿色彩极为美丽，宜于供庭园、绿地及风景区栽植。

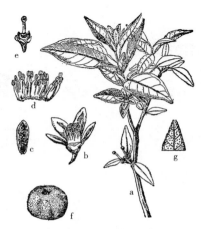

a—花枝；b—花；c—花瓣；d—雄蕊；
e—雌蕊；f—果；g—部分叶，示油点　　图 4—122　柑橘

5. 雀舌黄杨

学名：*Buxus bodinieri*

科属：黄杨科、黄杨属

别名：细叶黄杨

识别要点：小灌木。分枝多而密集。叶较狭长，倒披针形或倒卵状长椭圆形，先端钝圆或微凹，革质；叶柄极短。花小，黄绿色，呈密集短穗状花序。蒴果卵圆形。花期4月；果7月成熟。

分布：产于华南。

习性：喜光，亦耐阴，喜温暖湿润气候；耐寒性不强。浅根性。

繁殖方式：以扦插繁殖为主，也可压条和播种繁殖。

6. 枸骨（图4-123）

学名：*Ilex cornuta*

科属：冬青科、冬青属

别名：鸟不宿、猫儿刺

a—果枝；b—花 　　　　图4-123　枸骨

识别要点：常绿灌木或小乔木。树皮灰白色，平滑不裂；枝开展而密生。叶硬革质，矩圆形，长4～8cm，顶端扩大并有三枚大尖硬刺齿，中央一枚向背面弯，基部两侧各有1～2枚大刺齿；叶有时全缘，基部圆形，这样的叶往往长在大树的树冠上部。花小，黄绿色，簇生于2年生枝叶腋。核果球形，鲜红色。花期4～5月；果9～10（11）月成熟。

分布：产我国长江中下游各省，多生于山坡谷地灌木丛中。

习性：喜光，稍耐阴；喜温暖气候及肥沃、湿润而排水良好之微酸性土壤，耐寒性不强；生长缓慢；萌蘖力强，耐修剪。

繁殖方式：可用播种和扦插等法繁殖。栽培中宜选择雌株，以提高观赏性。

园林用途：枸骨枝叶稠密，叶形奇特，深绿光亮，入秋红果累累，经冬不凋，是良好的观叶、观果树种。宜作基础种植及岩石园材料，也可作孤植用。

变种：偶见无刺枸骨（var.*fortunei*）和黄果枸骨（cv.Luteocarpa）。前者叶缘无刺齿，后者果暗黄色。

7. 山茶（图4-124）

学名：*Camellia japonica*

科属：山茶科、山茶属

图4-124　山茶花

别名：曼陀罗树、晚山茶、耐冬、川茶、海石榴

识别要点：灌木或小乔木。叶卵形、倒卵形或椭圆形，长 5 ~ 11cm，叶端短钝渐尖，叶基楔形，叶缘有细齿，叶表有光泽。花单生或对生于枝顶或叶腋，大红色，径 6 ~ 12cm，无梗，花瓣 5 ~ 7。蒴果近球形；种子椭圆形。花期 2 ~ 4 月，果秋季成熟。

分布：产于中国和日本。中国中部及南方各省露地多有栽培。

习性：喜半阴，最好为侧方庇荫。喜温暖湿润气候，酷热及严寒均不适宜。山茶也有一定的耐寒力。山茶喜肥沃湿润、排水良好的微酸性土壤（pH 值 5 ~ 6.5），不耐碱性土；山茶对海潮风有一定的抗性。

繁殖方式：可用播种、压条、扦插、嫁接等法繁殖。

园林用途：山茶是中国传统的名花。叶色翠绿而有光泽，四季常青，花朵大，花色美，品种繁多，从 11 月即可开始观赏早花品种而晚花品种至次年 3 月始盛开，故观赏期长达 5 个多月。

8. 茶梅（图 4—125）

学名：*Camellia sasanqua*

科属：山茶科、山茶属

别名：茶梅花

分布：茶梅产长江以南地区。日本有分布。

习性：性喜阴湿，半阴情况最适合，夏日强光可能会灼伤叶和芽。宜生长在排水良好、富含腐殖质、湿润的微酸性土壤，pH 值以 5.5 ~ 6 为宜。较耐寒。

繁殖方式：播种、扦插、嫁接法繁殖。

园林用途：茶梅作为一种优良的花灌木，在园林绿化中有广阔的发展前景。树形优美、花叶茂盛的茶梅品种，可于庭院和草坪中孤植

a—花枝；b—果   图 4—125 茶梅

或对植；较低矮的茶梅可与其他花灌木配置花坛、花境，或作配景材料，植于林缘、角隅、墙基等处作点缀装饰；茶梅姿态丰盈，花朵瑰丽，着花量多，适宜修剪，亦可作基础种植及常绿篱垣材料，开花时可为花篱，落花后又可为绿篱；还可利用自然丘陵地，在有一定庇荫的疏林中建立茶梅专类园，既可充分显示其特色，又能较好地保存种质资源。茶梅也可盆栽，摆放于书房、会场、厅堂、门边、窗台等处，倍添雅趣和异彩。

9. 厚皮香

学名：*Ternstroemia gymnanthera*

科属：山茶科、厚皮香属

别名：株木树、猜血柴、水红树

识别要点：常绿乔木，高达 15m，枝条灰绿色，无毛。叶倒卵形至长圆形，长 3 ~ 7cm，宽 2 ~ 3cm，顶端钝圆或短尖，基部楔形，全缘，表面绿色，背

面淡绿色，中脉在表面下陷，侧脉不明显；叶柄长 5 ~ 10mm。花淡黄色，花柄长 1 ~ 1.5cm，稍下垂。果实圆球形，呈浆果状，干燥，径约 1.5cm，萼片宿存。花期 7 ~ 8 月。

分布：中国南部及西南部，中亚热带常绿、落叶阔叶林区。

习性：喜阴湿环境，在常绿阔叶树下生长旺盛。也喜光，较耐寒，能忍受 −10℃ 低温。喜酸性土，也能适应中性土和微碱性土。根系发达，抗风力强，萌芽力弱，生长缓慢，不耐强度修剪，但仍可进行轻度修剪，抗污染力强。

繁殖方式：播种和扦插繁殖。

园林用途：厚皮香适应性强，又耐阴，树冠浑圆，枝序规则，枝叶层次感强，枝叶繁茂，树形优美，叶柄与新叶红色。宜丛栽于林缘或围墙、竹篱之旁。

10．金丝桃（图 4—126）

学名：*Hypericum chinense*

科属：金丝桃科、金丝桃属

识别要点：常绿、半常绿或落叶灌木，高 0.6 ~ 1m。小枝圆柱形，红褐色，光滑无毛。叶无柄，长椭圆形，基部渐狭而稍抱茎，表面绿色，背面粉绿色。花鲜黄色，径 3 ~ 5cm，单生或 3 ~ 7 朵成聚伞花序；雄蕊多数，5 束，较花瓣长；花柱细长，顶端 5 裂。蒴果卵圆形。花期 6 ~ 7 月；果熟期 8 ~ 9 月。

a—花枝；b—果　　　　图 4—126　金丝桃

分布：河北、台湾、四川、广东等均有分布。日本也有分布。

习性：性喜光，略耐阴，喜生于湿润的半阴坡地沙壤土上；耐寒性不强。

繁殖方式：可用播种、分株及扦插等法繁殖。

园林用途：本种花叶秀丽，是南方庭园中常见的观赏花木。可植于庭院内、假山旁及路边、草坪等处。

11．金丝梅

学名：*Hypericum Patulum*

科属：金丝桃科、金丝桃属

识别要点：半常绿或常绿灌木。小枝拱曲，有两棱，红色或暗褐色。叶卵状长椭圆形或披针形，有极短叶柄，表面绿色，背面淡粉绿色，散布油点。花金黄色，雄蕊 5 束，较花瓣短；花柱 5，离生。蒴果卵形。花期 4 ~ 8 月；果熟期 6 ~ 10 月。

分布：产陕西、四川、云南、贵州、江西、湖南、湖北、安徽、江苏、浙江、福建等省份。

习性：稍耐寒。喜光，略耐阴。性强健，忌积水。喜排水良好、湿润肥沃的沙质壤土。

　　繁殖方式：多用分株法繁殖，播种、扦插也可。

　　园林用途：金丝梅枝叶丰满，开花色彩鲜艳，绚丽可爱，可丛植或群植于草坪、树坛的边缘和墙角、路旁等处。

　　12．八角金盘

　　学名：*Fatsia japonica*

　　科属：五加科、八角金盘属

　　识别要点：灌木，常数干丛生。叶掌状 7～9 裂，径 20～40cm，基部心形或截形，裂片卵状长椭圆形，缘有齿；表面有光泽；叶柄长 10～30cm。花小，白色。果实径约 8mm。夏秋间开花，翌年 5 月果熟。

　　分布：原产日本；中国南方庭院中有栽培。

　　习性：性喜阴，喜暖热湿润气候，不耐干旱，耐寒性不强。

　　繁殖方式：常用扦插法繁殖。

　　园林用途：本种叶大、光亮而常绿，是良好的观叶树种，对有害气体有较强抗性。是公园、庭院、街道、工厂绿地及高架下绿化的合适种植材料。

　　13．杜鹃（图 4—127）

　　学名：*Rhododendron simsii*

　　科属：杜鹃花科、杜鹃花属

　　别名：映山红、照山红、野山红

　　识别要点：落叶灌木；分枝多，枝细而直，有亮棕色或褐色扁平疏绒毛。叶纸质，卵状椭圆形或椭圆状披针形，长 3～5cm，叶表之糙伏毛较稀，叶背则较密。花 2～6 朵簇生枝端，蔷薇色、鲜红色或深红色，有紫斑；蒴果密被疏绒毛、卵形。花期 4～6 月；果 10 月成熟。

　　分布：广布于长江流域及珠江流域各省份。

　　习性：杜鹃是典型的酸性土植物，故无论露地种植或盆栽均应特别注意土质，最忌碱性及黏质土，土壤以 pH 值 4.5～6.5 为佳。盆栽时，可用腐殖质土、苔屑、山泥等以 2：1：7 的比例混合应用。施肥时应注意宜淡不宜浓，因为杜鹃根极纤细，施浓肥易烂根。

　　园林用途：杜鹃是我国的传统名花。古有"莫怪行人频怅望，杜鹃不思故乡花"之描述。杜鹃开时漫山遍野灿烂夺目，诗句"何须名花看春风，一路山花不负侬；日日锦江成锦样，清溪倒照映山红"，真是这烂漫的意境。杜鹃类最宜成丛配植于林下、溪旁、池畔、岩边、缓坡、陡壁形成自然美，又宜在庭院或与园林建筑相配植。

图 4—127　杜鹃

14. 紫金牛（图4-128）

学名：*Ardisia japonica*

科属：紫金牛科、紫金牛属

别名：矮地茶、千年矮、平地木、四叶茶、野枇杷叶

识别要点：小灌木，高10～30cm；根状茎长而横走，上出地上茎；茎直立，不分枝，表面紫褐色。叶常成对或3～4（7）枚集生茎顶，坚纸质，椭圆形，叶缘有尖锯齿，两面有腺点。短总状花序近伞形，通常2～6朵，腋生或顶生；核果球形，熟时红色。花期4、5月；果期6～11月。

a—花枝；b—果枝；c—花冠；d—花　　图4-128　紫金牛

分布：本种植物东起江苏，西至四川、云南，南达福建、广西，均有分布。

习性：性喜温暖潮湿气候，多生于林下、溪谷旁之阴湿处。

繁殖方式：用播种或扦插法繁殖。

园林用途：由于果实丰多、鲜红可爱且经久不落，故可作林下地被或盆栽观赏，亦可与岩石相配作小盆景用。

15. 米兰（图4-129）

学名：*Aglaia odorata*

科属：楝科、米仔兰属

别名：树兰、米仔兰

识别要点：常绿灌木。多分枝。幼枝顶部具星状锈色鳞片，后脱落。奇数羽状复叶，互生，叶轴有窄翅，小叶3～5，对生，倒卵形至长椭圆形，先端钝，基部楔形，两面无毛，全缘，叶脉明显。圆锥花序腋生。花黄色，极香。花萼5裂，裂片圆形。花冠5瓣，长圆形或近圆形，比萼长。雄蕊花丝结合成筒，比花瓣短。雌蕊子房卵形，密生黄色粗毛。浆果，卵形或球形，有星状鳞片。种子具肉质假种皮。花期为每年6月至10月，每年可开5次，每次维持一周左右。

习性：喜温暖湿润和阳光充足环境，不耐寒，稍耐阴，以疏松、肥沃的微酸性土壤为最好，喜湿润。

繁殖方式：常用压条和扦插繁殖。

园林用途：米兰盆栽可陈列于客厅、书房和门廊，清新幽雅，舒人身心。在南方庭院中米兰又是极好的风景树。

a—花枝；b—花；c—花萼和雄蕊　　图4-129　米兰

16．云南黄馨（图4—130）

学名：*Jasminum mesnyi*

科属：木犀科、茉莉属

别名：南迎春

识别要点：灌木，高可达3m；树形圆整。枝细长拱形，柔软下垂，绿色，有4棱。叶对生，小叶3，纸质，叶面光滑。花单生于具总苞状单叶之小枝端；萼片叶状，披针形；花冠黄色，裂片6或稍多，成半重瓣，较花冠筒为长。花期4月，延续时间长。

分布：原产云南，南方庭园中颇常见。

习性：本种耐寒性不强，北方常温室盆栽。

繁殖方式：同迎春。

a—花枝；b—花纵剖　　图4—130　云南黄馨

园林用途：云南黄馨枝条细长拱形，四季常青，春季黄花绿叶相衬，艳丽可爱，最宜植于水边驳岸，细枝拱形下垂水面，倒影清晰，还可遮蔽驳岸平直呆板等不足之处；植于路缘、坡地及石隙等处均极优美。

17．夹竹桃（图4—131）

学名：*Nerium indicum*

科属：夹竹桃科、夹竹桃属

别名：柳叶桃、红花夹竹桃

识别要点：直立大灌木。含水液。嫩枝具棱。叶3～4枚轮生，枝条下部为对生，窄披针形，长11～15cm，叶缘反卷。花序顶生，深红色，喉部具撕裂状副花冠。蓇葖果细长。花期6～10月。

分布：原产于伊朗、印度、尼泊尔，现广植于世界热带地区。我国长江以南各省份广为栽植，北方各省份栽培需在温室越冬。

习性：喜光；喜温暖湿润气候，不耐寒；耐旱力强；抗烟尘及有毒气体能力强；对土壤适应性强，碱性土上也能正常生长。性强健，管理粗放，萌蘖性强，病虫害少，生命力强。

繁殖方式：以压条法繁殖为主，也可用扦插法，水插尤易生根。

园林用途：夹竹桃植株姿态潇洒，花色艳丽，又适应城市自然条件，是城市绿

a—花枝；b—果　　图4—131　夹竹桃

化的极好树种，常植于公园、庭院、街头、
绿地等处；是极好的背景树种；性强健，耐
烟尘，抗污染。植株有毒，可入药，应用
时应注意。

品种："白花"夹竹桃（cv.Paihua）：花白色。

18．栀子花 （图4—132）

学名：*Gardenia jasminoides*

科属：茜草科、栀子花属

别名：黄栀子、山栀

识别要点：灌木，干灰色。小枝绿色，
有垢状毛。叶长椭圆形，长6～12cm，端渐尖，
基部宽楔形，全缘，无毛，革质而有光泽。
托叶着生于叶柄内。花单生枝端或叶腋；花

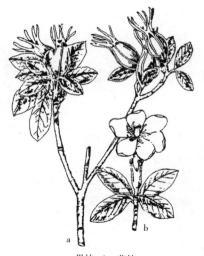

a—果枝；b—花枝　　　　图4—132　栀子花

冠高脚碟状，端常6裂，白色，浓香；果卵形，具6纵棱。花期6～8月。

分布：产长江流域，我国中部及中南部都有分布。

习性：喜光也能耐阴，在庇荫条件下叶色浓绿，但开花稍差；喜温暖湿
润气候，耐热也稍耐寒（-3℃）；喜肥沃、排水良好、酸性的轻黏壤土，也耐
干旱瘠薄，但植株易衰老；抗二氧化硫能力较强。萌　力、萌芽力均强，耐修
剪更新。

繁殖方式：以扦插、压条繁殖为主。

园林用途：栀子花叶色亮绿，四季常青，花大洁白，芳香馥郁，可成片
丛植或配置于林缘、庭前，植作花篱也极适宜，也可用于街道和厂矿绿化。

变型、变种有：

（1）大花栀子 （f.*grandiflora*）：叶较大，花大而重瓣，径7～10cm，园
林中应用更为普遍。

（2）水栀子 （var.*radicana*）：又名雀舌栀子，植株较小，枝常平展匍地，
叶小而狭长，花也较小。

19．胡颓子

学名：*Elaeagnus pungens*

科属：胡颓子科、胡颓子属

识别要点：常绿灌木；树冠开展，具棘刺。小枝锈褐色，被鳞片。叶革质，
椭圆形或长圆形，叶基圆形，叶缘微波状，叶表初时有鳞片后变绿色而有光泽，
叶背银白色，被褐色鳞片；叶柄长5～8mm。花银白色，下垂，芳香。果椭圆形，
被锈色鳞片，熟时红色。花期11月；果次年5月成熟。

分布：分布于长江以南各省。日本也有。

习性：性喜光，耐半阴；喜温暖气候，不耐寒。对土壤适应性强，耐干
旱又耐水湿。

繁殖方式：可播种或扦插繁殖。

园林用途：对有害气体的抗性强。可植于庭园观赏或修作绿篱球应用，并有金边、银边、金心等观叶变种。

20. 阔叶十大功劳（图4-133）

学名：*Mahonia bealei*

科属：小檗科、十大功劳属

识别要点：常绿灌木，高达4m。根、茎断面黄色，味苦。羽状复叶互生，长30～40cm，叶柄基部扁宽抱茎；小叶7～15，厚革质，广卵形至卵状椭圆形，长3～14cm，宽2～8cm，先端渐尖成刺齿，边缘反卷，每侧有2～7枚大刺齿。总状花序粗壮，丛生于枝顶；苞片小，密生；萼片9，3轮，花瓣6，淡黄色，先端二浅裂，近基部内面有两密腺；雄蕊6；子房上位，1室。浆果卵圆形，熟时蓝黑色，有白粉。花期3～4月，果期10～11月。

图4-133　阔叶十大功劳

a—花枝；b—花

分布：华南地区。

习性：属于暖温带植物，具有较强的抗寒能力，当冬季气温降到0℃以下时虽然落叶，但茎秆不会受冻死亡，春暖后可萌发新叶。不耐暑热，在高温下不但生长停止，叶片也会干尖。原产地多生长在阴湿峡谷和森林下面，属阴性植物。喜排水良好的酸性腐殖土，极不耐碱，较耐旱，怕水涝，在干燥的空气中生长不良。

繁殖方式：播种、扦插、分株均可。

园林应用：阔叶十大功劳叶形奇特，典雅美观，盆栽植株可供室内陈设，因其耐阴性良好，可长期在室内散射光条件下养植。在庭院中亦可栽于假山旁侧或石缝中。

21. 狭叶十大功劳

学名：*Mahonia fortunei*

科属：小檗科、十大功劳属

识别要点：常绿小灌木，高可达2m，在本属中最矮，枝干形似南天竹，茎具抱茎叶鞘，奇数羽状复叶，小叶5～9枚，狭披针形，叶硬革质，表面亮绿色，背面淡绿色，两面平滑无毛，叶缘有针刺状锯齿6～13对，入秋叶片转红，顶生直立总状花序，两性花，花黄色，有香气，浆果卵形，蓝黑色，微披白粉，花期8～10月，果熟12月。

22. 凤尾兰

学名：*Yucca gloriosa*

科属：龙舌兰科、丝兰属

别名：菠萝花

识别要点：灌木。干短，有时分枝，高可达5m。叶密集，螺旋排列茎端，质坚硬，有白粉，剑形，长 40 ～ 70cm，顶端硬尖，边缘光滑，老叶有时具疏丝。圆锥花序高 1m 多，花大而下垂，乳白色，常带红晕。蒴果，椭圆状卵形。花期 6 ～ 10 月。

分布：原产北美东部及东南部，现长江流域各地普遍栽植。

习性：适应性强，耐水湿。

繁殖方式：扦插或分株繁殖，地上茎切成片状水养于浅盆中，可发育出芽来作桩景。

园林用途：凤尾兰花大、树美、叶绿，具较好的南方风味，是良好的庭园观赏树木。

4.2.2　落叶灌木类

1. 麻黄（图 4–134）

学名：*Ephedra sinica*

科属：麻黄科、麻黄属

别名：草麻黄、华麻黄

识别要点：草本状灌木，高 20 ～ 40cm，木质茎短或呈匍匐状；小枝直伸或略曲，节间长，多 3 ～ 4cm，纵槽常不明显。叶对生，鞘状，裂片锐三角形，先端急尖。雌花序单生。种子通常 2 粒，包于红色肉质苞片内，三角状卵形或广卵形；果红或灰褐色，长 5 ～ 6mm。花期 5 ～ 6 月；种子 6 ～ 9 月成熟。

分布：产于河北、河南西北部、陕西、内蒙古、辽宁等省份。

习性：强健耐寒，适应性强，在山坡、平原、干燥荒地及草原均有生长，常形成大面积的单纯群体。

园林用途：富含生物碱，是重要药用植物，用于提制麻黄素（碱）。由于茎绿色，故四季常青，可作地被及固沙植物，亦可供园林观赏用。

2. 银柳

学名：*Salix leucopithecia*

科属：柳科、柳属

别名：银芽柳、棉花柳

识别要点：灌木，高约 2 ～ 3m，分枝稀疏。枝条绿褐色，具红晕，幼时具绢毛，老时脱落。冬芽红紫色，有光泽。叶片椭圆形，长 9 ～ 15cm，先端尖，缘具细浅齿，表面微皱，深绿色，背面密被白毛，半革质。雄花序椭圆状圆柱形，长 3 ～ 6cm，早春叶前开放，盛开时花序密被银白色绢毛，颇为美观。

图 4–134　麻黄

分布：原产于日本。中国上海、南京、杭州一带有栽培。

习性：喜光，喜湿润土地，颇耐寒。

繁殖方式：扦插法繁殖。

园林用途：其花芽萌发成花序时十分美观，传统上于春节间与南天竹和腊梅共同插瓶观赏。

a—花枝；b—雄蕊；c—雌蕊　　　　图4-135　牡丹

3.牡丹（图4-135）

学名：*Paeonia suffruticosa*

科属：毛茛科、芍药属

别名：富贵花、木本芍药、洛阳花

识别要点：灌木，高达2m。枝多而粗壮。叶呈二回羽状复叶，阔卵形至卵状长椭圆形，先端3～5裂，基部全缘，叶背有白粉，平滑无毛。花单生枝顶，大型，径10～30cm；花型有多种；花色丰富，有紫、深红、粉红、黄、白、豆绿等色；雄蕊多数；心皮5，有毛，其周围为花盘所包。花期4月下旬至5月；果9月成熟。

分布：原产于中国西部及北部，在秦岭有野生。现各地有栽培。

习性：喜温暖而不酷热气候，较喜光但忌夏季曝晒，以在弱荫下生长最好，若植于阳光曝晒处则大为逊色，失其原貌。在开花期亦以略遮阴为宜。牡丹为深根性的肉质根，喜深厚肥沃、排水良好、略带湿润的沙质壤土，最忌黏土及积水之地；较耐碱，在pH值为8的土壤中能正常生长。牡丹的花芽是混合芽，在头年6～7月开始分化，至8月下旬即初步完成。

牡丹在观花灌木类中属于长寿类，但与栽培管理技术的好坏有很大的关系；在良好的栽培管理条件下，寿命可达百年以上。

繁殖方式：可用播种、分株和嫁接法。

园林用途：牡丹为世界著名的观花灌木，花大且美，香色俱佳，故有"国色天香"的美称，更被赏花者评为"花中之王"。在园林中常作专类花园及重点美化用。又可植于花台、花池观赏。亦可行自然式孤植或丛植于岩旁、草坪边缘或配植于庭院。

4.小檗（图4-136）

学名：*Berberis thumbergii*

科属：小檗科、小檗属

别名：日本小檗

识别要点：灌木，高2～3m。小枝常通红褐色，有沟槽；刺通常不分叉。叶倒卵形或匙形，长0.5～2cm，全缘，表面暗绿

a—花枝；b—果枝；c—花　　　　图4-136　小檗

色，背面灰绿色。花浅黄色，1～5朵成簇生状伞形花序。浆果椭圆形，长约1cm，熟时亮红色。花期5月；果9月成熟。

分布：原产日本及中国。中国各大城市有栽培。

习性：喜光，稍耐阴，耐寒，对土壤要求不严，而以在肥沃而排水良好之沙质壤土上生长最好。萌芽力强，耐修剪。

繁殖方式：主要用播种繁殖，春播或秋播均可。扦插多用半成熟枝条于7～9月进行，采用踵状插成活率较高。

园林用途：本种枝细密而有刺，春季开小黄花，入秋则叶色变红，果熟后亦红艳美丽，是良好的观果、观叶和刺篱材料。常见变形：紫叶小檗（f.*atropurpurea*），叶深紫色，观赏价值更高。

5. 腊梅（图4-137）

学名：***Chimonantus praecox***

科属：腊梅科、腊梅属

别名：黄梅花、香梅

识别要点：丛生灌木，在暖地叶半常绿。小枝近方形。叶半革质，椭圆状卵形至卵状披针形，长7～15cm，叶端渐尖，叶表有硬毛。花单生，径约2.5cm，花被外轮蜡黄色，中轮有紫色条纹，有浓香。果托坛状，小瘦果种子状，栗褐色，有光泽。花期12至翌年3月，远在叶前开放；果8月成熟。

分布：产于湖北、陕西等省份，现各地有栽培。河南省鄢陵县姚家花园为腊梅苗木生产基地。

习性：喜光亦略耐阴，较耐寒。耐干旱，忌水湿，花农有″旱不死的腊梅″的经验，但仍以湿润土壤为好，最宜选深厚肥沃、排水良好的沙质壤土，如植于黏性土及碱土土均生长不良。寿命长，可达百年。

繁殖方式：主要用嫁接法繁殖。砧木可用实生苗或狗蝇梅。此外，软材扦插及压条法亦可采用，但生根困难，成活率低。分株在3～4月进行。

园林用途：腊梅花开于寒月早春，花黄如蜡。配置于室前、与天竹相搭配，可谓色、香、形三者相得益彰，极得造化之妙。

变种有：

（1）素心腊梅（var.*concolor*）：花被纯黄色，有浓香。为腊梅中最名贵的品种。

（2）磬口腊梅（var.*grandiflorus*）：叶及花均较大，外轮花被黄色，内轮黄色上有紫色条纹，香味浓，为名贵品种。

（3）小花腊梅（var.*parviflorus*）：花朵

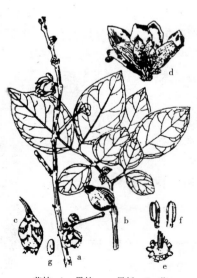

a—花枝；b—果枝；c—果托；d—花；
e—雌蕊；f—雄蕊；g—果

图4-137 腊梅

特小，外层花被黄白色，内层有红紫色条纹，香气浓郁。

（4）狗爪腊梅（var.*intermedius*）：也叫狗牙腊梅或红心腊梅、狗蝇梅、狗英梅。叶很狭，花小，花被狭而尖，外轮黄色，内轮有紫斑，淡香。抗性强。

6．溲疏

学名：*Deutzia scabra*

科属：虎儿草科、溲疏属

别名：空疏

识别要点：灌木，高达 2.5m。树皮薄片状剥落。小枝中空、红褐色，幼时有星状柔毛。叶长卵状椭圆形，长 3～8cm，缘有不显小刺尖状齿，两面有星状毛，粗糙。花白色；直立圆锥花序。蒴果近球形。花期 5～6 月；果 10～11 月成熟。

分布：产我国长江流域各省份；日本亦有分布。

习性：喜光，稍耐阴；喜温暖气候，也有一定的耐寒力；喜富含腐殖质的微酸性和中性土壤。性强健，萌芽力强，耐修剪。

繁殖方式：可用扦插、播种、压条、分株等法繁殖。

园林用途：溲疏夏季开白花，繁密、素静，其重瓣变种更加美丽。国内外庭园久经栽培。宜丛植于草坪、林缘及山坡，也可作花篱及岩石园种植材料。

7．八仙花（图 4-138）

学名：*Hydrangea macrophylla*

科属：虎儿草科、八仙花属

别名：绣球花

识别要点：灌木，高达 3～4m。小枝粗壮，无毛，皮孔明显。叶对生，大而有光泽，倒卵形至椭圆形，缘有粗锯齿。顶生伞房花序近球形，径可达 20cm；几乎全部为不育花，扩大之萼片 4，卵圆形，全缘，粉红色、蓝色或白色，极美丽。花期 6～7 月。

分布：产中国及日本。中国湖北、浙江、云南等省份都有分布。各地庭园习见栽培。

习性：喜荫，喜温暖气候，耐寒性不强。喜湿润，常含腐殖质而排水良好之酸性土壤。性颇健壮，少病虫害。

繁殖方式：可用扦插、压条、分株等法繁殖。

园林用途：本种花球大而美丽，耐阴性较强，是极好的观赏花木。在暖地可配植于林下、路缘、棚架边及建筑物之北面。亦可盆栽作室内布置用。

图 4-138　八仙花

8.麻叶绣球 (图 4—139)

学名: *Spiraea cantoniensis*

科属: 蔷薇科、绣线菊属

别名: 麻叶绣线菊、石棒子

识别要点: 灌木,高达 1.5m。枝细长,拱形平滑无毛。叶棱状长椭圆形至棱状披针形,长3～5cm,有深切裂锯齿,两面光滑,表面暗绿色,背面青绿色,基部楔形。6月开白花,花序伞形总状,光滑。

分布: 原产福建、广东、江苏、云南、河南;日本亦有。

繁殖方式: 早春可行播种繁殖,夏季可用当年生的新梢进行软枝扦插。

园林用途: 晚春翠叶、白花,繁密似雪;秋叶橙黄色,亦燦然可观。可丛植于池畔、山坡、路旁、崖边。普通多作基础种植用。

a—花纵剖; b—花枝; c—果 　图 4—139　麻叶绣球

9.火棘 (图 4—140)

学名: *Pyracantha fortuneana*

科属: 蔷薇科、火棘属

别名: 火把果

识别要点: 半常绿灌木,高约 3m。枝拱形下垂,短侧枝常成刺状。叶倒卵形至倒卵状长椭圆形,长 1.5～6cm,先端圆钝微凹,幼时有短尖头,缘有圆钝锯齿,齿尖内弯,近基部全缘,两面无毛。花白色,呈复伞房花序。果近球形,红色。花期 5月;果熟期 9～10月。

分布: 产我国,分布广。

习性: 喜光,不耐寒,要求土壤排水良好。

繁殖方式: 一般采用播种繁殖,秋季采种后即播。

园林用途: 本种枝叶茂盛,初夏白花繁密,入秋果红如火,且留存枝头甚久,美丽可爱。果枝还是瓶插的好材料,红果可经久不落。

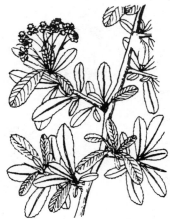

图 4—140　火棘

10.贴梗海棠 (图 4—141)

学名: *Chaenomeles speciosa*

科属: 蔷薇科、木瓜属

别名: 铁角海棠、贴梗木瓜、皱皮木瓜

识别要点: 灌木,高达 2m,枝开展,无毛,

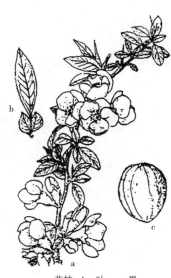

a—花枝; b—叶; c—果 　图 4—141　贴梗海棠

有刺。叶卵形至椭圆形，长 3 ~ 8cm，缘有尖锐锯齿，齿尖开展；托叶大，肾形或半圆形，缘有尖锐重锯齿。花 3 ~ 5 朵簇生于 2 年生老枝上，朱红、粉红或白色，径约 3 ~ 5cm；萼筒钟形。果卵形至球形，黄色或黄绿色，芳香，萼片脱落，花期 3 ~ 4 月，先叶开放。

分布：产于我国陕西、贵州、云南、广东等省份。

习性：喜光，有一定的耐寒能力；对土壤要求不严，但喜排水良好的肥沃壤土，不宜在低洼积水处栽植。

繁殖方式：分株、扦插和压条繁殖，播种也可以。

园林用途：贴梗海棠的花色红黄杂糅，相映成趣，是良好的观花、观果花木。多栽培于庭园供绿化用，也可用作绿篱的材料，可孤植或与迎春、连翘丛植。也常用作盆景，盆栽庭院观赏的优良花木。

11. 日本贴梗海棠

学名：*Chaenomeles japonica*

科属：蔷薇科、木瓜属

识别要点：矮灌木，通常高不及 1m。枝开展有刺；小枝粗糙，幼时具绒毛，紫红色，两年生枝有疣状突起，黑褐色。叶广卵形至倒卵形或匙形，缘具圆钝锯齿，两面无毛。花 3 ~ 5 朵簇生，砖红色，果近球形，径 3 ~ 4cm，黄色。

分布：原产日本；中国各地庭院习见栽培。

习性：同贴梗海棠。

繁殖方式：同贴梗海棠。

园林用途：同贴梗海棠。

12. 棣棠（图 4—142）

学名：*Kerria japonica*

科属：蔷薇科、棣棠属

识别要点：落叶丛生灌木，高 1.5 ~ 2m；小枝绿色，光滑，有棱。叶卵形至卵状椭圆形，长 4 ~ 8cm，先端长尖，基部楔形或近圆形，缘有尖锐重锯齿。花金黄色，径 3 ~ 4.5cm，单生于侧枝顶端；瘦果黑褐色。花期 4 月下旬至 5 月底。

分布：产河南、湖北、浙江、云南、广东等省份。日本也有。

习性：性喜温暖、半荫而略湿之地。在野生状态多在山涧、岩石旁、灌丛中或乔木林下生长。

繁殖方式：多用分株法，于晚秋或早春进行。也可用硬枝或嫩枝扦插。因花芽是在新梢上形成，故宜隔 2 ~ 3 年剪除老枝一次，以促使发新枝，多开花。

园林用途：棣棠花、叶、枝俱美，丛

a—果枝；b—花　　　　　图 4—142　棣棠

植于篱边、墙际、水畔、坡地、林缘及草坪边缘，或栽作花径、花篱，或与假山配置，都很适合。

13. 榆叶梅（图 4—143）

学名：*Prunus triloba*

科属：蔷薇科、李属

识别要点：灌木，高 3 ～ 5m；小枝细。叶椭圆形至倒卵形，长 3 ～ 5cm，先端尖或有时三浅裂，缘具粗重锯齿。花 1 ～ 2 朵，粉红色，核果球形，红色。花期 4 月，先叶或与叶同放；果 7 月成熟。

分布：原产中国北部，黑龙江、山西、山东、浙江等地均有分布。

习性：性喜光，耐寒，耐旱，对轻碱土也能适应，不耐水涝。

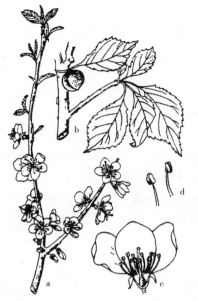

a—花枝；b—果枝；c—花；d—花药　　图 4—143　榆叶梅

繁殖方式：嫁接或播种法。榆叶梅栽培管理简易。

园林用途：在园林或庭院中最好以苍松、翠柏作背景丛植，或与连翘配植。此外，还可作盆栽、切花或催花材料。

14. 伞房决明

学名：*Cassia corymbosa*

科属：豆科、决明属

识别要点：半常绿灌木，高 1 ～ 2m。羽状复叶有小叶 6 片，小叶卵形至卵状椭圆形，亮绿色。花黄色，碗形，长约 2cm，伞房状花序，多花，腋生。花期 7 ～ 9 月，果期 10 月。

分布：原产北美。现中国广西、台湾、云南、山东、浙江、安徽等地均有栽植。

习性：喜光，不耐寒。花黄色，美丽，花期长。

繁殖方式：多采用播种繁殖，亦可通过扦插繁殖。

园林用途：在园林绿化中装饰林缘，或作低矮花坛、花境的背景材料；孤植、丛植和群植均可；可用于道路两侧绿化或作色块布置；也可用于庭园和公路绿化。

15. 山麻杆（图 4—144）

学名：*Alchornea davidii*

科属：大戟科、山麻杆属

图 4—144　山麻杆

识别要点：丛生灌木，高 1 ~ 2m。茎直而少分枝，常紫红色，有绒毛。叶圆形至广卵形，缘有锯齿，先端急尖或钝圆，基部心形，三主脉，表面绿色，疏生短毛，背面紫色，密生绒毛。花雌雄同株，成总状花序。花期 4 ~ 5 (6) 月，果 7 ~ 8 月成熟。

分布：产长江流域及陕西，常生于山野阳坡灌丛中。

习性：喜光，稍耐阴，喜温暖湿润气候，不耐寒。对土壤要求不严，在微酸性及中性土壤上均能生长。

繁殖方式：萌蘖性强。一般采用分株繁殖，扦插、播种也可进行。山麻杆是观嫩叶树种，对其茎秆要进行定期更新。

园林用途：山麻杆早春嫩叶及新枝均紫红色，十分醒目美观，平时叶也常带紫红褐色，是园林中常见的观叶树种之一。丛植于庭前、路边、草坪或山石旁，均为适宜。

16．卫矛 （图 4—145）

学名：*Euonymus alatus*

科属：卫矛科、卫矛属

别名：鬼箭羽

识别要点：落叶灌木。小枝具 2 ~ 4 条木栓质阔翅。叶对生，倒卵状长椭圆形，长 3 ~ 5cm，先端尖，缘具细锯齿，两面无毛；叶柄极短。花黄绿色，常三朵成一具短梗之聚伞花序。蒴果；种子有橘红色假种皮。花期 5 ~ 6 月；果 9 ~ 10 月成熟。

分布：长江中下游、华北各省份及吉林均有分布。朝鲜、日本亦产。

习性：喜光，也稍耐阴；对气候和土壤适应性强，能耐干旱、瘠薄和寒冷，在中性、酸性及石灰性土上均能生长。萌芽力强，耐修剪，对二氧化硫有较强抗性。

繁殖方式：以播种繁殖为主，扦插、分株也可。

园林用途：本种枝翅奇特，早春初发嫩叶及秋叶均为紫红色，十分艳丽，在落叶后又有紫色小果悬垂枝间，颇为美观，是优良的观叶、枝及赏果树种。

17．连翘 （图 4—146）

学名：*Forsythia suspensa*

科属：木犀科、连翘属

识别要点：落叶灌木，高达 3m；枝细

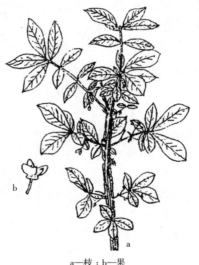

a—枝；b—果　　　　图 4—145　卫矛

a—花枝；b—花冠；c—果　　　图 4—146　连翘

长并开展呈拱形，节间中空，节部有个斑，皮孔多而显著。单叶或有时3出复叶，对生，叶片卵形或卵状椭圆形，长310cm，缘有锯齿。花单生或数朵生于叶腋；花萼绿色，4裂，裂片矩圆形；花冠黄色，裂片4，倒卵状椭圆形，雄蕊二，雄蕊长于或短于雌蕊；3～4月叶前开放。

连翘果实呈长卵形或卵形，有纵皱纹及多数突起的小斑点。种子着生，黄绿色，细长，一侧有翅。

分布：主产于山西、河南、陕西、山东；湖北、四川、甘肃、河北亦产。以山西、河南产量大。

习性：喜光，有一定程度的耐阴性；耐寒；耐干旱瘠薄，怕涝；不择土壤；抗病虫害能力强。

繁殖方式：可扦插、播种、分株繁殖。

园林用途：连翘早春先叶开花，花开香气淡艳，满枝金黄，艳丽可爱，是早春优良观花灌木。适宜于宅旁、亭阶、墙隅、篱下与路边配置，也宜于溪边、池畔、岩石、假山下栽种。因根系发达，可作花篱或护堤树栽植。

18．扶桑（图4-147）

学名：*Hibiscus rosa-sinensis*

科属：锦葵科、木槿属

别名：朱槿

识别要点：大灌木，高可达6m，一般温室栽培者高约1m余。叶广卵形至长卵形，长4～9cm，先端尖，缘有锯齿，基部近圆形且全缘，两面无毛或背面沿脉有疏毛，表面有光泽。花冠通常鲜红色，径6～10cm；雄蕊柱和花柱长，伸出花冠外；花梗长3～5cm，近顶端有关节。蒴果卵球形，径约2.5cm，顶端有短啄。夏秋开花。

图4-147　扶桑

分布：原产中国南部，台湾、广东、云南、四川等省份均有分布；现温带至热带地区均有栽培。

习性：喜光、温暖湿润气候，不耐寒，华南多露地栽培，长江流域及其以北地区需温室越冬。喜肥沃湿润而排水良好土壤。

繁殖方式：通常用扦插法繁殖。

园林用途：扶桑为美丽的观赏花木，花大色艳，花期长。盆栽扶桑是布置节日公园、花坛、宾馆、会场及家庭养花的最好花木之一。

19．结香（图4-148）

学名：*Edgeworthia chrysantha*

科属：瑞香科、结香属

识别要点：灌木。枝通常三叉状，棕红色。

a—花枝；b—花；c—果实　　图4-148　结香

叶长椭圆形至倒披针形，长 6 ～ 15cm，先端急尖，基部楔形并下延，表面疏生柔毛，背面被长硬毛，具短柄。花黄色，芳香，花被筒长瓶状，长约 1.5cm，外被绢状长柔毛。核果卵形。花期 3 ～ 4 月，先叶开放。

分布：北自河南、陕西，南至长江流域以南各省份均有分布。

习性：性喜半荫，喜温暖湿润气候及肥沃而排水良好的沙质壤土。耐寒性不强，土壤过干和积水处都不相宜。

繁殖方式：可行分株繁殖和扦插繁殖。栽培管理简易。

园林用途：多栽于庭园观赏，水边、石间栽种尤为适宜。

20. 猬实（图 4—149）

学名：*Kolkwitzia amabilis*

科属：忍冬科、猬实属

识别要点：落叶灌木，株高 3m，幼枝披柔毛，老枝皮剥落。叶椭圆形至卵状矩圆形，叶面疏生短柔毛，长 3 ～ 7cm，先端尖，基部圆形，边缘疏生浅齿或近全缘。花期 5 ～ 6 月。花粉红至紫红色，花冠钟状，伞房状聚伞花序生于侧枝顶端，每小花梗具二花。果实卵形，两个合生，其中一个不发育，8 ～ 9 月成熟。

分布：产于我国中部及西北部。河南、陕西、湖北、四川等省份。

习性：喜温暖湿润和光照充足的环境，有一定的耐寒性，−20℃ 地区露地越冬。耐干旱。在肥沃而湿润的沙壤土中生长较好。

繁殖方式：播种、扦插、分株繁殖均可。

园林用途：猬实花密色艳，花期正值初夏百花凋谢之时，故更感可贵。宜露地丛植，亦可盆栽或作切花。

a—花枝；b—花　　　　图 4—149　猬实

21. 红瑞木（图 4—150）

学名：*Cornus alba*

科属：山茱萸科、楝木属

识别要点：灌木，高可达 3m。枝穴红色，无毛，初时常被白粉；髓大而白色。叶对生，卵形或椭圆形，长 4 ～ 9cm，叶端尖，叶基圆形或广楔形，全缘，侧脉 5 ～ 6 对，叶表暗绿色，叶背粉绿色，两面均疏生贴生柔毛。花小，黄白色，排成顶生的伞房状聚伞花序。核果斜卵圆形，成熟时白色或稍带蓝色。花期 5 ～ 6 月；果 8 ～ 9 月成熟。

分布：主要分布在东北、内蒙古及河北、陕西、山东等地。朝鲜、俄罗斯也有分布。

a—花枝；b—花；c—果　　　图 4—150　红瑞木

习性：性喜光，强健，耐寒，喜略湿润土壤。

繁殖方式：可用播种、扦插、分株等法繁殖。

园林用途：红瑞木的枝条终年鲜红色，秋叶也为鲜红色，均美丽可观。宜丛植于庭院草坪、建筑物前或常绿树间，又可栽作自然式绿篱，赏其红枝与白果。

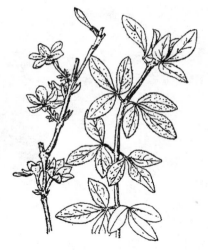

图4-151　迎春

22. 迎春（图4-151）

学名：*Jassminum nudiflorum*

科属：木犀科、茉莉花属

识别要点：灌木。枝细长，拱形，绿色，有4棱。叶对生，小叶三，卵形至长圆状卵形，长1～3cm，端急尖，缘有短睫毛，表面有基部突起的短刺毛。花单生，先叶开放；花冠黄色；花期2～4月。

分布：产我国北部、西北、西南各地。

习性：性喜光，稍耐阴；较耐寒；喜湿润，也耐干旱，怕涝，对土壤要求不严，耐碱，除洼地外均可栽植。

繁殖方式：栽培的迎春很少结果，多用扦插、压条、分株法繁殖。

园林用途：迎春植株铺散，枝条嫩绿，不论强光及背阴处都能生长，冬季绿枝婆娑，早春黄花可爱，各处园林和庭院都有栽培。其开花极早，可与腊梅、山茶、水仙同植一处，构成新春佳景；盆栽于室内观赏；也可作切花插瓶。

23. 醉鱼草（图4-152）

学名：*Buddlegja lindleyana*

科属：马前科、醉鱼草属

别名：闹鱼花

识别要点：灌木，高2m。小枝具4棱而稍有翅，幼时有微细的棕黄色星状毛。单叶对生，卵形至卵状披针形，长5～10cm，端尖或渐尖，基楔形，全缘或疏生波状齿。花序穗状，顶生，扭向一侧，长7～20cm；花萼4裂，密生细鳞毛；花冠紫色，稍弯曲，筒长1.5～2cm，密生细鳞毛，筒内面白紫色；雄蕊4，着生花冠筒下部。蒴果长圆形，被鳞片。花期6～8月。

分布：产长江以南各省份。

习性：性强健，喜温暖湿润的气候及肥沃而排水良好的土壤，不耐水湿。

图4-152　醉鱼草

繁殖方式：分蘖、压条、扦插、播种繁殖均可。

园林用途：醉鱼草叶茂花繁，花开于夏季少花季节，常栽培于庭园中观赏，可在路旁、墙隅及草坪边缘等处丛植。花、叶可药用，有毒，尤其对鱼类，不宜栽植于鱼池边。

24. 枸杞（图4—153）

学名：*Lycium chinense*

科属：茄科、枸杞属

别名：枸杞菜、枸杞头

识别要点：多分枝灌木，高1m，栽培可达2m多。枝细长，常弯曲下垂，有纵条棱，具针状棘刺。单叶互生或2～4枚簇生，卵形、卵状菱形至卵状披针形。花单生或2～4朵簇生叶腋；花萼常3中裂或4～5齿裂；花冠漏斗状，淡紫色。浆果红色。花期6～11月。

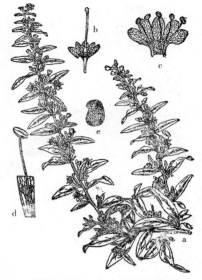

a—着花及果之枝；b—去花瓣，雄蕊之花；c—剖开之花冠筒，示雌蕊着生；d—花瓣一部分，示雄蕊及花瓣之毛；e—种子

图4—153 枸杞

分布：广布全国各地。

习性：性强健，稍耐阴；喜温暖，较耐寒；对土壤要求不严，耐干旱、耐碱性都很强，忌黏质土及低温条件。

繁殖方式：插种、扦插、压条、分株繁殖均可。

园林用途：枸杞花朵紫色，花期长，入秋红果累累，缀满枝头，状若珊瑚，颇为美丽，是庭院秋季观果灌木。可供池畔、河岸、山坡、径旁、悬崖石隙以及林下、井边栽培；根干多姿的老株常作树桩盆景，雅致美观。

25. 六道木

学名：*Abelia biflora*

科属：忍冬科、六道木属

识别要点：灌木，高达3m。枝有明显的6条沟棱，幼枝被倒向刺刚毛。叶长椭圆形至椭圆状披针形，长2～7cm，端尖至渐尖，基部楔形，全缘或有缺刻状疏齿，两面都生短毛，边有睫毛，叶柄短，基部膨大，具刺刚毛。花两朵并生于小枝顶端，无总花梗；花萼疏生短刺刚毛，裂片4，匙形；花冠高脚碟形；雄蕊两长两短，内藏。瘦果状核果常弯曲，端宿存4枚增大之花萼。花期5月。

分布：产河北、山西、辽宁、内蒙古，生山地灌丛中。

习性：性耐阴，耐寒，喜湿润土壤。生长缓慢。

繁殖方式：播种繁殖。

园林用途：六道木叶秀花美，可配植在林下、石隙及岩石园中，也可栽植在建筑背阴面。

26．锦带花（图 4-154）

学名：*Weigela florida*

科属：忍冬科、锦带花属

别名：五色海棠

识别要点：灌木。枝条开展，小枝细弱，幼时具有两列柔毛。叶椭圆形或卵状椭圆形，长 5 ~ 10cm，端锐尖，缘有锯齿，表面脉上有毛，背面尤密。花 1 ~ 4 朵成聚伞花序；花冠漏斗状钟形，玫瑰红色，裂片 5。蒴果柱形；花期 4 ~ 5 个月。

分布：原产华北、东北及华东北部。

习性：喜光；耐寒；对土壤要求不严，能耐瘠薄土壤，但以深厚、湿润而腐殖质丰富的土壤生长最好，怕水涝；对氯化氢抗性较强。萌芽力强，生长迅速。

a—花枝；b—雄蕊；c—花冠；d—雌蕊 　　图 4-154　锦带花

繁殖方式：常用扦插、分株、压条法繁殖，为选育新品种可采用播种繁殖。

园林用途：锦带花枝叶茂盛，花色艳丽，花期长达两月之久，是春季主要的花灌木之一。适合于庭院角落、湖畔群植；也可在树丛、林缘作花篱、花丛配植。

27．木绣球（图 4-155）

学名：*Viburnum macrocephalum*

科属：忍冬科、忍冬属

别名：大绣球、斗球、荚蒾绣球

识别要点：灌木；枝条广展，树冠呈球形。冬芽裸露，幼枝及叶背密被星状毛，老枝灰黑色。叶卵形或椭圆形，边缘有细齿。大型聚伞花序呈球形，几全由白色不孕花组成，直径约 20cm；花期 4 ~ 6 月。

分布：主产长江流域，南北各地都有栽培。

习性：喜光，略耐阴；性强健，颇耐寒；适应平原向阳而排水较好的中性土。萌芽力、萌蘖力均强。

繁殖方式：因全为不孕花，不结果实，故常行扦插、压条、分株繁殖。

园林用途：木绣球树姿开展圆整，春日繁花聚簇，团团如球，犹似雪花压树，枝垂近地，尤饶幽趣。其变型琼花，花形扁圆，边缘着生洁白不孕花，宛如群蝶起舞，逗人喜爱。最宜孤植于草坪及空旷地，使其四面开展，体现其个体美；如群植一片，花开之时亦十分壮观。

变型：琼花（f. *keteleeri*）又名八仙花，

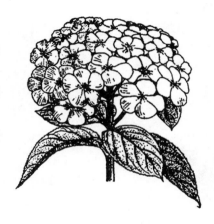

图 4-155　木绣球

实为原种，聚伞花序，直径 10 ～ 12cm，中央为两性可育花，仅边缘为大型白色不孕花；核果椭圆形，先红后黑。果期 7 ～ 10 月。

28. 金银木（图 4-156）

学名：*Lonicera maackii*

科属：忍冬科、忍冬属

别名：金银忍冬

识别要点：灌木，高达 5m。小枝髓黑褐色，后变中空，幼时具微毛。叶卵状椭圆形至卵状披针形，长 5 ～ 8cm，端渐尖，基宽楔形或圆形，全缘，两面疏生柔毛。花成对腋生，总花梗短于叶柄，苞片线形；

a—花枝；b—果枝；c—花

图 4-156　金银木

相邻两花的萼筒分离；花冠唇形，花先白后黄，芳香，花冠筒 2 ～ 3 倍短于唇瓣；雄蕊 5，与花柱均短于花冠。浆果红色，合生。花期 5 月；果 9 月成熟。

分布：产东北，分布很广，华北、华东、华中及西北东部、西南北部均有。

习性：性强健，耐寒，耐旱，喜光，也耐阴，喜湿润肥沃及深厚之壤土。

繁殖方式：播种、扦插繁殖。

园林用途：金银木树势旺盛，枝叶丰满，初夏开花有芳香，秋季红果缀枝头，是一良好之观赏灌木。孤植或丛植于林缘、草坪、水边均很合适。

变型：红花金银木（f. *erubescens*）：花较大，淡红色，嫩叶也带红色。

4.3　藤本类

藤本植物的茎细长，不能直立，只能依附别的植物或支持物，缠绕或攀缘向上生长。依照其攀爬的方式，可以分为"缠绕藤本"（如紫藤）、"吸附藤本"（如常春藤）、"卷须藤本"（如葡萄）和"攀缘藤本"（如蔷薇）等。藤本依茎质地的不同，又可分为木质藤本与草质藤本；按照生态特性还可分为常绿藤本和落叶藤本。

藤本植物一直是造园中常用的植物材料，可充分利用攀缘植物进行垂直绿化来拓展绿化空间、增加城市绿量、提高整体绿化水平、改善生态环境。

4.3.1　常绿藤本类

1. 木香（图 4-157）

学名：*Rosa banksiae*

科属：蔷薇科、蔷薇属

识别要点：攀缘灌木，高达 6m，枝细长、绿色，光滑而少刺。小叶 3 ～ 5，罕 7，卵

图 4-157　木香

状长椭圆形至披针形，长 2.5～5cm，先端尖或钝，缘有细锐齿，表面暗绿而有光泽，背面中肋常微有柔毛；托叶线形，与叶柄离生，早落。花常为白色，芳香；3～15 朵排成伞形花序。果近球形，红色，花期 4～5 月。

分布：原产中国西南部，现各地园林中多有栽培。

习性：性喜阳光，耐寒性不强。

繁殖方式：多用压条或嫁接法繁殖；扦插虽可，但难成活。木香生长迅速，管理简单，开花繁茂而芳香，花后略行修剪即可。

园林用途：在我国长江流域各地普遍栽作棚架、花篱材料。

变种、变型有：

（1）重瓣白木香（var. *albo-plena* Rehd.）：花白色，重瓣，香味浓烈；常为 3 小叶，久经栽培，应用最广。

（2）重瓣黄木香（var. *lutea* Lindl.）：花淡黄色，重瓣，香味甚淡；常为 5 小叶；较少栽培。

（3）单瓣黄木香（f. *lutescens* Voss）：花黄色，单瓣，罕见。

2. 油麻藤（图 4-158）

学名：*Caulis Mucunae*

科属：豆科、油麻属

别名：牛马藤、常绿油麻藤、大血藤

识别要点：常绿木质大藤本（向左旋缠绕）。茎长可达 30m 以上，三出羽状复叶，革质，顶生小叶卵状椭圆形，侧生小叶斜卵状，全缘。总状花序，常生于老干上，通常下垂；花大，长达 6.5cm，蝶形，深紫色，旗瓣长度通常只及龙骨瓣的 1/2。荚果条形，长可达 60cm。

图 4-158　油麻藤

分布：主产于南方温暖地区。

习性：喜温暖湿润气候，耐阴，耐旱，畏严寒。对土壤要求不严，适应性强，但以排水良好的石灰质土壤最为适宜。

繁殖方式：扦插、压条、播种均可繁殖。

园林用途：适于攀附建筑物、围墙、陡坡、岩壁等处生长，是棚架和垂直绿化的优良藤本植物。

3. 扶芳藤（图 4-159）

学名：*Euonymus fortunei*

科属：卫矛科、卫矛属

识别要点：藤本，茎匍匐或攀缘。枝密生小瘤状突起，并能随处生多数细根。

a—果枝；b—果　　　　图 4-159　扶芳藤

叶革质，长卵形至椭圆状倒卵形，长 2～7cm，缘有钝齿，基部广楔形，表面通常浓绿色。聚伞花序分枝端有多数短梗花组成的球状小聚伞；花绿白色。蒴果近球形；种子有橘红色假种皮。花期 6～7 月；果 10 月成熟。

分布：产于我国；朝鲜、日本也有分布。

习性：性耐阴，喜温暖，耐寒性不强，对土壤要求不严，能耐干旱、瘠薄。

繁殖方式：用扦插繁殖极易成活，播种、压条也可进行。

园林用途：本种叶色油绿光亮，入秋红艳可爱，又有较强之攀缘能力，在园林中用以掩覆墙面、坛缘、山石或攀缘于老树、花格之上，均极优美。

4. 常春藤（图 4-160）

学名：*Hedera nepalensis*

科属：五加科、常春藤属

别名：土鼓藤、钻天风、三角风

识别要点：常绿攀缘灌木，有气生根。叶为单叶，在不育枝上的叶片通常有裂片或裂齿，在花枝上的叶片常不分裂；叶柄细长，无托叶。伞形花序单个顶生，或几个组成顶生短圆锥花序；苞片小；花梗无关节；花两性；萼筒近全缘或有 5 小齿；花瓣 5，在花芽中镊合状排列；雄蕊 5；子房 5 室，花柱合生成短柱状。果实球形。种子卵圆形；胚乳嚼烂状。

图 4-160　常春藤

分布：分布于我国华中、华南、西南地区及陕西、甘肃等省份。

习性：性强健，半耐寒，喜稍微荫蔽的环境。光照过弱、气温高时生长衰弱。

繁殖方式：扦插、分枝、压条均可繁殖。

园林用途：在庭院中可用以攀缘假山、岩石，或在建筑阴面作垂直绿化材料，也可盆栽供室内绿化观赏用。

主要品种：中华常春藤（*H.nepalensis* var.*sinensis*）、日本常春藤（*H.rhombea*）、彩叶常春藤（cv.discolor）、金心常春藤（goldheart）、银边常春藤（silves queen）。

5. 络石（图 4-161）

学名：*Trachelospermum jasminoides*

科属：夹竹桃科、络石属

别名：万字茉莉、白花藤、石龙藤

识别要点：藤本。茎赤褐色，幼枝有

a—花枝；b—果；c—花纵剖；d—花；
e—子房纵剖；f—雌蕊；g—雄蕊

图 4-161　络石

黄色柔毛，常有气根。叶椭圆形或卵状披针形，长 2～10cm，全缘，表面无毛，背面有柔毛。聚伞花序；花萼 5 深裂，花后反卷；花冠白色，芳香，花冠筒中部以上扩大，喉部有毛，5 裂片开展并右旋，形如风车。蓇葖果。花期 4～5 月。

分布：主产长江流域，在我国分布极广。朝鲜、日本也有。

习性：喜光，耐阴；喜温暖湿润气候，耐寒性不强；对土壤要求不严，且抗干旱；也抗海潮风。萌蘖性较强。

繁殖方式：扦插与压条繁殖均易生根。

园林用途：络石叶色浓绿，四季常青，花白色，繁茂，且具芳香，长江流域及华南等暖地，多植于枯树、假山、墙垣之旁，令其攀缘而上，均颇优美自然。

6. 金银花（图 4-162）

学名：*Lonicera japonica*

科属：忍冬科、忍冬属

别名：忍冬、金银藤

识别要点：半常绿缠绕藤本，长可达9m。枝细长中空，皮棕褐色，条状剥落，幼时密被短柔毛。叶卵形或椭圆状卵形，全缘，幼时两面具柔毛，老后光滑。花成对腋生；花冠二唇形，上唇四裂而直立，下唇反转，花冠筒与裂片等长，初开为白色略带紫晕，后转黄色，芳香。浆果球形，离生，黑色。花期 5～7 月；8～10 月果熟。

分布：原产我国，分布全国各地。

习性：喜光，也耐阴；耐寒；耐旱及水湿；对土壤要求不严，酸碱土壤均能生长。性强健，适应性强，根系发达，萌蘖力强，茎着地即能生根。

繁殖方式：播种、扦插、压条、分株繁殖均可。

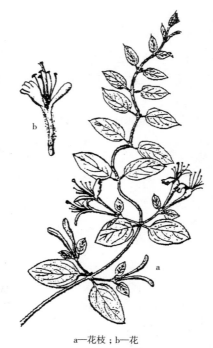

a—花枝；b—花　　　　图 4-162　金银花

园林用途：金银花植株轻盈，藤蔓缭绕，冬叶微红，花先白后黄，富含清香，是色香俱备的藤本植物，可缠绕篱垣、花架、花廊等作垂直绿化；或附在山石上，植于沟边，爬于山坡，用作地被，也富有自然情趣；花期长，花芳香，又值盛夏酷暑开放，是庭院布置夏景的极好材料。

4.3.2　落叶藤本类

1. 薜荔（图 4-163）

学名：*Ficus pumila*

科属：桑科、榕属

别名：凉粉子、木莲、凉粉果、王不留行

识别要点：常绿攀缘或匍匐灌木；含乳汁；小枝有棕色绒毛。叶异型、二型；在不生花序托的枝上叶小而薄，心状卵形，基部偏斜，几无柄，长约2.5cm，基部斜；在生花序托的枝上叶较大而厚，革质，卵状椭圆形，网脉凸起，长3～9cm，顶端钝，表面无毛，背面有短毛，网脉明显，突起成蜂窝状。隐花果单生于叶腋，梨形或倒卵形，长约5cm，径约3cm，有短柄。花期4～5月，果6月，瘦果9月成熟，果熟期10月。

a—果枝；b—叶枝　　　　图4-163　薜荔

分布：广泛分布于中国长江以南，广东、海南、福建、江西、浙江、安徽、江苏、台湾、湖南、广东、广西、贵州、云南东南部、四川及陕西等地。

习性：对土壤要求不严，酸性或中性环境均可生长，但以排水良好、湿润肥沃的沙质壤土生长最好。

繁殖方式：多采用播种育苗和扦插法等繁殖。

园林用途：薜荔的不定根发达，攀缘及生存适应能力强，且为常绿植物，在园林中绿化、美化山石、护坡、护堤，既可保持水土，又可观叶、观果。

2. 藤本蔷薇

学名：*Rosa multiflora*

科属：蔷薇科、蔷薇属

别名：野蔷薇

识别要点：藤本；茎长，偃伏或攀缘，托叶下有刺。小叶5～9（11），倒卵形至椭圆形，长1.5～3cm，缘有齿，两面有毛；托叶明显，边缘篦齿状。花多朵成密集圆锥状伞房花序，白色或略带粉晕，芳香。果近球形，褐红色。花期5～6月；果熟期10～11月。

分布：产华北、华东、华中、华南及西南；朝鲜、日本也有。

习性：性强健，喜光，耐寒，对土壤要求不严，在黏重土中也可正常生长。

繁殖方式：用播种、扦插、分根繁殖均易成活。

园林用途：在园林中最宜植为花篱，坡地丛栽也颇有野趣，且有助于水土保持。原种作各类月季、蔷薇的砧木时亲和力很强，故国内外普遍应用。

常见栽培变种、变型有：

（1）粉团蔷薇（var. *cathayensis*）：小叶较大，通常5～7；花较大，径3～4cm，单瓣，粉红至玫瑰红色，数朵或多朵成平顶之伞房花序。

（2）荷花蔷薇（var. *carnea*）：花重瓣，粉红色，多朵成簇，甚美丽。

（3）七姊妹（var. *platyphylla*）：叶较大，花重瓣，深红色，常6～7朵成扁伞房花序。

以上变种与变型还有不同品种和品系，有色有香，丰富多彩，广泛栽植于园林，多作花柱、花门、花篱、花架以及基础种植、斜坡悬垂材料，也可盆栽或切花观赏。

3. 云实 （图 4—164）

学名：***Casealpinia decapetala***

科属：豆科、云实属

别名：牛王刺

识别要点：攀缘灌木，密生倒钩刺。二回羽状复叶，羽片 3～10 对，小叶 6～12 对，长椭圆形，叶表绿色，叶背有白粉。花黄色，排成顶生总状花序；雄蕊略长于花冠。荚果长圆形，木质，长 6～12cm，荚顶有短尖，沿腹缝线有宽 3～4mm 的窄翅；种子 6～9 粒。花期 5 月；果 8～10 月成熟。

图 4—164　云实

分布：产于长江以南各省，见于平原、河旁及丘陵。

习性：性强健，萌生能力强。

繁殖方式：常用扦插和播种繁殖。

园林用途：暖地的良好刺篱树种。

4. 紫藤 （图 4—165）

学名：***Wisteria sinensis***

科属：豆科、紫藤属

别名：藤萝

识别要点：藤本，靠茎缠绕攀缘。茎枝为左旋性。小枝有柔毛。小叶 7～13，卵形至卵状披针形，先端渐尖，基部圆或宽楔形，幼叶背面密被平伏毛，老叶近无毛，花序长 15～30cm，下垂，花序轴、花梗与花萼都有毛。花紫堇色，具芳香，果密生黄色绒毛。花期 4～5 月，与叶同放，果 9～10 月成熟。

分布：产于我国。生于阳坡、林缘、溪边、旷地及灌木丛中。

习性：喜光，稍耐阴。对气候和土壤适应性强，较耐寒。喜深厚肥沃及排水良好的土壤。有一定的耐干旱、瘠薄、水湿的能力，忌低洼积水，抗二氧化硫、

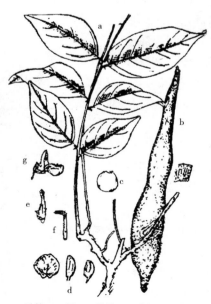

a—叶枝；b—果；c—种子；d—花冠；e—雌蕊；f—雄蕊；g—花

图 4—165　紫藤

氟化氢和氯气等有害气体能力强。主根深，侧根少，不耐移植，生长快。寿命长。

繁殖方式：播种、扦插、嫁接、压条繁殖。

园林用途：紫藤古藤蟠曲，紫花烂漫，枝叶茂密，遮阴效果好，是优良的垂直绿化树种。适宜花架、绿廊、枯树、凉亭、大门入口处垂直绿化，也可以修剪成灌木状孤植，丛植于草坪、路口两侧、坡地、山石旁、湖滨。

变种与品种：

银藤（var. *alba* L.）：花白色，耐旱性较差。

5. 葛藤（图4-166）

学名：*Pueraria lobata*

科属：旋花科、银背藤属

别名：野葛、葛根

a—花枝；b—果枝；c—三种花瓣；
d—去花瓣之花；e—叶缘部分放大

图4-166　葛藤

识别要点：藤本，全株有黄色长硬毛。块根很大。小叶三，顶生小叶菱状卵形，长5.5～19cm，宽4.5～18cm，端渐尖，全缘，有时浅裂，叶背有粉霜；生小叶偏斜，深裂，托叶盾形。总状花序腋生；花冠紫红色，长约1.5cm，翼瓣的耳长大于阔。荚果线形，长5～10cm，扁平，密生长硬黄毛。花及果期8～10月。

分布：除新疆、西藏外几遍全国。朝鲜、日本也有。常见于山坡及疏林中。

习性：葛藤性强健，不择土壤，生长迅速，蔓延力强，枝叶稠密。

繁殖方式：播种或压条法繁殖。

园林用途：良好的水土保持地被植物。在自然风景区中可多行利用。落叶有改善地力之效。块根可制葛粉，供食用及入药。

6. 雀梅藤（图4-167）

学名：*Sageretia thea*

科属：鼠李科、雀梅藤属

别名：对节刺、雀梅

识别要点：攀缘灌木；小枝灰色或灰褐色，密生短柔毛，有刺状短枝。叶近对生，卵形或卵状椭圆形，长1～3(4)cm，宽0.8～1.5cm，先端有小尖头，基部近圆形至心形，缘有细锯齿。穗状圆

图4-167　雀梅藤

锥花序密生短柔毛;花小，绿白色，无柄。核果近球形,熟时紫黑色。花期9～10月;翌年4～5月果熟。

分布：产长江流域及其以南地区，多生于山坡、路旁。

习性：喜光，稍耐阴;喜温暖湿润气候，耐寒性不强;耐修剪。

繁殖方式：播种、扦插繁殖，或直接从野外挖掘树桩栽种。

园林用途：各地常作盆景材料;又可作绿篱。嫩叶可代茶;果实酸甜可食。

7. 葡萄 （图4-168）

学名：*Vitis vinifera*

科属：葡萄科、葡萄属

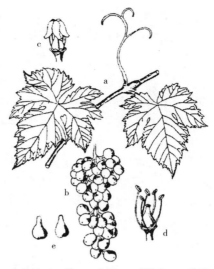

a—叶枝;b—果;c—花冠;d—雌雄蕊;e—种子　　图4-168　葡萄

识别要点：藤本，长达30m。茎皮红褐色，老时条状剥落;小枝光滑，或幼有毛;卷须间歇性与叶对生。叶互生，近圆形，长7～15cm，3～5掌状裂，基部心形，缘具粗齿，两面无毛或背面稍有短柔毛;叶柄长4～8cm。花小，黄绿色;圆锥花序大而长。浆果椭圆形，有白粉。花期5～6月;果8～9月成熟。

分布：原产亚洲西部;中国在两千多年前就自新疆引入内地栽培。现辽宁中部以南各地均有栽培，但以长江以北栽培较多。

习性：葡萄品种很多，对环境的要求和适应能力随品种而异。喜干燥及夏季高温的大陆性气候;冬季需要一定的低温，但严寒时又必须埋土防寒。以土层深厚、排水良好而湿度适中的微酸性至微碱性沙质或砾质壤土生长良好。耐干旱，怕涝，如降雨过多、空气潮湿，则易催生病害，且引起徒长、授粉不良、落果或裂果等不良现象。深根性，主根可深入土层2～3m。一般栽后2～3年开始结果，4～5年后进入盛果期。寿命较长。

繁殖方式：可用扦插、压条、嫁接或播种等法繁殖。

园林用途：葡萄是很好的园林棚架植物，既可观赏、遮阴，又可结合果实生产。庭院、公园、疗养院及居民区均可栽植，但最好选用栽培管理粗放的品种。

8. 爬山虎 （图4-169）

学名：*Parthenocissus tricuspidata*

科属：葡萄科、爬山虎属

别名：地锦、爬山虎

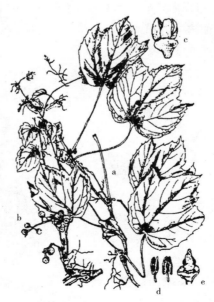

a—花枝;b—果枝;c—花;d—雄蕊;e—雌蕊　　图4-169　爬山虎

识别要点：藤本；卷须短而多分枝。叶广卵形，长 8 ~ 18cm。通常 3 裂，基部心形，缘有粗齿，表面无毛，背面脉上有柔毛；幼苗期叶常较小，多不分裂；下部枝的叶有分裂成三小叶者。聚伞花序通常生于短枝顶端两叶之间，花淡黄绿色。浆果球形，径 6 ~ 8mm，熟时蓝黑色，有白粉。花期 6 月；果 10 月成熟。

分布：中国分布很广，北起吉林，南到广东均有。日本也产。

习性：喜荫，耐寒，对土壤及气候适应能力很强，生长快，对氯气抗性强。常攀附于岩壁、墙垣和树干上。

繁殖方式：用播种或扦插、压条等方法繁殖。

园林用途：本种是一种优美的攀缘植物，能借助吸盘爬上墙壁或山石，枝繁叶茂，层层密布，入秋叶色变红，格外美观。常用于垂直绿化建筑物的墙壁、围墙、假山、老树干等，短期内能收到良好的绿化、美化效果。夏季对墙面的降温效果显著。

9. 美国地锦

学名：*Parthenocissus quinquefolia*

科属：葡萄科、爬山虎属

别名：五叶地锦、美国爬山虎

识别要点：藤本；幼枝带紫红色。卷须与叶对生，5 ~ 12 分枝，顶端吸盘大。掌状复叶，具长柄，小叶 5，质较厚，卵状长椭圆形至倒长卵形，长 4 ~ 10cm，先端尖，基部楔形，缘具大齿，表面暗绿色，背面稍具白粉并有毛。聚伞花序集成圆锥状。浆果近球形，成熟时蓝黑色。花期 7 ~ 8 月；果 9 ~ 10 月成熟。

分布：原产美国东部；中国有栽培。

习性：喜温暖气候，也有一定的耐寒能力；耐阴。生长势旺盛，但攀缘力较差，在北方常被大风刮下。

繁殖方式：通常用扦插繁殖，播种、压条也可。

园林用途：本种秋季叶色红艳，甚为美观，常用于垂直绿化建筑墙面、山石及老树干等，也可用作地面覆盖材料。

10. 猕猴桃（图 4—170）

学名：*Actinidia chinensis*

科属：猕猴桃科、猕猴桃属

别名：中华猕猴桃

识别要点：缠绕藤本。小枝幼时密生灰棕色柔毛，老时渐脱落；髓大，白色，片状。叶纸质，圆形，卵圆形或倒卵形，长 5 ~ 17cm，顶端突尖、微凹或平截，缘有刺毛状细齿，表面仅脉上有疏毛，背面密生灰棕色星状绒毛。花乳白色，后变黄色，径 3.5 ~ 5cm。浆果椭球形或卵形，长 3 ~ 5cm，有棕色绒毛，

a—花枝；b—果　　　　图 4—170　猕猴桃

黄褐绿色。花期6月;果熟期8～10月。

分布:广布于长江流域及其以南各省区。

习性:喜阳光,略耐阴;喜温暖气候,也有一定的耐寒能力,喜深厚、肥沃、湿润而排水良好的土壤。

繁殖方式:通常用播种法繁殖,此外亦可用扦插法繁殖。

园林用途:花大、美丽而又有芳香,是良好的棚架材料,既可观赏又有经济收益,最适合在自然式公园中配植应用。

由于猕猴桃果实的维生素C含量极高、营养丰富,故在国际市场上很受欢迎。

11.凌霄 (图4-171)

学名:*Campsis grandiflora*

科属:紫葳科、凌霄属

别名:紫葳、女葳花

识别要点:藤本,长达10m;树皮灰褐色,呈细条状纵裂;小枝紫褐色,小叶7～9,卵形至卵状披针形,长3～7cm,端长尖,基部不对称,缘疏生7～8锯齿,两面光滑无毛。疏松顶生聚伞状圆锥花序;花萼5裂至中部;花冠唇状漏斗形,鲜红色或橘红色。蒴果长如荚。花期6～8月。

a—花枝;b—花冠;c—雌蕊

图4-171 凌霄

分布:原产中国中部、东部,各地有栽培。日本也产。

习性:喜光而稍耐阴,幼苗宜稍庇荫;喜温暖湿润,耐寒性较差,北京幼苗越冬应加以保护;耐旱,忌积水;喜微酸性、中性土壤;萌蘖力、萌芽力均强。

繁殖方式:播种、扦插、埋根、压条、分蘖均可繁殖。

园林用途:凌霄干枝虬曲多姿,翠叶团团如盖,花大色艳,花期甚长,为庭院中棚架、花门之良好绿化材料;用以攀缘墙垣、枯树、石壁,均极适宜;点缀于假山间隙,繁华艳彩,更觉动人,是理想的城市垂直绿化材料。

12.美国凌霄

学名:*Campsis radicans*

科属:紫葳科、凌霄属

识别要点:藤本,长达十余米;小叶9～13,椭圆形至卵状长圆形,长3～6cm,叶轴及叶背均生短柔毛,缘疏生4～5粗锯齿;花数朵集生成短圆锥花序;萼片裂较浅,深约1/3;花冠筒状漏斗形,较凌霄为小,茎约4cm,通常外面橘红色,裂片鲜红色;蒴果筒状长圆形。花期6～8月。

分布：原产北美，我国各地引入栽培。

习性：喜充足的阳光和肥沃而排水良好的沙质壤土。

繁殖方式：播种、扦插或分株法繁殖。

园林用途：是优良的大型观花藤本植物。可定植在花架、花廊、假山、枯树或墙垣边，任其攀附。

4.4 竹类

4.4.1 竹类植物概述

竹类植物是多年生木质化植物，属禾本科竹亚科。具地上茎（竹秆）和地下茎（竹鞭）。竹秆常为圆筒形，极少为四角形，由节间和节连接而成，节间常中空，少数实心，节由箨环和秆环构成。每节上分枝。叶有两种，一为茎生叶，俗称箨叶；另一为营养叶，披针形，大小随品种而异。竹花由鳞被、雄蕊和雌蕊组成。果实多为颖果。

竹类大都喜温暖湿润的气候，一般年平均温度为 12 ~ 22℃，年降水量 1000 ~ 2000mm。竹子对水分的要求，高于对气温和土壤的要求，既要有充足的水分，又要排水良好。

竹的一生中大部分时间为营养生长阶段，一旦开花结果后全部竹丛即枯死而完成一个生活周期。

根据地下茎的形态竹类植物可分为合轴型（丛生竹）、单轴型（散生竹）和复轴型（混生竹）三种类型。

竹的种类很多，合计种、变种、变型、栽培品种计 500 余种，大多可供庭院观赏。

竹类植物的观赏价值很高：竹子四季常青，竹秆外形奇特、色彩美丽，竹叶形态多变、颜色靓丽，笋壳色彩多变、与众不同。竹林或竹竿粗壮、高大挺拔，或竹子挺立、竹叶浓密，或丛生形似花篮、竹姿优美，或矮小作地被。因此，在园林绿化中，是不可缺少的点缀假山水榭的植物。

4.4.2 竹类植物

1. 毛竹（图 4-172）

学名：*Phyllostachys pubescens*

科属：禾本科、刚竹属

别名：楠竹、孟宗竹

识别要点：高大乔木状竹类，秆高 10 ~ 25m，径 12 ~ 20cm，中部节间可

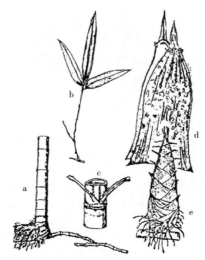

a—秆及地下茎；b—叶枝；c—分枝；
d—秆箨；e—笋

图 4-172　毛竹

长达 40cm；新秆密被细柔毛，有白粉，老秆无毛，白粉脱落而在节下逐渐变黑色，顶梢下垂；分枝以下秆上秆环不明显，箨环隆起。箨鞘厚革质，棕色底上有褐色斑纹，背面密生棕紫色小刺毛；箨耳小，边缘有长缘毛；箨舌宽短，弓形，两侧下延，边缘有长缘毛；箨叶狭长三角形，向外反曲。枝叶两列状排列，每小枝保留 2～3 叶，叶较小，披针形，长 4～11cm；叶舌隆起；叶耳不明显，有肩毛，后渐脱落。花枝单生，不具叶，小穗丛形如穗状花序，外被有覆瓦状的佛焰苞；小穗含两小花，一成熟一退化。颖果针状。笋期 3 月底至 5 月初。

分布：原产中国秦岭、汉水流域至长江流域以南海拔 1000m 下广大酸性土山地，分布很广；其中以浙江、江西、湖南为分布中心。

习性：喜温暖湿润的气候，要求年平均温度 15～20℃，耐极端最低温 −16.7℃，年降水量 800～1000mm；喜空气相对湿度大；喜肥沃、深厚、排水良好的酸性沙壤土。干燥的沙荒石砾地、盐地、碱地、排水不良的低洼地均不利生长。毛竹分布的北缘地区，年平均温度 15℃ 左右，极端最低温为 −14℃ 左右，年降水量为 800～1000mm，年蒸发量为 1200～1400mm，显然，对毛竹分布和生长起限制作用的主要是水分条件，其次才是温度条件。

毛竹竹鞭的生长靠鞭梢，在疏松、肥沃的土壤中，一年间鞭梢的钻行生长可达 4～5m；竹鞭寿命约 14 年。

毛竹笋开始出土，要求 10℃ 左右的旬平均温度；从出土到新竹长成两个月时间，新竹长成后，竹株的干形生长结束，高度、粗度和体积不再有显明的变化，新竹第二年春季换叶，以后每两年换叶一次。

毛竹的生长发育周期很长，一般 50～60 年，从实生苗起，经过长期的无性繁殖，逐渐发展生殖生长，进入性成熟；处于同一生理成熟阶段的毛竹，不论老竹、新竹，或分栽于各地的竹株，都可能先后开花结实，然而外界的环境包括人为影响，对毛竹开花有一定的抑制或促进作用。

繁殖方式：可用播种、分株、埋鞭等法繁殖。

园林用途：毛竹秆高、叶翠，四季常青，秀丽挺拔，值霜雪而不凋，历四时而常茂，颇无夭艳，雅俗共赏。自古以来常植于庭园曲径、池畔、溪涧、山坡、石际、天井、景门，以至室内盆栽观赏；与松、梅共植，誉为"岁寒三友"，点缀园林。在风景区大面积种植，谷深林茂，云雾缭绕，竹林中有小径穿越、曲折、幽静、深邃，形成"一径万竿绿参天"的景感；湖边植竹，夹以远山、近水、湖面游船，实是一幅幅生动的画面；高大的毛竹也是建筑、水池、花木等的绿色背景；合理栽植，又可分隔园林空间，使境界更觉自然、调和；毛竹根浅质轻，是植于屋顶花园的极好材料；植株无毛无花粉，在精密仪器厂、钟表厂等地栽植也极适宜。

变种：龟甲竹（var.*heterocycla* (Carr.) H. de Lehaie）：秆较原种稍矮小，下部诸节间极度缩短、肿胀，交错成斜面。宜栽于庭院观赏。

2. 桂竹（图 4—173）

学名：*Phyllostachys bambusoides*

科属：禾本科、刚竹属

别名：刚竹、五月季竹

识别要点：秆高 11～20m，径 8～10cm；秆环、箨环均隆起，新秆绿色，无白粉。箨鞘黄褐色底，密被黑紫色斑点或斑块，常疏生直立短硬毛；箨耳小，一枚或两枚，镰形或长倒卵形，有长而弯曲的肩毛；箨舌微隆起；箨叶三角形至带形，橘红色，有绿边，皱折下垂。小枝初生 4～6 叶，后常为 2～3 叶；叶带状披针形，长 7～15cm，有叶耳和长肩毛。笋期 4～6 月。

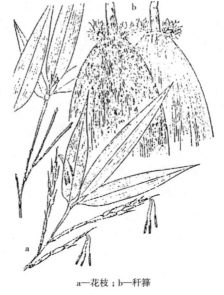

a—花枝；b—秆箨　　　　图 4—173　桂竹

分布：原产中国，分布甚广，东自江苏、浙江，西至四川，南自两广北部，北至河南、河北都有栽植。

园林中常见变型有斑竹（f.tanakae Makino ex Tsuboi）：竹秆和分枝上有紫褐色斑块和斑点，通常栽植于庭园观赏，秆加工成工艺品。

习性：桂竹抗性较强，适生范围大，能耐 −18℃ 的低温，多生长在山坡下部和平地土层深厚肥沃的地方，在黏重土壤上生长较差。

繁殖方式：同毛竹。

园林用途：同毛竹。

3. 刚竹（图 4—174）

学名：*Phyllostachs viridis*

科属：禾本科、刚竹属

识别要点：秆高 10～15m，径 4～9cm，挺直，淡绿色，分枝以下的秆环不明显；新秆无毛，微被白粉，老秆仅节下有白粉环，秆表面在放大镜下可见白色晶状小点。箨鞘无毛，乳黄色或淡绿色底上有深绿色纵脉及棕褐色斑纹；无箨耳；箨舌近截平或微弧形，有细纤毛；箨叶狭长三角形至带状，下垂，多少波折。每小枝有 2～6 叶，有发达的叶耳与硬毛，老时可脱落；叶片披针形，长 6～16cm。笋期 5～7 月。

原产中国，分布于黄河流域至长江流域以南广大地区。

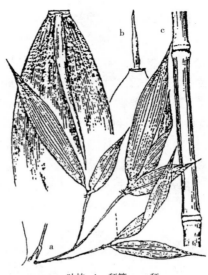

a—叶枝；b—秆箨；c—秆　　　　图 4—174　刚竹

习性：刚竹抗性强，能耐 −18℃低温，微耐盐碱，在 pH 值 8.5 左右的碱土和含盐 0.1% 的盐土上也能生长。

繁殖方式：同毛竹。

园林用途：同毛竹。

园林中常见栽培的有两个变型：

(1) 槽里黄刚竹 (绿皮黄筋竹) (f.houzeau C.D.Chu et C.S.chao)：秆绿色，着生分枝一侧的纵槽为金黄色。为庭园观赏竹种之一。

(2) 黄皮刚竹（黄皮绿筋竹）(f.youngii C.D.Chu et C.S.Chao)：秆常较小，金黄色，节下面有绿色环带，节间有少数绿色纵条；叶片常有淡黄色纵条纹。竹秆金黄色，颇美观，是庭园常见观赏竹种。

4. 粉绿竹

学名：*Phyllotachys glauca*

科属：禾本科、刚竹属

别名：淡竹

识别要点：秆高 5 ~ 10m，径 2 ~ 5cm，无毛，新秆密被白粉而为蓝绿色，老秆绿色，仅节下有白粉环。箨鞘淡红褐或淡绿色，有紫色细纵条纹，无毛，多少有紫褐色斑点；无箨耳；箨舌截平，暗紫色，微有波状齿缺，有短纤毛；箨叶带状披针形，绿色，有紫色细条纹，平直。每小枝 2 ~ 3 叶，叶鞘初有叶耳，后渐脱落；叶舌紫色或紫褐色；叶片披针形，长 8 ~ 16cm。笋期 4 月中旬至 5 月底。

分布：原产中国，分布在长江、黄河中下游各地，而以江苏、山东、河南、陕西等省份较多。

习性：粉绿竹适应性较强，在 −18℃ 左右的低温条件和轻度的盐碱土上，也能正常生长，能耐一定程度的干燥瘠薄和暂时的流水漫渍。近年来，苏北沿海地区用粉绿竹造林，取得显著成绩。

繁殖方式：同毛竹。

园林用途：同毛竹。

变型：筠竹 (f.*yuozhu* J.L.Lu)：秆渐次出现紫褐色斑点或斑块。分布河南、山西。竹材匀齐劲直，柔韧致密，秆色美观，常栽于庭园观赏，为河南博爱著名的"清化竹器"原材料，适于编织竹器及各种工艺品。

5. 早园竹

学名：*Phyllostachys propinqua*

科属：禾本科、刚竹属

识别要点：秆高 8 ~ 10m，胸径 5cm 以下。新秆绿色，具白粉，老秆淡绿色，节下有白粉圈，箨环与秆环均略隆起。箨鞘淡紫褐色或深黄褐色，被白粉，有紫褐色斑点及不明显条纹，上部边缘枯焦状；无箨耳；箨舌淡褐色，弧形；箨叶带状披针形，紫褐色，平直反曲。小枝具叶 2 ~ 3 片，带状披针形，长 7 ~ 16cm，宽 1 ~ 2cm，背面基部有毛；叶舌弧形隆起。笋期 4 ~ 6 月。

分布：主产华东。北京、河南、山西有栽培。

习性：抗寒性强，能耐短期的 −20℃ 低温；适应性强，轻碱地、沙土及低洼地均能生长。

繁殖方式：同毛竹。

园林用途：旱园竹秆高叶茂，生长强壮，是华北园林中栽培观赏的主要竹种。秆质坚韧，篾性好，为柄材、棚架、编织竹器等的优良材料。

6. 罗汉竹

学名：*Phyllostachys aurea*

科属：禾本科、刚竹属

别名：人面竹

识别要点：秆高 5～12m，径 2～5cm，中部或以下数节节间作不规则的短缩或畸形肿胀，或其节环交互歪斜，或节间近于正常而于节下有长约 1cm 的一段明显膨大；老秆黄绿色或灰绿色，节下有白粉环。箨鞘无毛，紫色或淡玫瑰的底色上有黑褐色斑点，上部两侧边缘常有枯焦现象，基部有一圈细毛环；无箨耳；箨舌极短，截平或微凸，边缘具长纤毛；箨叶狭长三角形，皱曲。叶狭长披针形，长 6.5～13cm。笋期 4～5 月。

分布：原产中国，长江流域各地都有栽培。耐寒性较强，能耐 −20℃ 低温。

繁殖方式：同毛竹。

园林用途：常植于庭园观赏，与佛肚竹、方竹等秆形奇特的竹种配植一起，增添景趣。竿可作钓鱼竿、手杖及小型工艺品。笋味甘而鲜美，供食用。

7. 紫竹（图 4—175）

学名：*Phyllostachys nigra*

科属：禾本科、刚竹属

别名：黑竹、乌竹

识别要点：秆高 3～10m，径 2～4cm，新秆有细毛茸，绿色，老秆则变为棕紫色以至紫黑色。箨鞘淡玫瑰紫色，背部密生毛，无斑点；箨耳镰形、紫色；箨舌长而隆起；箨叶三角状披针形，绿色至淡紫色。叶片 2～3 枚生于小枝顶端，叶鞘初被粗毛，叶片披针形，长 4～10cm，质地较薄。笋期 4～5 月。

分布：原产中国，广布于华北经长江流域以至西南等省份。

习性：紫竹耐寒性较强，耐 −18℃ 低温，北京紫竹院公园小气候条件下能露地栽植。

繁殖方式：同毛竹。

a—叶；b—秆箨；c—箨鞘；d—箨舌及箨耳　　图 4—175　紫竹

园林用途：紫竹秆紫黑，叶翠绿，颇具特色，常植于庭园观赏，与黄槽竹、金镶玉竹、斑竹等秆具色彩的竹种同栽于园中，增添色彩变化。秆可制小型家具，细秆可作手杖、笛、箫、烟杆、伞柄及工艺品等。

变种：淡竹（毛金竹）（var.*henonis*）：秆高大，可达 7～18m，秆壁较厚，秆绿色至灰绿色。竹竿可作农具柄等用，粗大者可代毛竹供建筑用，篾性好，可供编织，中药竹沥、竹茹制取于本竹，笋供食用。

8. 黄槽竹

学名：*Phyllostachys aureosulcata*

科属：禾本科、刚竹属

识别要点：秆高 3～6m，径 2～4cm，新秆有白粉，秆绿色，分枝一侧纵槽呈黄色。箨鞘质地较薄，背部无毛，通常无斑点，上部纵脉明显隆起；箨耳镰形，缘有紫褐色长毛，与箨叶明显相连；箨舌宽短、弧形，边缘缘毛较短，箨叶长三角状披针形，初皱折而后平直。叶片披针形，长 7～15cm。笋期 4～5 月。

分布：原产中国。北京有栽培。

习性：黄槽竹适应性较强，在 −20℃ 低温下，在干旱瘠薄地，植株呈低矮灌木状。

繁殖方式：同毛竹。

园林用途：常植于庭园观赏。

变型：金镶玉竹（f.*spectabilis*）：秆金黄色，分枝一侧纵槽绿色，秆上有数条绿色纵条。秆色泽美丽，常植于庭园观赏。

9. 方竹（图 4−176）

学名：*Chimonobambusa quadrangularis*

科属：禾本科、方竹属

识别要点：秆散生，高 3～8m，径 1～4cm，幼时密被黄褐色倒向小刺毛，以后脱落，在毛基部留有小疣状突起，使秆表面较粗糙，下部节间四方形；秆环甚隆起；箨环幼时有小刺毛，基部数节常有刺状气根一圈；上部各节初有 3 分枝，以后增多。箨鞘无毛，背面具多数紫色小斑点；箨耳及箨舌均极不发达；箨叶极小或退化。叶 2～5 枚着生小枝上；叶鞘无毛；叶舌截平、极短；叶片薄纸质，窄披针形，长 8～29cm。肥沃之地，四季可出笋，但通常笋期在 8 月至次年 1 月。

分布：中国特产，分布于华东、华南以及秦岭南坡。

习性：生于低山坡。

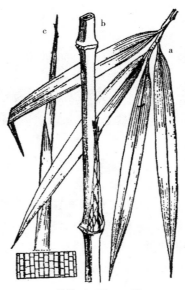

a—叶枝；b—秆；c—笋　　　图 4−176　方竹

繁殖方式：同毛竹。

园林用途：栽培供庭园观赏。

10. 佛肚竹（图4-177）

学名：***Bambusa ventricosa***

科属：禾本科、簕竹属

别名：佛竹、密节竹

识别要点：乔木型或灌木型，高与
粗因栽培条件而有变化。秆无毛，幼秆
深绿色，稍被白粉，老时橄榄黄色。秆
有两种：正常秆高，节间长，圆筒形；
畸形秆矮而粗，节间短，下部节间膨大
呈瓶状。箨鞘无毛，初时深绿色，老后
变成橘红色；箨耳发达，圆形或倒卵形
至镰刀形；箨舌极短；箨叶卵状披针形，

a—叶枝；b—秆箨；c—叶鞘　　　　　图4-177　佛肚竹

于秆基部的直立，上部的稍外反，脱落性。每小枝具叶7～13枚，叶片卵状
披针形至长圆状披针形，长12～21cm，背面被柔毛。

分布：中国广东特产，南方公园中有栽植或盆栽观赏。

11. 孝顺竹

学名：***Bambusa multiplex***

科属：禾本科、簕竹属

别名：凤凰竹

识别要点：秆高2～7m，径1～3cm，绿色，老时变黄色。箨鞘硬脆，
厚纸质，无毛；箨耳缺或不明显；箨舌甚不显著；箨叶直立，三角形或长三角形。
每小枝有叶5～9枚，排成两列状；叶鞘无毛；叶耳不显；叶舌截平；叶片线
状披针形或披针形，长4～14cm，质薄，表面深绿色，背面粉白色。笋期6～
9月。

分布：原产中国、东南亚及日本；我国华南、西南直至长江流域各地都
有分布。

习性：孝顺竹性喜温暖湿润气候及排水良好、湿润的土壤，是丛生竹类
中分布最广、适应性最强的竹种之一，可以引种北移。

繁殖方式：同毛竹。

园林用途：本种植丛秀美，多栽培于庭园供观赏，或种植于宅旁作绿篱用，
也常在湖边、河岸栽植。竹秆细长强韧，可用于编织、篱笆、造纸等。

变种：凤尾竹（var.*nana*）：比原种矮小，高约1～2m，径不超过1cm。
枝叶稠密、纤细而下弯，每小枝有叶10余枚，羽状排列，叶片长2～5cm。
长江流域以南各地常植于庭园观赏或盆栽。

变型：花孝顺竹（f.*alphonsekarri*）：秆金黄色，夹有显著绿色之纵条纹。
常盆栽或栽植于庭园观赏。

12. 黄金间碧竹（图4—178）

学名：**Bambosa vulgaris**

科属：禾本科、簕竹属

别名：青丝金竹

识别要点：秆高6～15m，径4～6cm，鲜黄色，间以绿色纵条纹。箨鞘草黄色，具细条纹，背部密被暗棕色短硬毛，毛易脱落；箨耳近等大；箨舌较短，边缘具细齿或条裂；箨叶直立，卵状三角形或三角形，腹面脉上密被短硬毛。叶披针形或线状披针形，长9～22cm，两面无毛。

分布：原产中国、印度、马来半岛。

园林用途：盆栽或植于庭园观赏。

13. 粉单竹（图4—179）

学名：**Lingnania chungii**

科属：禾本科、单竹属

识别要点：高3～10m，最高可达16～18m，径5～8cm。节间圆柱形，淡黄绿色，被白粉，尤以幼秆被粉较多，长50～100cm，秆环平，箨环木栓质，隆起，其上有倒生的棕色刺毛。箨鞘硬纸质，坚脆，顶端宽，截平，背面多刺毛；箨耳狭长圆形，粗糙；箨舌远比箨叶基部宽；箨叶淡绿色，卵状披针形，边缘内卷，强烈外反。每小枝有叶6～7枚，叶片线状披针形至长圆状披针形，大小变化较大，长7～21cm，基部歪斜，两侧不等，质地较厚；叶鞘光滑无毛；叶耳较明显，被长缘毛；叶舌较短。笋期6～8月。

分布：中国南方特产，分布于广东、广西和湖南等地区。

习性：喜温暖湿润气候及疏松、肥沃的沙壤土，普遍栽植在溪边、河岸及村旁。

繁殖方式：同毛竹。

园林用途：竹材韧性强，节间长而节平，为良好的园林绿化竹种。

a—叶；b—秆箨；c—秆

图4—178　黄金间碧竹
　　　　（左）
图4—179　粉单竹（右）

14. 慈竹 （图4-180）

学名：*Sinocalamus affinis*

科属：禾本科、慈竹属

别名：钓鱼竹

识别要点：秆高5～10m，径4～8cm，顶梢细长，作弧形下垂。箨鞘革质，背部密被棕黑色刺毛；箨耳缺；箨舌流苏状；箨叶先端尖，向外反倒，基部收缩略呈圆形，正面多脉，密生白色刺毛，边缘粗糙内卷。叶数枚至十数枚着生于小枝先端；叶片质薄，长卵状披针形，长10～30cm，表面暗绿色，背面灰绿色，侧脉5～10对，无小横脉。笋期6月，持续至9～10月。

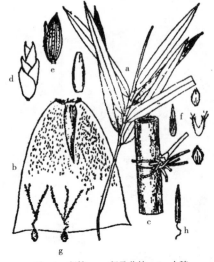

a—叶；b—秆箨；c—秆及分枝；d—小穗；
e—外稃；f—内稃；g—雄蕊；h—雌蕊

图4-180 慈竹

分布：原产中国，分布在云南、贵州、广西、湖南、湖北、四川及陕西南部各地。

习性：喜温暖湿润气候及肥沃疏松土壤，干旱瘠薄处生长不良。

繁殖方式：同毛竹。

园林用途：慈竹秆丛生，枝叶茂盛秀丽，于庭园内、池旁、石际、窗前、宅后栽植，都极适宜。材质柔韧，劈篾性能良好，是编织竹器、扭制竹索以及造纸的好材料；笋味苦，煮后去水，仍可食用。

15. 苦竹 （图4-181）

学名：*Pleioblastus amarus*

科属：禾本科、苦竹属

别名：伞柄竹

识别要点：秆高3～7m，径2～5cm，节间圆筒形，在分枝一侧稍扁平；箨环隆起呈木栓质。箨鞘厚纸质或革质，绿色，有棕色或白色刺毛，边缘密生金黄色纤毛；箨耳细小，深褐色，有直立棕色缘毛；箨舌截平；箨叶细长，披针形。叶鞘无毛，有横脉；叶舌坚韧，截平；叶片披针形，长8～20cm，质坚韧，表面深绿色，背面淡绿色，有微毛。笋期5～6月。

分布：原产中国，分布于长江流域及西南部。

习性：适应性强，较耐寒，北京在小气候条件下能露地栽植，在低山、丘陵、

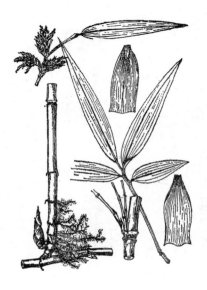

图4-181 苦竹

山麓、平地的一般土壤上，均能生长良好。

繁殖方式：同毛竹。

园林用途：苦竹常于庭园栽植观赏。秆直而节间长，大者可作伞柄、帐竿、支架等用，小者可做笔管、筷子等，笋味苦，不能食用。

16. 菲白竹

学名：*Pleioblastus angustifolius*

科属：禾本科、苦竹属

识别要点：低矮竹类，秆每节具二至数分枝或下部为一分枝。叶片狭披针形，绿色底上有黄白色纵条纹，边缘有纤毛，两面近无毛，有明显的小横脉，叶柄极短；叶鞘淡绿色，一侧边缘有明显纤毛，鞘口有数条白缘毛。笋期4～5月。

分布：原产日本。中国华东地区有栽培。

习性：喜温暖湿润气候，耐阴性较强。

繁殖方式：同毛竹。

园林用途：菲白竹植株低矮，叶片秀美，常植于庭园观赏；栽作地被、绿篱或与假山石相配都很合适，也是盆栽或盆景中配植的好材料。

17. 阔叶箬竹（图4-182）

学名：*Indocalamus latifolius*

科属：禾本科、箬竹属

识别要点：秆高约1m，下部直径5～8mm，节间长5～20cm，微有毛。秆箨宿存，质坚硬，背部常有粗糙的棕紫色小刺毛，边缘内卷；箨舌截平，鞘口顶端有长1～3mm的流苏状缘毛；箨叶小。每小枝具叶1～3片，叶片长椭圆形，长10～40cm，表面无毛，背面灰白色，略生微毛，小横脉明显，边缘粗糙或一边近平滑。圆锥花序基部常为叶鞘包被，花序分枝与主轴均密生微毛，小穗有5～9小花。颖果成熟后古铜色。

分布：原产中国华东、华中等地。多生于低山、丘陵向阳山坡和河岸。

习性：阳性竹类，喜温暖湿润的气候，宜生长疏松、排水良好的酸性土壤，耐寒性较差。

繁殖方式：同毛竹。

园林用途：阔叶箬竹植株低矮，叶宽大，在园林中栽植观赏或作地被绿化材料，也可植于河边护岸。秆可制笔管、竹筷，叶可制斗笠、船篷等防雨用品。

图4-182 阔叶箬竹

18. 箭竹 （图 4—183）

学名：*Sinarundinaria nitida*

科属：禾本科、箭竹属

识别要点：秆高约 3m，径约 1cm。新秆具白粉，箨环显著突出，并常留有残箨，秆环不显。箨鞘具明显紫色脉纹；箨舌弧形，淡紫色；箨叶淡绿色，开展或反曲。小枝具叶 2～4，叶鞘常紫色，具脱落性淡黄色肩毛；叶矩圆状披针形，长 5～13cm，次脉 4 对。笋期 8 月中下旬。

分布：甘肃南部、陕西、四川、云南、湖北、江西。为高山区野生竹种，生于海拔 1000～3000m 的山坡林缘。

习性：适应性强。耐寒冷，耐干旱瘠薄土壤，在避风、空气湿润的山谷生长茂密，有时也生于乔木林冠下。

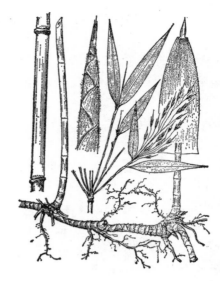

图 4—183　箭竹

本章小结

乔木是指树身高大的树木，由根部发生独立的主干，树干和树冠有明显区分。其往往树体高大（通常 6m 至数十米），具有明显的高大主干。植物学的归属上属于裸子植物和被子植物两类。按落叶与否可以分为常绿和落叶两大类。常绿乔木终年具有绿叶，叶寿命一至多年或更长，并且每年都有新叶长出，在新叶长出的时候也有部分旧叶脱落，终年都能保持常绿，由于其有四季常青的特性，常被用来作为绿化的基调或首选植物。落叶乔木是每年秋冬季节或干旱季节叶全部脱落的乔木，秋季落叶前美丽的叶色、冬季苍劲的枝干都具有一定的观赏价值。本章介绍了常绿乔木：苏铁、云杉、雪松、华山松、日本五针松、北美乔松、白皮松、赤松、马尾松、黄山松、黑松、火炬松、湿地松、杉木、柳杉、日本柳杉、侧柏、香柏、日本花柏、日本扁柏、柏木、桧柏、沙地柏、铺地柏、刺柏、罗汉松、竹柏、粗榧、三尖杉、榧树、杨梅、苦槠、青冈栎、含笑、樟、月桂、海桐、蚊母树、石楠、楼木、黄杨、枇杷、冬青、大叶冬青、波缘冬青、大叶黄杨、杜英、女贞、桂花、油橄榄、珊瑚树、棕榈等 52 个植物种及相关变种、品种的学名、科属、别名、形态、分布、习性、繁殖栽培及园林用途。介绍了落叶乔木：银杏、金钱松、水松、落羽杉、池杉、水杉、加拿大杨、小叶杨、毛白杨、旱柳、枫杨、麻栎、大果榆、黑榆、榔榆、白榆、榉树、朴树、糙叶树、桑树、构树、柘树、玉兰、紫玉兰、垂柳、二乔木兰、鹅掌楸、厚朴、枫香、杜仲、木瓜海棠、海棠花、西府海棠、山荆子、垂丝海棠、梅花、桃花、樱花、日本樱花、悬铃木、合欢、金合欢、紫荆、黄檀、皂荚、刺槐、槐树、黄檗、臭椿、香椿、楝、重阳木、乌桕、黄连木、野漆树、南酸枣、黄栌、丝绵木、三角枫、鸡爪槭、七叶树、栾树、无患子、枣树、木槿、木芙蓉、梧桐、柽柳、紫薇、石榴、喜树、刺楸、灯台树、四照花、柿树、白蜡树、小蜡、丁香、海州常山、黄荆、泡桐树、梓树等82个种及相关变种、品种的学名、科属、别名、形态、分布、习性、繁殖栽培及园林用途。

灌木是指植株在3m以下的多年生木本植物。一般灌木是没有明显的主干、呈丛生状态的树木，可分为常绿、落叶及观花、观果、观枝干等几类。灌木一般叶形小而密集、萌枝力强、耐修剪，在园林绿化中，体现了整体观赏色彩效果，有着不可或缺的地位。通过人工修剪造型的办法，体现植物的修剪美、群体美。这些植物组合或色块，应用于不同场合，能起到丰富景观、增加绿量的作用。本章介绍了常绿灌木：南天竹、檵木、月季、柑橘、雀舌黄杨、枸骨、山茶、茶梅、厚皮香、金丝桃、金丝梅、八角金盘、杜鹃、紫金牛、米兰、云南黄馨、夹竹桃、栀子花、胡颓子、阔叶十大功劳、狭叶十大功劳、凤尾兰等22个植物种及相关的变种、变型、品种的学名、科属、别名、形态、分布、习性、繁殖栽培及园林用途。介绍了落叶灌木：麻黄、银柳、牡丹、小檗、腊梅、溲疏、八仙花、麻叶绣球、火棘、贴梗海棠、日本贴梗海棠、榆叶梅、伞房决明、棣棠、山麻杆、卫矛、连翘、扶桑、结香、猬实、红瑞木、迎春、醉鱼草、枸杞、六道木、锦带花、木绣球、金银木等28个植物种及相关变种、变型、品种的学名、科属、别名、形态、分布、习性、繁殖栽培及园林用途。

藤本植物，又名攀缘植物，是指茎部细长，不能直立，只能依附在其他物体（如树、墙等）或匍匐于地面上生长的一类植物。依照其攀爬的方式，可以分为"缠绕藤本"（如紫藤）、"吸附藤本"（如常春藤）、"卷须藤本"（如葡萄）和"攀缘藤本"（如蔷薇）等。依照茎质地的不同，又可分为木质藤本与草质藤本，还可按照生态特性分为常绿藤本和落叶藤本。

藤本植物是园林中常用且特殊的植物材料，在园林中有着其特殊地位。现今园林绿化的面积愈来愈小，充分利用攀缘植物进行垂直绿化是拓展绿化空间、增加城市层次及绿量、提高整体绿化水平、改善生态环境的重要途径。本章介绍了常绿藤本：木香、油麻藤、扶芳藤、常春藤、络石、金银花等6个种及相关的变种、变型及品种的学名、科属、别名、形态、分布、习性、繁殖栽培及园林用途。介绍了落叶藤本：薜荔、藤本蔷薇、云实、紫藤、葛藤、雀梅藤、葡萄、爬山虎、美国地锦、猕猴桃、凌霄、美国凌霄等12个种或变种、变型及品种的学名、科属、别名、形态、分布、习性、繁殖栽培及园林用途。

竹类属单子叶植物、禾本科、竹亚科多年生木质化植物。具有地上和地下的轴器官，轴具节，各节生芽。地下轴器官各节的芽可萌发成地下横走的竹鞭和地面竹秆，秆木质化，节通常中空，少数实心，节由箨环和秆环构成，每节上有分枝，叶有两种，一为茎生叶，俗称箨叶；另一为营养叶，披针形。竹的一生中大部分时间为营养生长阶段，一旦开花结果后全部竹丛即枯死而完成一个生活周期。竹类植物根据地下茎的形态可分为合轴型(丛生竹)、单轴型(散生竹)和复轴型(混生竹)三种类型。竹类植物的观赏价值很高:竹子四季常青,竹秆外形奇特、色彩美丽,竹叶形态多变、颜色靓丽,笋壳色彩多变、与众不同,竹林或竹秆粗壮、高大挺拔,或竹子挺立、竹叶浓密,或丛生形似花篮、竹姿优美,或矮小作地被。因此,在园林绿化中,是不可缺少的点缀假山水榭的植物。本章介绍了毛竹、桂竹、刚竹、粉绿竹、早园竹、罗汉竹、紫竹、黄槽竹、方竹、佛肚竹、孝顺竹、黄金间碧竹、粉单竹、慈竹、苦竹、菲白竹、阔叶竹、箭竹等 18 个种及相关的变种或变型的竹类植物学名、科属、别名、形态、分布、习性、繁殖栽培及园林用途。

复习思考题

4—1　乔木在园林中主要有哪些应用?

4—2　列举 10 种常见的松科植物,并说出其园林运用。

4—3　区别雪松与金钱松的识别特征。

4—4　列举 10 种常见的柏科植物,并说出其园林运用。

4—5　侧柏主要有哪些观赏品种?比较各品种的形态特征。

4—6　日本花柏主要有哪些观赏品种?比较各品种的形态特征。

4—7　日本扁柏主要有哪些观赏变种品种?比较各品种的形态特征。

4—8　桧柏主要有哪些观赏品种?比较各品种的形态特征。

4—9　罗汉松主要有哪些观赏品种?比较各品种的形态特征。

4—10　区别侧柏与圆柏的识别特征。

4—11　区别枸骨与冬青的识别特征。

4—12　桂花主要有哪些品种?各有什么特点?

4—13　大叶黄杨有哪些常见的栽培品种?各品种形态特征有何区别?

4—14　棕榈科植物在园林上应用有什么特点?

4—15　如何区别水杉、池杉和落羽杉?

4—16　简要概括垂柳、旱柳的区别。

4—17　旱柳有哪些常见的栽培品种?比较各品种的形态特征。

4—18　如何区别大果榆、黑榆、榔榆、白榆?

4—19　蔷薇科常见的落叶乔木有哪些?编制检索表将其区分开。

4—20　刺槐有哪些常见的栽培品种?各品种形态特征上有何区别?

4—21　豆科有哪些常见的落叶乔木?编制检索表将其区分开。

4—22　列举常见的落叶、常绿裸子植物。

4—23　比较紫玉兰和二乔玉兰的形态特征。

4—24　简要概括木芙蓉、扶桑、木槿的形态特征及区别。

4—25　比较香椿与臭椿的主要形态特征之异同点。

4—26　列举春、夏、秋、冬的观花树木各两种,并编制检索表将其区分开。

4—27　列举本地区常绿、落叶行道树各三种,并注明其科名。

4—28　黄栌常见的变种有哪些？各变种形态特征上有何区别？

4—29　鸡爪槭有哪些常见的栽培品种？形态特征上有何区别？

4—30　石榴有哪些常见的栽培品种？形态特征上有何区别？

4—31　灌木在园林中主要有哪些应用？

4—32　金丝桃和金丝梅的形态特征有何区别？

4—33　栀子花有哪些变型、变种类型？形态特征上有何区别？

4—34　腊梅有哪些常见的变种类型？形态特征上有何区别？

4—35　编制检索表将忍冬科落叶灌木六道木、锦带花、木绣球、金银木区分开。

4—36　写出凤尾竹的识别要点。

4—37　藤本植物在园林中主要有哪些应用？

4—38　木香有哪些常见的变种、变型类型？形态特征上有何区别？

4—39　区别络石与爬山虎的识别特征。

4—40　藤本蔷薇有哪些常见的栽培品种？形态特征上有何区别？

4—41　简述蔷薇、玫瑰、月季的形态差异。

4—42　拟在学园区设计一个月季专类园，请说明你的设计思想。（注：请运用植物配置的基本原则，结合月季的观赏特性与生态习性进行设计）

4—43　竹类植物在园林中的应用有什么特点？

4—44　写出桂竹的识别要点。

4—45　写出孝顺竹的识别要点。

4—46　秋色叶为红色、黄色的树种分别有哪些？

4—47　你所观察的观果植物的果色分为哪几类？

4—48　秋季观叶和观果树种的植物各有哪些？

本章实践指导

一、园林树木调查

（本次教学可通过大型综合实习方式进行）

实习目的

通过对具体的绿地地块的调查，对树木的种类、生长状况、与生境的关系、绿化效果等各方面作综合的考察。

实习地点

公共绿地、苗圃地。

实习内容

（1）分析当地园林类型及生境条件，把学生分成小组实行调查。每小组内可分工做记录、测量工作，一般 3～5 人为一组，一人记录，其他人测量数据。

（2）学生按照表 4—1 各项目的要求对植物树木进行调查。

____年____月___日

编号：_____树种名称：_____学名：_____科名：_____

类别：落叶树，常绿树；落叶针叶树、落叶灌木、乔木、藤本，常绿灌木、乔木、藤本

栽植地点：_____来源：_____树龄：_____年生

冠形：椭圆、长椭圆、扁圆、球形、尖塔、开张、伞形、卵形、扇形

干形：通直、稍曲、弯曲。展叶期：_____花期：_____

果期：_____落叶期：_____生长势：上、中、下、秃顶、干空

其他重要性状：

_____

调查株数：_____最大树高：_____m。最大胸围：_____cm。

最大冠幅：东西南北_____m。平均树高_____m。平均胸围_____cm。

栽植方式：片林、丛植、列植、绿篱、山石点景

繁殖方式：实生、扦插、嫁接、萌蘖

栽植要点：

_____

园林用途：行道树、庭荫树、防护树、花木、观果木、色叶木、篱垣、垂直绿化、覆盖地面。

生态环境：山麓或山脚、坡地或平地、高处或低处、挖方处或填方处、路旁或沟边、林间或林缘、房前或房后、荒地或熟地、坡坎或塘边、土壤肥厚或中等、瘠薄、林下受压或部分受压、坡向朝南或朝北、风口或有屏障、精管或粗管、pH值为_____左右。

适应性：耐寒力：强、中、弱　　　　耐水力：强、中、弱　　　　耐盐碱：强、中、弱

　　　　耐旱力：强、中、弱　　　　耐高温力：强、中、弱　　　　耐风沙：强、中、弱

　　　　耐瘠薄力：强、中、弱　　　　耐阴性：喜光、半耐阴、耐阴

病虫危害程度：严重、较重、较轻、无

绿化功能：

_____

抗有毒气体功能：SO_2：强、中、弱；Cl_2：强、中、弱；抗粉尘：强、中、弱；其他功能：

_____

评价：_____

标本号：_____照片号：_____调查人：_____

(3) 园林树木调查总结：

在调查结束后，将资料集中，进行分析总结。同时填写表4—2。

_____地区园林树种调查统计表（藤灌丛木部分）　　　表4—2

____年____月____日　　　　　　　　　　　　　　　　　类别：针叶、常绿、落叶

编号	树种	来源	树龄	调查株数	平均株高	平均基围	平均冠幅 WE (m) ×NS (m)	生长势			习性	备注
								强	中	弱		

实习报告

整理调查内容，并完成表 4-1、表 4-2 的填写。

二、园林树木物候观测法

（本次教学可通过大型综合实习方式进行）

实习目的

（1）掌握树木的季相变化，为园林树木种植设计、选配树种、形成四季景观提供依据。

（2）为园林树木栽培（包括繁殖、栽植、养护与育种）提供生物依据，如确定繁殖时期、栽植季节与先后、树木周年养护管理（尤其是花木专类园）、催延花期等，根据开花生物学进行亲本选择与处理，有利于杂交育种、不同品种特性的比较试验等。

实习地点

公共绿地、苗圃地。

实习方法

按照中国物候观测法总则观测乔灌木各发育时期，并观测春、秋叶色的变化以确定最佳观赏期。具体如下：

（1）观测目标与地点的选定。

在进行物候观测前，按照以下原则选定观测目标或观测点。

①按统一规定的树种名单，从露地栽培或野生（盆栽不宜选用）树木中，选生长发育正常并已开花结实三年以上的树木。在同地同种树有许多株时，宜选 3～5 株作为观测对象。

对属雌雄异株的树木最好同时选择雌株和雄株，并在记录中注明雌（♀）、雄（♂）性别。

②观测植株选定后，应作好标记，并绘制平面位置图存档。

（2）观测时间与方法。

①应常年进行，可根据观测目的要求和项目特点，在保证不失时机的前提下决定间隔时间的长短。对那些变化快、要求细的项目宜每天观测或隔日观测。冬季深休眠期可停止观测。一天中一般宜在气温高的下午观测（但也应随季节、观测对象的物候表现情况灵活掌握）。

②应选向南面的枝条或上部枝（因物候表现较早）。高树顶部不易看清，宜用望远镜并用高枝剪剪下小枝观察，无条件时可观察下部的外围枝。

③应靠近植株观察各发育期，不可远站粗略估计进行判断。

（3）观测记录。

物候观测应随看随记，不应凭记忆，事后补记。

实习内容

1. 树液流动开始期

以从新伤口出现水滴状分泌液时为准。如核桃、葡萄（在覆土防寒地区一般不易观察到）等树种。

2. 萌芽期

树木由休眠转入生长的标志。

1）芽膨大始期

具鳞芽者，当芽鳞开始分离，侧面显露出浅色的线形或角形时，为芽膨大始期（具裸芽者，如：枫杨、山核桃等，不记芽膨大期）。不同树种芽膨大特征有所不同。

由于树种开花类别不同，芽萌动有先后，有些是花芽（包括混合芽），有些是叶芽，应分别记录其日期。为便于观察不错过记录，较大的芽可以预先在芽上薄薄涂上点红漆（尤其是不易分清几年生枝的常绿的柏类）。芽膨大后，漆膜分开露出其他颜色即可辨别。对于某些较小的芽或绒毛状的鳞片芽，应用放大镜观察。

2）芽开放（绽）期或显蕾期（花蕾或花序出现期）

树木之鳞芽，当鳞片裂开，芽顶部出现新鲜颜色的幼叶或花蕾顶部时，为芽开放（绽）期。此期在园林中有些已有一定的观赏价值，给人带来春天的气息。不同树种的具体特征有些不同。如：榆树形成新苞片伸长时，枫杨锈色裸芽出现黄棕色线缝时，为其芽开放期。有些树种的芽膨大与芽开放不易分辨时，可只记芽开放期。具纯花芽且早春开放的树木，如：山桃、杏、李、玉兰等的外鳞层裂开，见到花蕾顶端时，为花芽开放期或显蕾期。

具混合芽且春季开花的树木，如：海棠、苹果、梨等，由于先长枝叶后开花，可将其物候细分为芽开放（绽）和花序露出期。

3. 展叶期

1）展叶开始期

从芽苞中伸出的卷曲或按叶脉折叠着的小叶，出现第一批有1～2片平展时，为展叶开始期。不同树种，具体特征有所不同。针叶树以幼针叶从叶鞘中开始出现时为准；具复叶的树木，以其中1～2片小叶平展时为准。

2）展叶盛期

阔叶树以其半数枝条上的小叶完全平展时为准；针叶树以新针叶长度达老针叶长度的1/2时为准。

有些树种开始展叶后，就很快完全展开，可以不记展叶盛期。

3）春色叶呈现始期

以春季所展之新叶整体上开始呈现有一定观赏价值的特有色彩时为准。

4）春色叶变色期

以春叶特有色彩整体上消失时为准，如由鲜绿转暗绿，由各种红色转为绿色。

4. 开花期

1）开花始期

在选定观测的同种数株树上，见到一半以上植株，有5%的（只有一株亦按此标准）花瓣完全展开时为开花始期。

针叶树类和其他以风媒传粉为主的树木，以轻摇树枝见散出花粉时为准。其中，柳属在柔荑花序松散下垂或散粉时，为开花盛期。针叶树可不记开花盛期。

2）开花末期

在观测树上残留约5%的花时，为开花期。针叶树类和其他风媒树木以散粉终止时或柔荑花序脱落时为准。

当以杂交育种和生产香花、果实为目的时，观察项目可根据需要增加，如观果树应增加落花期。

3）多次开花期

有些一年一次于春季开花的树木，在有些年份于夏秋间或初冬再度开花。即使未选定为观测对象，也应另行记录，内容包括：

（1）树种名称、个别植株或是多数植株及大约比例。

（2）再度开花日期、繁茂和花器完善程度、花期长短。

（3）原因调查记录与未再度开花的同种树比较树龄、树势情况、生态环境上有何不同；树体枝叶是否（因冰雹、病虫害等）损伤，养护管理情况。

（4）再度开花树能否再次结实、数量、能否成熟等。

另有一些树种，一年内能多次开花。其中有的有明显间隔期，有的几乎连续。但从盛花上可看出有几次高峰，应分别加以记录。

以上经连续几年观察，可以判断是属于偶见的再度开花，还是一年多次开花的变异类型。

5. 果实生长发育和落果期

自坐果至果实或种子成熟脱落止。

1）幼果出现期

见子房开始膨大（苹果、梨果直径达0.8cm左右）时，为幼果出现期。

2）果实生长周期

选定幼果，每周测量其纵、横径或体积，直到采收或成熟脱落时止。

3）生理落果期

坐果后，树下出现一定数量脱落之幼果。有多次落果的，应分别记载落果次数、每次落果数量、大小。

4）果实或种子成熟期

当观测树上有一半的果实或种子变为成熟色时，为果实和种子成熟期。较细致的观测可再分为以下两期：

（1）初熟期

当树上有少量果实或种子变为成熟色时，为果实和种子初熟期。

（2）全熟期

树上的果实或种子绝大部分变为成熟时的颜色并尚未脱落时，为果实或种子的全熟期。此期为树木主要采种期。不同类别的果实或种子成熟时有不同的颜色。

5）脱落期

又可细分以下两期：

（1）开始脱落期

见成熟种子开始散布或连同果实脱落。如见松属的种子散布，柏属果落，杨属、柳属飞絮，榆钱飘飞，栎属种脱，豆科有些荚果开裂等。

（2）脱落末期

成熟种或连同果实基本脱完。但有些树木的果实和种子在当年年终以前仍留树上不落，应在果实脱落末期栏中写"宿存"。应在第二年记录表中记下脱落日期，并在右上角加"·"号，于表下作注，说明为何年的果实。

观果树木，应加记具有一定观赏效果的开始日期和最佳观赏期。

6. 新梢生长周期

由叶芽萌动开始，至枝条停止生长为止。新梢的生长分一次梢(习称春梢)、二次梢（习称夏梢或秋梢或副梢）、三次梢（习称秋梢）。

1）新梢开始生长期

选定的主枝一年生延长枝（或增加中、短枝）上顶部营养芽（叶芽）开放为一次（春）梢开始生长期，一次梢顶部腋芽开放为二次梢开始生长期以及三次以上梢开始生长期，其余类推。

2）枝条生长周期

对选定枝上顶部梢定期观测其长度和粗度，以便确定延长生长与粗生长的周期和生长快慢时期及特点。二次以上梢以同样的方法观测。

3）新梢停止生长期

以所观察的营养枝形成顶芽或梢端自枯不再生长为止。对二次以上梢可类推记录。

7. 叶秋季变色期

系指由于正常季节变化，树木出现变色叶，其颜色不再消失，并且新变色之叶在不断增多至全部变色的时期。不能与因夏季干旱或其他原因引起的叶变色混同。常绿树多无叶变色期，除少数外可不记录。

1）秋叶开始变色期

当观测树木的全株叶片约有5%开始呈现为秋色叶时，为开始变色期。针叶树的叶子，秋季多逐渐变黄褐色，开始不易察觉，以能明显看出变色时为准。

2）秋叶全部变色期

全株所有的叶片完全变色时，为秋叶全部变色期。

3）可供观秋色叶期

以部分（30%～50%）叶片所呈现的秋色叶，有一定观赏效果的起止日期为准。具体标准因树的品种而异。

记录时应注明变色方位、部位、比例、颜色并以图示标出该树秋叶变色过程。例如：元宝枫，由绿变成黄、橙、红三色。

8．落叶期

观测树木秋冬开始落叶，至树上叶子全部落尽时止。系指为树木秋冬的自然落叶，而不是因夏季干旱、暴风雨、水涝或发生病虫害引起的落叶。针叶树不易分辨落叶期，可不记。

1）落叶始期

约有 5% 的叶子脱落时为落叶始期。

2）落叶盛期

全株约有 30% ～ 50% 的叶片脱落时为落叶盛期。

3）落叶末期

树上的叶子几乎全部（约 90% ～ 95%）脱落时为落叶末期。当秋冬突然降温至摄氏零度或零度以下时，叶子还未脱落，有些冻枯于树上，应注明。

有些落叶树种的叶子干枯，至年终还未脱落，应注明"干枯未落"。有些至第二年春（多萌芽时）落叶，应记落叶的始、盛、末期年、月、日。可在右上角加"·"号，并于表下标注是哪年的叶子，以及脱落的日期。

实习报告

填写园林树木物候观测记录（表4－3）。

园林树木物候观测记录　　　　　　　表4-3

编号：＿＿＿观测地点：＿＿省（市）＿＿市（县）＿＿区　北纬：＿＿东经：＿＿海拔：＿＿m
生境：＿＿地形：＿＿土壤：＿＿小气候：＿＿同生植物：＿＿养护情况：＿＿
观测单位：＿＿＿＿＿＿＿＿＿＿＿＿观测者：＿＿＿＿＿＿＿＿＿＿

		树种名称			
树液开始流动期					
萌芽期	花芽膨大始期				
	花芽开放期				
	叶芽膨大始期				
	叶芽开放期				
开花期	开花始期				
	开花盛期				
	开花末期				
	最佳观花起止期				
	再度开花期				
	二次开花期				
	三次开花期				
果实发育期	幼果出现期				
	生理落果期				
	果实成熟期				
	果实开始脱落期				
	果实脱落末期				
	可供观果起止日				

		树种名称			
树液开始流动期					
新梢生长期	春梢始长期				
	春梢停长期				
	二次梢始长期				
	二次梢停长期				
	三次梢始长期				
	三次梢停长期				
	四次梢始长期				
	四次梢停长期				
秋叶变色与脱落期	秋叶开始变色期				
	秋叶全部变色期				
	落叶开始期				
	落叶盛期				
	落叶末期				
	可供观赏秋色叶期				
	最佳观赏秋色叶期				
备注					

三、树木冬态识别

（本次实习可穿插在理论教学过程中完成）

实习目的

树木的冬态是指树木入冬落叶后营养器官所保留的可以反映和鉴定某种树种的形态特征。在树种的识别和鉴定中，叶、花和果实是重要的形态。但是在我国大部分地区许多树种到冬天都要落叶，树皮、叶痕、叶迹等冬态特征成为主要的识别依据。本实习的主要目的是通过对一些树种的冬态观察，掌握树木的冬态特征和主要的冬态形态术语。

实习材料

树种：银杏、华北落叶松、水杉、杜仲、白榆、桑、构树、核桃、核桃楸、枫杨、洋槐、国槐、紫藤、紫荆、毛白杨、加杨、旱柳、三球悬铃木、洋白蜡、连翘、紫丁香、山楂、山桃、黄刺玫、元宝枫、枣树、花椒、臭椿、白玉兰。

实习内容

观测下列植物，仔细对照树木冬态特征，熟悉相关形态术语。

1. 裸子植物

1）银杏（*Ginkgo biloba* L.） 银杏科（Ginkgoaceae）

乔木。树冠宽卵形。树皮灰褐色，长块状纵裂。有长短枝之分。实心髓。一年生枝浅褐色。短枝矩形。叶痕螺旋状互生，无托叶痕。顶芽宽卵形，无毛，芽鳞 4 ～ 6 片。侧芽较顶芽小。

　　2）华北落叶松（*Larix principis-rupprechtii* Mayer.）　　　松科（Pinaceae）

　　乔木。树冠塔形。树皮灰褐色，不规则鳞甲状开裂。具长短枝。一年生小枝淡褐色或淡褐黄色。顶芽近球形。球果长卵形，种鳞 26 ～ 45 片，背面无毛，先端平截或微凹，苞鳞先端微露出。

　　3）水杉（*Metasquoia glyptostroboides*）　　　杉科（Taxodiaceae）

　　乔木。树冠塔形。树皮灰褐色，长条片状剥裂，内皮红褐色。小枝对生。一年生枝淡褐色。叶痕小，近圆形。顶芽发达，纺锤形。枝具四棱，先端尖，芽鳞三角形，无毛。侧芽上部常具枝痕，粉白色，圆形。

　　2. 被子植物

　　1）杜仲（*Eucommia ulmoides* Oliv.）　　　杜仲科（Eucommiaceae）

　　乔木。树皮灰褐色，浅纵裂。树冠卵形。一年生枝棕色；髓心片状；叶痕半圆形；叶迹 1；无顶芽，侧芽卵形，先端尖，芽鳞 6 ～ 10，边缘具缘毛。树皮、枝条等具白色胶丝。

　　2）白榆（*Ulmus pumila* L.）　　　榆科（Ulmaceae）

　　乔木。树冠球形。树皮灰黑色，深纵裂。二年生枝灰白色，二列排列，之字形曲折。髓心白色。叶痕二列互生，半圆形；具托叶痕；叶迹 3，无顶芽，侧芽扁圆锥形或扁卵形，先端钝或突尖，芽鳞 5 ～ 7，黑紫色，边缘有白色缘毛。花芽球形，黑紫色。

　　3）桑（*Morus alba* L.）　　　桑科（Moraceae）

　　乔木。树皮灰黄色，不规则纵裂。一年生枝灰黄色，二年生枝灰白色，无毛或微被毛。叶痕半圆形或肾形。叶迹 5，无顶芽，侧芽贴枝，近二列互生，扁球形或倒卵形，芽鳞 4 ～ 5，具缘毛。

　　4）构树（*Broussonetia papyrifera* Vent.）　　　桑科（Moraceae）

　　乔木。树皮深灰色，粗糙或平滑，具紫色斑块。一年生枝灰绿色，密生灰白色刚毛。髓心海绵状，白色。叶痕对生、近对生或二列互生，半圆形或圆形；叶迹 5，排成环形。无顶芽。侧芽扁圆锥形或卵状圆锥形，芽鳞 2 ～ 3，被疏毛，具缘毛。

　　5）核桃（*Juglans regia* L.）　　　胡桃科（Juglandaceae）

　　乔木。树冠宽卵形。树皮灰色，浅纵裂。枝髓心片状。叶芽为鳞芽，芽鳞两枚，呈啮合状；雄花序芽为裸芽，叠生或单生。

　　6）核桃楸（*Juglans mandshurica* Maxim.）　　　胡桃科（Juglandaceae）

　　乔木。树冠宽卵形。树皮幼时灰绿色，老时灰白色或深灰色，纵裂。一年生枝粗壮，被黄色绒毛或星状毛。髓心淡黄色，片状。叶痕盾形，或三角形；叶迹三，芽密被黄色绒毛，鳞芽或裸芽；顶芽三角状卵形，芽鳞两枚，侧芽卵形，芽鳞 2 ～ 3 枚，雄花序芽圆锥形。

　　7）枫杨（*Pterocarya steroptera* DC.）　　　胡桃科（Juglandaceae）

　　乔木。树皮灰褐色，幼时平滑，老时深纵裂。一年生枝黄棕色或黄绿色。二年生枝被淡褐色长圆形皮孔。有锈色腺鳞。髓心片状，褐色。叶痕三角形。裸芽，被锈褐色盾状腺鳞；侧芽单生或叠生，雄花序芽圆柱形，基部有苞片。

8）洋槐（*Robinia pseudoacacia* L.）　　　　　　蝶形花科（Fabaceae）

乔木。树冠倒卵形。树皮灰褐色，不规则深纵裂。一年生枝灰绿至灰褐色，有纵棱，无毛，具托叶刺。髓心切面为四边形，白色。叶痕互生，叶迹3，无顶芽，侧芽为柄下芽，隐藏在离层下。

9）国槐（*Sophora japonica* L.）　　　　　　蝶形花科（Fabaceae）

乔木。树冠宽卵形或近球形。树皮灰褐色，纵裂。无刺。一年生枝暗绿色，具淡黄色皮孔，初时被短毛。叶痕互生，V形或三角形，有托叶痕。叶迹3，无顶芽，侧芽为柄下芽，半隐藏于叶痕内，极小，被褐色粗毛。荚果念珠状，肉质，不开裂。

10）紫藤（*Wisteria sinensis* Sweet.）　　　　　　蝶形花科（Fabaceae）

木质大藤本，右旋缠绕。树皮灰褐色，光滑或浅裂。一年生枝灰绿色或褐色，被短毛，叶痕互生，隆起，半圆形，两侧有角状突起。无顶芽，侧芽卵形或卵状圆锥形，芽鳞2～3，褐色，具缘毛。

11）紫荆（*Cercis chinensis* Bunge）　　　　　　苏木科（Caesalpiniaceae）

灌木或小乔木。树皮老时粗糙，浅纵裂。一年生枝淡褐色或褐色，无毛，密生锈色皮孔，二年生枝灰紫色。叶痕二列互生，新月形；无托叶痕；叶迹3，无顶芽；顶芽扁三角状卵形，常两个叠生；花芽在老枝上簇生，球形或短圆柱形，灰紫色；芽鳞多数，背面有棱脊。

12）毛白杨（*Populus tomentosa* Carr.）　　　　　　杨柳科（Salicaceae）

乔木。树冠宽卵形。树皮灰绿色或灰白色，平滑，具菱形皮孔；老树树皮深纵裂。一年生小枝，灰绿色，幼时被白绒毛，或无毛；实心髓，切面五角形。叶痕互生，半圆形或圆形；叶迹三；有托叶痕。芽无黄色黏液；顶芽卵状圆锥形，侧芽三角状卵形，贴枝或成30°角张开，花芽宽卵形，芽鳞5～7，密被灰白色绒毛。

13）加杨（*Populus* × *canadensis* Moench.）　　　　　　杨柳科（Salicaceae）

乔木。树冠卵圆形。树皮灰绿或灰褐色，纵裂。小枝淡褐色，无毛，具棱脊，皮孔明显。冬芽大，具黄色黏液；先端尖；顶芽长卵形；侧芽略小，先端常向外弯，芽鳞多数6～8，紫红色，有光泽。

14）旱柳（*Salix matsudana* Koidz.）　　　　　　杨柳科（Salicaceae）

乔木。树冠倒卵形，枝斜向上。树皮深灰色，纵裂。一年生小枝黄绿色或黄褐色；无毛。髓心切面呈圆形。叶痕互生，有托叶痕；叶迹3，无顶芽，侧芽单生，芽鳞一，帽状，黄褐色或带紫色；叶芽卵形，花芽长椭圆形。

15）三球悬铃木（*Platanus orientalis* L.）　　　　　　悬铃木科（Platanaceae）

乔木。树皮薄片状或小块状剥裂。一年生枝之字形曲折，灰绿色或褐色；节部膨大。实心髓，淡绿色，切面多角形。叶痕互生，圆环形；具环状托叶痕；叶迹 5 ～ 6，无顶芽，侧芽单生，芽鳞一，帽状；柄下芽。宿存果序球形。

16）洋白蜡（*Fraxinus pennsylvanica* Marsh. Subintegerrima Fern.）

木犀科（Oleaceae）

乔木。树皮深灰色，纵裂。小枝粗壮。一年生枝灰色，无毛，散生皮孔。叶痕交互对生，半圆形；无托叶痕；叶迹 1，U 形。芽棕色，疏被毛；顶芽三角状宽卵形，侧芽卵形，芽鳞 1 对。

17）连翘（*Forsythia suspensa*）

木犀科（Oleaceae）

灌木。枝条黄褐色，弓形弯曲，具明显的皮孔。空心髓。叶痕交互对生，半圆形；两叶痕中有连线；无托叶痕。芽黄棕色，芽鳞 4 ～ 5 对，具缘毛；顶芽纺锤形，先端尖；侧芽两个叠生或单生。

18）紫丁香（*Syringa oblata* Lindl.）

木犀科（Oleaceae）

小乔木。树皮暗灰色，浅纵裂。小枝粗壮。一年生枝灰色或灰棕色，略呈四棱，无毛；二年生枝皮孔明显。叶痕互生，无托叶痕，叶迹一，C 形。无顶芽，侧芽单生，卵形，有明显的四棱，暗紫红色，无毛，芽鳞 3 ～ 4 对。

19）山楂（*Crataegus pinnatifida* Bunge.）

蔷薇科（Rosaceae）

乔木。树皮灰褐色，浅纵裂。具枝刺。常具短枝。一年生枝黄褐色，无毛。二年生枝灰绿色，髓切面圆形。叶痕互生，扁三角形或新月形；叶迹 3，顶芽近球形，红褐色，无毛；侧芽开展。

20）山桃（*Prunus davidiana* Franch.）

蔷薇科（Rosaceae）

小乔木。树冠倒卵形。树皮暗紫色，平滑，横裂，具横列皮孔。一年生枝灰色，无毛。叶痕互生，半圆形或三角状半圆形；具托叶痕；叶迹三。有顶芽。有鳞芽，芽鳞 7 ～ 10，背面无毛，腹面密被白色柔毛，具长缘毛。顶芽卵状圆锥形，常与侧芽簇，侧芽单生或并生。

21）黄刺玫（*Rosa xanthina* Lindl.）

蔷薇科（Rosaceae）

灌木。常具短枝，具皮刺。一年生枝紫红色或紫色，无毛，皮孔瘤状，皮刺直，紫红色，基部膨大为圆盘形。叶痕互生，细窄，C 形，叶迹 3；托叶痕与叶痕连成一体。具顶芽；芽卵形，芽鳞 3 ～ 4，无毛。

22）元宝枫（*Acer truncatum* Bunge.）

槭树科（Aceraceae）

乔木。树冠宽卵形。树皮灰褐色，浅纵裂。一年生枝浅棕色，叶痕对生，C 形，叶痕间有连接线；无托叶痕；叶迹三，具顶芽；芽卵形，芽鳞 2 ～ 3 对，棕色或浅褐色。

23）枣树（*Ziziphus jujuba* Mill.）

鼠李科（Rhamnaceae）

乔木。树冠球形或卵形。树皮黑褐色，纵裂。有长短枝，短枝矩状；一年生枝紫红色，之字形曲折，无毛。长枝叶痕二列互生，半圆形；托叶成刺，长刺直，短枝钩形；叶迹 3，无顶芽；侧芽单生，扁宽卵形；芽鳞二至多数，被黄色短毛。

24）花椒（***Zanthoxylum bungeanum*** Maxim.）　　　　芸香科（Rutaceae）

灌木。枝干具瘤状突起，枝具皮刺。一年生枝被灰色短柔毛，节处具两枚扁平的皮刺。叶痕互生，半圆形；无托叶痕；叶迹三，无顶芽；侧芽半球形，单生，紫褐色，无毛。

25）臭椿（***Ailanthus altissima*** Swingle）　　　　苦木科（Simaroubaceae）

乔木。树冠宽卵形。树皮灰色，有时平滑，老时粗糙或浅纵裂。枝条粗壮。髓心海绵质，淡褐色。一年生枝淡褐色，无毛或被短柔毛，皮孔明显。叶痕盾形或肾形；无托叶痕；叶迹 7～13，常为 9，排成 V 形。无顶芽；侧芽球形，黄褐色或褐色，被黄色绒毛或无毛，芽鳞 2～4。

26）白玉兰（***Magnolia dendudata*** Desr.）　　　　木兰科（Magnoliaceae）

乔木。树冠卵形或宽卵形。树皮深灰色，浅纵裂或粗糙。一年生枝紫褐色，无毛，皮孔明显，圆点形。叶痕二列互生，V 形或新月形；托叶痕环状；叶迹多而散生。顶芽发达；花芽大，长卵形，密被灰黄色长绒毛；顶生叶芽纺锤形；托叶芽鳞二。

附：树木冬季形态术语

1. 树冠

树冠是由树木的主干与分枝部分组成的。树冠的形状取决于树种的分枝方式。树冠的主要形状和树种实例如下：

尖塔形：落羽杉、水杉　　　　　　　圆锥形：华北落叶松
圆柱形：箭杆杨　　　　　　　　　　窄卵形：毛白杨
卵形：白玉兰　　　　　　　　　　　广卵形：槐树
圆球形：白榆　　　　　　　　　　　扁球形：杏
杯形：悬铃木（人工修剪）　　　　　伞形：龙爪槐
平顶形：合欢

2. 树皮

光滑：梧桐　　　　　　　　　　　　细纵裂：臭椿
浅纵裂：麻栎　　　　　　　　　　　深纵裂：刺槐、板栗
条状浅裂：毛梾　　　　　　　　　　不规则纵裂：黄檗
鳞片头剥裂：榔榆、青檀、白皮松　　鳞块状开裂：油松
长条状剥裂：楸树、圆柏、侧柏　　　纸状剥裂：白桦、红桦
环状剥裂：山桃、樱桃　　　　　　　小方块状开裂：柿树、君迁子

3. 枝条及变态

树木的主轴为树干，树干分出主枝，主枝分出枝条，最后的一级为一年生小枝。

二年生以上的枝条称为小枝。木质化的一年生枝条为一年生枝。生长不到一年，未完全木质化的着叶枝条为新梢或称当年生小枝。根据小

枝着生的位置可分为：顶生枝条和侧生枝条。根据枝条节间的长短大小可分为长枝和短枝。长枝的节间长而明显，侧芽间距远，而短枝的节间较短。

叶痕：叶片脱落后，叶柄在枝条上留下的痕迹。不同树种叶痕的大小和形状不同。根据叶痕的着生状况可判断叶子是互生、对生还是轮生。

维管束痕：又称叶迹，是叶柄中的维管束在叶脱落后留下的痕迹。不同树种维管束痕的组数及其排列方式是鉴定树种的重要依据之一。

4．芽的类型及形态

芽是枝条的繁殖器官的原基，是茎、枝、叶和花的雏形。

1）芽的类型按芽的性质分类

叶芽：发芽后发育形成枝和叶，也称枝芽或营养芽。

花芽：发芽形成花序或花。

混合芽：发芽后同时形成枝叶和花（花序）。

2）芽的类型按芽的位置分类

顶芽：位于枝条顶端的芽。

侧芽：位于叶腋内的芽，又称腋芽。

隐芽：隐藏在枝条内不外露的芽。

假顶芽：顶芽退化，由离顶芽位置最近的侧芽代替，该芽称为假顶芽。

主芽和副芽：腋芽具有两枚以上时，最发达的芽称为主芽。位于主芽上部、下部或两侧的芽称为副芽。

叠生芽：主芽和副芽上下叠生，如皂角、紫穗槐。

并生芽：主副芽并列而生，如山桃。

不定芽：芽产生的位置不固定，不生于叶腋内。

3）芽的类型按有无芽鳞分类

鳞芽：具有芽鳞的芽。

裸芽：芽体裸露，无芽鳞包被。

花蕾：为裸露的越冬花芽，如核桃的雄花序芽。

5．髓心

位于枝条的中心。髓心按质地分为：

实心髓：髓心充实。

分隔髓：髓有空室的片状横隔，如杜仲、枫杨。

空心髓：髓心部分为中空的髓腔，如毛泡桐。

髓心的颜色为白色、黄褐色等。

6．刺、毛被和宿存物

实习报告

整理观察结果，并完成表4—4。

特征＼树种		银杏	毛白杨	旱柳	核桃	元宝枫	加杨	紫丁香	杜仲	黄刺玫	枣树	臭椿
习性												
树皮特征												
枝条	有无短枝											
	刺类型											
	叶痕特征及着生方式											
	叶迹数目											
	髓心											
	托叶痕											
	有无顶芽											
冬芽	芽类型											
	着生方式											
	芽鳞数目											
	毛被											
	有无树脂等											
	其他											

树木冬季形态特征 表4—4

四、裸子植物树种识别

（本次实习可穿插在理论教学过程中完成）

实习目的

（1）通过实习学会正确使用园林植物营养体检索表。学会自己编制检索表。

（2）通过实习掌握苏铁科（Cycadaceae）、银杏科（Ginkgoaceae）、松科（Pinaceae）、杉科（Taxodiaceae）、柏科（Cupressaceae）、罗汉松科（Podocarpaceae）、三尖杉科（Cephalotaxaceae）、红豆杉科（Taxaceae）等裸子植物的形态特点和识别的要点及其园林用途等。

实习材料

树种：苏铁、银杏、罗汉松、粗榧、日本冷杉、雪松、油杉、冷杉、黑松、白皮松、落叶松、池杉、水杉、落羽杉、墨西哥落羽杉、湿地松、油松、马尾松、日本五针松、金钱松、火炬松等。

实习内容

（1）观察以上树种的形态特征。特别注意树木的以下特征：

脱落性小枝：叶互生，对生；叶：叶形、气孔线（带）；松属鳞叶：下延或不下延、叶鞘脱落或宿存、针叶数目等。柏科叶：鳞形，刺形，是否下延生长；生鳞叶小枝扁平或圆；球果：是否形成球果；种鳞扁平或盾状；球果成熟后开裂或成浆果状。

（2）完成松科树种的调查，按要求完成作业，通过采集树木标本学会完

整的树木调查方法，树木标本采集、观察、描绘的方法。（听讲、记录、观察）

（3）掌握树木枝叶观察鉴定的基本步骤，树木枝叶检索表的使用。（熟练使用）

（4）列表从形态特征、分布区域、生物学特性（习性）、繁殖方法和园林应用几个方面对下列树种进行比对分析。油杉与冷杉；金钱松与雪松；日本五针松与白皮松；油松与马尾松、黑松，火炬松与湿地松。（在实习作业本上完成）

实习报告

整理观察结果，并完成表4—5。

裸子植物部分树种调查鉴定表　　　　　表4—5

调查项目	种名1	种名2	种名3
1. 叶着生方式			
2. 雌球花			
3. 雄球花			
4. 球果			
5. 种鳞形态／种子数			
6. 分布			
7. 习性			
8. 繁殖方法			
9. 园林用途			

五、主要观花类树种分类、鉴定及园林应用

实习目的

熟悉忍冬科、木犀科、千屈菜科、杜鹃花科、山茶科等主要观花树种的形态特征、分布区域、生物学特性（习性）、繁殖方法和园林用途。通过园林绿地种类调查，观察树木生长状况，培养感性认知，另一方面，通过绿地树种组合应用，掌握人工栽培群落树种构成、生长发育的节律、绿地配置要求和美化环境的作用。

实习材料

珊瑚树、杜鹃、山茶、白蜡树、云南黄馨、栀子花、牡丹、腊梅、八仙花、麻叶绣球、贴梗海棠、棣棠、榆叶梅、卫矛、连翘、扶桑、猬实、迎春、醉鱼草、锦带花、木绣球、小蜡、丁香等。

实习内容

（1）采集30种树木标本，学会完整的树木调查方法，树木标本采集、观察、描绘的方法。（听讲、记录、观察）

（2）掌握根据树木枝叶特征、繁殖体特征鉴定树种的基本步骤，熟悉树木枝叶检索表的使用。（熟练使用）

（3）了解相关种、变种或品种的园林用途。（听讲）

（4）列表从形态特征、分布区域、生物学特性（习性）、繁殖方法和园林用途几个方面对调查树种进行比对分析，见表4—5。

（根据教学安排在实习作业本上完成）

实习报告

整理观察结果，并完成表4-6。

园林绿地园林树木种类调查鉴定表 表4-6

调查项目	种名1	种名2	种名3	种名4
1．主要形态特征				
1-1				
1-2				
2．分布				
3．习性				
4．繁殖				
5．园林用途				

六、单子叶树种识别

实习目的

通过对单子叶树种的观察，掌握单子叶树种各器官形态术语，掌握单子叶植物分类的依据。

实习材料

龙舌兰科：龙舌兰、朱蕉、丝兰、凤尾兰；棕榈科：棕榈、鱼尾葵；禾本科（竹亚科）等。

实习内容

观察以上树种的形态特征。特别注意树木的以下特征：

（1）地下茎类型与地上表现。

（2）竹秆与分枝

①分枝：箬竹属，矢竹属。

②分枝：刚竹属所特有。

③分枝：短穗竹属、唐竹属、青篱竹属（大部分）。

④多分枝：刺竹属。

（3）秆箨（识别竹属的重要依据）脱落或宿存，有无斑点、箨耳、缝毛以及箨叶的形态。

实习报告

整理观察结果，完成各种竹子形态特征观察结果的书面报告。

七、古树名木调查

（本次教学可通过大型综合实习方式进行）

实习目的

通过对古树名木的现状调查，对当地的古树种类、生长状况、与生境的关系、绿化效果等作综合的考察。

实习地点

公共绿地、苗圃地。

实习内容

（1）分析当地园林类型及生境条件，把学生分成小组实行调查。每小组内可分工做记录、测量工作，一般 3～5 人为一组，一人记录，其他人测量数据。

（2）学生按照表 4—7 各项目的要求对古树进行调查。

古树名木调查表　　　　　　　　　表4—7

照片编号_____ 标本编号_____ 时间_____
_____省_____市_____乡镇

一、地形条件

1. 环境：山坡（坡向、坡度_____/_____）、山顶、山沟、平原；空旷地、庭院。

2. 海拔_____m。

3. 土壤_____。

4. 光照_____。

5. 附近植被情况：位于校园内，周围没有其他植被。

6. 综合评价：立地条件优、良好、一般、恶劣。

二、树姿

1. 树冠：球形、扁球形、卵圆形、倒卵形。

2. 生长势：强、中、弱。

3. 树皮（颜色、分裂情况等）：暗灰色，浅分裂。

4. 树高：_____m；枝下高_____m；胸围_____cm；基围_____cm。

5. 基部分枝情况及粗度、姿态：(1)_____ (2)_____ (3)_____。

6. 形态（花、叶）与品种名：

_____

常绿_____ 落叶_____ 花期_____ 果期_____ 花香浓_____

7. 总体评价、当地俗称、保护措施：

_____

_____

_____

三、树龄考证（询问、资料）

_____

_____

_____

四、相关传说、典故、轶事

_____

_____

_____

说明：

（1）行道树表：包括树名（附拉丁学名）、配植方式、高度（m）、胸围（cm）、冠幅（东西（m）×南北（m））、行株距（m）、栽植年代、生长状况（强、中、弱）、主要养护措施及存在的问题等栏。

(2) 公园中现有树种表：包括园林用途类别树名（附学名）、胸围或干基围（cm）、估计年龄、生长状况（强、中、弱）、存在问题及评价等栏目。

(3) 本地抗污染（烟、尘、有害气体）树种表：包括树名、高度、胸围、冠幅、估计年龄、生长状况、生境、备注（环保用途及存在的问题）等栏目。

(4) 城市及近郊的古树名木资源表：包括树名（学名）、高度、胸围、冠幅、估计年龄及根据，生境及地址和备注等栏目。

(5) 生长势为"强"、"中"、"弱"3级，即1、2、3。

(6) 习性栏可分为填耐阴、喜光、耐寒、耐旱、耐淹、耐高温、耐酸盐碱、耐瘠薄、耐风、抗病虫、抗污染等。

(7) 边缘（在生长分布上的边缘地区）树种表：包括树名、高度、胸围、冠幅、估计年龄、生长状况、生境、地址和备注（记主要养护措施、存在的问题及评价）等栏目。

(8) 本地特色树种表：包括树名、高度、胸围、冠幅、年龄、生长状况、生境、备注（特点及存在的问题）。

(9) 古树名木调查表：包括地形条件、树姿、树龄考证、相关传说、典故、轶事等（表4—7）。

实习报告

整理调查内容，并完成表4—7的填写。

园林植物

5

园林花卉

本章学习要点：

了解一、二年生花卉、宿根花卉、球根花卉、室内花卉、仙人掌类及多浆植物及水生花卉的常用繁殖方法和栽培要点；掌握一、二年生花卉、宿根花卉、球根花卉、室内花卉、仙人掌类及多浆植物及水生花卉的主要形态特征、生态习性和主要园林用途；能够识别常见一、二年生花卉、宿根花卉、球根花卉、室内花卉、仙人掌类及多浆植物及水生花卉。

5.1 一、二年生花卉

5.1.1 一、二年生花卉概述

1. 一、二年生花卉的概念

一、二年生花卉全称为一、二年生草本花卉。是指在一周年（即12个月）内完成整个生命周期的草本花卉。由于一、二年生花卉多在露地育苗或虽在保护地育苗，但其主要的生长发育阶段均在露地栽培的条件下进行，因此属于露地花卉中的一类，如百日草、金盏菊等。

其中，在春天播种，当年夏秋季节开花、结果，冬季进入死亡的花卉称为一年生花卉，如一串红、牵牛等；在秋季播种，以幼苗状态越冬，第二年春季开花，进入夏季死亡的花卉，称为二年生花卉，如三色堇、羽衣甘蓝等。

2. 一、二年生花卉的生长习性

一年生花卉的寿命通常在一个年度内完成，不跨年度。在华东地区一般3月下旬～4月春暖时种子萌发，4～6月份春夏季节小苗生长，7～11月夏秋季节开花、结果，11月份后秋冬季节遇霜植株死亡。

二年生花卉的寿命通常在两年内完成，跨了一个年度。在华东地区一般9～10月秋凉时种子萌发，11月至翌年2月初小苗越冬，3～4月早春植株迅速生长，4～6月春夏季节开花、结果，6月以后夏季遇高温植株枯死。

3. 一、二年生花卉的生态习性

一年生花卉一般均要求阳光充足，但有些种类具有短日照习性，如万寿菊、波斯菊等。不耐寒，一般遇霜后枯死。其中部分原产亚洲或非洲热带的种类能适应夏季炎热，如鸡冠花。而相当数量原产美洲热带的种类，在夏季高温时生长不良，如万寿菊、百日草等。对土壤没有特殊的要求，一般在疏松、排水良好的肥沃土壤均能生长良好。

二年生花卉一般也要求阳光充足，但有些种类具有长日照习性。一般比较耐寒，但不能适应夏季高温、多湿的天气。对土壤同样没有特殊要求，只要疏松、肥沃、排水良好的土壤均能生长良好。

4．一、二年生花卉的主要类别

一、二年生花卉通常分为一年生花卉、二年生花卉、多年生作一、二年生花卉栽培三类。

第一类是典型的一年生花卉，这类一年生花卉主要产于亚洲和美洲热带地区。如产在亚洲的鸡冠花，产在美洲的孔雀草。

第二类是典型的二年生花卉，这类花卉主要产于欧洲温带地区，如金盏菊。

第三类是在原产地为多年生花卉，到特定地区作为一、二年生花卉栽培的类型。如矮牵牛在原产地南美地区是多年生宿根花卉，在中国则作一年生花卉或者二年生花卉栽培。又如雏菊在原产地欧洲也是多年生宿根花卉，在中国一般作为二年生花卉栽培。

5．一、二年生花卉的主要繁殖方法和常见园林用途

一、二年生花卉的主要繁殖方法是播种，绝大多数种类种子萌发的温度在 18～25℃ 的范围之间。个别种类也可采用扦插方法进行繁殖，如一串红、孔雀草、矮牵牛等。

一、二年生花卉的常见园林用途是布置花坛。另外，也布置花境或盆栽观赏，个别种类还能作为地被植物布置或作为切花应用。

5.1.2 一、二年生花卉的种类介绍

1. 红叶甜菜（图 5-1）

学名：*Beta vulgaris* var．*cicla*

科属：藜科、甜菜属

别名：莙荙菜、红蒸菜、厚皮菜、紫菠菜

识别要点：多年生草本观叶植物，多作二年生栽培。植株高度在 30～40cm 左右，叶片呈暗紫红色，菱形，全圆。叶在根颈处丛生，叶片长圆状卵形，全绿、深红或红褐色，肥厚有光泽。

分布：原产欧洲。早年引入我国，长江流域地区栽培广泛。

习性：喜光，好肥，耐寒力较强，一般在 −10℃ 以下低温下，植株仍不会受冻害。适应性强，对土壤要求不严，但在排水良好的沙壤土中生长较佳。

繁殖方式：一般多在 9 月底进行播种繁殖，在 15～20℃ 条件下，8 天左右发芽。当幼苗生出 4～5 片真叶时，移苗定植，花坛定植株行距为 30～40cm。

园林用途：红叶甜菜紫红色的叶片整齐美观，在园林绿化中可冬季布置花坛，也可盆栽，作室内摆设。

图 5-1 红叶甜菜

2. 地肤（图5-2）

学名：*Kochia scoparia* var.*trichophylla*

科属：藜科、地肤属

别名：扫帚草、绿帚

识别要点：一年生的观叶植物。株高50～70cm。全株披短柔毛。株形呈卵圆形至椭圆形。叶互生，条状披针形，草绿色，秋季变暗红色。花小，生于叶腋，呈稀疏穗状花序。

分布：原产欧亚大陆。

习性：耐碱土，抗干旱，能自播，对土壤要求不严。

繁殖方式：在春季采用播种方法繁殖。

园林用途：常于坡地草坪式栽培，也可盆栽、散植、列植作绿篱。

图5-2 地肤

3. 雁来红（图5-3）

学名：*Amaranthus tricolor* var.*splendens*

科属：苋科、苋属

别名：老少年、老来少

识别要点：一年生的观叶花卉。株高80～100cm。茎直立，少分枝。叶互生，卵圆状披针形，暗紫色，秋季顶部叶变成鲜红色，观叶期8～10月。

分布：原产温暖地区。

图5-3 雁来红

另有变种雁来黄（*Amaranthus tricolor* var.*bicolor*）（图5-4）：茎、叶与苞片都为绿色，顶叶于初秋变鲜黄色；锦西凤（*Amaranthus tricolor* var.*salicifolius*）（图5-5）：幼苗叶暗褐色，初秋时顶叶变为下半部红色，上中部黄色，先端绿色。

习性：雁来红耐旱，耐碱。

繁殖方式：一般进行春播。

图5-4 雁来黄

园林用途：常进行散植布置，也可作切花，矮种常布置花坛和花境。

4. 红绿草（图5-6）

学名：*Alternanthera versicolor*

科属：苋科、莲子草属

别名：红草、模样苋、法国苋、锦绣苋

图5-5 锦西凤

识别要点：多年生草本作一、二年生栽培。茎直立，株高10～20cm。单叶对生，披针形或椭圆形，叶色有红、紫、绿等色，叶柄极短。头状花序，着生于叶腋，花白色。花期12月～翌年2月。

分布：原产南美巴西。我国各地有栽培。

习性：喜阳光，也略耐阴。既不耐夏季酷热，也不耐冬季寒冷，冬季宜在15℃的温室中越冬。不耐湿，也不耐旱。对土壤要求不严。

繁殖方式：主要用扦插方法进行繁殖。留种植株于秋季入温室越冬，3月中旬将母株自温室移植至温床，4月份就可剪枝在温床扦插，5～6月视气温变化可扩大到露地扦插，在20℃的条件下，一般1～2周即可生根。

图5-6 红绿草

园林用途：红绿草植株低矮，叶色鲜艳，耐修剪，是布置毛毡花坛的良好材料。一般在秋季用不同叶色的红绿草配置出具有各种物象、曲线、文字等图案的平面或立面花坛。

5.鸡冠花（图5-7）

学名：*Celosia cristata* var. *cristata*

科属：苋科、青葙属

别名：红鸡冠、球头鸡冠花

识别要点：一年生花卉。植株高度在30～90cm之间。茎通常单秆直立，一般很少具有分枝；茎秆是有棱或沟。单叶互生，叶形为卵形至线状披针形，叶子边缘全缘，没有锯齿。穗状花序顶生，开花时花托肉质化成鸡冠状，俗称为花，为观赏的主要部位；在穗状花序的中下部集生真正的小花，而上部小花则退化；花色常有白、黄、橙、红、紫等，开花时期一般在7～10月之间。

分布：原产亚洲热带地区。

习性：鸡冠花喜阳光充足、炎热、干燥的环境。忌涝，喜肥。

繁殖方式：一般采用播种方法繁殖。鸡冠花每克种子约有1000～1200粒。春季3～7月份均可进行播种，这样在7～10月份均可有花。播种密度为每个育苗盘播1000粒左右种子，播种后育苗盘上不必进

图5-7 鸡冠花

行覆盖。在 20 ～ 22℃的温度条件下，一般 3 ～ 4 天可以发芽出苗。从播种到开花一般为 90 ～ 100 天。

图 5-8　凤尾鸡冠

发芽后可移植一次，然后将小苗放置在 16℃左右的温度条件下生长较适宜。约 3 ～ 4 周可以直接上盆，上盆时宜采用 8 ～ 10cm 直径的小盆，不宜用过大的盆，盆土应使用质轻、疏松、pH 值在 6.5 左右、土壤的盐分较低的培养土。

变种：凤尾鸡冠（*Celosia cristata var. pyramidalis*）（图 5-8）：又称火炬鸡冠、芦花鸡冠、绒鸡冠、扫帚鸡冠、塔鸡冠。茎直立，多分枝，并且开展。叶卵状披针形。花序由多数小花序聚集成穗状，花色丰富，有紫红、橙红、金黄、乳白等色。花期 7 ～ 10 月。

园林用途：鸡冠花花色艳丽，花期长久，是重要的花坛花卉，一般大量用于花坛、花境布置观赏，也可盆栽。其高大型品种还可以作为切花使用。

6．千日红（图 5-9）

学名：*Gomphrena glbosa*

科属：苋科、千日红属

别名：杨梅花、火球花

识别要点：一年生花卉。植株高度为 40 ～ 60cm。整个植株被有较密的白色柔毛。单叶对生，叶形为椭圆形或倒卵形，叶子边缘全缘，没有锯齿。1 ～ 3 个球形或长圆形头状花序顶生；每朵小花有两枚膜质小苞片，苞片是主要的观赏部位，苞片的颜色有深红色、紫红色、淡红色、白色等，观赏时间在 8 ～ 11 月；如苞片颜色为白色时就称为千日白。

分布：原产于美洲热带地区。

习性：性强键，喜炎热、干燥的气候，在 40℃的高温下生长依旧良好。耐修剪，花后修剪可再次萌发新枝以继续开花。

繁殖方式：一般 4 月进行播种繁殖。种子每克约 400 粒，由于种子发芽较困难，因此在播种前需将种子浸入 30℃的温水中 24h。因为种子有毛，易飞扬，也易结团，

图 5-9　千日红

以湿润的种子拌土后再进行播种，这样有助于种子发芽、出苗整齐。千日红播种后将温度控制在 21 ~ 24℃，约 10 ~ 14 天发芽。从播种到开花约为 80 ~ 100 天。千日红也可在 6 ~ 7 月进行扦插繁殖，如能较好地保持土壤与空气湿度，两周左右即可生根。

园林用途：千日红花期长，是花坛、花境良好的材料，也适宜于盆栽观赏。由于千日红小苞片膜质，颜色经久不褪，比较适宜于做干花、切花。

7. 血苋 （图 5—10）

学名：*Iresine herbstii*

科属：苋科、血苋属

别名：红叶苋

识别要点：多年生草本常作一年生花卉栽培，高可达 1 ~ 1.5m，茎枝红色。叶对生，椭圆形至圆形，端钝并常凹陷，叶面有黑褐色斑纹，叶背深红。秋季开花，顶生穗状花序复结成圆锥花卉，花黄色。

分布：原产于南美洲。

习性：血苋喜温暖、湿润环境，不耐寒，要求疏松、肥沃的沙壤土，露地栽培宜阳光充足，地势高，冬季温度不低于 10℃。

繁殖方式：常用扦插繁殖。扦插四季均可进行，以气温 20 ~ 25℃ 最为适宜。选取健壮的嫩枝顶部两节的长度作插条，插后一周生根，三周就可定植。

园林用途：血苋全株紫红色，叶片光亮、艳丽，适宜布置花坛，也可用于花境或盆栽观赏。

图 5—10　血苋

8. 紫茉莉 （图 5—11）

学名：*Mirabilis jalapa*

科属：紫茉莉科、紫茉莉属

别名：胭脂花、地雷花、夜饭花

识别要点：多年生草本花卉作一年生花卉栽培。植株高度在 50 ~ 100cm 之间。节膨大，茎多分枝而开展。单叶对生，卵状或卵状三角形，全缘。花顶生，无花瓣。花萼呈花瓣状，喇叭形，颜色有紫红、粉红、红、黄、白等色，也有杂色；花朵小，花芳香，直径一般在 2.5cm 左右；花期 6 ~ 10月。瘦果球形、黑色，表面具皱纹，形似地雷，8 ~ 11 月成熟。

分布：原产于南美，现中国各地有分布。

图 5—11　紫茉莉

习性:性喜温暖、湿润、通风良好的环境条件,不耐寒。要求土层深厚、疏松、肥沃的壤土。花朵在傍晚至清晨开放,在强光下闭合,夏季能有树阴则生长开花良好,酷暑烈日下往往有脱叶现象。

繁殖方式:可春季播种,也能自播繁衍。播种繁殖一般多在4月中下旬直播于露地,发芽适温15～20℃,7天左右萌发。

园林用途:紫茉莉夏秋开花,叶卵形或心脏形,对生。花芳香,数朵簇生总苞上,傍晚至清晨开放,可于房前屋后、篱垣疏林旁丛植,也可在园林绿地内丛植或片植。

9. 大花马齿苋 (图5—12)

学名:*Portulaca oleracea* var. *giganthes*

科属:马齿苋科、马齿苋属

别名:太阳花

识别要点:一年生肉质草本。植株高度在15～20cm之间。其茎具有匍匐性或斜向生长,茎的颜色有绿色或浅棕红色两种,主要和今

图5—12 大花马齿苋

后花朵的颜色有关联,花色越红茎色也越红;而绿色茎的半枝莲一般开白色花朵。叶子单叶互生,倒卵形至倒披针形,边缘全缘。花一般1～4朵簇生在枝条的顶端,花色丰富,有白、黄、红、紫等多种颜色,开花时间一般在6～10月。

分布:原产于南美地区。

习性:大花马齿苋性喜阳光,不耐阴。能耐干旱,对土壤要求不严。花对光有敏感性,花多在中午前后或光线较强时开放,如果下雨或光线过弱,花朵不能充分开放;在夜间花朵则呈闭合状态。

繁殖方式:大花马齿苋每克种子约有10000粒,一般在4月份采用播种法进行繁殖,在保持20℃以上的温度条件下,一般10天左右发芽。从播种到开花约为90～100天。大花马齿苋也可以在夏季6～8月剪取带顶芽的茎进行扦插繁殖。

园林用途:大花马齿苋花色艳丽、花期较长,花向阳开放,可布置花坛、花境及做花坛边饰,也可盆栽或作吊盆观赏。

同科同属其他种类:太阳花(*Portulaca grandiflora*)(图5—13):其又称半枝莲。形态特征及生长习性与大花马齿苋相同,但其叶形为圆柱形。

10. 中国石竹 (图5—14)

学名:*Dianthus chinensis*

科属:石竹科、石竹属

别名:洛阳花、石竹

识别要点:二年生花卉。植株高度为30～50cm。叶对生,条形或条状披针形;叶无叶柄,节部膨大,叶子基部抱茎。花单生或数朵顶生,花瓣先端

图 5—13 太阳花（左）
图 5—14 中国石竹（右）

有剪纸状齿裂，苞片披针形，花以红色和白色为主，4～5月开花。

分布：原产于我国。

习性：中国石竹不耐炎热，喜干燥、向阳、通风的环境，较耐干旱，适宜于在偏碱性的土壤中生长，但忌黏土。

繁殖方式：中国石竹以播种方法繁殖为主，春季和秋季播种均可，但一般在秋季9月播种为好。在21～22℃的温度条件下，约5～10天萌发，然后将温度降至10～20℃。中国石竹种子每克约为1000粒，从播种到开花约需要70～90天。

园林用途：常用于布置花坛、花境，也可盆栽观赏或作切花。

同科同属其他种类：美国石竹（*Dianthus barbatus*）（图5—15）。又称须苞石竹、五彩石竹。原产欧亚大陆。株高在40～60cm之间，茎粗壮。叶披针形，全缘。聚伞花序顶生，苞片须状，花色以红色为主，花期4～5月。

11. 矮雪轮（图5—16）

学名：*Silene pendula*

科属：石竹科、蝇子草属

别名：大蔓樱花

识别要点：二年生花卉。植株高度约30cm。全株具白色柔毛。茎多分枝，自基部有外倾性，呈半匍匐状。叶对生，卵状披针形或狭椭圆形。聚伞花序腋生，粉红色；花萼筒状，长而膨大，上有紫红色筋；花期5～6月。

图 5—15 美国石竹（左）
图 5—16 矮雪轮（右）

分布：原产地中海地区，现广泛栽培。

习性：喜光，耐寒，生长适宜温度在15～25℃。在含有丰富腐殖质、排水良好而湿润的土壤中生长良好。

繁殖方式：一般在9月初播种，在15～20℃的温度条件下，约一天发芽。

园林用途：矮雪轮株矮花繁，可布置花坛、花境，也可盆栽观赏。

12．飞燕草（图5-17）

学名：*Consolida ajacis*

科属：毛茛科、飞燕草属

别名：千鸟草

识别要点：二年生草本，植株高度在30～100cm。叶互生，掌状深裂至全裂，裂

图5-17　飞燕草

片为线形；基部叶片有长柄，上部叶片无柄。总状花序顶生，堇紫蓝色或粉色，萼片5枚，后面一片延长成距。花期在5～8月。

分布：原产欧洲南部，中国有栽培。

习性：喜欢阳光充足、通风良好、排水通畅的生长环境，宜在富含有机质的肥沃沙质土壤上生长。其耐寒性、耐旱性都比较强，但不耐高温。白天最适气温为20～25℃，夜间温度为13～15℃。

繁殖方式：可用播种、分株、扦插等方法繁殖。播种繁殖在8月下旬至9月上旬进行，发芽适宜温度为15～20℃，发芽时间一般为2周左右。分株繁殖春秋均可进行。扦插繁殖一般选在春季，当新梢长出15cm以上时即可切取插条进行。

园林用途：飞燕草植株挺拔，叶纤细翠绿，花朵繁密而绚丽，可布置花境或作切花。

13．花菱草（图5-18）

学名：*Eschscholtzia californica*

科属：罂粟科、花菱草属

别名：金英花、人参花

识别要点：花菱草为多年生草本植物，常作二年生栽培。具有肉质直根系。株高30～60cm，全株被白粉，呈灰绿色。叶基生为主，茎上叶互生，多回三出羽状深裂，状似柏叶，裂片线形至长圆形。花单生枝顶，具长梗，花瓣4枚，黄至橙黄色，花期春季到夏初。

分布：原产美国加利福尼亚州，中国也有栽培。

习性：喜冷凉干燥气候，不耐湿热，耐

图5-18　花菱草

寒力较强，但炎热的夏季处于半休眠状态。要求深厚疏松、排水良好的土壤。花朵晴天开放，阴天或傍晚闭合。

繁殖方式：一般在秋季采用播种法进行繁殖。因为直根性，故宜直播。在15～20℃条件下，7天左右发芽。

园林用途：花菱草花色鲜艳夺目，是良好的花坛、花境材料，也能盆栽观赏，还可用于草坪丛植。

图5-19　虞美人

14. 虞美人（图5-19）

学名：*Papaver rhoeas*

科属：罂粟科、罂粟属

别名：丽春花

识别要点：二年生花卉。株高在40～90cm之间，全株被毛，枝内叶白色，含乳汁。叶互生，椭圆形至条状披针形，叶缘为不规则羽裂。花单朵顶生；花梗细长，花蕾下垂，开花时向上挺直；花色以红色系为主，也有黄和白色；开花时间在4～5月。

分布：原产北美及欧亚大陆。

习性：虞美人要求阳光充足、通风良好的环境，耐寒性强。

繁殖方式：主要在秋季进行播种繁殖。

园林用途：由于虞美人具有纤细的花梗、顶生的花朵，纸质的花瓣随风飘逸，花姿极其美丽，常用于布置春季的花坛、花丛、花境，也可以作切花使用。

15. 醉蝶花（图5-20）

学名：*Cleome spinosa*

科属：白花菜科、醉蝶花属

别名：西洋白花菜、紫龙须

识别要点：一年生花卉。株高60～90cm。全株有黏质腺毛，具强烈臭味。掌状复叶，小叶5～7枚，叶柄基部有托叶变成的小钩刺两枚。总状花序顶生，花从白到淡紫色，雄蕊6枚，蓝紫色，自花中伸出，花期7～10月。

分布：原产于美洲热带。

习性：喜光，略耐阴。不耐寒。要求疏松、肥沃、排水良好的土壤。

繁殖方式：一般在春季采用播种繁殖。

园林用途：常布置花坛、花境，也可盆栽或作为切花。

图5-20　醉蝶花

图 5-21　羽衣甘蓝
（左）
图 5-22　桂竹香（右）

16. 羽衣甘蓝（图 5-21）

学名：**Brassica oleracea** var.**acephalea**

科属：十字花科、甘蓝属

别名：叶牡丹、花菜

识别要点：二年生花卉。植株高度为 30 ～ 40cm（不包括花茎）。茎极短，直立无分枝，基部木质化。叶矩圆状倒卵形，边缘细波状折叠；叶柄粗而有翼，重叠者生于短茎上；叶色丰富，心部叶色较深，叶色基本上分为红紫色和黄绿色两大类；观叶期为 12 月至翌年 2 月。在春季开黄色小花。

分布：原产于南欧。

习性：喜阳光，在肥沃湿润的土壤上生长良好。

繁殖方式：一般在 6 ～ 10 月采用播种法进行繁殖，密度为 20g/m²，在 20 ～ 23℃ 的条件下 7 天左右发芽。

园林用途：主要用于布置冬季花坛，也可盆栽和组合盆栽。

17. 桂竹香（图 5-22）

学名：**Cheiranthus cheiri**

科属：十字花科、桂竹香属

别名：香紫罗兰、黄紫罗兰

识别要点：多年生草本花卉，常作二年生栽培。株高 35 ～ 50cm。茎直立，多分枝，基部半木质化。叶互生，披针形，全缘。总状花序顶生，花瓣 4 枚，具长爪，花色橙黄或黄褐色，有香气。花期 4 ～ 6 月。

分布：原产南欧，现各地普遍栽培。

习性：耐寒。喜向阳地势、冷凉干燥的气候和排水良好、疏松肥沃的土壤。畏涝忌热，雨水过多生长不良。

繁殖方式：可用播种或扦插法进行繁殖。播种繁殖一般在 9 月进行，在 20℃ 左右的温度条件下，约一周发芽。重瓣品种可于夏初或秋季进行扦插繁殖。

园林用途：可布置花坛、花境，也可盆栽观赏。

同科同属其他种类：七里黄（**Cheiranthus allionii**）（图 5-23）。二年生或多年生草本花卉，株高 30 ～ 40cm。叶互生，披针形。顶生总状花序，花鲜黄色。花期 5 月。

图 5-23　七里黄（左）
图 5-24　香雪球（右）

18.香雪球（图 5-24）

学名：*Lobularia maritima*

科属：十字花科、香雪球属

别名：小白花、庭芥

识别要点：多年生草本花卉作二年生栽培。株高 15～25cm。叶互生，披针形，全缘。总状花序，顶生，小花密而呈球状，具淡香，花色有白、淡紫、深紫、浅堇、紫红等，花期 3～6 月。

分布：原产地中海沿岸。

习性：要求阳光充足，喜冷凉，忌炎热，忌涝。

繁殖方式：一般在秋季用播种法进行繁殖，发芽适温约为 22℃，5～10 天发芽。也可进行扦插繁殖，生根的最适温度为 18～25℃。

园林用途：是花坛、花境镶边的优良材料，也可盆栽观赏或作地被植物。

19.紫罗兰（图 5-25）

学名：*Lobularia maritima*

科属：十字花科、紫罗兰属

别名：草桂花

识别要点：多年生草本花卉作二年生栽培。植株高度 30～50cm。全株有毛。茎基部木质化。叶互生，长圆形至倒披针形，全缘。总状花序顶生或腋生，花瓣有单、重之分，花色红紫，花期 4～5 月。

分布：原产地中海沿岸。

习性：紫罗兰喜冬季温和、夏季凉爽气候，但能耐 -5℃ 的低温。喜肥沃、湿润及深厚土壤。

繁殖方式：紫罗兰一般在 9～10 月播种。每平方米播种

图 5-25　紫罗兰

量为 5g。在 20℃ 的温度下，约两周发芽。从播种到开花需 120 ～ 150 天。

园林用途：主要用于布置花坛、花境，也可盆栽观赏、作切花。

20. 诸葛菜（图 5-26）

学名：*Orychophragmus violaceus*

科属：十字花科、诸葛菜属

别名：二月兰

识别要点：二年生花卉。株高 20 ～ 70cm。叶互生，长圆形或窄卵形，叶基抱茎呈耳状，叶缘有不整齐的锯齿状结构。总状花序顶生，蓝紫色或淡红色，花期 4 ～ 5 月。

分布：原产中国东北、华北及华东地区。

习性：稍耐阴，耐寒性强，对土壤要求不严。

繁殖方式：以种子繁殖为主。播种繁殖在夏季和秋季均可进行，种子 300 ～ 400 粒 /g，播种密度为 1 ～ 2g/m²。

园林用途：主要作为地被植物运用。

21. 含羞草（图 5-27）

学名：*Mimosa pudica*

科属：豆科、含羞草

别名：知羞草、怕丑草

识别要点：多年生草本或亚灌木作一年生栽培。株高约 40cm，遍体散生倒刺毛和锐刺。二回羽状复叶，羽片 2 ～ 4 个，掌状排列，小叶 14 ～ 18，椭圆形。头状花序长圆形，2 ～ 3 个生于叶腋；花淡红色；花期 7 ～ 10 月。

分布：原产于南美热带地区。

习性：喜温暖湿润，对土壤要求不严，喜光，但又能耐半阴，故可作室内盆花赏玩。

繁殖方式：一般用播种法繁殖，春秋都可播种。播前可用 35℃ 温水浸种 24h，浅盆穴播，覆土 1 ～ 2cm，在 15 ～ 20℃ 条件下，经 7 ～ 10 天发芽。

园林用途：可布置花坛、花境，也是盆栽观赏的好材料。

图 5-26　诸葛菜（左）
图 5-27　含羞草（右）

22. 金莲花 （图 5-28）

学名：*Trollius chinensis*

科属：金莲花科、金莲花属

别名：旱金莲、旱荷

识别要点：多年生蔓性草本植物常作一、二年生栽培。株高 30 ～ 70cm。叶互生，圆形或近肾形，盾状，具细而长的叶柄。花单生或 2 ～ 3 朵成聚伞花序，有黄、红、橙、紫、乳白或杂色，花期 7 ～ 8 月。

分布：原产南美，我国各地均可栽培。

习性：喜温暖、湿润和阳光充足环境。不耐寒，生长期适温为 18 ～ 24℃，冬季温度不低于 10℃，温度过低，易受冻害。喜湿怕涝。

繁殖方式：可用播种或扦插法进行繁殖。播种繁殖在春秋两季均可进行，秋季播种一般在 8 ～ 11 月在室内进行。春季播种要先将种子用 40 ～ 45℃温水浸泡 1 天，播后需保持 18 ～ 20℃，1 ～ 2 周左右即可发芽。扦插繁殖在 4 ～ 6 月进行。

园林用途：可布置花坛或作为吊盆，也可盆栽观赏。

23. 银边翠 （图 5-29）

学名：*Euphorbia marginata*

科属：大戟科、大戟属

别名：高山积雪、象牙白

识别要点：一年生花卉，植株高度约 70cm。全株被柔毛或无毛。茎具有叉状分枝。叶卵形至长圆形或椭圆状披针形，下部叶互生，绿色，顶端的叶轮生，边缘白色或全部白色。

分布：原产北美洲，在中国广泛栽培。

习性：喜温暖、阳光充足的环境，不耐寒。耐干旱，忌湿涝。喜肥沃而排水良好的疏松沙质壤土。

繁殖方式：以播种繁殖为主，也可进行扦插繁殖。播种繁殖在春季 3 月下旬～ 4 月中旬进行，种子萌发适宜温度在 20℃左右，约一周发芽。

园林用途：银边翠顶端的银白色叶子与下部绿叶相映，犹如青山积雪，可布置花坛、花境，也可作为花丛布置。还可在树林边缘地区栽培，或盆栽观赏和作为切花材料。

图 5-28　金莲花（左）
图 5-29　银边翠（右）

同科同属其他种类：猩猩草（*Euphorbia heberophylla*）（图5-30），又称草本象牙红。叶互生，叶缘具不规则的深缺刻。花小，有蜜腺，排列成密集的伞房花序。总苞形似叶片，基部大红色。

24. 凤仙花（图5-31）

学名：*Impatiens balsamida*

科属：凤仙花科、凤仙花属

别名：指甲花、急性子、透骨草

识别要点：一年生花卉。植株高度一般在50～60cm之间。茎光滑、肥厚、多汁，常呈半肉质，绿白色或晕红褐色。叶子单叶互生，叶形为披针形，叶缘具有锯齿，叶柄有腺体。花通常1～3朵簇生叶腋；花萼三枚，侧面两枚较小，后面一枚较大，并向外延伸成距；花有单瓣种与重瓣种之区别；花色有红、粉红、紫、白等色；开花时间一般在6～9月。

分布：原产于中国、印度、马来西亚。

习性：凤仙花性强健，忌寒喜热，要求阳光充足。对土壤适应性较强，但以潮湿而又排水良好的土壤为佳。

繁殖方式：凤仙花一般以播种方式进行繁殖，是典型的春播花卉。种子每克约120粒，在3～6月均可播种，从播种到开花一般需要90天。凤仙花播种后在21～25℃的温度条件下约1周萌发。

园林用途：凤仙花常布置花境，重瓣种可布置花坛，也可盆栽，还能作地被布置。

25. 玻璃翠（图5-32）

学名：*Impatiens walleriana*

科属：凤仙花科、凤仙花属

别名：非洲凤仙、何氏凤仙

识别要点：多年生作为一、二年生草本花卉栽培。植株高度为20～30cm。茎半透明肉质，粗壮，多分枝。单叶互生，上部近对生，叶披针状卵形，边缘锯齿明显。花单生枝条顶端或上部叶腋，花瓣5。花色自白，经桃红、玫瑰红至深红，另有雪青、淡紫、橙红及复色；在春秋均能开花。

图5-30　猩猩草（左）
图5-31　凤仙花（中）
图5-32　玻璃翠（右）

分布：原产非洲东部。

习性：玻璃翠半阴性，苗期宜在散射光下生长。不耐寒。

繁殖方式：一般以播种法进行繁殖。在春秋两季均可播种，上海地区主要以秋播为主；种子每克1200～2500粒。播种时密度为每个育苗盘600～800粒；在22～24℃的温度下10～14天发芽。

园林用途：可用于布置花坛、花境，也可盆栽。在应用时宜布置在疏荫的场所，有利于延长观赏期。

26. 黄花秋葵（图5-33）

学名：*Abelmoschus esculentus*

科属：锦葵科、秋葵属

别名：黄秋葵

识别要点：一年生花卉。茎直立分枝，被刚毛，高1～2.5m。叶互生，5～7掌裂，裂片披针形，边缘有钝锯齿。花腋生，黄色。

分布：原产于非洲。主要分布在云南、广东、湖南、江苏、浙江、福建、陕西、山东、河北等地区。

习性：喜温暖，喜光，耐热怕寒，耐旱，耐湿。宜在疏松肥沃和排水良好的沙壤土中生长。

繁殖方式：常在4月进行点播，一般7～10天发芽。

园林用途：在园林中常作为背景材料。也可植于篱边、墙角，或零星空地。

27. 蜀葵（图5-34）

学名：*Althaea rosea*

科属：锦葵科、蜀葵属

别名：一丈红

识别要点：多年生作二年生花卉栽培。植株高度可达2～3m。茎直立、丛生、不分枝，全体被星状毛和刚毛。叶片互生，近圆心形或长圆形。花单生叶腋或

图5-33 黄花、秋葵
（左）
图5-34 蜀葵（右）

成总状花序顶生,花色艳丽,有粉红、红、紫、墨紫、白、黄、水红、乳黄、复色等,单瓣或重瓣。花期5～9月。

分布:原产于我国四川,现在华东、华中、华北均有分布。

习性:耐寒,喜阳,耐半阴,忌涝。耐盐碱能力强,在疏松肥沃、排水良好、富含有机质的沙质土壤中生长良好。

繁殖方式:可用播种、扦插法进行繁殖。

园林用途:可作为花坛和花境的背景材料,也可在篱边、墙角、零星空地散植。

图5-35 锦葵

28.锦葵 (图5-35)

学名:***Malva sylvestris***

科属:锦葵科、锦葵属

别名:钱葵

识别要点:二年生或多年生直立草本。植株高度50～90cm。茎直立,分枝多,被粗毛。叶互生,圆心形或肾形,具5～7圆齿状钝裂片,边缘具圆锯齿。花3～11朵簇生于叶腋,紫红色或白色,花期5～10月。

分布:原产亚洲、欧洲及北美洲。

习性:耐寒,耐干旱。喜阳光充足。对土壤要求不严,但在沙质土壤中生长最适宜。

繁殖方式:以播种繁殖为主,也可分株繁殖。播种一般在3～4月进行。分株在春秋均可进行。

园林用途:主要布置花境,也可布置花坛。另外还可作为绿地背景或种植于零星空地。

29.大花三色堇 (图5-36)

学名:***Viola tricolor*** var. ***hortensis***

科属:堇菜科、堇菜属

别名:蝴蝶花、猫儿脸

识别要点:二年生花卉。植株高度在15～30cm之间。单叶互生,基生叶近心脏形,茎生叶较狭长,叶子边缘波浪状;托叶大,宿存,基部呈羽状深裂。花单生叶腋,下垂,花色丰富,有白、黄、橙、粉、红、紫等单色和复色,花期3～6月。

分布:原产于欧洲。

习性:喜阳光充足,略耐半阴;较耐寒,忌炎热干燥,生长适温为7～15℃,温度高于20℃时生长不适应。

繁殖方式:一般用播种的方法来进行繁殖。种子每克约760粒,在9～10月播种,发芽温度一般控制在18～24℃,10天左右出苗。过早播种形成植株

图 5-36 大花三色堇
（左）
图 5-37 角堇（右）

较大，降低抗寒力，过迟则植株未能充分发育，对越冬不利。从播种到开花约100~120天。

园林用途：大花三色堇花色丰富，主要用作冬季及春季花坛。大花品种可盆栽或作组合盆栽；小花品种可用于岩石园及作悬挂花篮。

同科同属其他种类：角堇（*Viola cornuta*）（图 5-37），又名小三色堇。原产于西班牙。多年生草本，常作二年生栽培。株高 10~30cm。花堇紫、大红、橘红、明黄及复色。

30. 美丽月见草（图 5-38）

学名：*Oenothera speciosa*

科属：柳叶菜科、月见草属

别名：待霄草

识别要点：多年生作一、二年生栽培。叶互生，茎下部分有柄，上部的叶无柄；叶片长圆状或披针形，边缘有疏细锯齿，两面被白色柔毛。花单生于枝端叶腋，花白至粉红色，花期 5~10 月。

分布：原产美洲温带。

习性：喜光，耐寒，忌积水。适应性强，耐酸、耐旱。对土壤要求不严，一般中性、微碱或微酸性疏松的土壤上均能生长。

繁殖方式：主要采用播种法进行繁殖。播种在春、秋季均可进行，一般 10~15天发芽。

园林用途：美丽月见草花粉红色，适宜于布置花坛、花境。也可用于庭院沿边布置或假山石隙点缀。

31. 大花牵牛（图 5-39）

学名：*Pharbitis nil*

科属：旋花科、牵牛花属

别名：大花牵牛、喇叭花

识别要点：一年生缠绕性草本。茎长可达 3m。全株被粗硬毛。单叶互生，近

图 5-38 美丽月见草

图 5–39　大花牵牛（左）
图 5–40　圆叶牵牛（右）

卵状心形，常呈 3 浅裂。花 1 ~ 2 朵腋生，花冠漏斗状，顶端 5 浅裂，花有红、粉红、白、雪青等色，花期 6 ~ 10 月。

分布：原产于亚洲热带及亚热带地区。

习性：喜阳光，能耐干旱及瘠薄，直根性，能自播。花一般清晨开放，10 时后凋谢。

繁殖方式：一般在春季进行播种繁殖。

大花牵牛栽培时移植和定植较早进行，一般在具有 4 ~ 6 枚真叶时即可定植。

园林用途：常用于花架，或攀缘于篱墙之上作垂直绿化。也可作地被或进行盆栽观赏，盆栽观赏时需要设立支架让其攀缘。

同科同属其他种类：圆叶牵牛（*Pharbitis purpurea*）（图 5–40），叶圆卵形或阔卵形。花期 5 ~ 10 月。

32. 茑萝（图 5–41）

学名：*Quamoclit pennata*

科属：旋花科、茑萝属

别名：羽叶茑萝、密萝松、游龙草、茑萝松、锦屏封

识别要点：一年生缠绕性草本。茎长可达 4 ~ 5m，柔软。单叶互生，羽裂，裂片细长如丝。花腋生，小，深红，鲜艳，形如五角星，花期 7 ~ 9 月。

分布：原产墨西哥，现世界各地广泛栽培。

习性：同大花牵牛。

繁殖方式：同大花牵牛。

园林用途：同大花牵牛。

同科同属其他种类：圆叶茑萝（*Quamoclit coccinea*）（图 5–42），叶子心形。

图 5–41　茑萝（左）
图 5–42　圆叶茑萝（右）

· 246　园林植物

槭叶茑萝（*Quamoclit lobata*）（图 5-43），叶 3 ~ 7 浅裂。

33. 福禄考 （图 5-44）

学名：*Phlox drummondii*

科属：花忍科、福禄考属

别名：草夹竹桃

识别要点：一年生花卉。植株高度 20 ~ 40cm。叶互生，椭圆状披针形，叶子边缘全缘。聚伞花序顶生，花冠高脚碟状，花色有白、粉红、紫、紫红、蓝紫等，花期 5 ~ 6 月。

分布：原产欧洲北部。

习性：福禄考对土壤要求不严，要求阳光充足，不耐干旱和酷热。

繁殖方式：一般在 9 月初播种，在 20℃的气温条件下，发芽整齐。

当幼苗具有 3 ~ 4 枚真叶时进行一次移植，到 11 月可上盆，每月追两次稀薄液肥。

园林用途：主要用于布置花坛、花境，也可盆栽观赏或作切花。

34. 长春花 （图 5-45）

学名：*Catharanthus roseus*

科属：夹竹桃科、长春花属

别名：日日新、四时春

识别要点：多年生草本常作为一年生草本花卉栽培。株高达 60cm。幼枝绿色或红褐色。单叶对生，长圆形或倒卵形，全缘，光滑。花 1 ~ 2 朵腋生；花冠高脚碟状，粉红色或紫红色，花期 7 ~ 10 月。

分布：原产于中国。

习性：长春花喜温暖、稍干燥和阳光充足环境。忌湿怕涝，宜肥沃和排水良好的壤土。

繁殖方式：一般在春季 4 月进行播种繁殖，也可在初夏扦插繁殖。

园林用途：长春花适用于盆栽花坛和岩石园观赏，特别适合大型花槽观赏。在热带地区长春花作为林下的地被植物，成片栽植。

图 5-43　槭叶茑萝（左）
图 5-44　福禄考（中）
图 5-45　长春花（右）

35. 美女樱 （图5—46）

学名：*Verbena hybrida*

科属：马鞭草科、马鞭草属

别名：对叶梅

识别要点：多年生草本花卉作一、二年生栽培。植株高度30～50cm，被柔毛。叶对生，长椭圆形，叶子边缘具有锯齿，近叶基部稍分裂。穗状花序顶升，开花部分呈伞房状，花冠高脚碟状，花色有蓝、紫、黄、红、粉红、白等色，花期5～10月。

分布：原产于南美巴西、秘鲁等地。

习性：喜阳光，不耐干旱，对土壤要求不严。

繁殖方式：一般采用播种法繁殖，在春季和秋季均可播种，但一般以秋季9月中下旬为主。每克种子有350粒，播种时密度为每平方米20g。由于种子发芽较慢，而且发芽不整齐，为了提高发芽率，播种前需要浸种6～8h。在20～25℃的条件下10～14天发芽。从播种到开花约100天。

园林用途：美女樱花色丰富、花期较长，植株低矮，非常适宜于布置花坛、花境，是树坛边缘绿化良好的材料，也常盆栽观赏。

36. 彩叶草 （图5—47）

学名：*Coleus blumei*

科属：唇形科、锦紫苏属

别名：洋紫苏、锦紫苏

识别要点：多年生作一年生栽培。植株高度在20～60cm之间。茎四棱形。单叶对生，卵圆形，叶子边缘具有锯齿；叶子的颜色变化丰富，有黄色、绿色、红色、紫色等，以及多种颜色镶嵌成美丽图案的复色。总状花序顶生，花淡蓝白色，小而不显著，不是主要的观赏部位。

分布：原产于亚洲、大洋洲热带和亚热带地区。

习性：喜阳光充足和温暖的生长环境，不耐寒冷，最适宜生长的温度为20～25℃，当温度低于15℃就会生长不良，若温度低于5℃则会产生冻害死亡。彩叶草不耐干旱，如果土壤干燥会导致叶面色泽暗淡。

繁殖方式：有播种繁殖和扦插繁殖两种方法。彩叶草种子每克约有3500粒，播种繁殖一般在3～5月进行，在20～25℃的温度条件下，约7～10天种

图5—46　美女樱（左）
图5—47　彩叶草（右）

子萌发。由于彩叶草的种子较细小，为播种均匀，故在播种时需要将种子与细沙混合。又并且由于种子喜光，故播种后不必覆土。

扦插繁殖一年四季皆可进行，但在7～8月间结合修剪进行扦插繁殖最适合。插穗长10cm左右，并要有2～3个节。约14天即可生根。

园林用途：彩叶草叶色美丽，适宜于盆栽、组合盆栽，也常布置花坛，另外还可作切花。

37. 一串红（图5-48）

学名：*Salvia splendens*

科属：唇形科、鼠尾草属

别名：墙下红、西洋红

识别要点：多年生作一年生栽培。植株高度在30～80cm之间。茎四棱，基部常木质化。叶对生、卵圆形，叶子边缘具有锯齿。总状花序顶生，花冠唇形，一般花冠和花萼同色，花色最常见的为红色，另外也有粉红、洋红、白、紫、蓝等色，开花时间一般在7～11月。

分布：原产于南美地区，现各地均有栽培。

习性：喜阴，但也能耐半阴，特别是在半阴的环境条件下开花最佳。怕霜，忌水涝。

繁殖方式：有播种和扦插繁殖两种方法。播种繁殖是一串红最常用的繁殖方法，一般在3月下旬～6月均能进行，其中在3月下旬～4月上旬播种发芽效果最好；一串红的种子每克有250～300粒，播种繁殖时播种密度为每个育苗盘800～1000粒种子或每平方米播种床播种量20～25g；播种介质可采用园土、草木灰加入泥炭和珍珠岩，播种介质pH值以6.0～6.5为佳，播种后覆细土1cm；在22～24℃的温度条件下一般7～14天发芽，出苗后将地温降至20～22℃。一串红也可以在6～7月份采用扦插方法来进行繁殖。

园林用途：一串红花期较长、花色鲜艳，常布置花坛、花境，特别是国庆节花坛的主要材料。也可盆栽、作切花。

同科同属其他种类：红花鼠尾草（*Salvia coccinea*）（图5-49），又称朱唇。一年生花卉。叶长心形，叶缘有锯齿。秋播花期为翌年早春4月；夏播花期为8～9月。

图5-48　一串红（左）
图5-49　红花鼠尾草
（右）

38．观赏辣椒（图 5–50)

学名：*Capsicum frutescens*

科属：茄科、辣椒属

识别要点：亚灌木作为一年生栽培。植株高度一般在 30 ～ 70cm 之间。单叶互生，叶形为卵状披针形或矩圆形，叶缘全缘。花一般单生叶腋，白色、小，开花季节为 7 ～ 10 月。浆果形状随各种辣椒而异。如朝天椒的长指形或圆锥形浆果、五色椒的球形浆果，浆果成熟时颜色也有多种情况，一般常见的有红色、黄色、橙色带紫色。

分布：原产于中美洲和南美洲

习性：观赏辣椒喜温暖，不耐寒，较耐肥。生长适温在 15 ～ 25℃之间，其中幼苗期为 20℃，开花期为 15 ～ 20℃，果实成熟期为 25℃。

繁殖方式：一般在春季 4 月采用播种方法进行繁殖，种子每克约 320 粒，播种前一般需要用冷水进行浸种处理。播种后保持 21 ～ 24℃的温度条件，2 ～ 3 周即可发芽。

园林用途：观赏辣椒果实色彩鲜艳，玲珑可爱，是优良的盆栽观果植物，也常布置花坛或花境。

变种：五色椒(var.*cerasiforme*)。浆果圆形、散生、直立，果实直径 1 ～ 2cm，果实成熟时为黄色或紫红色。朝天椒（var.*conoides*)。浆果圆锥形，长 5cm 左右，果实成熟时为红色。

39．红花烟草（图 5–51)

学名：*Nicotiona sanderae*

科属：茄科、烟草属

识别要点：多年生作一年生栽培。植株高度在 60 ～ 80cm 之间。全株被细毛。叶对生，基生叶匙形，茎生叶矩圆形。花红色，花期 8 ～ 10 月。

分布：原种原产于巴西南部和阿根廷北部。本种在英国杂交育种成功。

习性：喜温暖，不耐寒。喜阳，耐微阴。为长日照植物。喜肥沃疏松而湿润的土壤。

图 5–50　观赏辣椒
　　（左）
图 5–51　红花烟草
　　（右）

繁殖方式：在春季播种。发芽适温21～24℃，播后14～15天发芽。经一次移植后，6月初可以定植。栽培期间要摘心，以促进分枝。

园林用途：可作为花坛、花境材料。也可散植于林缘、路边。矮生品种可盆栽观赏。

40．矮牵牛（图5-52）

学名：*Petunia hybrida*

科属：茄科、矮牵牛属

别名：碧冬茄

识别要点：多年生作一、二年生草本花卉栽培。植株高度在40～50cm之间，全株被有腺毛。茎一般有侧卧现象。叶卵形，全缘，互生，上部叶片对生。花冠漏斗状，花有单、重瓣之别，花色丰富，白、粉、红、蓝、紫等单色复色均有，自然开花时间在5～10月。

分布：原产于南美洲。

习性：矮牵牛喜温暖、阳光充足，耐干旱、不耐寒冷，适宜疏松、肥沃、排水良好的微酸性土壤。

繁殖方式：矮牵牛可用播种和扦插两种方法来进行繁殖，不管是播种繁殖，还是扦插繁殖一年四季均可进行。但播种繁殖一般以秋季播种为多。因矮牵牛种子细小（每克种子有7000～10000粒），故需采用疏松、轻质、排水良好的介质，播种后一般不必覆土。在24～25℃的条件下，10～12天可以完成出苗。单瓣品种从播种到开花只需要80～120天，而重瓣品种从播种到开花则需要120～150天。

扦插繁殖以春季和秋季生根快。扦插时剪取6～8cm长的健壮嫩枝作插穗，剪掉下部叶片和花蕾，仅留顶叶两对，插于河沙、蛭石、珍珠岩中，在不受风吹的半阴处，保持20～25℃的温度条件下，大约14天即可生根。

矮牵牛要求阳光充足、喜温暖，但温度过高会影响植形，故生长期间温度以13～15℃为最佳。不耐寒，冬季需维持5℃以上，故需在温室或塑料大棚内过冬。一般短日照条件有利于枝叶生长，长日照条件有利于开花。浇水、施肥时不能沾污叶面和花朵，以免引起腐烂。到矮牵牛生长后期，其茎伸长较明显、容易老化，可通过整形修剪，促使控制植株形状、促进更新。

园林用途：矮牵牛花大、色彩丰富，花期长，是主要和优良的花坛、花境布置材料。另外也可以盆栽摆设于厅堂、居室。大花瓣种可作切花。一些蔓生性品种可以用作悬挂盆栽。

图5-52　矮牵牛

图5—53 蛾蝶花（左）
图5—54 冬珊瑚（右）

41. 蛾蝶花（图5—53）

学名：*Schizanthus pinnatus*

科属：茄科、蛾蝶花属

别名：蝴蝶花、平民兰

识别要点：二年生花卉。植株高度50～100cm。全株有细毛。叶互生，1～2回羽裂。总状花序顶生，花期4～6月。

分布：原产南美智利。

习性：喜凉爽、温和环境，耐寒力不强，忌高温、多湿。生长适温为15～25℃。土质以含有机质、肥沃的沙质壤土或腐叶土为佳。

繁殖方式：一般在8～9月采用播种方法进行繁殖。发芽适温为15～20℃，约10～15天发芽。

园林用途：是优良的早春花坛材料，也可室内盆栽观赏或作切花。

42. 冬珊瑚（图5—54）

学名：*Solanum pseudo-capsicum*

科属：茄科、茄属

别名：珊瑚樱、吉庆果

识别要点：直立小灌木，作一、二年生栽培。植株高度在30～60cm之间。叶互生，狭长圆形至倒披针形。花腋生，小，白色，夏秋开花。浆果，深橙红色，圆球形，直径1～1.5cm。花后结果，经久不落，可在枝头留存到春节以后。

分布：原产欧、亚热带。

习性：喜温暖、向阳、湿润的环境及排水良好的土壤。不耐寒，在北方需入温室越冬。

繁殖方式：一般在春季进行室内播种。

园林用途：适宜于盆栽观赏，也可布置花坛。

43. 金鱼草（图5—55）

学名：*Antirrhinum majus*

科属：玄参科、金鱼草属

别名：龙头花、龙口花

识别要点：多年生作二年生栽培。植株高度在30～90cm之间。单叶对生，上部叶互生，叶形为披针形或长椭圆形，叶边缘全缘。总状花序顶生，花冠筒

状唇形，花色丰富，有白、黄、粉、红、紫等色，花期 5 ～ 6 月。

图 5—55　金鱼草（左）
图 5—56　毛地黄（中）
图 5—57　夏堇（右）

分布：原产于欧洲。

习性：喜阳光充足，稍耐半阴；要求排水良好、含腐殖质丰富的黏重土壤；较耐寒，在 0 ～ 12℃的温度条件下均能生长。

繁殖方式：以播种繁殖为主。一般在 9 月下旬到 10 月初播种，种子每克 6000 粒左右。播种密度为每个育苗盘 1000 粒。温度控制在 18 ～ 21℃，不可高于 24℃，一般 7 ～ 10 天萌发。从播种到开花约为 90 ～ 100 天。

园林用途：金鱼草花形奇特、花色丰富且艳丽、花茎挺直，具有较高的观赏价值。它是优良的花坛、花境材料，也可作切花用于瓶插或花篮，矮型种还可以盆栽。

44. 毛地黄（图 5-56）

学名：*Digitalis purpurea*

科属：玄参科、毛地黄属

别名：洋地黄

识别要点：多年生作二年生栽培。株高可达 100 ～ 180cm。茎直立，全株被毛。基生叶莲座状，茎生叶互生，卵状披针形，叶面多皱。总状花序顶生，花色有紫、桃红、白等色，花期 5 ～ 6 月。

分布：原产于欧洲、北非和西亚。

习性：喜阳，耐半阴。适生于疏松、肥沃的土壤。

繁殖方式：毛地黄一般在秋季进行播种繁殖。

园林用途：主要用于花境布置及切花。

45. 夏堇（图 5-57）

学名：*Torenia fournieri*

科属：玄参科、蝴蝶草属

别名：蓝猪耳

识别要点：一年生花卉。株高 15～30cm。方茎，分枝多，呈披散状。叶对生，卵形或卵状披针形，边缘有锯齿。总状花序腋生或顶生，唇形花冠，花萼膨大，花色有紫青色、桃红色、蓝紫色、深桃红色及紫色等，花期 7～10 月。

分布：原产于亚洲热带和亚热带地区。

习性：喜高温，耐炎热。喜光，耐半阴。对土壤要求不严。

繁殖方式：春播为主，种子萌发适宜温度为 20～30℃，播种后约 10～15 天发芽。

园林用途：夏堇花色丰富，花期长，适合布置花坛、花境，也可作为吊盆栽培观赏，还能进行阳台装饰。

图 5—58　风铃草

46. 风铃草（图 5—58）

学名：*Campanula medium*

科属：桔梗科，风铃草属

别名：瓦筒花、钟花

识别要点：二年生花卉。株高约 1m。全株多毛。莲座叶卵形至倒卵形，叶缘圆齿状波形，粗糙。叶柄具翅。茎生叶小而无柄。总状花序，花冠钟状，花色有白、蓝、紫及淡桃红等，花期 4～6 月。

分布：原产于南欧。

习性：喜夏季凉爽、冬季温和的气候。喜疏松、肥沃、排水良好的壤土。

繁殖方式：在秋季进行播种繁殖。

园林用途：可盆栽观赏，也可布置花境。

47. 半边莲（图 5—59）

学名：*Lobelia erinua*

科属：桔梗科、半边莲属

别名：山梗菜

识别要点：多年生草本作二年生栽培。植株高度 15～30cm。茎纤细、匍匐、光滑。叶互生，无叶柄，下部叶匙形，具圆齿，先端尖；上部叶倒披针形。总状花序顶生；花小；花瓣 5 枚，一边三枚较大，一边两枚较小；花色以蓝色为主（包括浅蓝、紫蓝、天蓝、嫩蓝、

图 5—59　半边莲

闪电蓝、宝石蓝等），喉部白色或黄色以及酒红色、白色；花期 4～6 月。

分布：原产于南非。

习性：喜阳光，也耐半阴。喜深厚肥沃、湿润的沙质壤土。耐寒力不强。忌酷热、干旱。

繁殖方式：在秋季进行播种繁殖，在 21～24℃ 的温度下，约 20 天左右发芽。另外还可用分株和扦插等方法繁殖。

园林用途：可布置花坛、花境，也可盆栽观赏。

48. 藿香蓟（图 5-60）

学名：*Ageratum conyzoides*

科属：菊科、藿香蓟属

别名：霍香蓟、胜红蓟

识别要点：一年生草本。株高 50～100cm。全株被白色短柔毛。叶对生，有时上部互生，卵形、椭圆形或长圆形。头状花序 4～18 个在茎顶排成伞房状花序，小花筒状，蓝色或白色，花期 6～10 月。

分布：原产于墨西哥。在海拔 2800m 以下地区都有分布。

习性：喜温暖、阳光充足的环境。对土壤要求不严。不耐寒，在酷热条件下生长不良。分枝力强，耐修剪。

繁殖方式：可采用播种或扦插法繁殖。播种繁殖在 4 月进行，一般播种后两周发芽。扦插在 5～6 月间剪取顶端嫩枝作插条，一般插后 15 天左右生根。

园林用途：适宜布置花坛、花境，也可盆栽观赏。还是优良的地被材料。

49. 雏菊（图 5-61）

学名：*Bellis perennis*

科属：菊科、雏菊属

别名：长命菊、延命菊

识别要点：多年生草本作二年生栽培。植株矮小，高仅在 15～20cm 之间。叶基生，匙形，叶柄明显，叶缘有圆锯齿。头状花序，花有白、粉、红等色，花期 3～5 月。

分布：原产南欧及西亚。

习性：喜阳光充足，能耐寒。

图 5-60　藿香蓟（左）
图 5-61　雏菊（右）

繁殖方式：一般在秋季进行播种繁殖。

园林用途：雏菊为良好的早春观花的花坛植物，也可作为花坛边饰材料，还可在草坪上丛植点缀，如能密集种植组成色块，色彩则更鲜艳。

50．金盏菊（图5-62）

学名：*Calendula officinalis*

科属：菊科、金盏菊属

别名：黄金盏、金盏花

识别要点：二年生花卉。植株高度在40～60cm之间。全株具毛。叶互生，长圆形至长圆状倒卵形或长匙形，叶全缘或有不明显的锯齿，叶基部稍抱茎。头状花序顶生；黄色至深橙红色，栽培品种也有乳白、浅黄色；花期3～7月。

图5-62　金盏菊

分布：原产欧洲。

习性：金盏菊能耐干旱、瘠薄，稍耐阴。在疏松肥沃土壤和阳光充足的地方生长良好。

繁殖方式：金盏菊一般在9月上中旬进行播种繁殖。种子每克100粒，播种时每平方米播种量在60g左右，播种后保持21℃的温度，约10天发芽。

园林用途：金盏菊花色金黄、醒目，主要用于布置春季花坛和花境，也常盆栽观赏或作切花。

51．翠菊（图5-63）

学名：*Callistephus chinensis*

科属：菊科、翠菊属

别名：蓝菊、五月菊

识别要点：一年生花卉。株高在20～100cm之间。茎上被有白色的糙毛，茎色有绿和紫红两种。绿色茎一般花色浅；紫红色茎一般花色深。单叶互生；下部叶的叶形为卵形，向上叶逐渐变小，成为匙形；叶边缘具有锯齿。头状花序顶生，花色从白色经粉、红至深红色及蓝紫色，但翠菊没有黄色，在7～10月份开花。

分布：原产我国。

习性：为浅根性植物，不宜栽培于干燥瘠薄之地。忌酷暑，炎热时虽能开花但结实不良。忌连作，稍耐阴。

繁殖方式：每克种子在570粒左右，一般于3～5月以20g/m² 的密度进行播种繁殖，

图5-63　翠菊

在 21℃的发芽温度下，一般 8 ～ 10 天发芽。

园林用途：翠菊花色鲜艳、花形多变，适宜于布置花坛、花境，也可盆栽、作切花。

52. 白晶菊 （图 5—64）

学名：*Chrysanthemum paludosum*

科属：菊科、茼蒿属

别名：晶晶菊、小白菊

识别要点：多年生草本作二年生栽培。株高 15 ～ 25cm。叶互生，1 ～ 2回羽裂。头状花序顶生，边缘舌状花银白色，中央筒状花金黄色，花期从冬末至初夏，3 ～ 5月为盛花期。

分布：原产于北非、西班牙。

习性：喜阳光充足而凉爽的环境。耐寒，不耐高温，生长适温为15 ～ 25℃。适应性强，对土壤要求不严，但宜种植在疏松、肥沃、湿润的壤土或沙质壤土中生长最佳。

繁殖方式：通常在秋季9 ～ 10月用播种法繁殖，发芽适宜温度为15 ～ 20℃，一周左右发芽。

园林用途：白晶菊低矮而强健，多花，成片栽培耀眼夺目，也适合盆栽或植于早春花坛。

同科同属其他种类：花环菊（*Chrysanthemum carinatum*）（图 5—65），又称三色菊。一、二年生花卉。植株高度 60 ～ 90cm。叶互生，二回羽状中裂，头状花序，舌状花具白、黄、橙黄、褐黄、淡红、深红、玫瑰红和雪青等色，基部或先端带有红、白、黄、褐红色形成的三轮环状色彩。盘心筒状花呈黄、绿、红色或兼有二色。

53. 矢车菊 （图 5—66）

学名：*Centaurea cyanus*

科属：菊科、矢车菊属

别名：蓝芙蓉、翠兰

识别要点：二年生花卉。植株高度 30 ～ 90cm。枝细长，多分枝。叶线形，全缘；基部常有齿或羽裂。头状花序顶生，边缘舌状花为漏斗状，花瓣边缘带

图 5—64　白晶菊 （左）
图 5—65　花环菊 （中）
图 5—66　矢车菊 （右）

齿状裂，中央花管状，呈白、红、蓝、紫等色，但多为蓝色。

图5-67 波斯菊

分布：原产于欧洲，在广大地区均有分布。

习性：喜光，不耐阴湿。较耐寒，喜冷凉，忌炎热。生长适宜温度为15～25℃。喜肥沃疏松和排水良好的沙质土壤。

繁殖方式：一般在9～10月份采用播种法繁殖。

园林用途：适宜布置花坛、花境，也可作为切花。

54. 波斯菊（图5-67）

学名：**_Cosmos bipinnatus_**

科属：菊科、秋英属

别名：大波斯菊、秋英

识别要点：株高近1m。叶对生，2回羽状深裂，裂片线形。头状花序，花有粉红、紫红和白色，花期6～10月。

分布：原产于北美。

习性：性强健，耐瘠薄，忌炎热，喜阳光。

繁殖方式：一般春季进行播种繁殖，也可在7～8月间进行扦插繁殖。

具有4枚真叶时进行移植，同时进行摘心。在生长期间要控制肥水，否则容易引起徒长、开花不良。

园林用途：常作为花境植物使用，也可作切花。

同科同属其他种类：硫磺菊（**_Cosmos sulphureus_**）（图5-68），又称硫华菊、黄波斯菊。一年生花卉。植株高度在60～100cm之间。叶对生，2回羽状深裂，裂片披针形。头状花序顶生，舌状花黄色、橙色，盘心筒状花呈黄色至褐红色，花期6～10月。

55. 天人菊（图5-69）

学名：**_Gaillardia pulchella_**

科属：菊科、天人菊属

别名：虎皮菊

识别要点：多年生草本作一年生栽培。株高30～50cm。叶互生，矩圆形、披针形至匙形，齿缘或缺刻。头状花序顶生，舌状花黄色，基部紫红色，先端3裂齿，管状花先端芒状裂，紫色，花期7～10月。

分布：原产于北美。

习性：喜阳，也耐半阴。要求疏松、排水良好的土壤。能抗微霜，属夏秋花中凋谢最晚者。

繁殖方式：一般在春季进行播种繁殖。两周发芽。

园林用途：可布置花坛、花境，也可盆栽、作切花。

图 5-68　硫磺菊（左）

图 5-69　天人菊（右）

56．堆心菊（图 5-70）

学名：*Heleniun bigelovii*

科属：菊科、堆心菊属

别名：翼锦鸡菊

识别要点：一、二年生花卉。叶阔披针形，叶边缘具锯齿。头状花序顶生，黄色，花期 7 ～ 10 月。

分布：原产于北美。

习性：喜温暖向阳环境，抗寒耐旱，适生温度 15 ～ 28℃。对土壤要求不严。

繁殖方式：一般采用播种法进行繁殖，播种后约 10 ～ 15 天发芽。

园林用途：适宜于布置花境，也可作为花坛镶边或作地被植物布置。

57．向日葵（图 5-71）

学名：*Helianthus annuus*

科属：菊科、向日葵属

别名：葵花、向阳花、朝阳花

识别要点：一年生花卉。植株高度在 90 ～ 200cm 之间。全株具毛。茎粗壮。

图 5-70　堆心菊（左）

图 5-71　向日葵（右）

叶互生，宽卵形，边缘具锯齿。头状花序顶生，舌状花黄色，盘心筒状花为褐紫色，花期7～9月。

分布：原产于北美。现世界各地均有分布。

习性：喜温暖、湿润、阳光充足的环境。耐旱，不耐寒，生长温度以20～30℃之间最佳，也能耐受38℃的高温环境。对土壤要求不严。

繁殖方式：在春季用播种法进行繁殖。

园林用途：主要用于花境布置。矮生种类可布置花坛，也可盆栽观赏。

58．麦秆菊（图5—72）

学名：*Helichrysum bracteatum*

科属：菊科、腊菊属

别名：腊菊、干巴花

识别要点：多年生草本作一、二年生栽培。株高40～80cm。全株具微毛。叶互生，长椭圆状披针形，全缘。头状花序顶生，总苞片多层、膜质发亮，形如花瓣，有黄、红粉、白等色，花期7～9月。

分布：原产于东半球温暖地区。

习性：忌酷热，盛暑时生长停止，开花少。

繁殖方式：在春季用播种法进行繁殖。

园林用途：由于麦秆菊苞片干燥、色彩鲜艳、经久不褪，故非常适宜于切取做成"干花"。也常布置花坛、花境。

59．美兰菊（图5—73）

学名：*Melampodium lemon*

科属：菊科、美兰菊属

别名：黄帝菊、皇帝菊

识别要点：一、二年生花卉。植株高度30～50cm。全株粗糙。叶对生，阔披针形或长卵形，边缘具锯齿。头状花序顶生，舌状花金黄色，盘心筒状花黄褐色，春至秋季开花。

分布：原产于巴西，主要分布在中、南美洲。

图5—72 麦秆菊（左）
图5—73 美兰菊（右）

习性：喜温暖、阳光充足的环境。耐热性强。以疏松、肥沃、排水良好的沙质壤土为佳。

繁殖方式：主要在春季 2～5 月播种，发芽适温为 20～25℃。

园林用途：美兰菊花鲜黄色，花朵繁多，花期长，是理想的花坛布置材料。

60. 黑心菊（图 5—74）

学名：*Rudbeckia hirta*

科属：菊科、金光菊属

识别要点：多年生作二年生栽培。株高 60～100cm。叶互生，羽状分裂，基部叶 5～7 裂，茎生叶 3～5 裂，边缘具稀锯齿。头状花序，花黄色，花期 5～9 月。

分布：原产美国东部地区。

习性：适应性强，耐寒，耐旱，喜向阳通风的环境，对土壤要求不严。

繁殖方式：用播种、分株、扦插法均能进行繁殖。播种繁殖一般在春季 3 月和秋季 9 月均可进行，发芽适宜温度为 21～30℃，发芽时间约为 15 天。分株和扦插繁殖也可在春秋两季进行。

园林用途：适合花坛、花境、庭院布置，或布置草地边缘成自然式栽植。也可作切花。

61. 桂圆菊（图 5—75）

学名：*Spilanthes oleracea*

科属：菊科、金钮扣属

别名：金钮扣

识别要点：一年生花卉。株高 30～40cm。叶暗绿色，对生，广卵形，边缘有锯齿。头状花序，开花前期呈圆球形，后期伸长呈长圆形。花黄褐色，无舌状花，花期 7～10 月。

分布：亚洲热带地区。

习性：喜温暖、湿润、向阳环境。不耐寒，忌干旱。要求疏松、肥沃的土壤。

繁殖方式：在春季采用播种繁殖。

园林用途：可布置花坛、花境，也可作地被或盆栽观赏。

图 5—74 黑心菊（左）
图 5—75 桂圆菊（右）

图 5—76　孔雀草（左）
图 5—77　万寿菊（右）

62．孔雀草（图 5—76）

学名：*Tagetes patula*

科属：菊科、万寿菊属

别名：小万寿菊、红黄草

识别要点：多年生草本作一年生栽培。植株高度在 25 ～ 40cm 之间。茎干较细，略带倾斜，稍带紫红色。单叶对生，叶子羽状深裂，裂片为披针形，裂片的边缘有锯齿。头状花序顶生，舌状花黄色，基部或者边缘红褐色，也有全红褐色而边缘为黄色的种类，7 ～ 11 月开花。

分布：原产南美及墨西哥。

习性：能耐早霜，在酷暑时生长不良，生长后期植株比较容易倒伏。

繁殖方式：有播种和扦插两种繁殖方法。孔雀草每克种子有 350 粒，在自然条件下 3 ～ 7 月均可以进行播种，播种密度为每个育苗盘 500 粒左右的种子。孔雀草种子萌发较快，在 15 ～ 22℃ 的温度条件下，一般发芽时间为 3 ～ 5 天，如果温度保持在 22 ～ 24℃ 最快 2 天就能发芽。孔雀草从播种到开花的时间一般需 60 ～ 70 天。

另外，孔雀草还可以在 6 ～ 7 月采用扦插法来进行繁殖。

园林用途：孔雀草适应性强，植株紧密，叶翠花艳，是使用非常普遍的花卉之一，它可布置花坛、花境，也可盆栽或作切花。

同科同属其他种类：万寿菊（*Tagetes erecta*）（图 5—77），又称臭芙蓉。一年生花卉。株高 50 ～ 80cm、茎粗壮、直立、绿色。叶对生，羽状深裂，但裂片边缘有具有特殊气味的腺点；裂片顶端具有长而软的芒。头状花序黄色或橙黄色。

63．百日草（图 5—78）

学名：*Zinnia elagans*

科属：菊科、百日草属

别名：对叶梅、步步高

识别要点：一年生花卉。株高在 50 ～ 90cm 之间。整个植株全部具有粗毛。叶单叶对生，叶形通常为卵形至长椭圆形，叶的边缘全缘，没有

图 5—78　百日草

锯齿;叶没有叶柄，叶基部稍微有些抱茎。头状花序顶生，花色有红色、白色、橙色、黄色等多种，开花时间在 6 ～ 10 月。

分布：原产南美及墨西哥。

习性：喜光，耐干旱，耐半阴。对土壤要求不严。

繁殖方式：一般在 4 月上旬采用播种法进行繁殖。百日草的种子每克约有 300 粒，播种时每平方米播种 50g 左右种子。如果将白天气温控制在 25℃左右，夜间温度控制在 12 ～ 15℃之间，大约 7 天就可发芽。从播种到开花约 80 ～ 90 天。

园林用途：百日草一般用于春季花坛和花境的布置，也可作切花。

同科同属其他种类：小百日草（*Zinnia angustifolia*），又称小朝阳。一年生花卉。株高 60 ～ 75cm。全株具毛。叶对生，卵形或长椭圆形，基部抱茎。头状花序，花有黄、红、白等色，夏秋开花。

5.2 宿根花卉

5.2.1 宿根花卉概述

1. 宿根花卉的概念

宿根花卉为多年生草本植物。是特指地下部器官形态未经变态成球状或块状的常绿草本和地上部在花后枯萎，并以地下部着生的芽或萌蘖越冬、越夏的花卉。

2. 宿根花卉的生态习性

对光照要求不一致。有的喜阳光充足，如宿根福禄考、菊花；而有的喜半阴，如玉簪、紫萼；有的喜微阴，如桔梗、楼斗菜。

耐寒力差异较大。早春及春季开花的种类，大多喜冷凉、忌炎热；而夏季和秋季开花的种类，大多喜温暖。

宿根花卉对土壤要求不严，大多数土壤均能生长。其中，菊花、芍药等较喜肥，而桔梗、金光菊等较耐瘠薄。

宿根花卉抗干旱能力较强，但不同种类对水分要求也有差异。如松果菊较耐干旱，而鸢尾则喜欢湿润。

3. 宿根花卉的主要类别

宿根花卉分为耐寒性和常绿性两类。耐寒性宿根花卉冬季地上茎、叶全部枯死，地下部分进入休眠状态，第二年春季再萌发。常绿性宿根花卉冬季地上部茎、叶仍保持绿色，植株停止生长或呈半休眠状态。

4. 宿根花卉的主要繁殖方法和常见园林用途

宿根花卉的主要繁殖方法是分株，其中春季和夏季开花的种类一般在秋季进行分株；而秋季和冬季开花的种类大多在春季分株。另外，宿根花卉也可以采用扦插法进行繁殖。

宿根花卉的常见园林用途是布置花境。另外，也布置花坛、盆栽观赏、作为地被植物或切花应用。

5.2.2 宿根花卉的种类介绍

1. 香石竹（图 5-79）

学名：*Dianthus caryophyllus*

科属：石竹科、石竹属

别名：康乃馨

识别要点：株高 60 ~ 80cm。全株被白粉，茎叶灰绿色。叶对生，线状披针形，全缘。花 1 ~ 5 朵簇生枝顶，有香气，花有白、黄、桃红及杂色等，花期 5 ~ 10 月。

分布：原产于欧洲，现世界各地广为栽培。

习性：好肥、忌连作，要求呈微碱性土壤。冬季室温 0℃ 以上能安全越冬。

繁殖方式：以扦插为主，除 7 ~ 8 月盛夏外均可扦插，但以 1 月下旬到 2 月上旬效果最好。扦插土用园土、黄沙或砻糠灰。插条应取植株中部，生长健壮的侧芽为好，随采随插。

园林用途：香石竹是世界著名的四大切花之一，是制作花篮、花束、插花的良好材料。矮种常用于布置花坛、花境或盆栽观赏。

2. 宿根霞草（图 5-80）

学名：*Gypsophila poniculata*

科属：石竹科、霞草属

别名：满天星、丝石竹

识别要点：株高 50 ~ 70cm。茎多分枝，粉绿色，被白粉。叶对生，基部叶矩形，上部叶条状披针形。聚伞花序，花小而多，花色主要为白色，也有红色，开花季节主要在 4 ~ 6 月。

分布：原产欧亚大陆。

习性：霞草要求阳光充足的环境，能耐寒。

繁殖方式：一般在秋季播种。

园林用途：主要作为切花使用，也可布置花境或作盆栽观赏。

图 5-79　香石竹（左）
图 5-80　宿根霞草（右）

3．剪夏罗（图5-81）

学名：*Lychnis coronata*

科属：石竹科、剪秋罗属

别名：剪红罗

识别要点：多年生草本。高50～80cm。茎直立，丛生，节略膨大。叶交互对生，卵状椭圆形，边缘有浅细锯齿。花1～5朵集成聚伞花序，橙红色，先端有不规则浅裂，基部狭窄成爪状，花期7～9月。

分布：原产我国，主要分布于长江流域地区。

习性：喜湿润，耐寒。在蔽阴环境下和疏松、排水良好的土壤中生长良好。

繁殖方式：一般用播种和分株法进行繁殖。播种繁殖在春季和秋季均可进行。分株繁殖在花后进行。另外，也可用扦插法繁殖。

园林用途：可成片栽植在林下或林缘作耐阴观花的地被植物，也可布置花坛、花境，还可盆栽和作切花。

4．石碱花（图5-82）

学名：*Saponaria officinalis*

科属：石竹科、肥皂草属

别名：肥皂草、肥皂花

识别要点：叶对生，椭圆状披针形。聚伞花序顶生，有单瓣及重瓣，花淡红或白色，花期6～9月。

分布：原产欧洲及西亚，我国部分地区有栽培。

习性：喜光，耐半阴。耐寒。对土壤的要求不严。

繁殖方式：可用播种和分株法繁殖。播种一般春季进行。分株在春、秋季均可。

园林用途：适宜于布置花坛、花境，也可用于庭院、路边丛植、片植。

5．楼斗菜（图5-83）

学名：*Apuilegia vulgaris*

科属：毛茛科、楼斗菜属

别名：西洋楼斗菜

图5-81 剪夏罗（左）
图5-82 石碱花（中）
图5-83 楼斗菜（右）

识别要点：植株高约 60cm。茎直立，多分枝。叶二回三出复叶，具长柄。花单生或数朵集生顶端，花萼呈花瓣状，花瓣漏斗状，自花萼间伸向后方，花色丰富，花期 5～6 月。

分布：原产欧洲。

习性：性强健而耐寒。喜富含腐殖质、湿润而排水良好的沙质壤土。在半阴处生长及开花更好。

繁殖方式：可在春、秋季进行播种繁殖，也可在早春发芽以前落叶后进行分株繁殖。

园林用途：楼斗菜叶片优美，花形独特，花期长，从春至秋陆续开放，可配置于灌木丛之间及林缘，也常作花坛、花境及岩石园的栽植材料，大花及长距品种又可作为切花。

6. 铁线莲（图 5-84）

学名：*Clematis florida*

科属：毛茛科、铁线莲属

别名：番莲、威灵仙、山木通

识别要点：多年生草本或木质藤本。茎蔓长达 4m。全株有稀疏短毛。叶对生，单叶或一至二回三出复叶，小叶卵形或卵状披针形，全缘；叶柄能卷缘他物。花单生或圆锥花序，花冠钟状，萼片瓣化，花期 5～6 月。

图 5-84　铁线莲

分布：原产于新西兰。广泛分布于各大洲，而以北温带与北半球的亚热带地区为多，中国主要分布在华南地区。

习性：喜肥沃、排水良好的碱性壤土。忌积水。耐寒性强，可耐 −20℃的低温。

繁殖方式：播种、压条、分株、扦插繁殖均可。播种繁殖在春、秋两季均可进行。压条繁殖在 3 月进行。扦插繁殖在 7～8 月取半成熟枝条作为插穗。

园林用途：铁线莲是攀缘绿化的良好材料，可种植于墙边、窗前，或依附于乔、灌木之旁，配植于假山、岩石之间，或攀附于花柱、花门、篱笆之上。也可盆栽观赏。

7. 翠雀（图 5-85）

学名：*Delphinium grandiflorum*

科属：毛茛科、翠雀属

别名：大花飞燕草

识别要点：株高 35～65cm。全株被柔毛。叶互生，掌状深裂至全裂，裂片线形。总状花序顶生，有距花冠，萼片瓣状，蓝色，花期 5～6 月。

分布：原产于北半球温带地区。

习性：喜凉爽、通风、日照充足的干燥环境和排水通畅的沙质壤土。

繁殖方式：可用分株、扦插和播种法进行繁殖。分株繁殖春、秋季均可进行。扦插繁殖在春季进行。播种繁殖在 3 ～ 4 月或 9 月均可进行，发芽适温 15℃左右。

园林用途：翠雀花形别致，适宜于布置花坛、花境，也可丛植或作切花。

图 5-85 翠雀

8. 芍药（图 5-86）

学名：**Paeonia lactiflora**

科属：毛茛科、芍药属

别名：没骨花

识别要点：植株高度在 60 ～ 80cm 之间。根粗壮、肉质。叶互生，二至三回羽状复叶，小叶通常三深裂，裂片长圆形或披针形。花单生于当年生枝条顶端的叶腋，花色丰富，花期 4 ～ 6 月。

分布：原产我国。

习性：芍药强阳性，性耐寒。夏季喜冷凉气候。

繁殖方式：通常在秋季进行分株繁殖，也可进行播种繁殖。

园林用途：可布置花坛、花境，也可布置庭院和作切花。

9. 荷包牡丹（图 5-87）

学名：**Dicentra formosa**

科属：罂粟科、荷包牡丹属

别名：兔儿牡丹

识别要点：株高 30 ～ 60cm。叶对生，三回羽状复叶，具白粉，有长柄，裂片倒卵状楔形。总状花序顶生呈拱形，花鲜红色，花期 4 ～ 5 月。

分布：原产于中国和日本。

图 5-86 芍药（左）
图 5-87 荷包牡丹（右）

习性：性耐寒而不耐夏季高温，喜湿润和含腐殖质之壤土，在沙土及黏土中生长不良。喜侧方遮阴，忌日光直射。

繁殖方式：以春秋两季进行分株为主。也可在花期剪去花蕾进行枝插，或用种子进行秋播或层积处理后春播。

园林用途：荷包牡丹叶丛美丽，花朵玲珑，可丛植或布置花境，也可栽于树下作地被植物及点缀岩石园之背光处，还可盆栽及促成切花用。

10.东方丽春花（图5—88）

学名：*Papaver orientale*

科属：罂粟科、罂粟属

别名：东方罂粟

识别要点：株高60～90cm。全株密生粗毛。叶基生，三角状卵形，羽状深裂，裂片长圆状披针形。花梗上有一层白色茸毛，花通常单朵，直径10～12cm，花色有白、粉红、红和紫等色，花瓣基部有黑色斑块，花期6～7月。

分布：原产于地中海沿岸至伊朗，现各地多有引种栽培。

习性：较耐寒、耐旱、喜光，忌炎热湿涝，喜充足的阳光、肥沃和排水良好的沙质壤土。

繁殖方式：在8月播种繁殖。

园林用途：东方丽春花花色鲜艳，花朵硕大，适宜布置花坛，也可在篱旁、路边进行条植或片植，亦可配置于林缘、草坪的边缘。

同科同属其他种类：冰岛罂粟（*Papaver nudicaule*）（图5—89），又称冰岛虞美人、裸茎罂粟。株高20～60cm。全株有硬毛。叶基生，叶片轮廓卵形至披针形，羽状浅裂、深裂或全裂，裂片狭卵形、狭披针形或长圆形。花单生于花葶先端，淡黄色、黄色或橙黄色，稀红色，花果期5～7月。

11.落新妇（图5—90）

学名：*Astilbe chinensis*

科属：虎耳草科、落新妇属

别名：红升麻、虎麻、金猫儿

图5—88 东方丽春花（左）

图5—89 冰岛罂粟（中）

图5—90 落新妇（右）

识别要点：植株高度 45 ~ 65cm。叶二至三回三出复叶，具长柄，小叶片卵形至长椭圆状卵形或倒卵形，小叶具锯齿或缺刻。圆锥花序，花色有淡紫色、紫红色、白色等，花期 8 ~ 9 月。

分布：分布于中国东北、华北、西北、西南。朝鲜、日本、俄罗斯也有分布。

习性：喜半阴，在湿润的环境下生长良好。性强健，耐寒，对土壤适应性较强，喜微酸、中性、排水良好的沙质壤土。生长最适宜温度为 15 ~ 25℃。

繁殖方式：可秋季进行分株或在 9 月进行播种繁殖。

园林用途：可植于林下或半阴处观赏，也可作盆花及切花。

12. 羽扇豆（图 5-91）

学名：*Lupinus polyphyllus*

科属：豆科、蝶形花属

别名：多叶羽扇豆、鲁冰花

识别要点：叶多基生，掌状复叶，小叶 9 ~ 16 枚。总状花序顶生，蝶形花冠，蓝紫色。园艺栽培品种色彩变化丰富，有白、红、青等色，花期 5 ~ 6 月。

分布：原产北美。

习性：喜气候凉爽、阳光充足的地方。较耐寒（-5℃以上），忌炎热。略耐阴。需肥沃、排水良好的沙质土壤。

繁殖方式：一般在秋季进行播种繁殖，在 21 ~ 30℃ 高温下约 7 ~ 10 天发芽。

园林用途：适宜布置花坛、花境或在草坡中丛植，亦可盆栽或作切花。

13. 细叶萼距花（图 5-92）

学名：*Cuphea hyssopifolia*

科属：千屈菜科、萼距花属

别名：孔雀梅

识别要点：常绿小灌木，植株矮小，分枝多而细密。叶对生，小，线状披针形，翠绿。花单生叶腋，花小而多，高脚碟状花冠，花有紫色、淡紫色、白色等色，夏秋季开花。

图 5-91　羽扇豆（左）
图 5-92　细叶萼距花
　（右）

分布：中南美洲，热带地区广泛栽培。

习性：耐热，喜高温，不耐寒。喜光，也能耐半阴。喜排水良好的沙质土壤。

繁殖方式：以扦插繁殖为主。扦插可全年进行，但以在春秋两季为好。选取健壮的带顶芽的枝条 5～8cm，去掉基部 2～3cm 茎上的叶片，插入沙床 2～3cm，约 10 天生根。

园林用途：是花坛、低矮绿篱的优良材料。也作盆花观赏。

14．金叶甘薯（图 5-93）

学名：*Ipomoea batatas* cv. *Gold Summer*

科属：旋花科、甘薯属

识别要点：多年生块根草本。茎匍匐，常下垂。叶片较大，犁头形，全植株终年呈鹅黄色

习性：耐热，不耐寒。

繁殖方式：一般用扦插繁殖。插穗选自半木质化、生长健壮、粗 0.2cm、无病虫害的枝条，长约 8～10cm，顶端要保留 2～3 片叶。

园林用途：适宜于布置花坛，也可进行盆栽作为悬吊观赏。

15．丛生福禄考（图 5-94）

学名：*Phlo subulata*

科属：花葱科、福禄考属

别名：针叶天蓝绣球

识别要点：株高 8～10cm，枝叶密集，匍地生长。叶针状，簇生，革质，与花同时开放；春季叶鲜绿色，夏秋暗绿色，冬季经霜后变成灰绿色。花高脚杯形，花小，直径约为 2cm，花期 5～12 月。

分布：原产于北美洲。

习性：喜阳光，稍耐阴。耐干旱，忌水涝。耐寒。对土壤要求不严，但在肥沃、湿润、排水良好的土壤上生长良好。在炎热多雨的夏季生长不良。

繁殖方式：以扦插和分株繁殖为主。扦插繁殖可在 5～7 月进行，选择健壮的植株，采用当年生半木质化的，长约 7～10cm 的枝条作插穗。分株繁殖可在春、秋季进行。

园林用途：丛生福禄考不仅覆盖率高，观赏价值也很强，是优良的观花地被，也常用于花坛和花境的镶边。

图 5-93　金叶甘薯（左）

图 5-94　丛生福禄考（右）

16. 细叶美女樱（图 5-95）

学名：*Verbena tenera*

科属：马鞭草科、马鞭草属

识别要点：株高 20 ～ 30cm。叶对生，叶二回羽状深裂或全裂，裂片线形。伞房花序顶生，花粉紫、白色，顶生，花期 4 ～ 10 月。

分布：原产巴西。

习性：喜温暖，忌高温多雨，有一定的耐寒性，喜光充足，对土壤要求不严，在湿润、疏松、肥沃的土中开花好，管理粗放。

繁殖方式：可用扦插和分株法繁殖。生长健壮，适应性强，栽培管理简便。

园林用途：主要用于花境和地被布置。

17. 多花筋骨草（图 5-96）

学名：*Ajuga multiflora*

科属：唇形科、筋骨草属

别名：紫唇花

识别要点：株茎高 6 ～ 20cm。4 棱形，具匍匐茎和直立茎，茎节有气生根。叶对生，长椭圆形，边缘具粗锯齿，叶片纸质，叶面有皱褶，生长季节绿中带紫，入秋后叶片紫红色。花蓝紫色，轮伞花序，花期较集中时间为 4 ～ 5 月。

分布：原产于欧亚大陆。分布于河北、山东、河南、山西、陕西、甘肃、宁夏、湖北、四川、浙江等地。

习性：喜半阴和湿润气候，在酸性、中性土壤中生长良好，耐涝、耐旱、耐阴，也耐曝晒，抗逆性强，长势强健。

繁殖方式：可用分株或扦插法进行繁殖。分株一般在生长旺季的 5 ～ 6 月或 10 月进行。扦插一年四季均可进行。

园林用途：主要用作地被和布置花境，也可布置花坛或盆栽观赏。

18. 蓝花鼠尾草（图 5-97）

学名：*Salvia farinacea*

科属：唇形花科、鼠尾草属

别名：一串蓝、蓝丝线

识别要点：株高度 30 ～ 60cm。植株呈丛生状，被柔毛。茎为四角柱状，

图 5-95　细叶美女樱
（左）
图 5-96　多花筋骨草
（中）
图 5-97　蓝花鼠尾草
（右）

且有毛,下部略木质化,呈亚低木状。叶对生,长椭圆形。穗状花序,花小,紫色,花期5～10月。

分布:原产北美南部。

习性:喜温暖、湿润和阳光充足环境。耐寒性较强,怕炎热、干燥,宜疏松、肥沃和排水良好的沙质壤土或腐叶土。

繁殖方式:春播播种繁殖。发芽适宜温度为22～24℃,一般播后20～25天发芽。

园林用途:盆栽适用于花坛、花境和园林景点的布置。也可点缀岩石旁、林缘空隙地。

19.美国薄荷 (图5-98)

学名: *Monarda didyma*

科属:唇形科、美国薄荷属

别名:马薄荷

识别要点:茎四棱形。叶对生,卵状披针形,边缘具不等大的锯齿,纸质,具有芳香。轮伞花序多花,在茎顶密集成径达6cm的头状花序,花紫红色,花期7～8月。

图 5-98 美国薄荷

分布:原产美洲,我国各地均有栽培。

习性:喜凉爽、湿润、向阳的环境,亦耐半阴。适应性强,对土壤要求不严。耐寒,忌过于干燥。在湿润、半阴的灌丛及林地中生长最为旺盛。

繁殖方式:常采用分株繁殖,也可采用播种和扦插繁殖。分株一般于秋、春(休眠期)进行,切取2～3分枝作为一小株丛栽种。扦插一般于春、夏、秋季进行,剪取长5～10cm的一、二年生的充实的枝条作为插穗,保持半阴、湿润,约30天即可生根。播种多在春、秋季进行,在20～25℃的温度条件下2～3周即可萌发。

园林用途:美国薄荷株丛繁茂,花色艳丽,枝叶芳香,适宜栽植在天然花园中,也可丛植或行植在林下、水边。同时,美国薄荷也可盆栽观赏和用作切花。

20.随意草 (图5-99)

学名: *Physostegia virginiana*

科属:唇形科、随意草属

别名:假龙头花

识别要点:株高在60～120cm之间。茎丛生而直立,稍四棱形;地下有匍匐状茎。叶长椭圆形至披针形,端锐尖,缘有锯齿。穗状花序顶生,花淡紫、红至粉色;萼于花后膨大,

图 5-99 随意草

花期 7 ~ 9 月。

分布：原产于美国。

习性：阳性，耐半阴。耐寒，耐热，土壤不宜过湿。

繁殖方式：常在春季 4 ~ 5 月进行播种，也可在早春或秋季花后进行分株繁殖。

园林用途：常用于布置花坛、花境，也可自然丛植，还可作切花。

21. 棉毛水苏（图 5—100）

学名：*Stachys lanata*

科属：唇形科、水苏属

识别要点：株高 35 ~ 40cm。全株被白色绵毛。叶片柔软，对生，圆状匙形。轮伞花序，花小，红色

分布：原产高加索地区至伊朗的石山区。

习性：喜高温和阳光充足的环境。耐干旱，耐寒冷。要求排水良好的土壤。

繁殖方式：可用播种或分株法进行繁殖。播种繁殖在 3 月中下旬进行，发芽适温 20℃，约 10 ~ 20 天发芽。

园林用途：是优良的花境材料，也可用于岩石园、庭院观赏。

22. 钓钟柳（图 5—101）

学名：*Penstemon campanulatus*

科属：玄参科、钓钟柳属

别名：象牙红

识别要点：植株高度 60 ~ 90cm。枝条直立，丛生性强，基部常木质化。叶对生，基生叶卵形，茎生叶卵状披针形，有细锯齿。圆锥形花序，花冠筒状唇形，花朵略下垂，花为红、蓝、紫、粉等颜色，花期 5 ~ 6 月。

分布：原产于墨西哥及危地马拉。

习性：喜阳光充足，稍耐半阴。要求湿润、通风良好的环境，不耐寒，忌炎热干燥和酸性土壤。在排水良好、含石灰质的肥沃沙质壤土中生长良好。

繁殖方式：可用播种、扦插或分株法繁殖。播种在秋季进行，发芽适温为 13 ~ 18℃。扦插繁殖在秋季 10 月进行，选择生长强健的花后嫩枝梢，剪成长约 10cm 的插穗，30 天左右即可生根。分株繁殖在春季进行。

图 5—100　棉毛水苏
（左）
图 5—101　钓钟柳（右）

园林用途：钓钟柳花色鲜丽，花期长，是优良的庭院花卉，可用于花坛或花境。也可盆栽观赏。

23．穗花婆婆纳（图5-102）

学名：*Veronica spicata*

科属：玄参科、婆婆纳属

识别要点：植株高20～40cm。下部叶对生，长圆至披针形。总状花序顶生，小花密，花冠筒状，蓝色或桃红色，夏秋开花。

分布：原产亚洲温带和北欧。

习性：喜阳光，耐寒冷，耐炎热。

繁殖方式：一般在春季用分株法进行繁殖。

园林用途：主要用于布置花境。

24．桔梗（图5-103）

学名：*Platycodon grandiflorum*

科属：桔梗科、桔梗属

别名：洋桔梗

识别要点：植株高30～100cm。根肥大多肉，圆锥形。叶互生或三叶轮生，几无柄，卵形或卵状披针形，端尖，边缘有锐锯齿。花单生枝顶或数朵组成总状花序；花冠钟形，蓝紫色；花期6～8月。

分布：原产中国和日本。

习性：性喜凉爽湿润环境，喜阳光充足或侧方庇阴。适于栽植在排水良好、含腐殖质之沙质壤土中。

繁殖方式：可在3月下旬播种或在春秋季进行分株繁殖。

园林用途：桔梗花大、花期长，多栽植于岩石园中或用于花坛、花境栽植，也可作切花。

25．千叶蓍（图5-104）

学名：*Achillea milleflium*

科属：菊科、蓍属

别名：西洋蓍草

识别要点：植株高30～90cm。叶互生，矩圆状披针形，二至三回羽状深裂至全裂，似许多细小叶片，故有"千叶"之说。头状花序，舌状花白色，筒状花黄色、粉红色或紫红色，花期6～8月。

图5-102 穗花婆婆纳（左）

图5-103 桔梗（中）

图5-104 千叶蓍（右）

分布：北半球温带地区。

习性：喜阳，耐半阴，耐寒，宜排水好。

繁殖方式：多用分株和扦插繁殖。分株一年四季都可以进行。扦插在 5 ～ 6 月间进行。

园林用途：适宜于布置花境，也可作切花。

26．亚菊（图 5-105）

学名：*Ajania pacifica*

科属：菊科、亚菊属

别名：黄花亚菊

识别要点：常绿亚灌木。株高 50 ～ 60cm。叶卵圆形；叶面绿色，叶背密被白毛，叶缘具有粗锯齿、银白色。花金黄色，花期 10 ～ 12 月。

分布：原产我国，在俄罗斯及朝鲜也有分布。

习性：耐寒、耐高温、耐修剪。

繁殖方式：可以用分株和扦插法进行繁殖。

园林用途：是优良的花境布置材料。也可盆栽观赏。

27．银蒿（图 5-106）

学名：*Artemisia austriaca*

科属：菊科、蒿属

别名：银叶蒿

识别要点：亚灌木状。株高 15 ～ 50cm。全株被银白色或淡灰黄色略带绢质的绒毛。茎直立，基部常扭曲，木质，斜向上或贴向茎。叶银灰绿色，下部叶二至三羽状全裂，裂片条形；上部叶一至二羽状全裂或三裂。

分布：主要分布于伊朗、欧洲、俄罗斯以及中国大陆的内蒙古、新疆等地。

习性：喜光、耐寒；生长强健，对土壤要求不高。

繁殖方式：可采用分株法繁殖。养护时要及时修剪，可以随意控制其高度。

园林用途：是极好的镶边及地被植物，可用在花坛或花境中。

28．荷兰菊（图 5-107）

学名：*Aster novi-belgii*

科属：菊科、紫菀属

别名：纽约紫菀

图 5-105　亚菊（左）
图 5-106　银蒿（中）
图 5-107　荷兰菊（右）

识别要点：株高50～100cm。有地下走茎，茎丛生、多分枝。叶互生，线状披针形，幼嫩时微呈紫色。头状花序顶生，花蓝紫色或玫红色，花期8～10月。

分布：原产于北美。

习性：喜阳光充足和通风的环境，适应性强，喜湿润但耐干旱、耐寒、耐瘠薄，对土壤要求不严，但在肥沃和疏松的沙质土壤中生长良好。

繁殖方式：常用播种、扦插和分株法繁殖。播种4月进行，播后12～14天发芽。扦插在春、夏季进行，剪取嫩茎作插条，插后18～20天生根。分株在春、秋季均可进行。

园林用途：荷兰菊花繁色艳，盛花时节又正值国庆节前后，故多用作花坛、花境材料，也可片植、丛植，或作盆花或切花。

29．蓬蒿菊（图5—108）

学名：*Chrysanthemun frutescens*

科属：菊科、茼蒿菊属

别名：木春菊、法兰西菊、小牛眼菊、玛格丽特、茼蒿菊、木茼蒿

识别要点：多年生草本或亚灌木，株高60～100cm。茎基部呈木质化。单叶互生，为不规则的2回羽状深裂，裂片线形，下部叶倒卵状披针形，中部叶长圆形至披针形，上部叶披针形或线状披针形。头状花序着生于上部叶腋中，花梗较长，舌状花1～3轮，白色或淡黄色，栽培品种花色有红色、粉红色、蓝色等，筒状花黄色，花周年开放，但盛花期在4～6月。

分布：原产大洋洲、南欧、加那利群岛。

习性：喜凉爽、湿润环境。阳性，不耐炎热。喜温暖，生长适宜温度为15～22℃。耐寒力不强，冬季需保护越冬。怕积水，怕水涝，要求土壤肥沃且排水良好。

繁殖方式：在春季和秋季均可扦插繁殖。

园林用途：适宜于盆栽观赏和布置花坛，也可庭院栽培或作切花。

同科同属其他种类：大滨菊（*Chrysanthemum maximum*）（图5—109），又称西洋滨菊。株高40～100cm。基生叶倒披针形，具长柄；茎生叶无柄、线形。头状花序顶生，舌状花白色，有香气；管状花黄色。花期6～7月。黄金菊（*Chrysanthemum themum*）（图5—110）。多年生常绿草本或亚灌木。羽状叶细裂，花黄色，花期从春末至夏秋。

图5—108　蓬蒿菊(左)
图5—109　大滨菊(中)
图5—110　黄金菊(右)

图 5—111　大花金鸡菊
（左）
图 5—112　菊花（右）

30. 大花金鸡菊（图 5—111）

学名：*Coreopsis grandiflora*

科属：菊科、金鸡菊属

别名：剑叶波斯菊、狭叶金鸡菊、剑叶金鸡菊

识别要点：株高 30 ～ 60cm。基生叶和部分茎下部叶披针形或匙形；茎生叶全部或有时 3 ～ 5 裂，裂片披针形或条形，先端钝形。花黄色，花期 6 ～ 8 月。

分布：原产美国，今广泛栽培。

习性：对土壤要求不严，喜肥沃、湿润排水良好的沙质壤土，耐旱，耐寒，也耐热。

繁殖方式：可采用播种繁殖，播种繁殖一般在 8 月进行，发芽适宜温度为 15 ～ 20℃，9 ～ 12 天发芽。也可在夏季进行扦插繁殖。

园林用途：可用于布置花境，也可作切花，还可用作地被。

31. 菊花（图 5—112）

学名：*Dendrnthema morifolium*

科属：菊科、菊属

别名：秋菊、鞠、黄花

识别要点：植株高度一般在 30 ～ 80cm 之间，最高可达 3m。茎绿色至深紫褐色，基部木质化。叶在茎上呈 5/13 式螺旋状互生，相邻两片叶之间的夹角为 110.8°；叶平展或略斜，或略反折；在同一根枝条上，基部的叶较小，向上逐渐增大；叶形最多的为卵形，其次为圆形，椭圆形的叶形最少；叶片两侧羽状分裂，裂片 1 ～ 3 对，叶缘疏生粗大的锯齿；叶子的正面深绿色，叶背浅绿色。头状花序，花径 2 ～ 40cm 不等，其中头状花序直径在 9cm 以下的为小菊；9 ～ 18cm 的为中菊；18cm 以上的为大菊。花色、花形变化丰富。花色有白、粉、红、黄、橙、紫、绿、墨等单色、双色、杂色、间色，在各种花色中以白色和黄色最多，但独缺蓝色；花型有单瓣型（舌状花 1 ～ 2 轮，平瓣，花心暴露）、托桂形（舌状花多为平瓣，1 ～ 2 轮整齐排列，筒状花高起，色彩与舌状花不同）、龙爪形（舌状花为管瓣，先端数裂，外轮长而下伸，内轮渐短内抱）、荷花形（半重瓣，舌状花为平瓣，花心露出或稍微露出）、球形（球状、舌状花多为平瓣）、飘带形（舌状花为平瓣，向外反卷，花心不露）、垂珠形（舌状花为管瓣，先端卷成小珠）、虎刺形（瓣端或瓣背有毛刺状突起）、松针形（半球状，舌状花为管瓣，直伸呈放射状）、流苏形（舌状花为管瓣，长、下垂、飞舞状，近中部向内抱合）、宝相形（球形，舌状花为匙瓣）、万卷形（球形，舌状花为平瓣，向中心抱合松散且不规则）、芍药形（舌状花为平瓣，露心）、鹤翎形（舌状花为匙瓣，直伸呈放射状）、羽衣形（球形）、扁球形（扁球形，舌状花为平瓣）等。花期 6 月至次年 1 月，主要花期在 10 ~ 12 月，其中花期在 6 ~ 7 月的称为夏菊，花期在 9 ~ 10 月的称为早菊，花期在 10 ~ 12 月的称为秋菊，花期在 12 月至次年 1 月的称为寒菊。

分布：目前栽培的菊花是由我国菊属的某些野生种，经过栽培、杂交、改良而成的一个栽培杂交复合体，故一般公认为原产于我国。

习性：菊花适宜于温暖的气候，以冬季无严寒、夏季无酷暑的地区生长最好；耐霜寒，但花期遇霜时仍有冻害。当最低温度在 5℃ 以上，日平均温度达到 10℃ 时菊花开始生长，白天的生长适温为 20 ~ 25℃，夜间的生长适温为 16 ~ 18℃，当气温超过 32℃ 时菊花的生长减慢。菊花喜光，在阳光充足处生长健壮；是典型的短日照植物，在长日照条件下进行营养生长，在短日照条件下开花；能够耐干旱，喜水分，但忌积水。培养介质以疏松、肥沃、排水透气性能良好、有机质含量丰富、pH 值在 6.2 ~ 6.7 之间的培养土为最理想。

繁殖方式：一般在 4 ~ 5 月间进行扦插繁殖，也可在 11 月将菊花植株基部长出的带根的下苗（脚芽）取下，另行栽成独立的一株。

菊花栽培形式多样，观赏角度各不相同。其栽培形式有盆菊、地被菊（图 5-113）、丈菊（图 5-114）、吊篮菊（图 5-115）、桩菊、悬崖菊（图 5-116）、大立菊（图 5-117）、塔菊（图 5-118）、切花菊、菊艺等，就盆栽形式又有独本菊、多头菊等类型。

图 5-113　地被菊（左上）
图 5-114　丈菊（中上）
图 5-115　吊篮菊（右上）
图 5-116　悬崖菊（左下）
图 5-117　大立菊（中下）
图 5-118　塔菊（右下）

园林用途：菊花是中国的十大名花、世界四大切花之一，深受人们喜爱，每年深秋不少地方都会举办菊展。菊花可配置在花坛、花境、假山等处，也可盆栽观赏，另外还能制成盆景、各种艺术菊花、作为切花材料制作花篮和花圈等。

图 5-119　松果菊

32. 松果菊（图 5-119）

学名：*Echinacea purpurea*

科属：菊科、松果菊属

别名：紫松果菊

识别要点：株高在 80 ～ 120cm 之间。全株具粗毛。茎直立。基生叶卵形或三角状卵形，端渐尖，基部阔楔形并下延与柄相连，边缘具浅疏齿；茎生叶卵状披针形；柄基略抱茎。头状花序单生枝顶，舌状花紫红色，管状花橙黄色，花期 6 ～ 7 月。

分布：原产北美。

习性：性强健，能自播。喜肥沃、深厚、富含腐殖质的土壤，耐寒。

繁殖方式：一般在春、秋季进行播种或分株繁殖。

园林用途：松果菊可作花境材料或在树丛边缘栽植。

33. 勋章菊（图 5-120）

学名：*Gazania rigens*

科属：菊科、勋章菊属

别名：勋章花、非洲太阳花

识别要点：植株高度 25cm 左右。叶丛生，披针形、倒卵状披针形或扁线形，全缘或有浅羽裂，叶背密被白绵毛。舌状花白、黄、橙红色，有光泽，花期 4 ～ 5 月。

分布：原产于南非和莫桑比克。

习性：喜温暖向阳的气候，喜排水良好、疏松肥沃的土壤，好凉爽，不耐冻，忌高温高湿与水涝。生长适温为 15 ～ 20℃。

繁殖方式：可用播种、分株、扦插法进行繁殖。播种繁殖在春、秋两季，在 18 ～ 21℃ 的温度条件下约 7 ～ 10 天发芽。分株繁殖在春季萌发前进行。扦插繁殖全年均可进行。

园林用途：主要布置花坛和盆栽观赏，也可布置花境。

图 5-120　勋章菊

34. 紫鹅绒（图 5—121）

学名：*Gynura aurantiaca*

科属：菊科、三七草属

别名：紫绒三七、天鹅绒三七、土三七、橙黄土三七

识别要点：多年生草本或亚灌木。植株高度 20 ～ 100cm。叶卵形至广椭圆形，叶缘锯齿状明显。整个植株密被紫红色的茸毛。头状花序，花黄色或橙黄色，有时会散发出令人不悦的异味，花期 4 ～ 5 月。

分布：印度尼西亚等亚洲的热带地区。

习性：喜温暖、湿润、光照充足的半阴湿及通风环境，忌阳光直射，耐寒性不强。生长适温为 18 ～ 25℃。

繁殖方式：以扦插繁殖为主。一般在春夏季剪取带叶茎段 10cm 作为插穗，2 ～ 3 周即可生根。

园林用途：紫鹅绒因长满如天鹅绒状茸毛的叶片而著称，是美丽的观叶植物，它给人以轻松、柔和之美感，通常用于盆栽或吊盆种植，置于茶几、床头柜上或写字桌上。

35. 蜡菊（图 5—122）

学名：*Helichrysum petilare*

科属：菊科、蜡菊属

别名：欧亚甘菊

识别要点：常绿蔓生植物。植株具有蛛丝状白毛。叶小，心形。花小，具有芳香。

分布：原产于欧亚地区。

习性：喜阳光充足的环境。耐干旱。

繁殖方式：主要用扦插法进行繁殖。

园林用途：适宜于布置花坛、花境，也可作地被植物使用。

36. 牛眼菊（图 5—123）

学名：*Leucanthemum vulgare*

科属：菊科、牛眼菊属

图 5—121　紫鹅绒（左）
图 5—122　蜡菊（中）
图 5—123　牛眼菊（右）

识别要点：植株高度 30 ～ 100cm。叶互生，全缘或具齿。头状花序顶生，舌状花白色，盘心筒状花黄色，花期 5 ～ 6 月。

分布：分布于欧洲和澳大利亚

习性：阳性，耐寒，喜疏松、肥沃、排水良好的土壤。

繁殖方式：可用分布和扦插法繁殖。

园林用途：可布置花坛、花境，也可作切花。或丛植于绿地和庭院中。

37．金光菊（图 5-124）

学名：*Rudbeckia laciniata*

科属：菊科、金光菊属

识别要点：株高 60 ～ 250cm，有分枝，无毛或稍被短粗毛，叶片较宽，基生叶羽状，5 ～ 7 裂，有时又 2 ～ 3 中裂；茎生叶 3 ～ 5 裂，边缘具稀锯齿。头状花序一至数个着生于长梗上；金黄色；花期 7 ～ 9 月。

分布：原产于北美。

习性：适应性强，耐寒性强，耐干旱。对土壤要求不严，以排水良好的沙壤土及向阳处生长更佳。

繁殖方式：多在春、秋季分株或播种繁殖。

花前应追以液肥，并保持土壤湿润，尤利开花。要适当节制水分，使植株低矮，减少倒伏，有利观赏。

园林用途：因株高，花大而美丽，适宜栽于花境、花坛或自然式栽植，又可作切花。

38．雪叶菊（图 5-125）

学名：*Senecio cineraria*

科属：菊科、千里光属

别名：银叶菊

识别要点：全株密覆白色绒毛，有白雪皑皑之态。叶匙形或 1 ～ 2 回羽状分裂，正反面均被银白色柔毛，叶片质较薄，缺裂。头状花序单生枝顶，花小、黄色，花期 6 ～ 9 月。

图 5-124 金光菊（左）
图 5-125 雪叶菊（右）

分布：原产南欧。

习性：不耐酷暑，高温高湿时易死亡。喜凉爽湿润、阳光充足的气候和疏松肥沃的沙质土壤或富含有机质的黏质土壤。

繁殖方式：一般在8月底～9月初用播种法进行繁殖，在15～20℃的温度条件下，约两周发芽。另外也可扦插繁殖。

园林用途：雪叶菊叶片银白，远看似白云，与其他色彩的花卉配置栽植效果极佳，因此是重要的花坛观叶植物。也可盆栽观赏。

39. 一枝黄花（图5-126）

学名：*Solidago canadensis*

科属：菊科、一枝黄花属

识别要点：株高1.5m，茎光滑，仅上部稍被短毛。叶披针形，有三行明显的叶脉。圆锥花序生于顶端，稍弯曲而偏于一侧；花黄色而短小，花期7～9月。

分布：原产北美。

习性：生长强健，喜凉爽但要求日照充足，对土壤要求不严，但以在排水良好的土壤或沙质壤土上生长最好。

繁殖方式：常在春秋季进行分株繁殖，也可在3～4月份进行播种繁殖。

园林用途：可用作切花，或多丛植，或作花境栽植，或作疏林地被。

40. 南美蟛蜞菊（图5-127）

学名：*Wedelia trilobata*

科属：菊科、南美蟛蜞菊属

别名：三裂叶蟛蜞菊、地锦花

识别要点：茎呈匍匐形，茎长可达2m以上。全体密生刚硬的短毛。叶对生，椭圆形至倒卵形，边缘有锯齿。头状花序，腋生，黄色，一年四季有花。

分布：原产南美洲。

习性：喜阳光、高温的环境，生长适温18～30℃。耐旱，不耐霜冻。

繁殖方式：可用播种、扦插、分株法繁殖。播种常在9月中下旬进行。扦插繁殖除寒冷之季节外，其他时间均可进行。分株一般在早春土壤解冻后进行。

园林用途：以盆栽观赏为主，也可作为吊盆栽培，还可布置花坛和作地被或坡堤绿化。

图5-126 一枝黄花
（左）

图5-127 南美蟛蜞菊
（右）

41. 紫叶鸭跖草（图 5-128）

学名：*Setcreasea purpurea*

科属：鸭跖草科、紫叶鸭跖草属

别名：紫竹梅

识别要点：多年生草本。株高 40～50cm，茎肉质，半蔓性。叶互生，披针形，长 10～20cm，宽 5cm 全缘，抱茎，紫红色。花小，粉红色。苞片盔状。

分布：原产墨西哥，现分布世界各地。

习性：喜温暖，生长适温为 20～30℃，夜间 10～28℃ 生长最好，冬季不低于 0℃。耐旱性强，在半阳或半阴处都能生长，但过阴叶色会褪为浅粉绿色。

繁殖方式：可用分株和扦插法进行繁殖。

园林用途：适宜盆栽观赏，也可用于地被布置。

42. 美洲鸭跖草（图 5-129）

学名：*Tradescantia rdflexa*

科属：鸭跖草科、紫露草属

别名：紫露草、无毛紫露草

识别要点：茎簇生，粗壮，直立。叶互生，稍被白粉，线形或线状披针形。叶子顶端稍有弯曲，叶面内折，基部鞘状。花蓝紫色，花期 5～7 月。花朵一般在清晨开放，午前闭合。

分布：原产墨西哥。

习性：喜日照充足，但也能耐半阴。耐寒，最适生长温度为 18～30℃。对土壤要求不严。

繁殖方式：一般用扦插法繁殖。

栽培时应置于阴棚下养护。20～30 天追施薄肥一次。开花后及时修剪以避免植株生长过高。

园林用途：主要用作地被布置，也可布置花境。

43. 火炬百合（图 5-130）

学名：*Kniphofia uvaria*

科属：百合科、火炬花属

图 5-128　紫叶鸭跖草
（左）

图 5-129　美洲鸭跖草
（中）

图 5-130　火炬百合
（右）

别名：凤凰百合、火炬花、火把花

识别要点：叶根出，丛生，宽线形，先端锐尖。花茎高出叶丛，顶生密生穗状总状花序，由多数下倾花覆瓦状排列而成，如同火炬一般，下部的花黄色，上部的深红色，花期 6 ～ 10 月。

分布：原产于南非。

习性：喜充足阳光，也耐半阴。宜排水良好、疏松肥沃、土层深厚的沙壤土。

繁殖方式：常用分株和播种繁殖。分株在 3 月新叶萌发前或秋季花后进行，分株时每个块根上需留须根。一般隔 3 ～ 4 年分株一次。播种在秋季，播后 20 ～ 25 天发芽。

园林用途：主要用于布置花境。也可作切花、盆栽或丛植于草坪之中或植于假山石旁，用作配景。

44. 萱草（图 5—131）

学名：*Hemerocallis fulva*

科属：百合科、萱草属

别名：黄花菜

识别要点：根多数肉质。叶线状披针形，长 30 ～ 60cm，宽 2.5cm，基出成二列。圆锥花序着花 6 ～ 12 朵，花冠漏斗形，花橘红至橘黄色，花期 6 ～ 7 月。

分布：原产我国。

习性：耐寒，耐半阴。

繁殖方式：在秋季 10 月进行分株繁殖。

园林用途：适宜用于花境，也可作为地被植物布置。

45. 玉簪（图 5—132）

学名：*Hosta plantaginea*

科属：百合科、玉簪属

识别要点：株高 50 ～ 60cm。叶基生，卵形或心状卵形，基部心形。总状花序顶生，着花 9 ～ 15 朵，白色，花冠管状漏斗形，花期 6 ～ 8 月。

图 5—131　萱草（左）
图 5—132　玉簪（右）

分布：原产中国和日本。

习性：耐寒、忌烈日，土壤要求含腐殖质丰富。

繁殖方式：在春季采用分株法繁殖。

园林用途：由于玉簪喜阴，宜在树林下栽植，故常作为地被植物运用。也可盆栽观赏或作切花。

同科同属其他种类：紫萼（*Hosta ventricosa*）（图5-133），叶基生，卵形或心状卵形，基部楔形，叶柄有翅，沟槽无玉簪深。总状花序，花淡紫色，花期5～6月。

46. 细叶针茅（图5-134）

学名：*Stipa tenuissima*

科属：禾本科、针茅属

识别要点：株高30～60cm。叶丛生，细如针，质地柔软。

分布：原产新疆。在高加索西部、西伯利亚、哈萨克斯坦及伊朗北部也有分布。

习性：喜光，耐热，具有一定的耐寒能力。对水分的要求比较敏感，在雨水稍多的年份，生长特别旺盛。

繁殖方式：可用分株法繁殖。

园林用途：适用于花境，也可布置于庭园、岩石园、溪流边。

47. 旱伞草（图5-135）

学名：*Cyperus alternifolius*

科属：莎草科、莎草属

别名：水棕竹、伞草、风车草

识别要点：植株高40～90cm。茎秆挺直、丛生，近圆柱形，下部包于棕色的叶鞘之中。条形叶状苞片12～20枚呈螺旋状排列在茎秆的顶端，向四面辐射开展，扩散呈伞状。聚伞花序，花小，黄褐色，花期为夏秋季节。

分布：原产于非洲马达加斯加。

习性：喜温暖、湿润、通风良好、光照充足的环境。耐半阴、耐寒。对土壤要求不严，以肥沃稍黏的土质为宜。

图5-133 紫萼（左）
图5-134 细叶针茅（中）
图5-135 旱伞草（右）

繁殖方式：播种、分株、扦插繁殖。播种在 3 ～ 4 月份，温度保持在 20 ～ 25℃之间，10 ～ 20 天发芽。分株繁殖可在 4 ～ 5 月份换盆时进行。扦插一年四季都可进行。

园林用途：盆栽观赏，也可布置花境或作切花。

48. 棕叶苔草（图 5-136）

学名：*Carex kucyniakii*

科属：莎草科、苔草属

别名：棕红苔草、枯草

识别要点：丛生。叶细长，弯曲，长 30cm 左右，通常黄铜色或棕红色。穗状花序，小花褐色，观赏价值不高。

分布：原产南美。

习性：喜光，耐寒，耐盐碱。对土壤要求不高。

繁殖方式：分株或播种繁殖。

园林用途：主要布置花境，也可盆栽观赏。

品种：金叶苔草（*Carex heterostachya* cv.*Vergold*）（图 5-137），叶有条纹，叶片两侧为绿边，中央呈黄色，穗状花序，花期 4 ～ 5 月。

49. 射干（图 5-138）

学名：*Rhizoma belamcandae*

科属：鸢尾科、射干属

别名：乌扇、扁竹

识别要点：高 50 ～ 120cm。叶 2 列嵌叠状互生，扁平，广剑形，长 25 ～ 60cm，宽 2 ～ 4cm，绿色，常带白粉，叶脉平行。二歧伞房花序顶生，橘黄色而具有暗红色斑点，花期 7 ～ 9 月。

分布：原产于中国、朝鲜、日本、印度、越南等国。

习性：喜阳光充足。耐寒冷。要求土壤疏松、肥沃、排水良好。

繁殖方式：播种、分株繁殖。播种在春季 3 月和秋季 9 ～ 10 月均可进行。分株一般 3 ～ 4 月进行。

园林用途：可布置花境，也可作为地被植物和切花应用。

图 5-136　棕叶苔草（左）
图 5-137　金叶苔草（中）
图 5-138　射干（右）

50. 鸢尾（图 5—139）

学名：*Iris tectorum*

科属：鸢尾科、鸢尾属

别名：铁扁担

识别要点：株高 30～60cm。叶剑形，扇状排列，全缘，中肋明显。花茎与叶等高，每枝着花 1～3 朵，花蓝紫色，5～6 月开花。

分布：原产我国。

习性：耐寒、耐干旱，忌水湿，要求石灰质的碱性土壤。

繁殖方式：一般栽种 3～5 年在 9 月后更新分株一次。

园林用途：宜在树林下作为地被植物栽植，也可盆栽观赏或作切花。

同科同属其他种类：德国鸢尾（*Iris germanica*）（图 5—140），叶基生，剑形，直立或稍弯曲，淡绿色，常具白粉。花大，鲜艳，径达 12cm，淡紫色、蓝紫色、深紫色或白色，有香味，花期 5～6 月。蝴蝶花（*Iris japonica*）（图 5—141），叶二列，剑形，扁平，全缘，叶脉平行。花多数，白色或淡蓝紫色，花期 4～5 月。

图 5—139　鸢尾（左）
图 5—140　德国鸢尾（中）
图 5—141　蝴蝶花（右）

5.3　球根花卉

5.3.1　球根花卉概述

1. 球根花卉的概念

球根花卉是一种多年生的草本花卉。它们地下都具有肉质的、膨大的变态根或变态茎。

2. 球根花卉的生态习性

绝大多数球根花卉喜欢阳光充足的环境，一般为中日照花卉。日照长短对球根花卉的地下部分有一定的影响，如大丽花的块根在短日照条件下形成良好，而长日照则有利于百合鳞茎的形成。

球根花卉的差异较大。春植球根生长季节要求高温，耐寒力弱，秋季温度下降后，地上部分停止生长，进入休眠。而秋植球根喜冷凉，较耐寒冷，怕高温、炎热，一般在秋季开始生长，到第二年炎热的夏季前地上部分停止生长，进入休眠。

大多数球根花卉要求疏松、肥沃、排水良好的土壤。土壤中不宜有积水，在休眠期间还特意要保持土壤干燥。

3. 球根花卉的主要类别

1）按球根的形状分类

按球根的形状可将球根花卉分为球茎类、鳞茎类、块茎类、根状茎类、块根类及鳞块茎类等六大类。其中，鳞茎类根据形态特征又可分为无皮（膜）鳞茎、有皮（膜）鳞茎和胚芽鳞茎三种。而鳞块茎则是鳞茎和块茎的结合体，它的上半部为鳞茎状，下半部呈块茎状。

2）按球根的种植时间分类

按球根的种植时间可将球根花卉分为春植球根花卉和秋植球根花卉两大类。其中，春植球根花卉一般是在春天种植，夏秋开花，冬季休眠；而秋植球根花卉则是在秋天种植，第二年春天开花，入夏休眠。

3）按球根植物地上部位的情况分类

按球根植物地上部位的情况可将球根花卉分为落叶球根花卉和常绿球根花卉两类。落叶球根花卉地上的叶子在冬季或夏季休眠季节枯死，如郁金香夏季地上叶子枯死，美人蕉冬季地上叶子枯死；而常绿球根花卉地上叶子一年四季常绿，如蓝花君子兰。

4. 球根花卉的主要繁殖方法和常见园林用途

球根花卉的主要繁殖方法是分球。另外有些种类还能进行播种、分珠芽、鳞片扦插等繁殖。

球根花卉的园林用途随种类不同形式多样。有的主要用于布置花坛或盆栽观赏，有的主要用于布置花境，有些种类主要用作切花和地被。

5.3.2 球根花卉的种类介绍

1. 花毛茛（图5-142）

学名：*Ranunculus asiaticus*

科属：毛茛科、毛茛属

别名：董菜花、波斯毛茛、陆莲花

识别要点：花毛茛地下具有根状小形块根，长1.5～2.5cm，粗不及1cm。植株高度在20～40cm之间。茎单生或稀分枝，具毛。基生叶阔卵形或椭圆形或三出状，叶子边缘具有锯齿；茎生叶羽状细裂，无柄。花葶有小花1～4朵，花有单瓣与重瓣之别，花色主要为黄色，也有红色、白色、橙色等品种，花期4～5月。

图 5-142　花毛茛（左）
图 5-143　大丽花（右）

分布：原产于伊朗、叙利亚、土耳其等中近东地区直至欧洲东南部。

习性：不耐炎热，秋、冬、春为生长季节，夏季为休眠季节。生长适宜温度为 10 ~ 20℃。喜凉爽和阳光充足环境。喜肥，要求腐殖质多、肥沃而排水良好的沙质或略黏质土壤，pH 值以中性或微酸性为宜。喜湿润，畏积水，怕干旱。

繁殖方式：主要以分球方法进行繁殖。在秋季 9 ~ 10 月将球根带根颈，顺自然生长状态，用手掰开，以 3 ~ 4 根为一株栽植。也可在 8 ~ 9 月进行播种繁殖，播种后保持温度 10℃左右，约 10 ~ 20 天出苗。

园林用途：花毛茛宜作切花或盆栽，也可植于花坛内或林缘、草坪四周，或作花带。

2. 大丽花 （图 5-143）

学名：*Dahlia pinnata*

科属：菊科、大丽花属

别名：大丽菊、大理花、天竺牡丹、西番莲、地瓜花、洋芍药

识别要点：地下部分具有粗大纺锤状肉质块根，块根内部肉质乳白色，外表呈灰白色、浅黄色或浅紫红色。植株高度为 50 ~ 150cm 不等，依品种而异。茎中空、直立、光滑；绿色或紫褐色。叶对生，一至三回羽状深裂，裂片卵形或椭圆形，裂片边缘具有粗钝锯齿；总叶柄微带翅状；极少数叶为不裂的单叶。顶生头状花序；中央为管状花，两性，多为黄色；外周为舌状花，一般为雌性，色彩艳丽。有白色、粉色、黄色、橙色、红色、紫红色、堇色、紫色、复色等；花型变化丰富，花期 6 ~ 10 月。

分布：原产于墨西哥及危地马拉海拔 1500m 以上的山地。

习性：既不耐寒，又畏酷暑，适温为 10 ~ 30℃。夏季气候凉爽，昼夜温差大时生长、开花较好。不耐干旱，也怕涝，要求疏松、肥沃、排水良好的沙质壤土。喜光，但阳光又不宜过强，特别是幼苗在夏季要进行遮阴，避免阳光直射。

繁殖方式：大丽花的繁殖一般有分株、扦插、播种三种方法。播种多用于培育新品种以及矮生品种的繁殖。播种在春季进行，12 ~ 20℃的温度条件下，约 7 ~ 10 天发芽。分株繁殖在春季 3 ~ 4 月进行，此时取出储藏的块根，将每一块根及其附着生于根颈上的芽一齐切割下来（切口处涂草木灰防腐），

另行栽植。若根颈上发芽点不明显或不容易辨别时，可于早春提前催芽，待发芽后取出，再按上述方法进行切割。扦插繁殖全年均可进行，但以早春扦插最好，夏季扦插最差。在春季待新芽长高至 6 ~ 7cm 时，留基部一对叶剥取插穗，随着生长留下的一对叶，其叶腋内的腋芽又会伸长 6 ~ 7cm，此时又可切取插穗，这样可继续扦插到 5 月为止。扦插基质以沙质壤土加少量腐叶土或泥炭为宜。白天温度保持在 20 ~ 22℃，夜间 15 ~ 18℃，约两周生根。

园林用途：大丽花花色艳丽，花形多变，品种极其丰富，适宜布置花坛、花境或在庭院种植。其矮生品种还适宜盆栽观赏；而高型品种则适宜作为切花使用。

3. 蛇鞭菊（图 5—144）

学名：*Liatris spicata*

科属：菊科、蛇鞭菊属

识别要点：地下具有呈黑色的块根。株高 60 ~ 150cm。全株无毛或散生短柔毛。叶互生，条形，全缘，下部叶较上部的大。穗状花序；花紫红色，自基部依次向上开；花期 7 ~ 9 月。

分布：原产于北美。

习性：性强健，较耐寒，对土壤选择性不强。要求日照充足。

繁殖方式：一般在春季或秋季进行分株繁殖。

园林用途：因蛇鞭菊花穗长，盛开时竖向效果鲜明，景观宜人，因而常作花境配置或作为切花。矮的变种可用于花坛。

4. 大花葱（图 5—145）

学名：*Allium giganteum*

科属：百合科、葱属

别名：巨葱

识别要点：地下具有灰白色、球形鳞茎。基生叶宽带形。伞形花序径约 10 ~ 15cm，红色或紫红色，花期 6 ~ 7 月。

图 5—144 蛇鞭菊（左）
图 5—145 大花葱（右）

分布：亚洲中部和喜马拉雅地区。

习性：喜凉爽、半阴的环境，生长适温 15 ～ 25℃。要求疏松肥沃的沙壤土，忌积水。

繁殖方式：常用播种和分球繁殖。播种繁殖在 9 ～ 10 月进行。分球繁殖在 9 月中旬进行。

园林用途：大花葱花色艳丽，花形奇特，适宜花境、岩石园或草坪旁装饰，也可作切花。

5. 花贝母（图 5—146）

学名：*Fritillaria imperialis*

科属：百合科、贝母属

别名：璎珞百合、皇冠贝母

识别要点：地下具有鳞茎，鳞茎带黄色，具浓臭味。植株高度约 1m。叶 3 ～ 4 枚轮状丛生。伞形花序腋生，下具轮生的叶状苞，小花下垂，紫红色至橙红色，基部常呈深褐色并具白色大型蜜腺，花期 4 ～ 5 月。

分布：原产于喜马拉雅山至土耳其东南部、伊朗西部等地。

习性：喜凉爽、湿润的气候。有一定的耐寒性，忌炎热，夏季宜半阴、凉爽的环境。喜光。要求疏松、肥沃、排水良好、腐殖质丰富、土层深厚、微酸性至中性的沙质壤土。

繁殖方式：可用播种和分球法进行繁殖。

园林用途：适用于布置花境，也可于庭院种植。矮生品种则适合盆栽观赏。

6. 风信子（图 5—147）

学名：*Hyacinthus orientalis*

科属：百合科、风信子属

别名：洋水仙、五色水仙

识别要点：风信子地下具有球形或扁球形的鳞茎，外被有光泽的皮膜。

图 5—146　花贝母（左）
图 5—147　风信子（右）

叶基生，4～6枚，带状披针形，质肥厚。花葶高15～45cm；总状花序，着花10～20朵；花色有蓝紫、白、粉、红、黄、蓝、堇等色；花期4～5月。

分布：原产地中海及小亚细亚。

习性：喜冬季温暖湿润、夏季凉爽稍干燥，向阳或半阴的环境。耐寒性强

繁殖方式：通常在9～10月采用分球繁殖。

园林用途：可布置花坛、花境。也可盆栽观赏和水养。

7. 麝香百合（图5-148）

学名：*Lilium longiflorum*

科属：百合科、百合属

别名：铁炮百合、龙牙百合

识别要点：麝香百合地下具有扁球形的无皮鳞茎，鳞茎纵径2.5～5cm。地上茎高度在45～100cm之间；茎绿色、光滑、不分枝。单叶互生，叶形为狭长的披针形。花1～3朵簇生在茎的顶端，花径约10～12cm，长约10～18cm；花被有6枚，花被的后部合成筒状，前部分裂、外翻呈喇叭状；花乳白色，具有浓烈的香味，花期5～7月。

分布：原产于我国台湾及日本的琉球群岛。

习性：喜温暖而较湿润的环境。忌干冷。喜半阴。要求排水良好的酸性土。

繁殖方式：常用分球、鳞片扦插进行繁殖。分球是将植株基部长出的小鳞茎秋后挖出，沙藏越冬，次春栽种。鳞片扦插是将老鳞茎挖出阴干，待鳞茎变软后剥取鳞片扦插，插深为鳞片长度的1/2～2/3，间距为3cm。在扦插前用80倍的福尔马林水溶液浸渍0.5h进行消毒。保持15～20℃的温度，介质湿度60%～70%，经两个月左右，在鳞片基部可发根并长出一个小鳞茎。

园林用途：麝香百合花大姿美，皎洁无瑕，香起宜大，端庄素雅。宜布置夏季花坛、花境、点缀庭园，也常作切花栽培。

同科同属其他种类：卷丹（*Lilium lancifolium*）（图5-149），又称虎皮百

图5-148　麝香百合
（左）

图5-149　卷丹（右）

合、黄百合、宜兴百合。株高 70 ~ 100cm。球茎肥大，色白，可供食用和药用，稍带苦味。茎秆上着生黑紫色斑点。叶互生，狭披针形，叶腋间生有可繁殖的珠芽。花夏季开放，花色橙红色或砖黄色，花序总状，花瓣较长，向外翻卷，花瓣上有紫黑色斑点。

8．葡萄风信子（图5—150）

学名：*Muscari botryoides*

科属：百合科、蓝壶花属

别名：蓝壶花、葡萄百合

识别要点：葡萄风信子地下具有卵状球形的鳞茎，皮膜白色。叶基生，线形，稍肉质，暗绿色，边缘常向内卷；长 10 ~ 30cm，宽 0.6cm。总状花序顶生；小花多数，密生而下垂，碧蓝色；花被片联合呈壶状或坛状，花期 3 ~ 5 月。

分布：原产欧洲南部。

习性：性耐寒，耐半阴。喜深厚肥沃的沙质壤土，要求排水良好。

繁殖方式：通常用分球繁殖。

园林用途：葡萄风信子株丛低矮，花色明丽，花期早而长，可达两个月，故宜作林下地被花卉和于花境、草坪及岩石等丛植，也可作盆栽和切花。

9．郁金香（图5—151）

学名：*Tulipa gesneriana*

科属：百合科、郁金香属

别名：洋荷花

识别要点：地下具有扁圆锥形的鳞茎，在鳞茎外被淡黄至棕褐色皮膜。茎叶光滑，被白粉。叶 3 ~ 5 枚，带状披针形至卵状披针形，全缘并呈波状。花单生茎顶，大形、直立、杯状；花被 6 枚，有白、黄、橙、红及紫红等单色或复色，并有条纹、重瓣品种；花期 3 ~ 5 月。

分布：原产地中海沿岸及中亚细亚、土耳其等地。

图 5—150　葡萄风信子（左）

图 5—151　郁金香（右）

习性:喜冬季温暖湿润、夏季凉爽稍干燥,向阳或半阴的环境。耐寒性强。

繁殖方式:通常采用分球繁殖,常在9～10月栽植。

园林用途:郁金香为国际上著名的球根花卉,最宜作切花,也可布置花境,还可在草坪边缘自然丛植、盆栽观赏。

10.百子莲 (图5-152)

学名: *Agapanthus africanus*

科属:石蒜科、百子莲属

别名:蓝花君子兰

识别要点:根状茎。叶线状披针形,近革质。花茎直立,高达60cm;伞形花序,有花10～50朵,花漏斗状,深蓝色或白色,花期7～8月。

分布:原产秘鲁和巴西。

习性:喜温暖、湿润和阳光充足环境。要求夏季凉爽、冬季温暖,5～10月温度在20～25℃,11月至翌年4月温度在5～12℃。要求疏松、肥沃的沙质壤土,pH值在5.5～6.5,切忌积水。

繁殖方式:主要在春季3～4月采用分株法进行繁殖,也可以播种繁殖。

园林用途:百子莲花形秀丽,适于盆栽观赏,在长江以南地区也可以布置花境,或作岩石园和花径的点缀植物。

11.朱顶红 (图5-153)

学名: *Amaryllis vittata*

科属:石蒜科、弧挺花属

别名:百枝莲

识别要点:鳞茎球形。叶二列状着生,基出,4～8枚,带形,略肉质,与花同时或花后抽出。花葶中空,高于叶丛,伞形花序有花4～6朵,花冠漏斗状,花期5～6月,花红色具白条纹。

分布:原产秘鲁。

习性:朱顶红稍耐寒,喜春夏季凉爽,喜阳光不过于强烈的环境。

图5-152 百子莲(左)
图5-153 朱顶红(右)

繁殖方式：一般在春季进行分球繁殖，也可在 6～7 月进行播种繁殖。

园林用途：主要进行盆栽观赏，也可作切花。

12. 中国水仙（图 5-154、图 5-155）

学名：*Narcissus tazetta* var. *chinensis*

科属：石蒜科、水仙属

别名：天葱、雅蒜、雪中花、凌波仙子

识别要点：地下具有卵状至广卵状球形的鳞茎，在鳞茎外被棕褐色皮膜。叶狭长带状，长 30～80cm，宽 1.5～4cm，全缘，面上有白粉。花葶自叶丛中抽出，高于叶面；一般开花的多为 4～5 片叶的叶丛；伞房花序（伞形花序）着花 4～6 朵，多者达 10 余朵；花白色，芳香；花期 1～3 月。

品种：中国水仙有两个品种。单瓣的为金盏银台（见图 5-154），其花被纯白色，平展开放；副花冠金黄色，浅杯状；重瓣的为玉玲珑（见图 5-155），其花变态为重瓣，花被折皱，无杯状副花冠。

分布：原产于北非、中欧及地中海沿岸。中国水仙是"法国水仙"即多花水仙的一个变种。

习性：喜冷凉气候，适温为 10～20℃，喜光，也较耐阴，要求中性或微酸性的土壤。

繁殖方式：通常在秋季进行分球繁殖。

园林用途：水仙一般进行水养，但也可散植在草地、树坛、景物边缘或布置花坛。

13. 晚香玉（图 5-156）

学名：*Polianthes tuberosa*

科属：石蒜科、晚香玉属

别名：夜来香、月下香

识别要点：地下部分具圆锥状的鳞块茎（上半部呈鳞茎状，下半部呈块茎状）。叶基生，带状披针形，茎生叶较短，愈向上愈短并呈苞状。总状花序

图 5-154　中国水仙（金盏银台）（左）

图 5-155　中国水仙（玉玲珑）（中）

图 5-156　晚香玉（右）

顶生，小花成对着生，花白色，花期7～11月上旬，盛花期则在8～9月，花具浓香。

分布：原产墨西哥。

习性：喜温暖湿润、阳光充足的环境，生长适温为 25～30℃。以黏质壤土为宜。

繁殖方式：通常采用分球繁殖。

园林用途：晚香玉为重要的切花材料。也宜在庭园中布置花坛或丛植、散植于石旁、路旁及草坪周围和灌丛间。

图 5-157　紫娇花

14. 紫娇花（图 5-157）

学名：*Tulbaghia violacea*

科属：石蒜科、紫娇花属

别名：野蒜、非洲小百合

识别要点：地下具鳞茎。株高 30～50cm。叶多为半圆柱形，中央稍空。聚伞花序顶生，花紫粉红色，花期 5～7 月。

分布：原产于南非。

习性：性喜高温，生长适温 24～30℃。

繁殖方式：可用播种、分株或鳞茎种植等方法繁殖。

园林用途：主要用于布置花坛或庭院栽植，也可盆栽观赏或作切花。

15. 番红花（图 5-158）

学名：*Crocus sativus*

科属：鸢尾科、番红花属

别名：藏红花、西红花

识别要点：球茎扁圆球形，外有黄褐色的膜质包被。叶基生，9～15 片，条形，边缘反卷。花 1～2 朵，淡蓝色、红紫色或白色，有香味，直径 2.5～3cm，花柱橙红色，花期 10～11 月。

分布：原产西班牙。

习性：喜温和凉爽、阳光充足的环境。生长适宜温度为 15～20℃，不耐炎热，具有一定的耐寒冷的能力。要求富含腐殖质、排水良好的土壤。

繁殖方式：用分球繁殖。种植时间在秋季。

园林用途：可供花境、岩石园点缀丛植。

图 5-158　番红花

图 5-159　唐菖蒲（左）
图 5-160　大花美人蕉
　　（右）

16. 唐菖蒲（图 5-159）

学名：*Gladiolus hybridus*

科属：鸢尾科、唐菖蒲属

别名：菖兰、苍兰、剑兰

识别要点：地下部具扁球形的球茎，外被膜质鳞片。株高 80～150cm。茎直立，无分枝。叶剑形，嵌迭为 2 列状互生。穗状花序顶生，小花 12～24 朵，通常排成 2 列，侧向一边。花色丰富，花期 7～9 月。

分布：90% 的种类原产于非洲热带、地中海沿岸和西亚地区。

习性：要求阳光充足，喜温暖，不耐高温，以冬季温暖、夏季凉爽的气候最为适宜。要求深厚、肥沃、排水良好的沙质壤土。

繁殖方式：一般在春季进行分球繁殖。

园林用途：唐菖蒲为世界著名切花之一，其品种繁多，花色艳丽丰富，花期长，花容极富装饰性，为世界各国广泛应用。除作切花外，还适于盆栽，布置花坛。

17. 大花美人蕉（图 5-160）

学名：*Canna generalis*

科属：美人蕉科、美人蕉属

别名：红艳蕉、昙华

识别要点：地下部具有根状茎。株高约 1.5m，一般茎、叶均被白粉。叶大，椭圆形，长约 40cm，宽约 20cm，互生，有绿、紫、黄绿色相间的花叶三类。聚伞花序呈总状或穗状；花径在 10cm 左右；花色丰富，有深红、橙红、黄、乳白等色；雄蕊瓣化，是主要观赏部位；花期 7～10 月。

分布：原产美洲热带和亚热带。

习性：喜高温炎热，好阳光充足。对土壤要求不高，但在肥沃而富含有机质的深厚土壤中生长健壮。怕强风，不耐寒。

繁殖方式：一般在 4～5 月采用分球法进行繁殖。

园林用途：大花美人蕉花大、色艳、期长，且茎叶繁茂，宜于花坛中心栽植或作花境背景，也可丛植、片植、列植于草坪、庭园中，对于矮生的大花美人蕉种类还宜盆栽观赏。

5.4　室内花卉

5.4.1　室内花卉概述

1. 室内花卉的概念

室内花卉是指从众多的花卉中选择出来，具有很高的观赏价值，比较耐阴、喜温暖，对栽培基质的水分变化不是过分敏感，适宜在室内环境中长期摆放的一类花卉。如瓜叶菊、君子兰、仙客来、蟹爪兰、花叶绿萝、扶桑、天竺葵等。

2. 室内花卉的生态习性

室内花卉一般比较耐阴。但由于种类和品种等问题，其对光照的要求变化相对较大。如苏铁喜阳光；海芋能够耐微阴；喜林芋类能耐半阴；而一叶兰则极其耐阴。

室内花卉的生长适宜温度为 15 ～ 25℃，温度高于 30℃ 时有一些室内花卉生长缓慢。室内花卉对越冬温度的要求随其原产地不同而异，原产于热带的室内花卉要求 15℃ 以上的温度才能越冬；而原产于温带的室内花卉只要保持 5℃ 以上的温度就能越冬。

3. 室内花卉的主要类别

室内植物包括室内二生年草本植物、室内宿根植物、室内球根植物、室内木本植物、室内观叶植物五类。

4. 室内花卉的主要繁殖方法和常见园林用途

室内花卉根据种类不同可分别采用播种（如瓜叶菊）、分株（如一叶兰）、分球（如马蹄莲）、扦插（如扶桑）等繁殖方法。

根据室内植物的不同种类，最主要的用途有盆栽观赏、布置室内庭园、装饰居家，有些种类可布置花坛，有些是良好的切花。

5.4.2　室内花卉的种类介绍

1. 室内二年生花卉

1）三角花（图 5-161）

学名：*Bougainvillea glabra*

科属：紫茉莉科、宝巾属

别名：叶子花、九重葛、毛宝巾

识别要点：具有刺的木质藤本。叶互生，卵形或卵状矩圆形，边缘全缘。花顶生新梢、小，常

图 5-161　三角花

三朵簇生于三枚苞片内，苞片形似叶，椭圆形，有白、红、紫、橙黄、黄等色，俗称花，花有单瓣和重瓣之别，花期4～11月。

分布：原产于南美巴西。

习性：喜温暖、湿润环境。喜热怕冷，在气温达35℃以上仍能正常生长，在高温条件下能一年四季开花；冬季温度不能低于7℃，如果温度在4℃以下，便会落叶。要求阳光、水分充足，如光线不足，新叶细弱、叶色暗淡；如水分不足，容易产生落叶现象。三角花生长势较强，耐修剪，对土壤要求不严。

繁殖方式：三角花在1～3月取一、二年生生长成熟枝条进行扦插繁殖。插穗长8～10cm，下方剪成斜面，插于黄核中，保持25℃的温度和湿润，约1～2月生根，生根后即可上盆。如在扦插前对插穗用20mg/L的IBA处理生根更快。

2）天竺葵（图5-162）

学名：*Pelargonium hortorum*

科属：牻牛儿苗科、天竺葵属

别名：石腊红、入腊红、日烂红

识别要点：亚灌木。茎下部木质，上部草质。全株被柔毛。茎粗壮，多汁，基部稍木质化。叶互生，圆形至肾形，基部心脏形，叶子边缘有波形钝锯齿，叶绿色，叶面常具有暗红色的环纹。伞形花序顶生，花有单瓣与重瓣的区别；花色以各种红色为主，也有白色；全年开花，但以4～6月开花最好。

分布：原产于南非。

习性：喜凉爽，怕高温，也不耐寒。在夏季高温期进入休眠状态。喜排水良好的疏松土壤。能耐干燥，忌水湿。喜阳光充足，光照不足时不开花，但在苗期要避免阳光直射。

繁殖方式：天竺葵目前主要采用播种和扦插两种繁殖方法。天竺葵种子较大，每克只有100粒左右。一般在9～11月以3cm×3cm的距离进行点播，播种密度为每盘500～600粒。播种基质可采用泥炭、珍珠岩加适量园土和草木灰混合而成。在21～24℃的条件下，约7天发芽，发芽率能达80%以上。

图5-162 天竺葵

园林用途：主要作为盆栽观赏，也可布置花坛或作切花应用。

同科同属其他种类：大花天竺葵（*Pelargonium grandiflorum*）（图5-163），又称毛叶石腊红、蝴蝶天竺葵。亚灌木状草

图 5—163　大花天竺葵（左）

图 5—164　藤本天竺葵（中）

图 5—165　菊叶天竺葵（右）

本。全株具有毛。叶面稍皱褶，叶子边缘有不整齐的锯齿。伞形花序，小花较大；花色有白、粉红、红、紫红等色，另有复色的品种；花期在 4～6 月。藤本天竺葵（*Pelargonium peltatum*）（图 5—164），又称盾叶天竺葵、常春藤天竺葵。灌木状草本，蔓生。节间长，节部膨大。老枝棕色，嫩茎绿色或具有红晕。叶互生，厚革质，叶面光滑，叶盾形，五裂。伞形花序，粉红色，5 月开花。菊叶天竺葵（*Pelargonium gavedens*）（图 5—165），又称香叶天竺葵。亚灌木。植株高度在 60～70cm 之间。茎上密生绒毛，茎基木质化。叶对生，羽状深裂。伞形花序，小花粉红色，在 5 月开花。豆蔻香天竺葵（*Pelargonium odoratissimum*）（图 5—166），又称碰碰香。亚灌木状多年生草本。全株被柔毛。叶卵形，具长柄，叶子边缘具有锯齿。生长后期呈蔓生性。伞形花序，小花白色，5 月开花。

3）米兰（图 5—167）

学名：*Aglaia odorata*

科属：楝科、米仔兰属

别名：米仔兰、树兰

识别要点：常绿小乔木。植株高度一般为 1～2m。奇数羽状复叶互生，小叶 3～7 枚对生，小叶呈倒卵形或长椭圆形，革质，有光泽，全缘。圆锥花

图 5—166　豆蔻香天竺葵（左）

图 5—167　米兰（右）

序在新梢腋生，花黄色，小，极香，夏秋间开花最盛。

分布：原产于我国南方。

习性：适应温暖多湿的气候条件。忌冷，怕干旱，略耐阴，以在肥沃、疏松、深厚、微酸性的土壤中生长为宜。

繁殖方式：可用扦插和高空压条两种方法进行繁殖。扦插在 7 ~ 8 月进行。把当年春季生长的绿枝，切成约 10cm 长的插条，插条只要留先端 2 ~ 3 片叶，插深 1/3 ~ 1/2。一般在扦插后 50 ~ 60 天生根。如果在扦插前用 50mg/L 的萘乙酸溶液浸泡 15h，有促进生根作用。

高空压条在春季或秋季进行。选择一年生枝条，在离分枝点 6 ~ 9cm 的部位，环剥 0.5 ~ 1cm 宽，用塑料薄膜把湿土或苔藓包好，约 50 天生根，4 个月才能分离母株。

园林用途：米兰开花芳香，是一种很好的盆栽观赏花卉。

4）一品红（图 5-168）

学名：*Euphprbia pulchorrima*

科属：大戟科、大戟属

别名：象牙红、老来娇、猩猩木、圣诞花

识别要点：常绿灌木。茎含乳汁。叶互生，卵状椭圆形至阔披针形，叶子边缘全缘或有浅裂。花单生，小，着生于杯状花序内，并成聚伞花序排列，花的一侧有大型黄色蜜腺。叶状苞片瓣化，其形似叶，呈披针形，全缘。着色鲜艳，主要有红、白、粉红、黄等色，是主要的观赏部分；花有单瓣与重瓣之分；观赏期在 12 月至翌年 2 月。

分布：原产于南美及墨西哥。

习性：喜高温多湿，抗寒能力较弱，遇低温叶片易变黄脱落。喜阳光，不耐阴，但夏季高温强光时应防止直射光；具有短日照习性，10 月下旬花芽开始分化。不耐旱，较耐湿，增加空气湿度可减少叶片卷曲发黄，避免植株基部"脱脚"。对基质要求不严，但以肥沃、湿润的基质为好。

繁殖方式：主要采用扦插的方法来进行繁殖。扦插时间最好在 5 ~ 6 月。插穗一般选用一年生的枝条，长 10cm，并要求带有叶子，扦插时将上部叶子的一半剪去，以减少蒸腾。扦插前切口最好用草木灰蘸抹，稍干后再插。

园林用途：一品红花色艳丽，花朵硕大，开花季节正值圣诞、元旦、春节，是优良的盆花，也是一种高档的切花。

图 5-168　一品红

5）新几内亚凤仙（图 5-169）

学名：**_Impariens hawkeri_**

科属：凤仙花科、凤仙花属

别名：五彩凤仙花、四季凤仙

识别要点：宿根花卉。株高在 20 ～ 60cm 之间。茎肉质。叶互生，卵状长圆形或卵状披针形，边缘具锯齿。花单生或呈伞房花序生于叶腋；花萼三枚，其中有一枚向后延生成距；花有白、红、粉红、橙红、紫红、蓝等色；冬春季开花。

图 5-169　新几内亚凤仙

分布：原产于新几内亚。

习性：喜温暖、湿润、庇阴的环境条件。要求疏松、肥沃、排水良好的微酸性土壤。生长最适温度为 21 ～ 26℃。

繁殖方式：有扦插和播种两种繁殖方法。扦插繁殖是盆栽的主要繁殖方法。插穗须具一对叶，并在 20℃ 的温度、低于 20000lx 的光照条件下，约 10 ～ 12 天生根，21 ～ 30 天即可移植。从扦插到开花约需要 90 天。播种发芽最适温度为 21 ～ 25℃，发芽时间一般为 7 ～ 10 天。从播种到开花一般需要 100 天。播种后 7 周，当幼苗具有 6 ～ 7 枚真叶时移植至 10cm 的花盆内。

园林用途：适宜于盆栽观赏和布置花坛。

6）扶桑（图 5-170）

学名：**_Hibiscu rosasinensis_**

科属：锦葵科、木槿属

别名：朱槿牡丹

识别要点：常绿灌木。叶互生，卵形或广卵形，具三主脉，基部 1/3 全缘，其他呈不等的锯齿或缺刻。花单生于新枝叶腋，单瓣者花冠漏斗形，雌雄蕊超出花冠，花有紫、红、粉、白、黄等色，花全年开放。

分布：原产于我国南部。

习性：扶桑枝条萌发力强，耐修剪。对基质要求不严。长日照花卉，需阳光充足，夏季也应放置于阳光下。

繁殖方式：一般用扦插的方法进行繁殖。结合早春修剪可在 1 ～ 2 月扦插于温室内，室外则于 5 ～ 6 月间进行。插穗选用一年生半木质化强壮的枝条，长 6 ～ 12cm，剪去下部叶片，

图 5-170　扶桑

上部叶片可适当剪去 1/3 ～ 1/2。扦插深度 2 ～ 3cm，株行距 4cm×4cm，保持 85% ～ 90% 的相对湿度，温度控制在 18 ～ 25℃，经 10 天产生愈伤组织，20 天普遍生根。

园林用途：主要作为盆栽观赏。

7）四季海棠（图 5-171）

学名：*Begonia semperflorens*

科属：秋海棠科、秋海棠属。

识别要点：株高在 30 ～ 60cm 之间。茎直立，多分枝，半透明，略肉质。叶子互生，卵圆形至广椭圆形，叶子边缘具有锯齿；叶子颜色有绿色和紫红色两类。聚伞花序，单瓣或重瓣，花色有白、粉红、深红等，一年四季可开花，但夏季着花较少。

分布：原产于南美洲。

习性：性喜温暖、湿润的环境，不耐寒，不喜强光曝晒。夏季多为半休眠季节，宜保持冷凉与通风。

繁殖方式：有播种和扦插两种繁殖方法。四季海棠的播种四季均可，但一般在秋季播种较多。因为四季海棠的种子特别细小（种子每克有 30000 ～ 50000 粒），并且发芽略需光照，故播种后不需覆土。保持气温 21 ～ 25℃和较高的湿度，约 14 天出苗。从播种到开花一般为 90 ～ 110 天。

四季海棠的扦插繁殖也可四季进行，但春季进行繁殖生根最快、成活率最高。在 20℃以下的温度条件下，21 天可生根。

园林用途：四季海棠花期长久，一年四季开放，是布置花坛的极好材料，也可盆栽观赏。

8）倒挂金钟（图 5-172）

学名：*Fuchsia magellanice*

科属：柳叶菜科、倒挂金钟属

别名：灯笼海棠、吊钟花、倒挂金钟

识别要点：常绿灌木。植株高度为 1m 左右，茎光滑，小枝纤细而稍下垂，常带紫红色。叶对生或三叶轮生，卵状披针形，叶面绿色，具紫红色条纹，叶子边缘具有锯齿。花单生叶腋，花柄细长、下垂；萼筒长圆形，萼片 4 裂，裂片长圆状披针形，一般反卷，颜色有红、深红、紫、白等；花瓣 4 枚，阔倒卵

图 5-171　四季海棠（左）

图 5-172　倒挂金钟（右）

形，稍翻卷，有紫、白、红、蓝等色；花期春季，而在夏季凉爽的地区，花期在夏秋季节。

分布：本种系由墨西哥的长筒倒挂金钟和原产于智利南部和阿根廷的短筒倒挂金钟杂交而育成。

习性：性喜温暖湿润，要求冬季阳光充足，夏季凉爽、半阴的环境，不耐高温炎热，夏季为其半休眠季节。要求含腐殖质丰富、疏松、肥沃、排水良好的沙质壤土。

繁殖方式：以扦插繁殖为主。一年四季均可进行扦插，但扦插时间以春秋两季为好，其中春季又比秋季生根快。插穗应随插随剪，一般选取顶部长约5～8cm的枝条作为插穗，留顶部一对叶片。保持15～20℃的温度，大约20天即可生根。

园林用途：是一种良好的盆栽观赏植物。

9）仙客来（图5-173）

学名：*Cyclamen persicum*

科属：报春花科、兔儿花属

别名：兔子花、兔耳花

识别要点：球根花卉。植株高度在20～30cm之间。地下具扁圆形块茎。叶基生，心脏状卵圆形，边缘具有锯齿，叶子表面深绿色，并在叶脉处具白色花纹，叶子背面暗红色；叶柄肉质、褐红色。花单生、下垂，花梗肉质、红褐色；花萼与花瓣各有5枚，开花时花瓣向上反卷并且扭曲，形状如同兔子的耳朵，因此被称为兔子花、兔耳花。花有白、粉、绯红、玫瑰红、紫红、大红等色，花期12月至翌年5月。

分布：原产于地中海东部沿岸。

习性：喜冬季温暖、夏季凉爽的气候。秋、冬、春为生长、开花季节，夏季则为休眠季节。生长最适温度为15～25℃，冬季适宜温度为10℃左右，花期温度不宜超过18℃；温度在30℃以上停止生长，进入休眠；温度超过35℃块茎容易腐烂；而冬季温度如果低于5℃则生长缓慢、叶子卷曲。要求微酸性土壤，pH值为5.5～6.5。

繁殖方式：有播种和分割块茎两种繁殖方法。由于仙客来的块茎不能产生小块茎，但较容易结种子，故一般以播种繁殖为主。播种时间在8～11月，其中9～10月为最佳季节；播种以2cm×2cm的距离进行点播。播种前需要用30℃的温水浸种24h进行催芽，然后

图5-173 仙客来

将种子取出放在 50% 的多菌灵可湿性粉剂 800 倍液，或 1/5000 的高锰酸钾溶液，或 0.1% 的硫酸铜溶液浸泡 0.5h 消毒。播种用土以腐叶土两份、园土一份、黄沙一份混合而成，pH 值不得低于 6。发芽最适温度为 16～18℃，40 天发芽。

块茎分割较少采用，这种方法是在 8～9 月下旬在块茎萌动时进行。将块茎从顶部纵向向下切成几块，每块都必须带有生长健壮的芽，切后用草木灰对伤口进行消毒，稍微晾干后即可栽植于花盆内。

园林用途：仙客来花形奇异、花色艳丽，花期长达数月，开花时又适逢中国传统节日元旦和春季，是著名的盆花，常装饰于室内，点缀案头、餐厅等处。

10）多花报春（图 5-174）

学名：*Primula polyantha*

科属：报春花科、报春花属

别名：西洋报春

识别要点：二年生花卉。株高 15～30cm。叶面较皱折，叶为倒卵形，叶子基部逐渐狭成有翼的叶柄。伞形花序多数，丛生，花色非常丰富，常见花色有红、

图 5-174　多花报春

粉、黄、褐、白、蓝、紫和青铜等色。花期春季。

习性：性喜温暖湿润、水分充足，夏季要求凉爽、通风环境，不耐炎热。藏报春则可稍微干燥些。生长适温为 13～18℃。宜用通气、排水良好而腐殖质丰富的培养土，适宜 pH 值 6.0～7.0。在酸性土壤（pH 值 4.6～5.6）中生长不良，叶片发黄。不宜施过多肥料，栽培土中要含适量钙质和铁质才能生长良好。施肥若氮肥过多，则叶片增大，着花减少。盆栽培养土中以含氮素 20～30mg/kg，磷 10mg/kg，钾 30～40mg/kg 为宜。

繁殖方式：一般用播种法进行繁殖。在 6～9 月间都可播种，但多在 7～8 月进行。播种用土可以壤土一份、腐叶土两份、河沙一份的比例配制。播种后不覆土，用光滑木板将种子压入土中，也可稍覆细土，以不见种子为度。种子发芽温度为 15～20℃，约 10～15 天发芽。

园林用途：在新春尚未完全到来之时，多花报春以艳丽热情的姿态，报到春天的到来。适宜盆栽，用于点缀客厅、居室和书房。也可在春季露地栽植于花坛、假山园、岩石园中。

同科同属其他种类：四季报春（*Primula obconica*）（图 5-175），又称四季樱草、球头樱草、鄂报春、仙鹤莲。原产我国西南部。植株高度约 30cm。全株被白色绒毛。叶长圆形

图 5-175　四季报春

至卵圆形，叶缘有浅波状齿。伞形花序，花冠漏斗状，花径 2.5cm，花色有白、洋红、紫红、蓝、淡紫、淡红等，花期以冬春为盛。以盆栽观赏为主。

图 5-176　蒲包花

11）蒲包花（图 5-176）

学名：*Calceolaria herbeohybrida*

科属：玄参科、蒲包花属

别名：荷包花

识别要点：二年生花卉。植株高度 20 ~ 40cm。茎叶被细茸毛。叶子对生，叶性为卵形至卵状椭圆形，叶常呈黄绿色。不规则聚伞花序，花冠具二唇，上唇小、前伸，下唇膨胀呈荷包状、向下弯曲；花径 3 ~ 4cm；花色有乳白、乳黄、黄、淡红、红、橙红等，在花朵上常散生许多紫红色、深褐色或橙红色的小斑点；花期 3 ~ 5 月。

分布：原产墨西哥、秘鲁、智利等地。

习性：喜凉爽、空气湿润、通风良好的环境。不耐严寒，又畏高温，要求光照充足，但栽培中要避去夏季的强光。种子发芽适宜温度为 18 ~ 20℃，生长适宜温度为 10 ~ 20℃，低于 5℃生长缓慢，高于 25℃容易死亡。花芽在 15℃以下分化，一般认为在 10℃以下 4 ~ 6 周完成花芽分化。属长日照植物，延长光照时间有利于生殖生长。喜肥沃、排水良好的疏松土壤，土壤以微酸性为宜，pH 值 5.5 ~ 6.5。

繁殖方式：一般以播种法进行繁殖。播种多在 8 月下旬 ~ 9 月上旬。播种介质可用 6 份腐叶土与 4 份细沙配制而成，也可用草炭土和细沙配制。播种时将介质过细筛混匀，然后装入育苗盘内，稍加压实，再刮平，最后用喷壶浇透底水。因种子细小（每克种子具有 10000 粒），为了播种均匀，可用 10 ~ 20 份细面沙或细干土与一份种子充分拌匀，然后均匀地撒播，播种后覆细土 2mm 左右。盖上玻璃或地膜，置于阴凉处，7 天左右出苗。

园林用途：蒲包花花形奇特，色彩艳丽，是冬春季节优良的盆栽花卉。

12）非洲紫罗兰（图 5-177）

学名：*Saintpaulia ionantha*

科属：苦苣苔科、非洲紫罗兰属

别名：非洲堇

识别要点：宿根花卉。植株高度在 8 ~ 12cm 之间。茎肥厚多汁，密生茸毛。叶也肥厚多汁，密生茸毛；单叶对生或互生，叶形有卵形、圆形、心形、椭圆形、匙形等；叶子边缘有全缘、锯齿、折皱、细褶、丝裂等；叶子表面呈全绿、蓝绿或撒布斑点、

图 5-177　非洲紫罗兰

或叶缘嵌色等；叶子背面或色浅，或带有紫红晕。花有单瓣、半重瓣、重瓣、平瓣、波瓣多种区别；花色有白、乳白、粉红、桃红、红、紫、紫红、青、蓝等单色，也有斑点、斑块、条纹、镶边等复色变化；如果温度适宜非洲紫罗兰一年四季均可开花。

分布：原产于南非。

习性：喜温暖、湿润的环境，既不耐高温，也不耐寒冷。栽培的最适温度为 20 ～ 24℃，其中白天最适温度为 22 ～ 24℃；夜间最适温度为 20 ～ 21℃。当温度在 16℃以下时，生长缓慢，开花稀疏；当温度持续在 30℃以上时，开花提前，但品质低下，并且会改变植株形状，常使花苞提前萎落。

繁殖方式：一般以叶子扦插繁殖为主。扦插繁殖一年四季均可进行，扦插时将成熟叶子从叶柄基部切下，修剪叶柄，只留 2 ～ 5cm 的叶柄；再用小棒在土面戳 2 ～ 3cm 深的洞，然后将叶柄放入洞中，用手指镇压，使叶柄与土密切接触；最后充分浇水。扦插介质可用细碎的水苔和蛭石等量混合，也可用壤土、腐叶土、较粗的河沙按 1：2：1 的比例混合而成。最适生根温度为 15 ～ 25℃，一般三周可生根，7 周后即见幼芽。

园林用途：非洲紫罗兰在空气流通、有微风的环境中生长良好，否则容易发生病虫害。

13）大岩桐（图 5-178）

学名：*Sinninjia speciosa*

科属：苦苣苔科、大岩桐属

识别要点：球根花卉。植株高度在 15 ～ 25cm 之间。全株被白绒毛。地下具有扁平球形块茎。叶对生，肥厚，长椭圆状卵形，叶子边缘具有锯齿；叶面绿色，叶背绿色或带红色。花 1 ～ 3 朵顶生或聚生叶腋，花梗肉质，花冠钟形，花朵微下垂，花色有深墨红、红、玫红、洋红、粉红、紫蓝、白等色，花期 3 ～ 7 月。

分布：原产于南美巴西。

习性：好肥，要求疏松、肥沃、含腐殖质丰富、排水透气性能良好的土壤。忌阳光直射，要求高温、湿润和庇阴的环境。生长适温为 18 ～ 25℃，冬季最低温度需保持在 5℃以上。

繁殖方式：采用较多的有播种和扦插两种繁殖方法。播种繁殖周年均可，但在 8 ～ 10 月进行最佳。大岩桐种子每克有 2500 ～ 3000 粒，由于种子发芽需要见光，故播种后一般不必覆土，播种用土以腐叶土三份、园土三份、河沙两份之比例配合而成，也可加入少量

图 5-178　大岩桐

的过磷酸钙。一般在 18 ～ 22℃ 的温度条件下，约 10 天发芽。从播种到开花约为 180 天。

扦插又有枝插和叶插两种。当嫩枝长到 4cm 左右时，剪下作为插穗，在保持半阴、湿润、18 ～ 20℃ 的温度条件下，约 15 天生根。叶插选生长充实的叶片，带叶柄切下，1/3 插入黄沙中，在遮阴、保持较高的湿度和温度条件下，约 10 ～ 20 天生根。

园林用途：主要作盆栽观赏。

14）金苞花（图 5—179）

学名：*Pachystachys lutea*

科属：爵床科、厚穗爵床属

别名：黄花厚穗爵床

识别要点：常绿灌木。植株高度 30 ～ 50cm 之间。茎直立，多分枝。单叶对生，叶长椭圆形，叶脉 7 ～ 8 对，向下凹陷。穗状花序顶生，小花排成 4 列；花冠筒状，顶端唇形，白色，伸出苞片外；苞片金黄色；花期 4 ～ 12 月。

分布：原产于南美秘鲁、北美墨西哥。

习性：性喜温暖、湿润、半阴的环境。冬季要求阳光充足。基质要求肥沃、排水良好。

繁殖方式：主要采用扦插法繁殖。扦插的时间一般在 5 ～ 9 月，插穗选取生长充实的枝条，温度控制在 20 ～ 22℃ 之间，大约 20 天可以生根。

园林用途：金苞花花色金黄，花朵挺立，是良好的盆栽观赏花卉。也能布置花坛。

15）五星花（图 5—180）

学名：*Pentas lanceolata*

科属：茜草科、五星花属

别名：繁星花

识别要点：亚灌木。植株高度 30 ～ 60cm 之间。茎直立、丛生、被毛。叶对生，膜质，深绿色；卵形，或椭圆形，或披针状矩圆形；叶子边缘全缘，叶脉明显。

图 5—179　金苞花（左）
图 5—180　五星花（右）

聚伞花序，花有淡红、红、粉红、紫红、蓝紫、白等色，周年可开花，但主要花期在夏秋季。

分布：原产于热带非洲和阿拉伯南部地区。

习性：喜阳光，耐热。要求温暖湿润的环境。生长适宜温度为 12 ～ 15℃，冬季最低适应温度为 7℃。

繁殖方式：一般以扦插繁殖为主。扦插繁殖全年均可进行，但在 4 月扦插成活率最高。截取未曾开花的枝条 6 ～ 8cm 作为插穗，除去下部叶片，插入粗沙中，放于半阴环境中，约 2 ～ 3 周即可生根。

园林用途：五星花花色丰富、花朵小而花序大，常用于布置花坛和盆栽观赏。

16）扶郎花（图 5—181）

学名：*Gerbera jamesonii*

科属：菊科、大丁草属

别名：非洲菊、大丁草

识别要点：宿根花卉。株高在 20 ～ 40cm 之间。全株具细毛。叶基生，长椭圆状披针形，羽状浅裂和深裂。头状花序，有单、重瓣之分，花有红、粉红、淡黄或橘黄等色，花周年开放，以 4 ～ 10 月最盛。

分布：原产南非。

习性：喜温暖、阳光充足、空气流通的环境，生长适宜温度在 12 ～ 25℃之间，冬季最低温度不能低于 0℃。喜疏松、肥沃、排水良好、微酸性的沙质壤土。

繁殖方式：一般在 4 ～ 5 月花后进行分株或在种子成熟后采种即播。

园林用途：扶郎花花色艳丽，全年开放，是重要的切花材料。也可布置花坛、花境或盆栽观赏。

17）瓜叶菊（图 5—182）

学名：*Senecio cruentus*

科属：菊科、瓜叶菊属

别名：千日莲、生荷留兰、千夜莲、瓜叶莲

图 5—181　扶郎花（左）
图 5—182　瓜叶菊（右）

识别要点：二年生花卉。植株高度 25～60cm。全株密被柔毛。茎直立，草质，绿色带紫色条纹或紫晕。叶大，互生，心脏状卵形，掌状脉，叶缘具波状或多角状齿，形似黄瓜叶，故名瓜叶菊；叶背灰白色，有紫晕；叶缘基部成耳状，半抱茎，叶柄粗壮、有槽沟；根出叶叶柄无翼，茎生叶叶柄有翼。头状花序簇生成伞房状；每个头状花序具总苞片 15～16 枚，舌状花 10～12 枚；花色多样，有粉红、紫红、墨红、玫瑰红、蓝、白、紫、红等单色及复色；花瓣有宽瓣和窄瓣、平瓣和侧瓣、单瓣和复瓣等变化。

分布：原产非洲北部大西洋上的加那利群岛。

习性：性喜凉爽气候，忌炎热，种子发芽适温 21℃，生长适温 15～20℃。不耐寒，经过锻炼，幼苗能够忍耐短时间的 0～3℃ 低温。在 15℃ 以下低温处理 6 周可完成花芽分化，再经 8 周即可开花。如温度过高，则茎长得细而长，从而影响开花。喜光，但怕夏日强光。长日照能促进花芽发育、提前开花，一般播种后的 3 个月开始给予 15～16h 的长日照，促使早开花。瓜叶菊喜湿润的环境，适宜土壤 pH 值 6.5～7.5。怕旱、忌涝。氮肥过多秧苗易徒长。

繁殖方式：一般用播种繁殖。因其种子小（每克种子 4000 粒左右），播种用土要过细筛。一般从播种到开花需 6～7 个月。瓜叶菊从 4～10 月份都可以播种，但春播到夏播需在阴棚下栽培，并经常向叶片洒水降温，还不要淋上雨水，否则经过酷暑秧苗会大批死亡。因此，我国多在 8 月份播种，8 月份播种的植株大、花大。

园林用途：瓜叶菊叶片大，开花前叶色青翠，悦人眼目，开花后簇生的花朵五彩缤纷，在寒冷的冬季和早春，给人以美的享受。瓜叶菊花期长，是元旦、春节、"五·一"及冬春其他庆典活动的主要花种之一。瓜叶菊既可盆栽，也是布置公园绿地、早春花坛的主要花卉。星型类型适宜作切花，可用它制作花篮或花圈。

18）花烛（图 5-183）

学名：*Anthurium scherzerianum*

科属：天南星科、天南星属

别名：红掌、安祖花

识别要点：宿根花卉。植株高度在 40～50cm 之间。无地上茎。叶子从根茎长出，绿色，革质；卵心形至箭形，长 20～30cm，宽 10～20cm；基部心形，边缘全缘。肉穗花序黄色、直立。佛焰苞平出，卵心形，长 7～13cm，宽 5～8cm，是主要的观赏部位；佛焰苞光滑，

图 5-183　花烛

具有蜡质光泽；颜色有白、粉、红、绿等。

分布：原产南美哥伦比亚。

习性：花烛喜温暖的环境。生长最适日温为 25 ～ 28℃，夜温为 20℃。如果温度在 15℃ 以下，要注意防寒，温度在 10℃ 以下就会导致植株生长不良；温度超过 32℃ 会灼伤叶子、开花不良、花期缩短。喜湿润的环境，空气相对湿度宜在 80% ～ 85%。栽培时要保持介质湿润。喜半阴的环境，特别是在夏季必须进行遮阴。绝大多数的花烛品种只能在 16000 ～ 27000lx 的光照强度下生长。如果光照超过 27000lx，花和叶均会褪色。

繁殖方式：花烛较少采用播种繁殖，一般正式生产上用组织培养，家庭养花用分株法来进行繁殖。分株繁殖在 4 ～ 5 月进行，将开花后的成龄植株旁长出的、带有气生根的小植株剪下另行栽植即可。

园林用途：花烛也是一种著名的盆花和切花。

19）马蹄莲（图 5-184）

学名：*Zantedeschia aethiopica*

科属：天南星科、马蹄莲属

别名：慈姑花、水芋

识别要点：球根花卉。植株高度在 60 ～ 70cm 之间。地下具有褐色的块茎。叶基生，箭形或戟形，边缘全缘，鲜绿色有光泽；叶柄基部成鞘状，叶柄的长度为叶片长度的 2 倍以上。肉穗花序黄色，圆柱形包藏于白色的马蹄形佛焰苞内，佛焰苞是主要的观赏部位；开花时间在 12 月至翌年 5 月，盛花期在 3 ～ 5 月。

分布：原产非洲。

习性：喜温暖、湿润及稍有遮阴的环境。不耐寒冷和干旱，在夏季高温、炎热、干旱时休眠，冬季能够耐 4 ～ 5℃ 的低温。生长最适温度在 13 ～ 20℃ 之间，其中白天的最适生长温度为 16 ～ 20℃，夜间的最适生长温度为 13℃，温度低于 10℃ 生长不良。

在冬季要给予充足的光照，夏季要进行适当的遮阴，但在开花期间宜有阳光，否则佛焰苞常带绿色。

繁殖方式：在春秋两季均能采用分球法进行繁殖。繁殖时将母块茎四周产生的小块茎剥下另行种植即可；也可将母块茎分切成数个小块茎另行栽植，分割后的小块茎每块都带有 2 ～ 3 个芽。

园林用途：马蹄莲花朵形状奇特、叶子翠绿、苞片洁白，是重要的盆花和著名的切花，常用于插花、制作花篮、花束等。

图 5-184　马蹄莲

图 5—185　美叶光萼荷（左）
图 5—186　火红凤梨（右）

20）美叶光萼荷（图 5—185）

学名：*Aechmea fsciata*

科属：凤梨科、光萼荷属

别名：蜻蜓凤梨、斑粉菠萝

识别要点：宿根花卉。其叶莲座丛卷呈筒状，叶革质、较宽，长可达60cm，绿色，上有虎纹状银白色横纹，叶缘有黑色小刺。复穗状花序圆锥状排列，春末夏初开花。苞片革质，先端尖，淡的玫瑰红色，小花紫色。

分布：原产于南美巴西。

习性：喜高温、高湿和半阴的环境。不耐寒，生长适宜温度为15～25℃，冬季必须保持在10℃以上。

繁殖方式：通常用分株法繁殖。

园林用途：美叶光萼荷叶具有白粉，花粉红色，是一种叶花俱佳的盆栽观赏花卉。可以装饰居家、美化环境。

21）火红凤梨（图 5—186）

学名：*Guzmania lingulata*

科属：凤梨科、果子曼属

别名：火轮凤梨、火冠凤梨、果子蔓

识别要点：宿根花卉。其叶绿色，长线形，外弯，长20～30cm。穗状花序，苞片艳红色、披针形，小花白色。

分布：原产于南美洲热带。

习性：喜温暖、湿润、半阴的环境。生长适温为20～28℃，冬季温度必须保持在10℃以上。

繁殖方式：一般在春、秋两季用分株的方法来进行繁殖。

园林用途：火红凤梨叶绿花红，开花时点点红色在绿叶的衬托下格外鲜艳，常用于装点会场、办公室、居家环境。

22）铁兰（图 5—187）

学名：*Tillandsia cyanea*

科属：凤梨科、铁兰属

图 5-187 铁兰（左）
图 5-188 斑叶红剑（中）
图 5-189 大花君子兰（右）

别名：紫花凤梨

识别要点：宿根花卉。叶丛生呈莲座状，斜出，外弯，条形，全缘，革质，浓绿色，长 20 ~ 30cm，宽 1 ~ 1.5cm。花葶短，藏于叶丛中，穗状花序扁平呈琵琶形，苞片两列对称互叠，玫瑰红色或红色，小花浓紫红色。

分布：原产于厄瓜多尔、危地马拉。

习性：铁兰宜在散射光下生长，怕阳光直射。生长适温为 20 ~ 30℃，冬季最低温度不得低于 10℃。

繁殖方式：通常采用分株法来进行繁殖。

园林用途：铁兰是一种名贵的盆栽观赏花卉。

23）斑叶红剑（图 5-188）

学名：*Vriesea carinata* var.*iegata*

科属：凤梨科、丽穗凤梨属

别名：大红剑、大莺歌、丽穗兰

识别要点：宿根花卉。植株高度在 50 ~ 60cm 之间。叶基生呈莲座状，深绿色，向外弯曲，叶面上具有纵向白色条纹，同属有的种类叶面上具有暗绿至浅褐色横纹。花葶直立，一般不分枝，花序呈烛状或剑形，苞片鲜红色互相叠生，春末夏初开花。

分布：原产于巴西。

习性：喜高温、高湿和庇阴的环境，不耐寒，生长适宜温度为 20 ~ 25℃，冬季需要保持在 10℃ 以上。空气湿度需要在 60% 以上。

繁殖方式：通常采用分栽母株基部长出的芽条的方法进行繁殖。

园林用途：斑叶红剑既可观叶，也可观花。

24）大花君子兰（图 5-189）

学名：*Clivia miniata*

科属：石蒜科、君子兰属

别名：剑叶石蒜、君子兰

识别要点：宿根花卉。根肉质、粗壮。茎基部具叶基形成的假鳞茎。植株高度在 40cm 左右。叶宽带状或剑形，二列状交互迭生，全缘，长在

30 ~ 80cm 之间，宽在 3 ~ 10cm 之间，叶表面深绿色有光泽。伞形花序顶生，有 7 ~ 30 朵小花，小花为漏斗状花冠，花色为黄色或橙红色，全年开花，但以春夏季为主。浆果球形，初为绿色，成熟后呈红色。

分布：原产于南非的纳塔尔山地森林中，后传入欧洲、日本。中国的君子兰是在 20 世纪初从德国、日本引进的。

习性：喜温暖的环境。要求冬季温暖、夏季凉爽，生长适温 15 ~ 25℃，10℃ 以下生长迟缓，5℃ 以下则处于相对休眠状态，0℃ 以下会受冻害；同样，温度超过 25℃，应采用通风、遮阴进行降温，30℃ 以上会徒长，影响观赏效果。因此，冬季栽培时必须保持 5 ~ 8℃。由于受到温度的影响，一般 10 ~ 4 月为君子兰的生长季节，5 ~ 9 月则为君子兰休眠期。

君子兰喜半阴的环境。在生长过程中不宜强光照射，冬季每天约需 6h 的光照，夏天应在阴棚下栽培，每天只能给予 1 ~ 2h 的光照或散射光。

君子兰喜湿润的环境。在君子兰生长期间应保持环境湿润，空气相对湿度 70% ~ 80%，土壤含水量 20% ~ 40%，切忌积水。水的 pH 值在 6.5 左右。

君子兰较耐肥。幼苗需肥较多，随着叶片增加不仅需要使用一般肥料，还需使用油脂肥料，以使君子兰的叶片光亮。

由于君子兰的根肉质，因此栽培介质要求疏松、肥沃、排水透气性良好的中性至微酸性（pH 值 6.5 ~ 7）的土壤。

繁殖方式：君子兰的繁殖方法主要有播种和分株两种。播种繁殖一般在 11 月至翌年 1 月进行，播种前需要对种子进行处理，将种子浸入 40℃ 左右的温水中 24 ~ 36h，然后将种子以 1 ~ 2cm 的距离均匀地点播在盆土内，上覆沙土 1 ~ 1.5cm。播种基质以河沙和炉渣各半混合。浇透水后保持 20 ~ 25℃ 的温度及盆土湿润，一个半月可发芽。发芽后可将温度降到 18 ~ 20℃，当第一片真叶长出后即可移植于 4 寸的盆内，一般每盆栽植三株。培养土可用腐叶土 5 份、壤土两份、河沙两份、饼肥一份混合而成。

分株繁殖一般多在春秋两季温度适宜时结合君子兰换盆进行。将母株根茎周围产生的 15cm 以上的分蘗分离，在切口处涂以木炭粉消毒，待伤口干燥后即可上盆，成为独立的植株。

园林用途：君子兰花、叶、果兼美，观赏期长，可周年布置观赏。傲寒报春、端庄肃雅，深受人们喜爱。是布置会场、楼堂馆所和美化家庭环境的名贵花卉。

25）文殊兰（图 5-190）

学名：*Crinum asiaticum*

科属：石蒜科、文殊兰属

别名：十八学士、白花石蒜

识别要点：球根花卉。地下具有长椭圆形鳞茎。植株高度可达 1m。叶带状披针形，浅绿色，边缘全缘，稍有波浪形；中肋在正面下陷，背面隆起。花茎高于叶丛，伞形花序有小花 10 ~ 20 朵，花冠高脚碟形，花白色，也有红色品种，具芳香，花期在 5 ~ 10 月，但 6 ~ 7 月为盛花期。

图5-190 文殊兰（左）
图5-191 香雪兰（右）

分布：原产于我国广东、福建、台湾地区。

习性：喜温暖、湿润气候，怕夏季烈日直射，不耐盐碱土壤，不耐寒，生长最适温度在 13 ～ 19℃，7 ～ 10℃进行休眠，冬季最低温度为 5℃。

繁殖方式：有播种和分株两种繁殖方法。播种在春季采种后立即进行，因种子较大，一般采用点播法进行。保持温度 18 ～ 24℃，约两周萌发。当幼苗长出 2 ～ 3 片真叶时可移植上盆。当文殊兰的根蘖长到 15cm 左右时，可在春季 3 ～ 4 月结合换盆进行分株。

园林用途：主要作盆栽观赏。

26）香雪兰（图5-191）

学名：*Freesia refacea*

科属：鸢尾科、香雪兰属

别名：小菖兰、小苍兰

识别要点：球根花卉。地下具有长卵形或圆锥形的球茎。叶二列状互生，叶形为线状剑形或披针形，边缘全缘。穗状花序顶生，花轴上部呈水平方面弯曲，小花向上偏生，花有黄、紫、红、白、雪青等色，并具有较浓的芳香，花期 3 ～ 4 月。

分布：原产南非好望角。

习性：喜凉爽、湿润、阳光充足的环境。秋季种植，夏季休眠。不耐寒，生长期适温白天为 25℃，晚间为 15℃，温度过高，容易徒长，不开花或开花不良。

繁殖方式：一般在 8 月进行分球繁殖，种植深度为 2 ～ 3cm。一般每盆内所栽球需大小一致，以保证来年开花整齐。栽球的数量根据盆的大小有所差异，一般 10cm 的小花盆种植大球 3 个，13cm 的中型花盆种植 4 ～ 5 个，15cm 的大花盆可种植 6 ～ 7 个。

园林用途：香雪兰为冬季优良的盆花和切花。

27）鹤望兰（图5-192）

学名：*Strelitzia reginae*

科属：旅人焦科、鹤望兰属

别名：极乐鸟之花

识别要点：宿根花卉。具有不明显的半木质化的短茎。根肉质，根系粗壮发达。老根聚生于短茎下部，灰褐色，有分枝；新根和根冠为白色，有根毛。根的直径可达 3～3.5cm，长度 40～70cm。每株根数的多少视植株大小而定，一般成龄大棵根数达 30～50 条。盆栽的植株，其根沿盆边呈弯曲状。单叶对生，两侧排列。叶片为阔披针形，或长椭圆形，或椭圆状卵形，叶片长约为 40cm，宽约为 15cm。叶子全缘、浓绿色、革质。具有很长并带有沟的叶柄，叶柄是叶片长度的 2～3 倍。叶脉为羽状平行脉。花茎着生于短茎叶腋处，上有 4～6 枚螺旋状排列的苞片。总苞片内有排列成蝎尾状花序的单花 5～9

图 5-192　鹤望兰

朵，总苞片佛焰状，长 15～20cm，绿色，边缘带紫红色。花大，两性，两侧对称；萼片三枚，披针形，橙黄色；花瓣三枚，侧生两枚靠合成舌状，中央一枚小，舟状，基部具耳状裂片，与萼片近等长，暗蓝色；雄蕊 5 枚，与花瓣等长，花粉乳白色，粘着成团；柱头伸出花舌外。整个花序花形奇特，色彩夺目，宛如仙鹤翘首远望。

分布：原产南非。

习性：性喜温暖、湿润气候。要求空气湿度高。夏季怕阳光曝晒，冬季则需充足阳光。需土层深厚，具丰富有机质、疏松、肥沃而排水良好的黏质壤土。

繁殖方式：鹤望兰常用的繁殖方法有播种繁殖和分株繁殖两种。播种繁殖时将种子以 (2～3) cm×(2～3) cm 的密度进行点播。在育苗容器的下半部放置育苗基质，其配方为颗粒泥炭加 1/3 的粗河沙，并按每立方米基质加 2kg 腐熟饼肥、1.5kg 过磷酸钙、1kg 硝酸钾、1kg 硝酸铵、0.5kg 硫酸亚铁；在育苗容器的上半部放置播种土，其配方为细颗粒泥炭和粗沙各 50% 混合。种子发芽的最适温度为 26～28℃，播种后一个月左右发芽出根，两个月左右即可长出两片叶子。当种子出苗后，有两片叶子时就可植入直径为 6cm 的小盆中。以后每 3～5 个月，当幼苗的叶片边缘基本达到容器的周缘时就应及时换盆。当苗高 30～40cm，约已有叶 8 片就可定植。

园林用途：鹤望兰花叶并美，其叶大色绿，给人以挺拔向上的感觉；其花姿态优雅、端庄、大方，花色红蓝相间、艳丽多彩，是一种高档的盆花和切花。

28）石斛兰（图 5-193）

学名：*Dendrobium nobile*

科属：兰科、石斛兰属

别名：石斛

识别要点：茎丛生，直立或下垂，圆柱形，不分枝或少数分枝，具少数至多数叶。叶互生，扁平，圆柱状或两侧压扁，基部有关节和抱茎的鞘。总状

图 5-193 石斛兰(左)
图 5-194 大花蕙兰
（右）

花序直立或下垂，生于茎的上部节上，具少数或多数花，少有单朵花的；花瓣和萼片的形状常相似，花通常较大而艳丽，显眼的唇瓣多色彩鲜艳；花色丰富，以黄、紫为主；花期四季。

分布：原产热带和亚热带地区。

习性：需要较冷凉的环境，生长适温为 18 ~ 30℃，生长活跃期应保持 16 ~ 21℃，休眠期要在 16 ~ 18℃，晚上 10 ~ 13℃。小苗耐寒力差，冬季 10℃。需光比一般兰花要强些，通常遮光 30% ~ 40%。生长大致分为以下几个阶段：春至夏季为生长期，秋季为成熟期，冬季为休眠期，春石斛春季是开花期而秋石斛秋、冬季是开花期。水分要求高，空气湿度需在 30% 以上。

繁殖方式：可用播种、组织培养、分株繁殖。

园林用途：是一种高档的盆花和切花。

29) 大花蕙兰（图 5-194）

学名：*Cymbidium grandiflorum*

科属：兰科、兰属

别名：东亚兰、虎头兰

识别要点：假鳞茎狭卵球形至狭椭圆形，叶 5 ~ 8 枚，带状，长 70 ~ 90cm，宽 2 ~ 3cm，基部稍二列。花葶长达 60 ~ 70cm，外弯或近平展，有 6 ~ 12 朵花；花苞片很小，长 3 ~ 4mm；花较大，直径 13 ~ 14cm，有香气，花期冬、春季。

分布：原产于广西、四川、贵州、云南、西藏及不丹、尼泊尔、印度。

习性：喜白天温度高，夜晚温度低的环境，生长适温白天为 25 ~ 28℃，夜晚要低于 8 ~ 10℃，花芽需要在高温期形成，但花芽发育成花蕾到开花却要在 20℃ 以下，如花芽已形成气温还高达 28℃ 以上，将会造成枯萎或掉蕾。对光照适应性较强，遮光率 30% ~ 40%，光照充足，叶色黄绿而宽厚；光照不足叶色转浓绿，修长软弱。喜湿润环境，特别是较高的空气湿度（70% ~ 80%）。

繁殖方式：同石斛兰。

园林用途：同石斛兰。

30）兜兰（图 5—195）

学名：*Paphiopedilum callosum*

科属：兰科、兜兰属

别名：拖鞋兰

识别要点：根状茎不明显或罕有具细长、横走的根状茎，无假鳞茎，有稍肉质的根。茎短，包藏于二列的叶基内。叶基生，多枚，狭矩圆形或近带状，二列，对折，两面绿色或有时有淡红色（下面）或淡绿色（上面）方格斑块或斑纹，基部叶鞘互相套迭。花葶从叶丛中长出，长或短，具单朵花或少有数朵花；花苞片较小；花大，艳丽；中萼片较大，直立或稍向前方倾斜，两枚侧萼片合生（称合萼片），位于唇瓣下方；花瓣较狭，形状多样，常水平伸展或下垂；唇瓣大，兜状。

分布：分布于亚洲热带地区至太平洋岛屿。

习性：性喜温暖阴湿，生长适温为 15 ～ 25℃，不喜爱强光。兜兰切忌高温干燥及强光直射，夏季遮光 60% ～ 70%，春季遮光 50% ～ 60%，冬季遮光 40% ～ 50%。大多数兜兰都喜欢空气湿度高，一般空气湿度要 40% ～ 60%。

繁殖方式：同石斛兰。

园林用途：兜兰花形奇特，因唇瓣鼓成兜形而得名，是很好的盆栽观赏花卉。

31）蝴蝶兰（图 5—196）

学名：*Phalaenopsis amabilis*

科属：兰科、蝴蝶兰属

别名：蝶兰

识别要点：叶近二列，肉质，扁平，较宽，叶基收狭。花葶从植株基部发出，直立或下垂；总状花序；花通常较大，艳丽；花期较长。

分布：亚洲至澳大利亚热带。

习性：喜弱光，切忌强光照射，以免灼伤叶子，尤其是幼苗，但开花植株可适当增加光照。喜温暖，最适宜的温度是 18 ～ 30℃；昼夜要有温差，通常在 10℃ 左右；如温度低于 15℃ 的时间太长，根的生长会受到影响，叶会变黄

图 5—195　兜兰（左）

图 5—196　蝴蝶兰（右）

脱落；反之如温度长时间处于 33℃ 以
上，也有害处；最适宜的夜间温度是
18 ~ 21℃，幼苗可以略高一些 (23℃)，
白昼以 28℃ 左右为最理想，最好不要
低于 25℃。喜湿润的环境，空气湿度
宜在 50% 以上。

图 5—197　圆盖阴石蕨

繁殖方式：同石斛兰。

园林用途：蝴蝶兰花姿壮丽优雅，
被誉为"兰花之后"，是一种高档的盆
花和切花。

2. 室内观叶植物

1）圆盖阴石蕨（图 5—197）

学名：*Humata tyermanni*

科属：骨碎补科、阴石蕨属

别名：狼尾山草

识别要点：蕨类植物。根状茎粗壮，长而横走，上密被淡棕色鳞片。叶
片阔卵状三角形，3 ~ 4 回羽状深裂。孢子囊群圆形，着生在叶脉顶端。

分布：原产于我国。

习性：喜温暖、半阴和较干燥的环境。

繁殖方式：一般在春季结合翻盆采用分株法繁殖。

2）肾蕨（图 5—198）

学名：*Nephrolepis cordifolia*

科属：骨碎补科、肾蕨属

别名：野鸡毛山草

识别要点：蕨类植物。具有地下根茎，直立，下部向四面生出粗铁丝状
的长匍匐茎，末端着生圆形的块根。叶丛生，
狭长披针形，长 30 ~ 60cm，宽 3 ~ 5cm，一
回羽状复叶，羽片多数，长椭圆形。孢子囊群
着生于叶背叶脉分歧点的上部。

分布：原产于我国。

习性：对环境的适应性颇强，自阴生至全阳，
自潮湿地至干热地都有其种类，可室内盆栽或
户外露地栽植。喜温暖、半阴的环境。生长适
宜温度为 20 ~ 30℃，耐寒性强，能耐 0℃ 以上
的低温。

繁殖方式：可采用分株和孢子法进行繁殖。
分株繁殖通常在春季结合换盆进行，操作时可
将植株从盆中脱出，自叶丛间切成几块，使每

图 5—198　肾蕨

块都带有 5 ～ 6 张叶片，然后分栽即可。

图 5-199　波士顿肾蕨（左）

图 5-200　铁线蕨（中）

图 5-201　巢蕨（右）

同科同属其他种类：波士顿肾蕨（*Nephrolepis exaltata* cv. *Bustoniensis*）（图 5-199）。波士顿肾蕨叶丛生，一回羽状复叶，羽叶密簇而生。小叶宽线形，波形扭曲状。新叶黄绿色，后为翠绿色。

3）铁线蕨（图 5-200）

学名：*Adiantum capillarus-veneris*

科属：铁线蕨科、铁线蕨属

别名：铁丝草、美人枫、美人粉

识别要点：植株高度在 15 ～ 40cm 之间。具有横走的根状茎，在根状茎上密生棕色鳞片。叶柄细长，栗黑色，二至三回羽状复叶，小叶片互生、扇形，叶子顶端半圆形，有钝圆的粗缺刻。孢子囊群着生在小叶背面前缘分裂处。

分布：原产于热带和亚热带地区。

习性：喜温暖、湿润、半阴的环境，生长适宜温度为 13 ～ 18℃，冬季能耐 10℃ 的低温。一般可采用分株和孢子法进行繁殖。

繁殖方式：分株繁殖一般结合换盆进行。

4）巢蕨（图 5-201）

学名：*Neottopteris nidus*

科属：铁角蕨科、巢蕨属

别名：鸟巢蕨、山苏花

识别要点：蕨类植物。植株高度在 60 ～ 100cm 之间。根状茎粗短直立。叶辐射状丛生于根状茎顶端的边缘，叶柄粗壮，长约 2 ～ 3cm；叶片带状阔披针形，浅绿色，长 50 ～ 95cm，中部宽 5 ～ 8cm，先端渐尖，下部逐渐变窄而下延。孢子囊群线形，生于侧脉上侧。

分布：原产于亚洲热带。

习性：喜温暖、阴湿的环境。生长适宜温度为 20 ～ 22℃，冬季温度不能低于 5℃。

繁殖方式：用分株和孢子来进行繁殖。

5）二歧鹿角蕨（图 5-202）

学名：*Platycerium bifurcatum*

科属：水龙骨科、鹿角蕨属

别名：鹿角蕨、蝙蝠兰

图 5—202　二歧鹿角蕨
　　　（左）
图 5—203　橡皮树（右）

识别要点：蕨类植物。植株高度约 40cm。叶有二型，不育叶圆形凸出，边缘波窄，新叶绿白色，老叶棕色；能育叶丛生，灰绿色，叶面密生短柔毛，下垂，顶端分叉呈凹状深裂，呈绿色的鹿角形。孢子囊群自凹处上延至裂片的顶端。

分布：原产于大洋洲热带地区。

习性：喜温暖、湿润、具有明亮光照的环境。生长适宜温度为 10～26℃，冬季不可低于 7℃。

繁殖方式：主要采用孢子和分株的方法进行繁殖。

6）橡皮树（图 5—203）

学名：*Ficus elestica*

科属：桑科榕、树属

别名：印度橡皮树、印度榕、橡胶树

识别要点：常绿乔木。植株高度在 20～25m 之间。全株体内含有白色乳汁。叶互生，椭圆形，革质，边缘全缘，绿色，也有花叶和黑叶等栽培品种。托叶大、红色，当嫩叶伸展后托叶就会自行脱落。

分布：原产于印度和马来西亚。

习性：喜高温、湿润的环境。不耐寒，生长适宜温度为 20～30℃，冬季温度要保持在 10℃ 以上。

繁殖方式：主要以扦插和压条繁殖为主。扦插繁殖在 2～10 月间均可进行，扦插时选植株中上部、生长健壮的枝条作为插穗，插穗长一般为 20～30cm，保留上部两张叶片，扦插时将叶子卷成筒状，用硫磺粉蘸抹切口，以避免切口处流出白色乳汁，插后保持阴湿环境，约 30 天可生根。另外，也可在夏季选择生长充实、健壮的枝条进行高空压条。

同科同属其他种类：垂叶榕（*Ficus benjamina*）（图 5—204），常绿乔木。茎有垂悬的气生根，枝条弯曲下垂。叶互生，椭圆形，绿色，边缘波状，较软、下垂。厚叶榕（*Ficus microcarpa* var. *crassifolia*）（图 5—205），叶子较小，质地较厚，椭圆形，边缘全缘。

图5-204 垂叶榕（左）
图5-205 厚叶榕（右）

7）花叶冷水花（图5-206）

学名：*Pilea cadierei*

科属：荨麻科、冷水花属

别名：花叶冷水团

识别要点：多年生常绿草本或亚灌木。植株高度在30～40cm之间。茎光滑、多分枝。叶交互对生，卵状椭圆形，绿色，叶脉间具有银白色的斑块，叶子边缘具有锯齿，叶子顶端较尖。

分布：原产于越南。

习性：喜温暖、湿润的环境，生长适宜温度为18～25℃，冬季最低温度不能低于10℃。

繁殖方式：一般采用扦插和分株法进行繁殖。扦插除了盛夏季节外均可进行，但仍以春季扦插为最好，扦插时可剪取二个年生的枝条作为插穗，生根时间一般为2周。分株多在秋季进行。

8）变叶木（图5-207）

学名：*Codiaeum variegatum* var.*pictum*

科属：大戟科、变叶木属

别名：洒金榕

识别要点：常绿灌木或小乔木。植株高度在50～200cm之间。叶互生，叶形、叶色、

图5-206 花叶冷水花

图 5-207 变叶木 (左)
图 5-208 红背桂 (右)

叶缘变化多样。叶形有条形、披针形、条状披针形、螺旋形等变化；叶缘有全缘和分裂的变化；叶面有黄、红、橙、绿、紫、黑、褐等不同色彩、不同深浅，以及各色斑点或斑块的变化。

分布：原产于亚洲和大洋洲热带地区。

习性：喜高温、湿润、阳光充足的环境。生长适宜温度为 25 ～ 35℃，冬季最低气温不能低于 10℃。

繁殖方式：一般采用扦插法进行繁殖。扦插时间宜在 5 ～ 6 月，剪取 10 ～ 15cm 长的枝条作为插穗，扦插后约 20 ～ 30 天生根。

9）红背桂（图 5-208）

学名：*Excoecaria cochinensis*

科属：大戟科、土沉香属

别名：青紫木

识别要点：常绿灌木。植株高度在 1m 左右。叶近对生，矩圆形或倒披针形。叶子边缘具有细小的锯齿，叶子正面为深绿色，叶背为深紫红色。

分布：原产于越南和中国。

习性：喜温暖、湿润的环境，生长适宜温度为 25 ～ 35℃，冬季不能低于 10℃。

繁殖方式：一般可用扦插法进行繁殖。在春季剪取 1 ～ 2 年生生长健壮、无病虫害的枝条作为插穗，插穗长约 10cm，保持 20 ～ 25℃ 的温度条件，约 30 天即可生根。

10）发财树（图 5-209）

学名：*Pachira macroca*

科属：木棉科、瓜栗属

别名：马拉巴栗、瓜栗

识别要点：半落叶乔木。茎干较直，绿色，基部膨大。叶互生，掌状复叶，小叶 5 ～ 7 枚，披针形。

分布：原产于墨西哥。

图 5—209 发财树(左)
图 5—210 鹅掌柴(右)

习性：喜温暖、湿润的环境。生长适宜温度为 20 ～ 25℃，冬季必须保持在 5℃以上。喜光，但也能耐庇荫。

繁殖方式：用播种、扦插、嫁接法均能进行繁殖。当播种苗在 10 ～ 15cm 高时即可上高盆，每盆一般种植 3 ～ 5 株小苗，以便日后编成鞭状，盆栽介质宜选用疏松、肥沃、排水良好的微酸性土壤。栽培时要放置在庇荫处，保持盆土湿润。生长期间每月可追施 1 ～ 2 次复合肥料。

11）鹅掌柴（图 5—210）

学名：*Schefflera octophylla*

科属：五加科、鸭脚木属

别名：鸭脚木

识别要点：常绿乔木。叶互生，革质，掌状复叶，小叶 5 ～ 9 枚，长椭圆形或倒卵形，叶深绿色，有时叶面上具有不规则、深浅不一的黄色斑纹。

分布：原产于热带和亚热带地区。

习性：喜高温、多湿的环境，能耐干旱。生长适宜温度为 16 ～ 26℃，冬季最低温度必须在 5℃以上。

繁殖方式：主要采用扦插的方法进行繁殖。扦插繁殖在 3 ～ 9 月进行，剪取 8 ～ 10cm 长的枝梢作为插穗，保持扦插介质湿润，约 30 ～ 40 天可以生根。

12）袖珍椰子（图 5—211）

学名：*Chamaedorea elegans*

科属：棕榈科、欧洲矮棕属

别名：茶马椰子、矮生椰子、袖珍椰子葵

分布：原产墨西哥、危地马拉。

图5-211　袖珍椰子（左）

图5-212　散尾葵（右）

识别要点：常绿小灌木。盆栽植株高度在40～70cm之间。茎干直立、单生、深绿色，上具不规则环纹。叶子一般着生在干顶，羽状复叶，裂片为披针形，深绿色，有光泽。

习性：喜温暖、湿润、半阴环境，在强日照下叶色容易变成枯黄。生长适宜温度为20～30℃，当温度低于15℃时，植株逐渐进入休眠，冬季不得低于10℃。

繁殖方式：一般在春季结合换盆采用分株法进行繁殖较多。另外还有播种繁殖。

13）散尾葵（图5-212）

学名：*Chrysalidocarpus lutescens*

科属：棕榈科、散尾葵属

别名：黄椰子

识别要点：丛生常绿灌木。茎自基部起有环纹。叶为羽状全裂叶，扩展，拱形，裂片为披针形，先端较柔软。

分布：原产于马达加斯加群岛，我国为引入栽培种。

习性：喜温暖、潮湿环境，喜阳而耐阴。其耐寒性不强，生长适宜温度在22～32℃，越冬的最低温度在10℃以上。苗期生长慢，以后生长迅速。适宜疏松、排水良好、肥厚的壤土。

繁殖方式：通常采用分株法进行繁殖，也可播种繁殖。分株繁殖在每年的4～8月进行，分株时可用利剪将植株分开，然后在伤口处涂以木炭粉或硫磺粉进行消毒，最后上盆即可。

14）软叶刺葵（图5-213）

学名：*Phoenix robenii*

科属：棕榈科、刺葵属

别名：美丽针葵、罗比亲王椰子

识别要点：常绿乔木。植株高度在2m左右。羽状复叶，长约1m，叶较柔软，常下垂，小叶线状长披针形，2行排列，近对生，下部的小叶退化成为细长的软刺。

图 5-213　软叶刺葵
（左）
图 5-214　棕竹（中）
图 5-215　国王椰子
（右）

分布：原产于东南亚。

习性：软叶刺葵不耐寒，生长最适宜的温度为 22～28℃。喜充足阳光，也稍耐阴。在肥沃的土壤中生长快而粗壮，也能耐干旱、瘠薄的土壤。

繁殖方式：可用播种和分株两种方法进行繁殖。播种繁殖时间较长，一般在种子播种后约 120 天才能发芽，并且苗期生长缓慢。另外，在茎干基部的吸芽长出须根时，也可将其剥离母株，用于繁殖。

15）棕竹（图 5-214）

学名：*Rhapis excelsa*

科属：棕榈科、棕竹属

别名：观音竹、筋头竹

识别要点：常绿丛生灌木。植株高度在 1～2m 之间。茎圆柱形，有节，上部具褐色粗纤维质叶鞘。叶掌状 5～10 裂，深裂至距叶基部 2～5cm 处，裂片线状披针形，长达 20～30cm，宽 2～5cm；裂片顶端阔，有不规则齿缺，边缘和主脉具有褐色小锐齿。叶柄长 8～20cm，稍扁平。

分布：原产于广东、广西、海南、云南、贵州等省份。

习性：喜温暖、阴湿及通风良好的环境，夏季适温为 20～30℃，冬季温度不低于 4℃，亦能耐 −2～0℃ 低温。宜排水良好、富含腐殖质的沙壤土。萌蘖力强。

繁殖方式：用分株或播种繁殖。分株宜在 4 月结合换盆进行。播种宜在 4～5 月进行，播种前需先将种子用 25～35℃ 温水浸 24h，播种后 30～50 天发芽。幼苗生长缓慢，留床一年，至次年 5～6 月出现第一枚真叶后即可移栽于小盆内培育。

16）国王椰子（图 5-215）

学名：*Ravenea rivularis*

科属：棕榈科、国王椰子属

别名：大王椰子

识别要点：常绿乔木。成年植株高为 9～12m。单茎圆直，直径可达

80cm 左右，表面光滑，密布叶鞘脱落后留下的轮纹。叶羽状复叶簇生茎顶，叶片长 1 ~ 3m，小叶线形，长 50 ~ 90cm。

分布：原产于马达加斯加。

习性：国王椰子喜温暖、阳光和水分均充足的生长环境。也能耐半阴，在 22 ~ 30℃ 温度条件下生长良好。要求疏松肥沃、排水良好的土壤。

繁殖方法：常用播种繁殖。种子充分成熟采收、洗净后，随即播于沙床中，种子发芽适温 22 ~ 28℃，保持湿润状态。播后 1 ~ 3 个月左右即可发芽，翌年春季或夏季分苗移栽。

17）广东万年青（图 5-216）

学名：*Aglaonema modestum*

科属：天南星科、广东万年青属

别名：亮丝草

识别要点：植株高度在 60 ~ 100cm 之间。茎直立，不分枝，节明显。叶互生，绿色，椭圆状卵形，先端渐尖，边缘波状。

分布：原产我国广东和菲律宾等地。

习性：喜温暖，生长适温为 15 ~ 27℃，冬季需在 10℃ 以上才能越冬。极耐阴，忌阳光直射。喜湿润，要求空气湿度为 40% 左右。

繁殖方式：可用扦插法进行繁殖，也可在春季结合翻盆进行分株繁殖。

同科同属其他种类：银王万年青（*Aglaonema crispum* cv. *Silver King*）（图 5-217），又称银王亮丝草，由箭羽亮丝草和三色斑叶亮丝草杂交而成。叶长 15 ~ 20cm，宽 5 ~ 6cm。叶面有大面积灰绿色斑块，叶柄有灰绿色斑点。

18）海芋（图 5-218）

学名：*Alocasia macrorrhiza*

科属：天南星科、海芋属

别名：滴水观音

识别要点：植株高度达 1.5m。地下具有肉质块茎，地上茎粗壮。叶大，绿色，阔箭形，长 30 ~ 60cm。

图 5-216 广东万年青（左）

图 5-217 银王万年青（中）

图 5-218 海芋（右）

分布：原产于我国南部及西南部。

习性：喜高温和多湿的生长环境，夏天忌直射光。生长适温为 20 ～ 30℃，需要保持 70% ～ 85% 的相对湿度。

繁殖方式：可用分株和分割块茎的方法进行繁殖。

同科同属其他种类：美叶芋（*Alocasia sanderiana*）（图 5-219），又称美叶观音莲。原产于菲律宾南部岛屿。叶狭三角形，薄革质，边缘深裂，叶面墨绿色，有金属光泽，叶脉银白色。

图 5-219　美叶芋

19）花叶芋（图 5-220）

学名：*Caladium bicolor*

科属：天南星科、花叶芋属

别名：彩叶芋

识别要点：地下具有扁圆形、黄色的块茎。叶卵状三角形至心状卵形，呈盾状着生，叶表面绿色。随着品种不同在叶子上具白或红色的各种形状斑点或斑块，叶脉也有白色或红色等变化。

分布：原产于南美热带巴西。

习性：喜高温、高湿、半阴环境，不耐寒，生长适温为 30℃，最低不可低于 15℃。

繁殖方式：可在春季采用分株的方法进行繁殖。

20）花叶万年青（图 5-221）

学名：*Dieffenbachia picta*

科属：天南星科、花叶万年青属

别名：黛粉叶

识别要点：茎干粗壮、直立、肉质、不分枝，植株高度在 60 ～ 120cm 之

图 5-220　花叶芋（左）
图 5-221　花叶万年青（右）

间，茎基匍匐状。叶着生在茎的上端，长圆至长圆状椭圆形，长 30 ～ 50cm，宽 5 ～ 15cm；叶子边缘稍带波状，叶子顶端渐狭长呈一锐尖头，基部浑圆；叶亮面绿色，有光泽，叶面上密布白色或淡黄色不规则的斑点或斑块。

分布：原产于南美热带。

习性：喜高温高湿和半阴的环境，生长适温为 25 ～ 30℃，冬季可耐 10℃低温。

繁殖方式：一般在 4 ～ 10 月用扦插法进行繁殖。剪取 7 ～ 10cm 长并且带叶的茎段作为插穗，使芽向上平卧于基质中，在 20 ～ 25℃的温度条件下约 20 ～ 30 天生根。

21）龟背竹（图 5-222）

学名：*Monstera deliciosa*

科属：天南星科、龟背竹属

别名：蓬莱蕉、电线兰、穿孔喜林芋

识别要点：茎绿色，粗壮，长达 7 ～ 8m，生有深褐色气生根。叶厚革质，互生，暗绿色，较大，长 40 ～ 100cm；幼叶心脏形，无孔，长大后成矩圆形，具不规则的羽状深裂，叶脉间有椭圆形穿孔，极像龟背。叶柄长 50 ～ 70cm，深绿色。

分布：原产于南美及墨西哥。

习性：喜温暖、湿润、庇阴的环境。生长适温为 20 ～ 25℃，15℃以下停止生长，冬季最低温度为 5℃。空气湿度为 60% ～ 70%。

繁殖方式：通常在 4 ～ 5 月间采用扦插法来进行繁殖。扦插时将老植株切成若干段，使每段带有 2 ～ 3 个节，如带有叶则须将叶卷起扎紧，在 21 ～ 27℃的温度条件下约 30 天生根。

22）绿柄蔓绿绒（图 5-223）

学名：*Philodendron erubescens* cv. *Green Emerald*

科属：天南星科、喜林芋属

别名：绿宝石喜林芋

图 5-222 龟背竹（左）
图 5-223 绿柄蔓绿绒（右）

识别要点：蔓生。茎绿色，肉质，节处生有气生根。叶长心形，长25～35cm，宽12～18cm，先端突尖，基部深心形，绿色有光泽，全缘。嫩梢和叶鞘均为绿色。

分布：原产于南美。

习性：喜温暖、湿润、庇荫的环境，生长适温为16～26℃，冬季温度不可低于6～7℃。

繁殖方式：以扦插法繁殖为主。扦插一般在4月间进行，切取小段茎2～3节，摘除下部叶，插入土中即可。另外，水插成活率也较高。

同科同属其他种类：红柄蔓绿绒（*Philodendron imbe*）（图5-224），又称红宝石喜林芋。蔓生。茎圆柱形，绿色，肉质，节处生有气生根。新芽红褐色，老茎灰白色。叶心脏状长椭圆形，长约20cm，宽约10cm。薄革质，叶缘波状，叶浓绿色有光泽。叶柄长20～30cm，红褐色。羽叶蔓绿绒（*Philodendron pittieri*）（图5-225），又称绿蓉蔓绿绒、小天使。叶三角状心形，羽状深裂，裂片5～6对，叶先端渐尖，基部心形，长18～22cm，宽12～14cm，绿色，每一侧脉直伸至羽裂裂尖。心叶蔓绿绒（*Philodendron scandens*）（图5-226），又称心叶喜林芋。蔓生。茎绿色，肉质，节处生有气生根。叶心形，长约10cm，宽6～8cm，肉质。羽裂蔓绿绒（*Philodendron selloum*）（图5-227），又称春羽、春芋。簇生。叶广心形，羽状深裂，叶长60cm，宽40cm，革质，绿色有光泽，叶柄长30～100cm，最后一对裂片再次深裂。

图5-224　红柄蔓绿绒
　　（左）
图5-225　羽叶蔓绿绒
　　（右）

图5-226　心叶蔓绿绒
　　（左）
图5-227　羽裂蔓绿绒
　　（右）

23）绿萝（图5-228）

学名：*Sciudapsus aurea*

科属：天南星科、绿萝属

别名：黄金葛、魔鬼藤、黄金藤

识别要点：茎蔓性、肉质，节有气生根。叶肉质，卵心形或广椭圆形；幼叶较小，成熟叶逐渐变大；叶面亮绿色，有光泽，叶面上有不规则的金黄色斑点或条纹。

分布：原产于亚洲热带。

习性：喜光照，能耐阴。喜温暖，生长适温为15～25℃，冬季不低于10℃。要求潮湿的环境，但较耐干，空气湿度在40%～50%时仍能正常良好。

繁殖方式：以扦插繁殖为主。扦插繁殖在4～10月间均可进行，剪取2～3节茎蔓作为插穗，插于基质中，约20天即可生根。水插成活率也较高。

24）合果芋（图5-229）

学名：*Syngonium podophyllum*

科属：天南星科、合果芋属

别名：长柄合果芋、箭叶芋

识别要点：茎蔓性、粗壮,节间有气生根。叶互生,幼叶呈箭形,绿色,较薄；老叶3～5掌状分裂。

分布：原产于中美及南美洲热带雨林。

习性：性喜高温、多湿、半阴的环境，生长适宜温度为16～26℃，如温度低于10℃时叶子会枯黄。

繁殖方式：可采用扦插和分株两种方法繁殖。扦插繁殖除了冬季外均可进行，剪取2～3节茎蔓作为插穗，仅留上部叶片插入沙中，约15～20天生根成活。分株繁殖一般在春季结合换盆进行。

品种：白蝶合果芋（*Syngonium Podophyllum* cv. *White*）（图5-230），又称白蝴蝶、白丽合果芋。叶箭形，叶，浅绿色，中部浅白绿色，边缘深绿色。栽培时要求有明亮的光照，否则叶变为深绿色。银叶合果芋（*Syngonium Podophyllum*

图5-228　绿萝（左）
图5-229　合果芋（中）
图5-230　白蝶合果芋（右）

图 5—231 银叶合果芋
（左）
图 5—232 金边凤梨
（右）

cv．*Silver*）（图 5—231），又称绒叶合果芋。叶边缘淡绿色，中部银白色。

25）金边凤梨（图 5—232）

学名：*Ananas comosus*

科属：凤梨科、凤梨属

识别要点：多年生常绿草本。叶丛生，呈莲座状，线形、质硬，叶片中央亮绿色，边缘金黄微带粉红色，并具有锐刺。穗状花序密集成卵圆形，着生于离出叶丛的花葶上，花序顶端有一丛叶形苞片，20 ～ 30 枚，苞片橙红色，小花紫色或近红色。

分布：原产于南美。

习性：较喜温暖、通风、半阴的环境。生长适宜温度为 20 ～ 30℃，冬季必须保持在 10℃ 以上。

繁殖方式：通常采用分株的方法进行繁殖，也可将花葶顶端的叶状苞片丛切下，晾干 1 ～ 2 天后，插入黄沙中进行。

26）吊竹梅（图 5—233）

学名：*Zebrina pendula*

科属：鸭跖草科、吊竹梅属

别名：吊竹草

识别要点：多年生常绿蔓生草本。茎枝肉质。叶互生，长卵形，先端尖，叶长 5 ～ 7cm，宽 3 ～ 4cn，叶面绿色，上具有纵向的紫红色及银白色条纹，叶子边缘有紫红色斑边，叶背也为紫红色。

分布：原产南美洲。

习性：性喜温暖、湿润、半阴的环境。生长适宜温度为 15 ～ 18℃，越冬温度为 10℃。

繁殖方式：多采用扦插和分株法进行繁殖。

27）文竹（图 5—234）

学名：*Asparagus setaceus*

科属：百合科、天门冬属

别名：山草、云片竹

识别要点：多年生常绿蔓性草本植物。根部稍肉质。茎柔弱丛生、蔓性。叶状枝绿色、圆柱形、6～12 枝簇生，长 3～5mm，水平开展呈羽毛状。叶退化成鳞片状，淡褐色，着生于叶状枝的基部，在主茎上鳞片叶多呈刺状簇生。春季开白色的小花。果实成熟时为黑色。

分布：原产于南非。

习性：性喜温暖、湿润和半阴环境，不耐旱，生长适宜温度为 15～25℃，越冬温度为 5℃。土壤要求排水良好、富含腐殖质。

繁殖方式：可采用播种和分株的方法进行繁殖。播种最好即采即播，播种方式一般采用点播。在温度 20～25℃ 的条件下，一般 20～30 天即可发芽。分株繁殖全年均可进行，但以在春季结合换盆进行为主。

同科同属其他种类：武竹（*Asparagus sprengeri*）（图 5-235），又称天门冬。多年生常绿草本。半蔓性。地下具有肉质块根。叶状枝条形、簇生。花小、白色。果实成熟时为红色。

28）蜘蛛抱蛋（图 5-236）

学名：*Aspidistra elatior*

科属：百合科、蜘蛛抱蛋属

别名：一叶青、一叶兰

识别要点：多年生常绿草本。地下具有匍匐的根状茎。叶基生、直立，矩圆状披针形，长约 70cm，宽约 10cm，全缘，深绿色，其中有些品种叶面上具有白色或淡黄色的斑点、斑块或条纹。

分布：原产于我国南方。

习性：喜温暖、湿润、半阴的环境，生长最适温度日温为 15～25℃，冬季必须保持最低温度为 5℃。其中斑叶种的耐寒性较差。

繁殖方式：一般采用分株法进行繁殖。分株在春季结合换盆进行，将地下茎连同叶片分丛，每丛至少 5 片叶，分别上盆即可。

29）吊兰 （图 5—237）

学名：*Chlorophytum comosum*

科属：百合科、吊兰属

识别要点：多年生常绿草本。地下具有短根状茎。叶基生，绿色，条形至条状披针形，基部抱茎。小花葶从叶腋抽出，弯垂，花后变成匍匐枝，顶部萌发出带气生根的小植株。总状花序，小花白色。

分布：原产于南非。

习性：喜温暖、湿润、半阴的环境。生长适宜温度为 15～25℃，冬季不低于 5℃即可越冬。

繁殖方式：一般在春季采用分株的方法进行繁殖。也可在匍匐枝先端长出小株，叶片长到 7～8 片，叶长约 10cm 时，切取小株直接上盆，约 10 天即长出新根成活。也可播种。

品种：金心吊兰 （*Chlorophytum comosum* cv.*Vittatum*） （图 5—238），又称中斑吊兰。其叶中央具黄白色纵条纹，叶缘绿色，较细长。

30）朱蕉 （图 5—239）

学名：*Cordyline terminalis*

科属：百合科、朱蕉属

别名：铁树、红绿竹、红叶铁树

识别要点：常绿灌木。朱蕉植株高度在 1.5～2.5m 之间。茎直立、细长。叶阔披针形至长椭圆形，长 30～60cm，宽 7～10cm，铜红色至铜绿色，不

图 5—237　吊兰 （左）
图 5—238　金心吊兰 （中）
图 5—239　朱蕉 （右）

同的栽培品种在叶面或叶缘常有紫、黄、白、红等不同的颜色镶边。

分布：原产于大洋洲和亚洲热带。

习性：喜温暖、湿润、半阴和较高的空气湿度的环境。生长适宜温度为20～25℃，冬季越冬的最低温度最好能在10℃以上。

繁殖方式：常用扦插或分株的方法进行繁殖。扦插繁殖在3～10月均可进行，将茎段切成10～15cm长的小段，插于沙床中，保持高温、高湿，约20～30天可生根，待长有5～6片叶时移植。另外也可在春季结合换盆进行分株繁殖。

31）金心香龙血树（图5—240）

学名：*Dracaena fragrans* cv. *Massangeana*

科属：百合科、龙血树属

别名：金心巴西铁、巴西木

识别要点：茎干直立。长椭圆状披针形，绿色，全缘，长40～70cm，宽5～10cm，叶片中央有很宽的金黄色纵条纹。

分布：原产于亚洲热带地区至非洲。

习性：喜温暖、湿润的环境。生长适宜温度为18～24℃，冬季最低温度不能低于10℃。喜充足阳光，但忌阳光直晒。

繁殖方式：一般采用扦插法进行繁殖。结合修剪，将剪下的枝干截成长8～15cm的茎段作为插穗，插于沙质壤土中3～4cm，保持25℃以上的温度，约1～2个月可生根。

同科同属其他种类：金边富贵竹（*Dracaena sanderiana*）（图5—241），又称仙达龙血树。原产非洲。最高可达1.5～2m。叶长披针形，长10～15cm，宽2～3cm，绿色，沿叶缘镶有黄白色的宽边。银线龙血树（*Dracaena deremensis* cv.*Warneckii*）（图5—242），又称银线竹蕉、白纹龙血树。原产非洲热带地区。叶线状披针形，长25～35cm，宽4～5cm，从植株基部一直到上部密集着生，在绿色叶片上分布着几条白色纵条纹。绿色龙血树（*Dracaena concinna*）（图5—243），茎细。叶细长，剑形，绿色，长15～60cm，宽1～2cm。

图5—240　金心香龙血树（左）

图5—241　金边富贵竹（右）

32）巨丝兰（图5-244）

学名：*Yucca elephantipes*

科属：百合科、丝兰属

别名：象脚丝兰、荷兰铁

识别要点：常绿乔木。植株高度可达10m左右，茎干直立。叶剑状，长100cm，宽约10cm，革质、坚硬，边缘全缘，灰绿色。

分布：原产墨西哥、危地马拉。

习性：喜温暖、湿润的环境，生长适宜温度为15～25℃。

繁殖方式：一般可用扦插的方法进行繁殖。

33）孔雀竹芋（图5-245）

学名：*Calathea makoyana*

科属：竹芋科、肖竹芋属

别名：五色葛郁金

识别要点：植株高度在30～60cm之间。叶卵形，长20～30cm，宽约10cm;叶灰绿色，上有深绿色的孔雀羽毛式的斑纹，叶背紫色并带有同样斑纹;叶柄紫红色。

分布：原产于南美巴西。

习性：性喜高温、湿润、半阴的环境，切忌强光直射。不耐寒，生长最适温度为20～28℃，冬季最低温度为10℃。

繁殖方式：一般在春季采用分株法进行繁殖。

同科同属其他种类：天鹅绒竹芋（*Calathea zebrina*）（图

图5-242 银线龙血树（左）

图5-243 绿色龙血树（中）

图5-244 巨丝兰（右）

图5-245 孔雀竹芋

图 5—246 天鹅绒竹芋
（左）
图 5—247 银羽竹芋
（右）

5—246），又称绒叶竹芋、斑马竹芋。其植株高度在 60 ～ 100cm 之间。叶长椭圆形，长 30 ～ 60cm，宽 10 ～ 20cm；叶面具有天鹅绒光泽，并有浅绿色和深绿色交织的斑马状的羽状条纹；叶背为红色。

34）银羽竹芋（图 5—247）

学名：*Ctenanthe oppenheimiana*

科属：竹芋科、栉花竹芋属

别名：奥贝栉花芋

识别要点：植株高度在 70 ～ 120cm 之间。叶披针形，长约 45cm，宽约 12cm。叶面暗绿色，由中脉沿侧脉有 6 ～ 8 对羽状银灰色斑条直达叶缘，叶子背面为紫红色。

分布：原产于南美。

习性：喜高温、多湿和半阴的环境，生长适宜温度为 15 ～ 20℃。

繁殖方式：主要采用分株法进行繁殖。分株在春夏季进行，将盆栽老株脱盆、分割，然后上盆即可。

35）白脉竹芋（图 5—248）

学名：*Maranta lenconeara*

科属：竹芋科、竹芋属

别名：白脉条纹竹芋、豹斑竹芋

识别要点：植株高度在 25 ～ 30cm 之间。叶长椭圆形至阔椭圆形，长 10 ～ 15cm，宽 6 ～ 8cm；叶面淡绿色，有光泽，沿主脉及支脉呈白色，边缘有暗绿色斑点；叶背青绿色，稀红色。

分布：原产于南美热带。

习性：喜高温、多湿和半阴的环境，生长适宜温度为 15 ～ 18℃。

繁殖方式：主要采用分株法进行繁殖。分株在 4 ～ 8 月均可进行，将盆栽老株脱盆、分割，然后上盆即可。

图 5—248 白脉竹芋

5.5 仙人掌类及多浆植物

5.5.1 仙人掌类及多浆植物概述

1. 仙人掌类及多浆植物的概念

多浆植物又可称为多肉植物、肉质植物＼多肉多浆植物、多肉多刺植物，是指原产于世界各地的干旱地区及其他地区的干燥生活环境中，因适应干旱而使茎、叶或根特化，并具有储水组织的一类植物。

2. 仙人掌类及多浆植物的生态习性

1）光照

多浆植物喜欢充足的阳光，在原产地大多数生长在热带雨林的上层。而原产沙漠、半沙漠地区及高海拔山区的种类尤其喜欢阳光充足。

不同的种类对光照强度要求不同，喜光的种类在阴蔽的条件下生长柔弱，造成刺毛徒长并且开花不良。同样一些喜半阴的种类放在强光下培养，植株也会生长不良，呈现出萎黄或被灼伤的现象。

2）温度

大多数多浆植物在12℃时开始生长，一些原产在热带、亚热带地区的仙人掌类植物则要在18℃以上才开始生长。它们的生长最适温度为 20 ~ 30℃。过高的温度对植物是有害的，多肉类植物不能忍受持续的高温。绝大多数的多浆植物都能忍受5℃以下的低温，若温度继续下降到0℃以下，则可能会引起植物死亡。

3）湿度

大多数的多浆植物较耐干旱，适宜在较干旱的环境中生长，但在生长旺盛期要适当补充水分；休眠期要适当控制水分，寒冬季节更应保持相对干燥。相对湿度保持在60%的条件下，适当增大昼夜温差，增强光照度，有利于植株生长。夏季可通过喷水、喷雾设施来提高空气的相对湿度；冬季在干燥、有加温设施的情况下，更应该保持适当的空气湿度。

4）土壤

多数种类要求疏松、通气、排水良好的石灰质沙土或沙质壤土。

3. 仙人掌类及多浆植物的主要繁殖方法和常见园林用途

仙人掌类及多浆植物最主要的繁殖方法是扦插。嫁接、分株、播种等繁殖方法在个别种类的繁殖过程中也经常采用。

仙人掌类及多浆植物最常见的园林用途是盆栽观赏。

5.5.2 仙人掌类及多浆植物的分类

仙人掌类及多浆植物分为仙人掌类和多肉类植物。

1. 仙人掌类植物

一般叶退化，多成刺状，茎特化成叶状。常见种类有仙人掌、昙花、令箭荷花等。

2．多肉类植物

泛指仙人掌类以外的多浆花卉。叶子多为肉质，用以储藏水分、养分供植物体需要。根据储水组织在植物部位中的不同，多肉类植物可分为叶多肉植物、茎肉质植物、茎秆多肉植物三个类型。

1）叶多肉植物

本类植物分布于全世界。叶高度肉质化，而茎的肉质化程度很低，肉质的叶及美丽的花极具观赏性。常见种类有石莲花、长寿花、垂盆草、宝绿、生石花等。

2）茎肉质植物

本类植物分布于热带地区。茎高度肉质化，有乳汁，叶柄顶端或叶基部有腺体。常见种类有虎刺梅、霸王鞭等。

3）茎秆多肉植物

本类植物分布于温带和热带地区，肉质部分主要在茎的基部，形成膨大而形状不同的肉质块状或球状体，没有节、棱和疣状突起。常见种类有酒瓶兰等。

5.5.3　仙人掌类及多浆植物的种类介绍

1．山影拳（图5-249）

学名：*Cereus* sp．*f. monst*

科属：仙人掌科、天轮柱属

别名：山影、仙人山

识别要点：茎暗绿色，具褐色刺，有纵棱或钝棱角。刺座上有短绒毛和刺。花夜开昼闭，喇叭状或漏斗形，白或粉红色，夏秋开放。

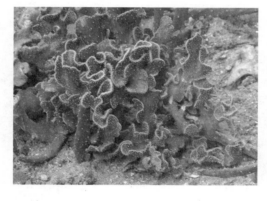

图5-249　山影拳

分布：原产西印度群岛、南美洲北部及阿根廷东部。

习性：性强健，较耐干旱。喜排水良好、肥沃的沙壤土。喜阳光充足，也耐半阴。生长适温为15～32℃，怕高温闷热，在夏季酷暑气温33℃以上时进入休眠状态。忌寒冷霜冻，冬季温度在5℃以下也进入休眠。

繁殖方式：用扦插、嫁接法繁殖。

园林用途：山影拳的植株形似山石，郁郁葱葱，起伏层叠。适宜盆栽，布置厅堂茶几、书室案头或窗台等处。

2．金琥（图5-250）

学名：*Echinocactus grusonii*

科属：仙人掌科、金琥属

别名：象牙球

识别要点：株高30～120cm。茎球形，深绿色，径可达100cm，有棱

图5—250　金琥（左）
图5—251　仙人球（右）

20～37条，茎上被金黄色的刺，呈放射状，顶端新刺座上密生黄色毛。

分布：原产南美及墨西哥。

习性：喜温暖、干燥、阳光充足的环境。不耐寒冷，生长适宜温度为20～25℃。耐干旱，不耐水湿。

繁殖方式：主要在春末夏初采用分球繁殖。

园林用途：金琥体大、刺黄，主要用于盆栽观赏；也可地栽群植，布置成专类园。

3. 仙人球（图5—251）

学名：*Echinopsis tubiflora*

科属：仙人掌科、仙人球属

别名：草球、长盛球

识别要点：茎呈球形或椭圆形，高可达25cm，绿色，球体有纵棱若干条，棱上密生针刺，黄绿色，长短不一，作辐射状。花着生于纵棱刺丛中，银白色或粉红色，长喇叭形，夏季开花，开花一般在清晨或傍晚，持续时间几小时到一天。

分布：原产于南美洲。分布在高热、干燥、少雨的沙漠地带。

习性：性强健，要求阳光充足的环境。耐干旱。喜透气、排水良好的沙质壤土。

繁殖方式：在4～5月分子球繁殖为主。也可用量天尺为砧木进行嫁接。

园林用途：仙人球花朵美丽，适合盆栽观赏或布置专类园。

4. 昙花（图5—252）

学名：*Epiphyllum oxypetalum*

科属：仙人掌科、昙花属

别名：月下美人

识别要点：株高60cm，无刺无叶，主茎圆柱形，分枝扁平绿色，边缘有波状圆齿。夏季晚间8～9时开花，花大、味香、色有白色、浅黄、玫瑰红、橙红等。

分布：原产于中南美洲的热带沙漠地区。

习性：喜温暖、湿润、庇荫的环境。不耐霜，生长适宜温度为24～30℃。忌强光曝晒。要求疏松、透水的沙质土壤。

图 5-252 昙花（左）

图 5-253 绯牡丹（右）

繁殖方式：在 5 ～ 6 月取生长充分的茎 20 ～ 30cm 作插穗进行扦插繁殖。约 3 周生根。

园林用途：昙花开花时"绿叶"衬托白花，芳香扑鼻，是珍贵的盆栽花卉。

5. 绯牡丹（图 5-253）

学名：*Gymnocalycium mihanovichii* var. *friedrichii*

科属：仙人掌科、裸萼球属

别名：红牡丹、红球

识别要点：茎扁球形，直径 3 ～ 4cm，鲜红、深红、橙红、粉红或紫红色，具 8 棱，有突出的横脊。成熟球体群生子球。刺座小，辐射刺短或脱落。花着生在顶部的刺座上，漏斗形，粉红色，花期春夏季。

分布：原产地为南美洲。

习性：喜温暖和阳光充足的环境。土壤要求肥沃和排水良好。不耐寒，越冬温度不可低于 8℃。

繁殖方式：主要用嫁接繁殖。

园林用途：绯牡丹是仙人掌植物中最常见的红色球种，夏季开出粉红花朵，可盆栽用于点缀阳台、案头和书桌。也可与其他小型多肉植物配置组成景框或瓶景观赏。

6. 量天尺（图 5-254）

学名：*Hylocereus undatus*

科属：仙人掌科、量天尺属

别名：三棱柱、三棱箭、三角柱

识别要点：攀缘状灌木。株高 3 ～ 6cm，茎三棱柱形，多分枝，深绿色，边缘呈波浪状，长成后呈角形，具小凹陷，生 1 ～ 3 枚不明显的小刺。花大，白色，具香味，5 ～ 9 月晚间开放。

分布：原产中国和美洲地区。

习性：性强健。喜温暖。宜半阴，在直射强阳光下植株发黄。生长适温 25 ～ 35℃。

图 5-254 量天尺

对低温敏感,在5℃以下的条件下,茎节容易腐烂。喜含腐殖质较多的肥沃壤土。

繁殖方式:常用扦插繁殖。在温室内一年四季均可进行,但以春、夏季为最好,播后约一个月生根。

园林用途:地栽于展览温室的墙角、边地,可展示出热带雨林风光,也可作为篱笆植物,盆栽则可作为嫁接其他仙人掌科植物的砧木。

7. 令箭荷花 (图5—255)

学名:*Nopalxochia ackermannii*

科属:仙人掌科、令箭荷花属

别名:孔雀仙人掌

识别要点:株高30cm,分枝多,茎扁平,披针形,形似令箭,长25～40cm,宽3～5cm,基部圆形,鲜绿色,边缘略带红色,有粗锯齿,无刺,中脉有明显突起。春夏季开花,花大型、呈钟状,花色有红、黄、白、粉、橙、紫红等。

分布:原产于墨西哥。

习性:喜温暖、湿润、半阴的环境,喜肥,耐旱,不耐寒,怕强光。栽培的基质宜用肥沃、疏松、排水良好的微酸性的土壤。

繁殖方式:一般采用扦插或嫁接的方法来进行繁殖。

园林用途:令箭荷花花色鲜艳,花形优美,是重要的盆栽花卉。

8. 仙人掌 (图5—256)

学名:*Opuntia ficus-indica*

科属:仙人掌科、仙人掌属

别名:仙巴掌

识别要点:株高10～25cm,多分枝,基部木质化,茎节椭圆形,肥厚而绿色,刺窝有刺1～21枚。叶退化成刺。花着生在茎节上部,花形喇叭状,花色为黄色,夏季开花。

分布:原产于美洲。

习性:喜炎热和强光的环境,也能耐阴,抗干旱,耐寒性强,最低可耐 −10℃。栽培基质以沙质壤土为好。

繁殖方式:一般用扦插的方法繁殖。

园林用途:仙人掌姿态独特,一般作为盆栽观赏。在南方还可作为刺篱使用。

图5—255　令箭荷花
　　　　　(左)
图5—256　仙人掌(右)

9. 蟹爪兰 (图5-257)

学名：*Zygocactus truncatus*

科属：仙人掌科、蟹爪属

别名：蟹爪

识别要点：茎多分枝，先端向四方下垂。叶状枝扁平多节，长圆形，鲜绿色，先端截形，边缘具有少量的粗锯齿，形如蟹爪。花着生在茎节先端，花瓣反卷，花色有白、粉红、桃红、红、深红、紫、黄、橙等单色和双色，花期11月至翌年3月。

分布：原产于南美巴西。

习性：喜温暖、庇阴、潮湿的环境。不耐寒冷。喜光，但怕烈日曝晒。要求肥沃、排水良好、含腐殖质丰富的沙质土壤。

繁殖方式：可采用扦插、嫁接、播种三种方法进行繁殖。

园林用途：花形奇特，常作为冬春季节盆栽观赏花卉。还适于室内悬吊装饰。

10. 西瓜皮椒草 (图5-258)

学名：*Peperomia argyreia*

科属：胡椒科、椒草属

别名：西瓜皮

识别要点：植株高度在20～25cm之间。叶盾状圆形，长3～5cm，宽2～4cm，叶子基部为心脏形；叶子正面为绿色，在11条辐射状叶脉间有银白色斑纹；叶柄红褐色。花白色、小。

分布：原产于南美巴西。

习性：喜明亮的散射光照，若过于阴暗容易徒长。在温暖、湿润的环境，生长适温为25～28℃，冬季气温低于12℃则生长停止。生长以排水良好的沙质壤土为宜。

繁殖方式：有分株和扦插两种繁殖方法。分株繁殖一般结合换盆进行。扦插又有顶芽扦插和叶片扦插两种方法。顶芽扦插取5～8cm长的顶梢作为插穗；而叶片扦插则是将带有叶柄的全叶摘下，晾干半天后将叶柄完全插入扦

图5-257 蟹爪兰(左)
图5-258 西瓜皮椒草
　　 (右)

插介质中。扦插后保持湿润和 25 ~ 28℃气温条件，约一个月可生根。

园林用途：盆栽西瓜皮椒草宜摆放在通风良好、空气湿度不高、光照适度的环境中。通风不良，易被介壳虫危害；空气湿度过高，会使叶片产生黄斑；光线太强对生长不利，但光线过弱会使叶片上的斑纹退失。

11．生石花（图 5-259）

学名：*Lithops pseudotruncatella*

科属：番杏科、生石花属

别名：头花、象蹄、元宝

识别要点：全株肉质。茎很短，常常看不见。变态叶肉质肥厚，两片对生联结而成为倒圆锥体，有淡灰棕、蓝灰、灰绿、灰褐等颜色，顶部近卵圆形，平或凸起，上有树枝状凹纹，半透明。3 ~ 4 年生的生石花秋季从对生叶的中间缝隙中开出黄、白、红、粉、紫等色花朵，多在下午开放，傍晚闭合，次日午后又开，单朵花可开 7 ~ 10 天。

分布：原产于非洲南部。

习性：性喜阳光，耐高温，但需通风良好，否则容易烂根。忌涝。生长适温为 20 ~ 24℃，冬季温度需保持 8 ~ 10℃。

繁殖方式：可用播种和分株法进行繁殖。播种可在晚秋种子成熟后立即采种盆播，也可于翌年 5 月中旬再播。发芽适宜温度为 22 ~ 24℃，约 2 周发芽。分株繁殖在春季进行。

园林用途：生石花小巧玲珑，形态奇特，似晶莹的宝石闪烁着光彩，在国际上享有"活的宝石"之美称，适宜作室内小型盆栽花卉。

12．马齿苋树（图 5-260）

学名：*Portulaca afra*

科属：马齿苋科、马齿苋属

别名：银杏木、金枝玉叶

识别要点：茎呈灌木状。叶肉质，倒卵状三角形，叶端截形，叶基楔形，叶面光滑，有光泽。花粉红色。

分布：原产南非干旱地区。

习性：喜温暖干燥和阳光充足环境。不耐寒，耐半阴和耐干旱。要求排

图 5-259　生石花（左）
图 5-260　马齿苋树（右）

水良好的沙壤土。冬季温度不低于10℃。

繁殖方式：主要用扦插繁殖。在生长期均可进行，选取健壮、充实和节间较短的茎干作插穗，长10～12cm，约15～20天可生根。

园林用途：马齿苋树其肉质叶片极像马齿苋，老茎浅褐色，茎干嫩绿色，肉质，分枝多，盆栽通过修剪，严格控制高度，有苍劲古朴之感。

13. 石莲花（图5-261）

学名：**Echeveria glauca**

科属：景天科、石莲花属

别名：石莲掌、莲花掌、宝石花

识别要点：茎短，枝匍匐。叶倒卵形，紧密莲座状着生在枝端；叶淡绿色、肥厚，表面被白粉。

分布：原产南美及墨西哥。

习性：喜阳光充足，但不耐烈日，能耐半阴。不耐寒冷，喜温暖的环境，冬季最低温度为10℃。不耐水湿，土壤以排水良好、肥沃的沙质壤土为宜。

繁殖方式：扦插在室内一年四季均可进行，分株一般在春季或秋季结合换盆进行。

园林用途：主要作盆栽观赏。

14. 长寿花（图5-262）

学名：**Kalanchoe blossfeldiana**

科属：景天科、伽蓝菜属

别名：十字海棠、伽蓝菜

识别要点：株高20～30cm。茎直立，全株光滑无毛。叶肉质，对生，长圆状匙形，叶上半部有圆齿，下半部全缘，深绿色，有光泽。圆锥状聚伞花序，花色有绯红、桃红、橙红、黄、橙黄、白等，花期2～5月。

分布：原产于印度洋西部的马达加斯加。

习性：喜温暖、湿润、阳光充足的环境，较耐旱，不耐寒，夏季怕高温，栽培时宜放置在通风、遮阴处。喜疏松、排水良好的沙质土壤。

图5-261　石莲花（左）
图5-262　长寿花（右）

繁殖方式：主要用扦插的方法来进行繁殖。扦插在春、秋、冬三季均能进行。

园林用途：长寿花花色丰富，除盆栽观赏外，还常用于室内装饰布置和布置花坛、花境。

15. 垂盆草（图 5—263）

学名：*Sedum sarmentosum*

科属：景天科、景天属

识别要点：多年生肉质匍匐草本。茎纤细平卧或倾斜匍匐状延伸，接近地面部分的节上易生不定根。叶轮生，无柄，倒披针形至长圆形，全缘。聚伞状花序顶生，花鲜黄色，夏季开花。

分布：原产中国、朝鲜、日本等地。

习性：喜稍湿润环境，略耐阴，怕夏季高温。

繁殖方式：以扦插和分株繁殖为主。养护粗放，做好适当追肥，保持水分即可。

园林用途：垂盆草枝叶密集翠绿，花色金黄鲜艳，既能用作地被植物，亦可盆栽观赏，尤其适宜室内窗前吊挂，植于盆中枝叶自盆边下垂，雅致可爱。另外，由于垂盆草粗放的养护管理和相对要求较低的环境，因此还是屋顶绿化的好材料。

16. 虎刺梅（图 5—264）

学名：*Euphorbia milii*

科属：大戟科、大戟属

别名：虎刺、铁海棠、麒麟花

识别要点：常绿植物。盆栽高度一般为 50～80cm。茎干肉质，呈棒状多棱形，上遍布褐色的硬锐刺，节不明显，茎内具有乳汁。叶较少，聚生于嫩枝的顶端；叶倒卵形，浅绿色或黄绿色。二歧复聚伞花序顶生，花小；苞片较大，形似花瓣，异常美丽，为主要的观赏部位；苞片扁肾形，有大红色、鲜红色、橘红色、黄色等，观赏时间在 3～12 月。

分布：原产南非、马达加斯加。

习性：喜高温、阳光充足、通风良好的环境。不耐寒，耐干旱，忌水涝。要求排水良好的沙质壤土。

图 5—263　垂盆草（左）
图 5—264　虎刺梅（右）

繁殖方式：在高温条件下一年四季均可进行扦插繁殖，但在 5 ～ 8 月扦插较多。

园林用途：主要作盆栽观赏，但大戟科植物常会产生无色、无味、有毒的致癌气体，故在封闭的室内环境内不宜放置。

17. 龙舌兰（图 5-265）

学名：*Agave americana*

科属：龙舌兰科、龙舌兰属

识别要点：茎极短。叶片螺旋状叠生在茎的基部，呈莲座状；叶肥厚、肉质；长剑形至倒披针形，叶子先端具有硬刺尖，边缘具有钩刺；叶色灰绿，上被白粉，另有叶子边缘或叶子中央为金黄色的变种。花茎从叶丛中央抽出，圆锥花序顶生，花为淡黄绿色，开花时间在 6 ～ 7 月。

分布：原产于墨西哥。

习性：喜阳光充足，不耐阴。要求冷凉、干燥的环境，排水良好、肥沃的沙质壤土。生长最适温度为 15 ～ 25℃，冬季最低温度为 5℃。

繁殖方式：一般采用分株法进行繁殖。春季 3 ～ 4 月将母株基部萌生的小植株进行分割，另行栽植即可。

园林用途：主要用于盆栽观赏或布置专类园。

18. 酒瓶兰（图 5-266）

学名：*Beaucarnea recurvata*

科属：龙舌兰、酒瓶兰属

别名：象腿树

识别要点：常绿小乔木，在原产地可高达 2 ～ 3m。其地下根肉质，茎干直立，下部肥大，状似酒瓶；膨大茎干具有厚木栓层的树皮，呈灰白色或褐色。叶着生于茎干顶端，细长线状，全缘或细齿缘，革质而下垂，叶缘具细锯齿。

分布：墨西哥。

习性：喜温暖湿润及日光充足环境，较耐旱、耐寒。生长适温为 16 ～ 28℃，越冬温度为 0℃。喜肥沃土壤，在排水通气良好、富含腐殖质的沙质壤土上生长较佳。

繁殖方式：用播种繁殖，也可分切芽体扦插繁殖。

图 5-265 龙舌兰（左）
图 5-266 酒瓶兰（右）

园林用途：酒瓶兰是树状的多浆植物，茎干形状奇特，基部特别膨大，酷似大酒瓶，再加龟裂成小方块的树皮和簇生叶姿婆娑，成为非常奇特的装饰植物。幼苗盆栽观赏，常点缀居室、客厅。大型盆栽适用于宾馆、商场等公共场所摆设，气派非凡。

19. 虎尾兰（图 5-267）

学名：*Sanaevieria trifasciata*

科属：龙舌兰科、虎尾兰属

别名：虎皮兰

识别要点：根茎匍匐，无茎。叶簇生，常 2～6 片成束，线状披针形，硬革质直立，先端有一短尖头，基部渐窄形成有凹槽的叶柄，两面有浅绿色和深绿色相间的横向斑带，稍被白粉。花白色，圆锥花序，有一股甜美淡雅的馨香。花期春、夏季。

分布：原产非洲、印度。

习性：喜好温暖环境，对日照不拘，既耐日晒又耐半阴。生长适温为 20～30℃，冬季不耐 10℃ 以下低温。

繁殖方式：分株或叶插繁殖均可。一般用分株法，可得到最好的效果。叶插，是用利刀将从母株近表土处割下的叶片，切成 5cm 长一段，按叶生长方向插入沙土中，切不可颠倒，放室内光照明亮处，保持湿润，约 30 天可生根。叶插全年都可，但以夏季为好。

园林用途：主要作盆栽观赏。

20. 木立芦荟（图 5-268）

学名：*Aloe arborescens*

科属：百合科、芦荟属

别名：龙角

图 5-267 虎尾兰（左）
图 5-268 木立芦荟
　　　　（右）

识别要点：植株高度25cm左右。叶片肥厚多汁，叶子螺旋状排列，狭长披针形，叶长15～30cm，宽3～5cm，叶表面光滑，叶缘具有刺状小齿。

分布：原产于南非、地中海地区。

习性：喜温暖、湿润、阳光充足的环境。不耐寒，耐旱。要求肥沃、排水良好的沙质土。

繁殖方式：一般采用扦插和分株法来繁殖。扦插繁殖在春季进行，分株繁殖在春季结合换盆进行。栽培管理简便。

园林用途：主要作盆栽观赏。

同科同属其他种类：中华芦荟（*Aloe aloeveral.var.chinesis*）（图5-269）。茎短，叶近簇生，幼苗叶成两列，叶面叶背都有白色斑点。叶子长成后，白斑不褪。叶子长约35cm，宽5～6cm，植株形似翠叶芦荟。翠叶芦荟（*Aloe barbadensis*）（图5-270）。茎较短，叶簇生于茎顶，直立或近于直立，肥厚多汁；呈狭披针形，先端长渐尖，基部宽阔，粉绿色，边缘有刺状小齿。花茎单生或稍分枝，高60～90cm；总状花序疏散；小花长约2.5cm，黄色或有赤色斑点；花期2～3月。海虎兰（*Aloe×delaetoe*）（图5-271），又名多齿杂交芦荟，肉质，叶长三角形，叶面内凹，叶背外拱，表皮光滑，叶缘密布肉齿缘有刺，深绿色。小花橙红色。皂质芦荟（*Aloe saponaria*）（图5-272），又名斑纹芦荟、花叶芦荟，叶片较阔，叶上有白色条斑，纹理清楚。

图5-269 中华芦荟（左）
图5-270 翠叶芦荟（右）

图5-271 海虎兰（左）
图5-272 皂质芦荟（右）

5.6 水生花卉

5.6.1 水生花卉概述

1. 水生花卉的概念

水生花卉是指生长在水中和沼泽地中，或在其生命周期内有段时间生活在水中的花卉。因此，对于某一种花卉是否属于水生花卉，要看其种植的地点而定。如大花美人蕉在一般情况下属于球根花卉，但如果它种植在水中，就属于水生花卉的范畴。

2. 水生花卉的生态习性

绝大多数水生花卉要求光照充足、通风良好的环境。

对温度要求差异较大。有的水生花卉耐寒冷，如睡莲；而有的种类不耐寒冷，如王莲。

对水的要求因种类的不同，在低湿或沼泽地以至1m左右的浅水中都可生长。但绝大多数水生植物要求在静水，即水流和水位变动幅度都较小的水体中生长。

水生花卉由于在其生长过程中追肥相对困难，因此栽培水生花卉的土壤必须含有丰富的有机质，土壤质地以黏土为主。

3. 水生花卉的主要类别

1）依水生花卉的生活型分类

依水生花卉的生活型可将水生花卉分为挺水花卉、浮水花卉、沉水花卉和漂浮花卉四类。

挺水花卉的根扎于水下的泥中，茎叶挺出（高于）水面，花开时花朵离开（高出）水面。如荷花、千屈菜、水葱、香蒲等。

浮水花卉的根生扎于水下的泥中，叶片浮在水面或略高出水面，花开时花朵接近水面。如睡莲、王莲、菱、萍蓬莲、芡实等。

沉水花卉的根扎于水下的泥中，茎叶沉于水中。如莼菜、眼子菜等。这类水生花卉主要用于水族箱。

漂浮花卉的根系漂在水中生长，叶完全浮于水面，可随水漂移，在水面的位置不易控制。如凤眼莲、浮萍、满江红等。

2）依水生花卉的地下形态分类

依水生花卉的地下形态可将水生花卉分为球根类水生花卉和宿根类水生花卉两类。

3）依水生花卉的耐寒性分类

依水生花卉的耐寒性可将水生花卉分为不耐寒水生花卉和耐寒水生花卉两类。

不耐寒水生花卉喜高温，不能忍受低温，冬季需要加温。因此，在冬季基本上要在温室内度过。如王莲、马蹄莲。在本章节不作介绍。

耐寒的水生植物能够耐低温。目前在一般的绿地中使用的水生花卉基本为此类水生植物。如黄菖蒲、水葱等。

4. 水生花卉的主要繁殖方法和常见园林用途

水生花卉的主要繁殖方法有播种、分株和分球。

水生花卉的主要用途是作为各种水面和岸边的主景或配景装饰、布置成水生专类园、沼泽园或缸栽观赏，有些种类可以作切花应用。

5.6.2　水生花卉的种类介绍

1. 芡实（图 5-273）

学名：*Euryale ferox*

科属：睡莲科、芡实属

别名：芡、鸡头米

识别要点：一年生浮水花卉。沉水叶箭形或椭圆肾形，浮水叶革质，椭圆肾形至圆形，盾状，全缘，下面带紫色，两面在叶脉分枝处有锐刺。花紫红色，花期 7～8 月。

分布：广布于东南亚。我国南北各省区湖塘沼泽中均有野生，江浙一带有栽培。

习性：喜温暖、阳光充足的环境。生长适宜温度为 20～30℃。适应性强，在深水和浅水均能生长，但水深不宜超过 1m。

繁殖方式：可在春季用播种法繁殖。栽培管理简便，在幼苗期间注意除草，否则容易被杂草侵害。

园林用途：主要用于水面绿化。

2. 荷花（图 5-274）

学名：*Nelumbo nucifera*

科属：睡莲科、莲属

别名：莲、芙蓉、藕

识别要点：挺水花卉。地下部分具肥大、多节、横生的根状茎，俗称"莲藕"，藕圆柱形，中间有纵向通气腔 7～9 孔。叶盾状圆形，全缘或稍呈波状，叶表面蓝绿色并被蜡质白粉，通常高出水面，一般称为"立叶"。花单生，一般高出"立叶"之上，具清香。花色有红色、粉红色、白色、乳白色和黄色，花期 6～9 月。

图 5-273　芡实（左）

图 5-274　荷花（右）

分布：原产中国。

习性：喜湿怕干，喜相对稳定的静水，在 0.3～1.2m 的水深均能生长。喜肥，尤喜磷钾肥多。喜光，不耐阴。土壤以富含有机质的肥沃黏土为宜，适宜的 pH 值为 6.5。对二氧化硫有一定的抗性。

繁殖方式：有播种和分株两种繁殖方法。播种时期无严格要求，春播和秋播均可，冬季 1～2 月份温室点播最佳，唯夏季 7～8 月份不宜播种，因气温高，播种苗易遭烈日晒焦，并且生长期短，当年不易开花，也不易形成新藕。分株繁殖在清明前后进行，挑选生长健壮的根茎，每 2～3 节切成一段作为种藕，每段必带顶芽和保留尾节。用手指保护顶芽以 20°～30° 斜插入缸、盆中或池塘内。

园林用途：荷花是中国的十大传统名花之一，叶大色翠，花大色艳，清香远溢，迎骄阳而不惧，出污泥而不染，具有神圣净洁之寓意。它是一种良好的水面美化植物，常用于点缀亭榭等建筑或盆栽观赏。

3. 萍蓬草（图 5-275）

学名：*Nuphar pumilum*

科属：睡莲科、萍蓬草属

别名：萍蓬莲、黄金莲

识别要点：浮水花卉。根茎块状。叶二型，浮水叶纸质或近革质，圆形至卵形，长 8～17cm，全缘，基部开裂呈深心形。叶面绿而光亮，叶背隆凸，有柔毛。侧脉细，具数次"二"叉分枝，叶柄圆柱形。沉水叶薄而柔软。花伸出水面，金黄色，花期 5～9 月。

图 5-275 萍蓬草

分布：原产北半球寒温带。

习性：性喜在温暖、湿润、阳光充足的环境中生长。对土壤选择不严，以土质肥沃、略带黏性为好。适宜生在水深 30～60cm 处，最深不宜超过 1m。生长适宜温度为 15～32℃，温度降至 12℃ 以下停止生长。在长江以南越冬不需防寒，可在露地水池越冬。

繁殖方式：一般在春季 3～4 月用分株法进行繁殖。分株时用快刀切取带主芽的块茎 6～8cm 长，或带侧芽的块茎 3～4cm 长，作繁殖材料。

园林用途：主要用于水面布置或缸栽观赏。

4. 睡莲（图 5-276）

学名：*Nymphaea tetragona*

科属：睡莲科、睡莲属

别名：子午莲

识别要点：浮水花卉。根状茎粗短。叶丛生，近圆形，浮于水面，全缘，叶面浓绿色，叶背暗紫色。花多白色，浮于水面，花期 6～9 月。

图 5-276　睡莲（左）
图 5-277　王莲（右）

分布：原产于中国、日本和西伯利亚。

习性：喜阳光充足、通风良好、水质清洁、温暖的静水环境。要求腐殖质丰富的黏质土壤。在水深 10 ~ 60cm 之间均能生长，但最适宜的水深为 25 ~ 30cm。

繁殖方式：有分株和播种两种繁殖方法。分株繁殖耐寒类于 3 ~ 4 月进行；不耐寒类于 5 ~ 6 月进行。分株时将根茎挖出，用刀切数段，每段长约 10cm。播种繁殖在 3 ~ 4 月进行，通常盆播，盆土距盆口 4cm，播后将盆浸入水中，温度以 25 ~ 30℃ 为宜。

园林用途：睡莲是著名的水面绿化材料，常点缀水面，也可进行盆栽观赏。

5. 王莲（图 5-277）

学名：*Victoria amazonica*

科属：睡莲科、王莲属

别名：亚马逊王莲

识别要点：浮水花卉。根状茎短而直立。叶形变化多，从第 1 ~ 9 张叶子，形状分别为线形、箭形、卵形或椭圆形。从第 10 张叶子起为成熟叶片，叶形为圆形，边缘向上反卷，叶片特大，直径约 2m；叶子表面有皱起，反背有刺，漂浮力特大，可承受 40 ~ 50kg 的重量。花红色，单生，特别硕大，开时直径约 40cm，花期夏季，花朵开放时间与气温相关，通常于气温高、光照强的午后开放，入夜闭合。

分布：产于南美洲亚马逊河流域。

习性：喜充足阳光、高温高湿的环境。耐寒力极差，气温下降到 20℃ 时，生长停滞。喜肥沃深厚的污泥，但不喜过深的水，一般水深 50 ~ 100cm。

繁殖方式：可用播种和分株繁殖。播种在冬春季节（12 月至翌年 2 月）进行，播种前种子先在 15℃ 条件下沙藏 8 周，然后用 30℃ 左右的温水浸种，发芽时间约 20 ~ 30 天。分株繁殖在早春土壤解冻后进行。

园林用途：王莲以巨大肥厚的叶子和美丽浓香的花朵而著称，其气势恢弘，是优美的水面花卉，主要作水面布置，也可缸栽观赏。

6．千屈菜（图 5-278）

学名：*Lythrum salicaria*

科属：千屈菜科、千屈菜属

别名：水枝柳、对叶莲、水柳、水枝锦

识别要点：挺水花卉。株高 1m。地下根茎粗壮、木质。茎四棱形、直立、多分枝，近基部木质化。叶对生或轮生，披针形，全缘，无柄。穗状花序顶生，小花多而密，紫红色，花期 7～9 月。

分布：原产于欧、亚温带。

习性：喜强光和潮湿以及通风良好的环境。耐寒，能在浅水中生长，也可旱栽。

繁殖方式：可 3～4 月进行分株和播种繁殖，也可春夏两季进行扦插繁殖。分株选择天气渐暖时进行，将老株挖起，抖掉部分泥土，用快刀或锋利的铁锹切成若干块（丛），每丛有芽 4～7 个，另行栽植。扦插时剪取嫩枝长 6～7cm，去掉基部的叶片，仅保留顶端两节叶片。将插穗的 1/3～1/2 插入湿沙中，可盆插或露地床插。插后用薄膜覆盖，每天中午喷水一次，保持温度 20～25℃，约 30 天生根。播种一般采用盆播，由于千屈菜种子细小而轻，可掺些细沙混匀后再播，播后筛上一层细土，盆口盖上玻璃，温度 15～20℃，约 20 天发芽。

园林用途：千屈菜可水池栽植，水边丛植。可用于花境也可盆栽。

7．荇菜（图 5-279）

学名：*Nymphoides peltatum*

科属：龙胆科、荇菜属

别名：水荷叶、莕菜、莲叶莕菜

识别要点：浮水花卉。叶互生，心状椭圆形或圆形，近革质，叶缘全缘或微波状，叶基呈心脏形，叶面绿色，叶背紫红色。伞形花序腋生，花小，黄色，花期夏季。

分布：原产中国。分布广泛，从温带的欧洲到亚洲的印度、中国、日本、朝鲜、韩国等地区都有。

图 5-278　千屈菜（左）
图 5-279　荇菜（右）

习性：能耐一定的低温，但不耐寒，生长适宜温度 15 ～ 30℃，低于 10℃ 停止生长。对土壤要求不严，以肥沃、稍带黏质的土壤为好。

繁殖方式：主要在 3 月进行分株繁殖。也可播种、扦插繁殖。

园林用途：荇菜叶小而翠绿，花黄而浮水，适宜于园林水景中大片种植。

8. 香蒲（图 5—280）

学名：*Typha orientalis*

科属：香蒲科、香蒲属

别名：水烛

识别要点：挺水花卉。株高为 1.4 ～ 2m。根状茎白色，长而横生。茎圆柱形、直立、质硬而中实。叶扁平带状，长达 1m 多，宽 2 ～ 3cm。花单性，肉穗状花序顶生，圆柱状似蜡烛。雄花序生于上部，长 10 ～ 30cm，雌花序生于下部，与雄花序等长或略长，两者中间无间隔，紧密相联。花期 6 ～ 7 月。

分布：原产于我国。

习性：对土壤要求不严，以含丰富有机质的塘泥最好，较耐寒。

繁殖方式：可用播种和分株法繁殖，一般用分株繁殖。分株可在初春把老株挖起，用快刀切成若干丛，每丛带若干个小芽作为繁殖材料。

园林用途：主要用于水边丛植或片植，还能布置花境或作为切花。

9. 野慈姑（图 5—281）

学名：*Sagittaria trifolia* var. *sinensis*

科属：泽泻科、慈姑属

别名：长瓣慈姑

识别要点：挺水花卉。高 50 ～ 100cm。根状茎横生，较粗壮，顶端膨大成球茎。基生叶簇生，叶形变化极大。多数为狭箭形，通常顶裂片短于侧裂片，顶端裂片长 4 ～ 9cm，宽 1 ～ 2cm，基部裂片长 4 ～ 18cm，宽 6 ～ 11mm。顶裂片与侧裂片之间缢缩，叶柄粗壮，长 20 ～ 40cm，基部扩大成鞘状，边缘膜质。7 ～ 10 月开花，花梗直立，高 20 ～ 70cm，粗壮，总状花序或圆锥形花序，花白色，雌雄同株。

图 5—280 香蒲（左）
图 5—281 野慈姑（右）

分布：原产我国。

习性：适应性强，喜光，喜在水肥充足的沟渠及浅水中生长。要求温暖湿润环境，生长的适宜温度为 20～25℃。宜肥沃的黏壤土。

繁殖方式：常用球茎或顶芽进行繁殖。通常在 3 月下旬将种球茎催芽，或 4 月上旬露地插顶芽育苗，株行距 9cm 左右，5 月上旬种植于园林水景的低洼地，行距 40cm，株距 30cm。

园林用途：在水面造景中主要起衬托作用，一般丛植或片植在水边。

10. 水鳖（图 5--282）

学名：*Hydrocharis dubia*

科属：水鳖科、水鳖属

别名：马尿花

识别要点：浮水草本。叶簇生，心形或圆形，先端圆，基部心形，全缘。花白色，花期 8～10 月。

分布：原产大洋洲和亚洲，在中国大部分地区均有分布。

习性：喜温暖、湿润的环境。对土壤要求不严。

繁殖方式：用播种或分株法进行繁殖。

园林用途：一般作为水面装饰布置使用。

11. 水葱（图 5—283）

学名：*Scirpus tabernamontani*

科属：莎草科、蔗草属

别名：管子草、翠管草、冲天草

识别要点：挺水花卉。株高 1～2m。具粗壮的根状茎；茎秆直立，圆柱形，中空，粉绿色。

变种：花叶水葱（*Scirpus tabernamontani* var. *zebrinus*），又称斑叶水葱。产于北美。植株高度 1.2～1.8m。茎秆单生、直立，圆柱状、中空，表皮光滑，黄绿相间。

分布：原产我国、日本、朝鲜。

习性：最佳生长温度 15～30℃，10℃ 以下停止生长。能耐低温，可露地越冬。

图 5—282　水鳖（左）
图 5—283　水葱（右）

繁殖方式：可采用播种和分株法进行繁殖。播种常于 3～4 月份在室内进行。将培养土上盆整平压实，其上撒播种子，筛上一层细土覆盖种子，将盆浅沉水中，使盆土经常保持湿透。室温控制在 20～25℃，20 天左右即可发芽生根。也可在春季进行露地撒播，每亩播种 3～5kg 种子，在温度 18℃ 条件下，播后 5～6 天出苗。

　　分株繁殖在早春天气渐暖时进行。把越冬苗从地下挖起，抖掉部分泥土，用枝剪或铁锹将地下茎分成若干丛，每丛带 5～8 个茎秆。栽到无泄水孔的花盆内，并保持盆土一定的湿度或浅水，10～20 天即可发芽。如作露地栽培，每丛保持 8～12 个芽为宜。

　　花叶水葱（图 5-284）为水葱的变种。

　　园林用途：主要在水面、岸边点缀，作为配景起衬托作用。

12. 大薸（图 5-285）

学名：*Pistia stratiotes*

科属：天南星科、大薸属

别名：肥猪草、水芙蓉

　　识别要点：浮水草本。叶簇生成莲座状，叶片常因发育阶段不同而形异，倒三角形、倒卵形、扇形、以至倒卵状长楔形，先端截头或浑圆，基部厚，两面被毛，基部尤为浓密；叶脉扇状伸展，背面明显隆起成折皱状。肉穗花序，佛焰苞白色，花期 5～11 月。

　　分布：原产于热带和亚热带，在我国珠江三角洲一带野生较多。

　　习性：喜高温湿润气候，生长适宜温度为 23～35℃，低于 5℃ 时则枯萎死亡。喜欢清水，流动水对其生长不利，水的 pH 值最好为 6.5～7.5。喜氮肥，在肥水中生长发育快。

　　繁殖方式：可用分株和播种法进行繁殖。

　　园林用途：主要用于水面点缀布置或缸栽观赏。但如果大面积漂浮在水面上不仅阻碍了阳光，而且阻碍了空气中的氧气进入水体，从而导致水体变质，影响原有生物的存活和生长。因此，在秋季天气明显转冷前必须及时清除大薸，否则它的残体会逐渐腐烂，对水体造成二次污染。

图 5-284　花叶水葱（左）

图 5-285　大薸（右）

13. 凤眼莲（图 5—286）

学名：*Eichhorinia crassipes*

科属：雨久花科，凤眼莲属

别名：水葫芦、水浮莲

识别要点：漂浮植物。植株浮于水面。根须发达，靠毛根吸收养分，主根（肉根）分蘖下一代。叶丛生，宽卵形至椭圆形，全缘，绿色光亮，叶柄基部膨大呈葫芦形，里面空气使叶浮于水面。总状花序顶生，花小，堇蓝色，花期 7～9 月。

分布：原产南美。

习性：喜欢在向阳、平静的水面，或潮湿肥沃的边坡生长。在日照时间长、温度高的条件下生长较快，适宜气温 15～30℃，低于 10℃ 便会停止生长，受冰冻后叶茎枯黄。每年 4 月底 5 月初在历年的老根上发芽，至年底霜冻后休眠。在水质符合、气温适当、通风较好的条件下株高可长到 50cm，一般可长到 20～30cm，如漂浮到沼泽地的边坡、潮湿的岸边株高只有 10～20cm。

繁殖方式：以分株繁殖为主，也能播种繁殖。分株繁殖在春季进行，将横生的匍匐茎割成几段或带根切离几个腋芽，投入水中即可自然成活。此种繁殖极易进行，繁殖系数也较高。

园林用途：同大薸。

14. 雨久花（图 5—287）

学名：*Monochoria korsakowii*

科属：雨久花科、雨久花属

别名：蓝鸟花

识别要点：挺水花卉。根状茎粗壮。茎直立，高 20～80cm，基部呈鲜红色，全株光滑无毛。基生叶广卵圆状心形，顶端急尖或渐尖，基部心形，具弧状脉，有长柄，有时膨胀成囊状，柄有鞘。由 10 余朵花组成总状花序，顶生，花被裂片 6 枚，蓝色，花果期 7～10 月。

分布：原产我国。

习性：喜温暖、湿润、阳光充足的环境。不耐寒，能耐半阴。对土壤要求不严。

繁殖方式：一般在春季采用播种法进行繁殖。

园林用途：同大薸。

图 5—286 凤眼莲（左）
图 5—287 雨久花（右）

15. 梭鱼草 (图 5—288)

学名：*Pontederia cordata*

科属：雨久花科、梭鱼草属

别名：北美梭鱼草

识别要点：挺水花卉。叶深绿色，倒卵状披针形，叶面光滑。穗状花序顶生，花蓝紫色，花期 5～10 月。

分布：原产北美。

习性：喜温暖、阳光充足的环境，生长适温 15～30℃，越冬温度不宜低于 5℃。不耐寒，在静水及水流缓慢的水域中均可生长，20cm 以下的浅水中生长良好。

繁殖方式：采用分株法和种子繁殖，分株可在春夏两季进行。种子繁殖一般在春季进行，发芽温度一般在 25℃ 左右。

园林用途：梭鱼草叶色翠绿，可用于缸栽观赏，也可在水池中、河道边等处栽植，被广泛用于园林绿地美化。

16. 黄菖蒲 (图 5—289)

学名：*Iris pseudacorus*

科属：鸢尾科、鸢尾属

别名：黄花鸢尾、水生鸢尾

识别要点：挺水花卉。植株高大，根茎短粗。叶基生，绿色，长剑形，长 60～100cm，中肋明显。花茎稍高出于叶，花黄色，花期 5～6 月。

分布：原产于欧洲。

习性：适应性强，喜光耐半阴，耐旱也耐湿，沙壤土及黏土都能生长，在水边栽植生长更好。生长适温 15～30℃。冬季地上部分枯死，根茎地下越冬，极其耐寒。

繁殖方式：通常在春季或秋季采用分株法繁殖，也可在春秋两季播种繁殖。

园林用途：黄菖蒲花黄色，植株直立，适宜于水边点缀配植，也可布置花境，与其他鸢尾类花卉（如花菖蒲）一起应用效果良好。

17. 再力花 (图 5—290)

学名：*Thalia dealbata*

科属：竹芋科、塔利亚属

别名：水竹芋

图 5—288 梭鱼草（左）
图 5—289 黄菖蒲（中）
图 5—290 再力花（右）

识别要点：挺水花卉。植株高度达1m左右。全株附有白粉。叶基生，卵状披针形，浅灰蓝色，边缘紫色。总状花序，花小，紫堇色，花期夏秋。

分布：原产于南美。

习性：喜温暖湿润、阳光充足的气候环境，不耐寒，入冬后地上部分逐渐枯死，以根茎在泥中越冬。在微碱性的土壤中生长良好。

繁殖方式：于春季进行分株繁殖。

园林用途：株形美观洒脱，叶色翠绿，可池塘、湿地、沼泽应用，也可缸栽观赏。

本章小结

一、二年生花卉种类繁多，既有观花，也有观叶、观果的种类；既有夏秋季节观赏，也有冬春季节观赏的种类。本章主要介绍了79种（包括品种、变种）一、二年生花卉的识别要点、习性、繁殖方式，以及园林用途。

宿根花卉种类繁多，既有观花，也有观叶的种类。开花季节主要在春季和秋季。本章主要介绍了63种（品种）宿根花卉的识别要点、习性、繁殖方式，以及园林用途。

球根花卉地下部分形状变化多种多样，其开花季节主要在春季和秋季，休眠季节主要在夏季或冬季。本章主要介绍了19种（包括品种、变种）球根花卉的识别要点、习性、繁殖方式，以及园林用途。

室内花卉种类繁多，既有观花，也有观叶的种类。不仅可以在室内装饰使用，有些还是切花和布置花坛的好材料。本章主要介绍了88种（包括品种、变种）室内花卉的识别要点、习性、繁殖方式，以及园林用途。

仙人掌类及多浆植物形状变化多种多样，既有观花，也又观叶、观茎的种类。本章主要介绍了24种（包括品种、变种）仙人掌类及多浆植物的识别要点、习性、繁殖方式，以及园林用途。

水生花卉地下部分形状变化多种多样，有的水生花卉必须在水中生长，而有部分水生花卉也可以在旱地中（没有水的地方）生长。水生花卉最主要的观赏季节在夏、秋季节。本章主要介绍了18种（包括品种、变种）水生花卉的识别要点、习性、繁殖方式，以及园林用途。

复习思考题

5-1　宿根花卉是指什么花卉？它有哪些类型？

5-2　宿根花卉在园林应用中有哪些特点？

5-3　宿根花卉的习性是怎样的？

5-4　举出20种宿根花卉，描述它们的主要识别要点，说明它们的习性和园林用途。

5-5　球根花卉是指什么花卉？它有哪些类型？

5-6　球根花卉在园林应用中有哪些特点？

5—7　球根花卉的习性是怎样的？

5—8　举出6种球根花卉，描述它们的主要识别要点，说明它们的习性和园林用途。

5—9　一、二年生花卉是指什么花卉？它有哪些类型？

5—10　一、二年生花卉在园林应用中有哪些特点？

5—11　一、二年生花卉的生态习性和生长习性是怎样的？

5—12　举出20种一、二年生花卉（一年生花卉和二年生花卉各10种），描述它们的主要识别要点，说明它们的习性和园林用途。

5—13　室内花卉是指什么花卉？它有哪些类型？

5—14　室内花卉在园林应用中有哪些特点？

5—15　室内花卉的习性是怎样的？

5—16　什么是室内观叶植物？

5—17　举出10种室内观花花卉，描述它们的主要识别要点，说明它们的习性和园林用途。

5—18　举出16种室内观叶植物，描述它们的主要识别要点，说明它们的习性。

5—19　仙人掌类及多浆植物是指什么花卉？它有哪些类型？

5—20　仙人掌类及多浆植物在园林应用中有哪些特点？

5—21　仙人掌类及多浆植物的习性是怎样的？

5—22　举出6种仙人掌类及多浆植物，描述它们的主要识别要点，说明它们的习性和园林用途。

5—23　水生花卉是指什么花卉？它有哪些类型？

5—24　水生花卉在园林应用中有哪些特点？

5—25　水生花卉的习性是怎样的？

5—26　举出6种水生花卉，描述它们的主要识别要点，说明它们的习性和园林用途。

本章实践指导

一、常见园林花卉识别

（本次教学可通过实训方式进行）

实训目的

熟悉各种园林花卉的识别要点。

实训材料和用具

必备材料和用具有登记表、笔等。辅助材料和用具有标牌、剪枝剪、采集袋、照相机等。

实训条件

具有长有良好园林花卉（形态特征标准）的花园、花圃（苗圃）、标本园、公园等地方。

实训方法

在教师指导下到公园、植物园、标本园对园林花卉逐一观察、识别、记录。并将观察的内容记录在"园林花卉识别与分类"表格中（表5-1）。

园林花卉识别与分类　　　　　　　　　　　　　　　　　表5-1

实训时间　　　　　　　　　　　　姓名　　　　　　　　　　评价等级
实训地点　　　　　　　　　　　　班级　　　　　　　　　　学号

序号	花卉名称	科属	类别	叶					花		
				着生方式	叶形	叶缘	叶色	附属物	花序或单生	着生方式	花色
1											
2											
3											
4											
5											
6											
7											
8											
9											
10											
11											
12											
⋮											

实训内容

1. 观察

首先观察园林花卉的主要特征，如草本还是木本，乔木还是灌木或藤本，树冠的性状，植株的高度，以确定植物大类。

再观察局部，如观察园林花卉的叶子着生方式、叶缘情况、叶形；花色、开花时间、花朵着生情况等。

最后观察细微部位，如使用放大镜等工具观察叶子、叶柄上的附属物，如毛、腺点或腺体等。

2. 记录

根据观察到的园林花卉外部形态特征进行文字记录，以备查核。也可使用相机对观察的园林花卉进行照片拍摄，以备核查。

3. 标本采集

使用剪枝剪等工具，采集标本。

4. 鉴别核查

对一些不认识的园林花卉，可使用观察时的文字记录、拍摄的照片和标本，寻找资料进行核查鉴别，以确定园林花卉的名称。

5.填写表格，提交实训报告

填写"园林花卉识别与分类"表格（表5-1），并作为实训报告提交。

注意事项

1.所观察的园林花卉生长必须正常，具有良好、标准的外部形态特征。

2.识别园林花卉时观察必须仔细、记录必须正确。

3.采集的标本必须完整。

4.在进行园林花卉识别的整个过程中要注意保护好园林花卉。

二、常见园林花卉应用情况调查

实训目的

掌握常见园林花卉的园林应用情况。

实训材料和用具

登记表、植物标本、笔等。

实训条件

具有长有良好园林花卉（形态特征标准）的花园、花圃（苗圃）、标本园、公园等地方。

实训方法

在教师的组织下参观当地花展、大型公园，对园林花卉的应用情况逐一观察、记录，并将观察的内容记录在"常见园林花卉应用情况调查"表中（表5-2）。

常见园林花卉应用情况调查　　　　　　　　　　　　　　　表5-2

实训　　　　　　　　　　　　　姓名　　　　　　　　　评价等级
实训地点　　　　　　　　　　　班级　　　　　　　　　学号

序号	花卉名称	科属	类别	观赏部位	颜色	观赏期	园林应用形式
1							
2							
3							
4							
5							
6							
7							
8							
9							
10							
11							
12							
⋮							

实训内容

1．观察园林花卉

观察园林花卉的种类（品种、变种）；

观察园林花卉的观赏部位；

观察园林花卉观赏部位的颜色；

观察园林花卉的具体应用形式。

2．记录

根据观察到的园林花卉及其园林应用形式进行文字记录。

3．填写表格，提交实训报告

填写"常见园林花卉应用情况调查"表格（表5-2），并作为实训报告提交。

注意事项

1．在进行花卉应用观察的整个过程中要注意保护花卉。

2．注意人身和个人财产安全。

园林植物

6

草坪与地被

本章学习要点：

了解草坪植物和地被植物的常用繁殖方法和栽培要点；掌握常见草坪植物和地被植物的主要形态特征（即生物学特性）、生态习性和主要园林用途；能够识别常见草坪植物和地被植物。

6.1 草坪植物

6.1.1 草坪概述

1. 草坪的概念

草坪又称草地、草皮，是指园林中种植低矮草本植物用以覆盖地面，形成较大面积而平整或稍有起伏的整片绿色地面。

2. 草坪的分类

草坪可以按照用途和组成两种方法进行分类。

1）按照草坪的用途分类

游憩草坪。是供游人游乐和憩息的草坪，也称"自然式游憩草坪"。这类草坪在绿地中无固定形状，面积可大可小，养护管理相对粗放，允许人们入内游憩活动。

观赏草坪。是指专供景色欣赏的草坪，也称"装饰性草坪"。一般设在广场、雕像、喷泉周围和建筑物前。这类草坪一般不允许入内践踏，面积不宜过大，管理精细。

运动场草坪。是指供开展体育活动的草坪，或称"体育草坪"。常见的运动场草坪有足球场草坪、高尔夫球场草坪、网球场草坪。

固土护坡草坪。是指栽种在坡地、水岸水土比较容易流失之处的草坪，也称"护坡护岸草坪"。

按草坪应用功能分类除了以上四种主要草坪外，还有在飞机场铺设的飞机场草坪、在花坛中铺设的花坛草坪、与树林相结合的疏林草坪等。

2）按照草坪的组成分类

单一草坪。是用一种草坪植物单独建立的草坪，也常称"单纯草坪"。单一草坪是目前草坪的主要类型。

混合草坪。由两种以上草坪植物混合组成的草地称混合草坪，有时也称"混交草坪"或"混栽草坪"，如上海地区常用夏季生长良好的矮生狗牙根和冬季抗寒能力较强的多年生黑麦草建立混合草坪，以延长草坪的绿色观赏期，提高草坪的使用功能。混合草坪又可以分为混播草坪和混铺草坪两种。

缀花草坪。是指在草坪上混栽一些多年生的、开花的草本植物。缀花草坪一般设在人流相对较少的地方。在草坪上种植开花草本植物的数量一般不宜超过草坪总面积的1/3。

6.1.2 草坪植物概述

1.草坪植物的概念

草坪植物又称草坪草，是指能形成草皮或草坪，并能耐受定期修剪和人、物通行的一些草本植物种或品种。

草坪植物依其性质来说也是地被植物的一种，是一种观赏价值较高、养护要求精细的地被植物。

2.草坪植物的分类

草坪植物可根据形态特征和生态习性两种方法进行分类。

1）按照形态特征分类

草坪草大多数为有扩散生长特性的根茎型或匍匐型禾本科植物，如羊茅属、早熟禾属、剪股颖属、黑麦草属、狗牙根属、结缕草属、野牛草属、蜈蚣草属等；也包括部分符合草坪性状的其他科植物，如莎草科的苔草属和蒿草属、旋花科的马蹄金、豆科的白三叶等。

2）按照生态习性分类

目前使用的草坪植物一般喜光，不耐阴。根据分布地域（或生长温度）可分冷地型（冷季型）草和暖地型（暖季型）草。

冷地型（或冷季型）草。分布于温带、寒带以及亚热带的高海拔地区。能耐寒冷，不耐高温炎热，最适宜的生长温度为 15 ~ 24℃，生长高峰在春季和秋季，夏季则处于休眠或半休眠状态，生长速度明显降低。如多年生黑麦草、草地早熟禾、匍地剪股颖、苇状羊茅（又称高羊茅）。

暖地型（或暖季型）草。分布于热带和亚热带地区。能适应高温，不耐寒冷，最适宜的生长温度为 26 ~ 32℃。这类草一般从春季开始生长，夏季达到生长高峰，秋季生长速度减慢，冬季处于休眠状态。如结缕草（又称老虎皮）、细叶结缕草（又称天鹅绒）、沟叶结缕草（又称马尼拉）、矮生狗牙根（又称百慕达）。

3.草坪植物的特性

不同的草坪植物具有不同的特性，优良的草坪植物应具有耐践踏、抗干旱、耐频繁的重剪、抗病虫力强、适应土壤能力强、耐韧性、细叶量多、与其他禾草混栽种配合力强、践踏后的恢复力强、绿叶期长、耐炎热、耐严寒、耐土壤瘠薄、繁殖容易、生长迅速、低矮、叶色美观等特点。

6.1.3 主要草坪植物种类介绍

1.冷地型草坪植物种类介绍

1）葡茎剪股颖（图6-1）

学名：*Agrostis stolonifera*

科属：禾本科、剪股颖属

别名：本特草

识别要点：茎高 15 ~ 40cm，伏地，节着地生根。叶扁平，线形，长 5.5 ~ 8.5cm，宽 3 ~ 4mm。圆锥花序，花果期夏秋季。绿草期 260 天左右。

图 6-1　葡茎剪股颖
　　（左）
图 6-2　草地早熟禾
　　（右）

分布：欧亚大陆温带和北美。

习性：耐寒，抗热，喜冷凉，耐瘠薄，对土壤要求不严，尚能耐践踏。

繁殖方式：主要在春季或秋季采用播种繁殖，播种量为 3 ~ 5g/m²。也可用分根繁殖。

园林用途：适合作一般草坪栽培，也适应潮湿地区种植。

同科同属其他种类：小糠草（*Agrostis alba*），又名红顶草。具细长根茎。叶扁平，长 17 ~ 32cm，宽 3 ~ 7mm。圆锥花序尖塔形。上海地区绿色期可达 220 ~ 250 天。

喜冷凉湿润气候，比较耐寒，耐旱，亦能抗热，分蘖及再生能力均较强。对土壤要求不严。具一定的自播能力。

2）草地早熟禾（图 6-2）

学名：*Poa poapretensis*

科属：禾本科、早熟禾属

别名：六月禾

识别要点：具匍匐茎根。株高 50 ~ 70cm，茎具 2 ~ 3 节。叶狭线形。

分布：原产于欧亚大陆、中亚细亚地区，广泛分布于北温带冷凉湿润地区。

习性：喜温暖湿润气候，抗寒力极强，一般在 -9℃ 低温下仍不枯萎。

繁殖方式：主要在春季采用播种法进行繁殖，种子用量为 6 ~ 8g/m²。也可分根繁殖。

园林用途：常用于庭院、公共绿地、运动场草坪。

3）多年生黑麦草（图 6-3）

学名：*Lolium perenne*

科属：禾本科、黑麦属

别名：黑麦草

识别要点：茎高 70 ～ 100cm。叶片窄而长，呈深绿色。穗状花序，夏季开花结籽。抗寒，抗霜，而不耐热。

分布：原产南欧、北非及西亚地区。

习性：喜温暖湿润气候，在肥沃、排水良好之黏壤土中生长良好。耐湿而不耐干旱。秋季生长较快，冬季生长缓慢，盛夏呈休眠状。生长最适温度为27℃，土壤温度为 20℃。

繁殖方式：主要在秋季用播种法进行繁殖，播种量为 25 ～ 35g/m²。

园林用途：主要用于混合草坪。

4）苇状羊茅（图6—4）

学名：*Festuca arundinacea*

科属：禾本科、羊茅属

别名：高羊茅

识别要点：植株高度80 ～ 180cm。茎秆成疏丛状，直立光滑。叶片线形，先端长渐尖，背面光滑，上面及边缘粗糙，大多扁平。圆锥花序开展，绿而带淡紫色。

分布：原产西欧。

习性：耐干旱、耐寒冷、耐踩踏、耐霜，适应性强。不耐水湿，尤其是在夏季高温休眠期间，如果土壤水分过多，极易烂根死亡。

繁殖方式：通常在春季用播种法进行繁殖，播种量为 25g/m²。

园林用途：一般多用于游憩草坪和固土护坡草坪。

2．暖地型草坪植物种类介绍

1）矮生狗牙根（图6—5）

学名：*Cynodon dactylon*

科属：禾本科、狗牙根属

别名：天堂草、矮天堂、百慕大

识别要点：植株低矮，叶丛密集，嫩绿色，线形，长1 ～ 6cm，宽1 ～ 3mm。总状花序，花期4 ～ 9月。

习性：耐寒、耐旱、病虫害少，生长缓慢，耐频繁的刈割，践踏后易于复苏，

绿色观赏期为280天。

繁殖方式：多采用分根繁殖。

园林用途：主要用于高尔夫球场、足球场和公共绿地中。常作单纯草坪或与黑麦草混合栽培。

2）假俭草（图6-6）

学名：*Eremochloa ophiuroides*

科属：禾本科、蜈蚣草属

别名：苏州草

识别要点：株高10～15cm。叶线形，长4～10cm，宽2～5mm。总状花序，绿色微带紫色，秋冬开花。

分布：亚洲东南部。

习性：耐旱，耐践踏，喜光。比结缕草稍能耐阴湿。全年绿草观赏期250～260天。

繁殖方式：主要采用播种繁殖

园林用途：适合庭院草坪，也可作固土护坡草坪。

3）结缕草（图6-7）

学名：*Zoysia japonica*

科属：禾本科、结缕草属

别名：老虎皮草、锥子草、延地青、崂山青

识别要点：株高约15cm。叶线状披针形，表面有毛，宽达5mm。总状花序常带紫褐色，花期5月。

分布：亚洲东部。

习性：喜阳光，不耐阴。耐旱、耐寒。耐践踏。4月初返青，初夏抽花，12月枯黄，草绿期约260天。

繁殖方式：通常用播种和分根法繁殖。

图6-7　结缕草

图 6-8　细叶结缕草（左）
图 6-9　沟叶结缕草（中）
图 6-10　野牛草（右）

园林用途：适合作庭院草坪、运动场草坪。

同科同属其他种类：细叶结缕草（*Zoysia tenuifolia*）（图 6-8），又名天鹅绒、高丽芝草。株高 10～15cm。叶线状，长 2～6cm，宽 0.5mm。总状花序，6～7 月开花，紫色或绿色。绿草观赏期 270 天。喜光，不耐阴。耐湿，不耐寒。沟叶结缕草（*Zoysia matrella*）（图 6-9），又称马尼拉草。具横走根茎和匍匐茎，秆细弱，直立，秆高 12～20cm。叶片质硬，扁平或内卷，上面具有纵沟，长 3～4cm，宽 1～2mm。总状花序线形，小穗卵状披针形，黄褐色或略带紫色。

4）野牛草（图 6-10）

学名：*Buchloe dactyloides*

科属：禾本科、野牛草属

别名：水牛草

识别要点：具匍匐枝。叶线形，长 10～20cm，宽 2mm，两面均疏生细柔毛，叶绿中透白。

分布：主要分布于北美地区。

习性：性喜光，亦能耐半阴。抗旱性较强，但不耐湿。与杂草竞争能力强，具有较强的耐寒能力。具一定的耐践踏性。

繁殖方式：主要用播种和分根法繁殖。

园林用途：多用于公园、风景区的游憩草坪和固土护坡草坪。

6.2　地被植物

6.2.1　地被概述

1. 地被的概念

地被是植被的重要组成部分。植被是指一个地区植物群落的总称，它包括乔木层植物、灌木层植物和草本层植物。植被一般可分为自然植被和人工植被。目前在城市的植被基本属于人工植被，因此地被就是在城市绿化中人工采用草本植物、蕨类植物、部分灌木和攀缘植物布置成高度一般在 30～50cm（有的通过人为干预修剪，可以将高度控制在 70cm 以下）成片的城市绿地植被。

2. 地被的分类

地被可以根据生态环境和园林应用形式两个标准进行分类。

1）按照地被的生态环境分类

根据生态环境可将地被分成喜光地被（又称"空旷区地被"，是指在阳光充足的空旷地上的地被）、散光地被（又称"林缘地被"，是指处于半日照状态的林缘地带的地被）、半耐阴地被（又称"林隙地被"，是指在阳光不足的林隙处的地被）、极耐阴地被（又称"林下地被"，是指在林下非常阴的地方的地被）四类。

2）根据地被的园林应用形式分类

根据园林应用形式可以将地被分为护坡地被、树坛地被、林下地被、道路地被、岩石地被等五类。

6.2.2 地被植物概述

1. 地被植物的概念

地被植物是指成群栽植，覆盖地面，使黄土不裸露的低矮植物。它不仅包括草本、蕨类，也包括灌木和藤本。这里所说的低矮植物，主要是指适用于园林绿化的地被植物，因此往往又将地被植物称作为"园林地被植物"。

2. 地被植物的分类

1）根据地被植物的观赏特点分类

根据地被植物的观赏特点可将地被植物分为常绿地被植物、观叶地被植物、观花地被植物、观果地被植物。

2）根据地被植物的植物学类型分类

根据地被植物的植物学类型可将地被植物分为灌木地被植物、草本地被植物、藤蔓地被植物、蕨类地被植物、竹类地被植物等。

3. 地被植物的特性

在选择地被植物时，首先应选择能够适合当地的气候条件的种类。如北方应着重考虑耐寒冷问题，而在南方选用地被植物时则必须考虑耐热性。另外，在选择地被植物时还要考虑当地土壤、地被植物的观赏价值和经济实用价值。

地被植物在园林中所具有的功能决定了地被植物选择的标准特性。一般说来地被植物均具有低矮（植株高度一般在 30 ~ 50cm，高的不超过 100cm）、多年生（最好常绿，全部生育期均在露地度过）、繁殖容易、生长缓慢但茂密、管理粗放、覆盖能力强、抗逆性和适应性均较强（如耐阴、耐修剪等）、无毒、无异味、不会泛滥成灾、具较高的观赏或经济价值等特点。

6.2.3 地被植物种类介绍

1. 翠云草（图6-11）

学名：*Selaginella uncinata*

科属：卷柏科、卷柏属

别名：蓝地柏、绿绒草

识别要点：伏地蔓生草本，主茎柔细。叶密生，有蓝绿色荧光。侧叶长圆形，顶端短尖，基部圆形，中部卵形，顶端长渐尖，基部近心形，全缘，有透明白边。

分布：原产我国中部、南部及西南部各省份。

习性：喜湿润和半阴环境，怕强烈日光直射，否则容易枯焦死亡。

繁殖方式：一般用扦插法进行繁殖。在春季修剪时，将剪下的茎枝插入土中，保持温暖并适当浇水，约两周即可发根。

园林用途：可作为地被植物运用，也可盆栽观赏。

2. 井栏边草（图 6—12）

学名：*Pteris multifida*

科属：凤尾蕨科、凤尾蕨属

别名：凤尾草、井兰草、井口边草

识别要点：株高 30 ～ 70cm。根状茎直立。叶二型，一回羽状复叶，羽片条形，上部羽片基部下延，在中轴两侧形成狭翅，下部羽片往往 2 ～ 3 叉。孢子囊群沿叶边连续分布。

分布：广泛分布于华东、中南、西南，日本和朝鲜也有分布。

习性：喜温暖湿润和半阴环境，要求空气湿度在 70% ～ 80%，生长适温在 10 ～ 26℃，冬季不低于 5℃。为钙质土指示植物。

繁殖方式：一般用分株法进行繁殖。

园林用途：可作为地被植物运用，也可盆栽观赏。

3. 虎耳草（图 6—13）

学名：*Saxifrscens stolonifera*

科属：虎耳草科、虎耳草属

别名：石荷叶、金线吊芙蓉

识别要点：常绿宿根。匍匐茎红紫色，顶端往往生长幼株。叶基生，肾状心形，密被毛，沿脉处有时有白色斑纹，背面和叶柄紫红色。

分布：原产中国、日本、朝鲜。

习性：喜温暖、阴湿的环境。怕干热，耐寒性强。对土壤要求不高。

繁殖方式：一般用分株法进行繁殖。

园林用途：可作阴湿地段的地被植物，也可在岩石园或假山上的背阴处。

4. 白花三叶草（图 6-14）

学名：*Trifolium repens*

科属：豆科、三叶草属

别名：车轴草

识别要点：宿根。叶互生，三出复叶，小叶倒卵形。总状花序，由 20 ~ 24 朵小花组成，白色或红色，花期 5 ~ 6 月。

分布：产自欧洲、北非及西亚地区。

习性：喜温暖湿润气候，生长适温为 19 ~ 24℃。喜酸性土壤，适宜于 pH 值为 5.6 ~ 7.0。耐潮湿，耐剪割。

繁殖方式：栽培时于每年 5 ~ 6 月开花季节将花穗用刈草机修剪 1 ~ 2 次。

园林用途：常作地被植物。

5. 红花酢浆草（图 6-15）

学名：*Oxalis rubra*

科属：酢浆草科、酢浆草属

别名：三叶酢浆草

识别要点：宿根。植株高度约 10 ~ 20cm。叶基生，三出复叶，小叶倒心形，全缘。伞形花序，玫红色，花期夏季。

分布：原产南非。

习性：喜阴湿环境，不耐寒，其花、叶对光有敏感性，白天和晴天开放，晚上及阴雨天闭合。

繁殖方式：以分株繁殖为主。

园林用途：红花酢浆草适宜于作地被植物运用，也可进行盆栽观赏。

同科同属其他种类：紫叶酢浆草（*Oxalis triangularis*）（图 6-16）。株高

图6-15 红花酢浆草
（左）
图6-16 紫叶酢浆草
（右）

15～20cm，具根状茎，根状茎直立，地下块状根茎粗大呈纺锤形。叶丛生，具长柄，掌状复叶，小叶三枚，无柄，倒三角形，上端中央微凹，叶大而紫红色。花葶高出叶面约5～10cm，伞形花序，淡红色或淡紫色，花期4～11月。花、叶对光敏感。晴天开放，夜间及阴天光照不足时闭合。

6. 常春藤（图6-17）

学名：*Heder nepalensis* var. *sinensis*

科属：五加科、常春藤属

别名：中华常春藤

识别要点：常绿藤本。常春藤以气生根攀缘。叶互生，叶有两型，在营养枝上的叶呈三角状卵形，全缘或三裂；在生殖枝上的叶呈长椭圆状卵形或卵状披针形，全缘。

分布：原产中国。

习性：常春藤属于半阴性植物，但也能在阳光下生长。耐寒力较弱，喜疏松、湿润、肥沃的土壤。对土壤要求不严。

繁殖方式：以扦插繁殖为主。

园林用途：常春藤较耐阴适宜攀缘在各类建筑物、围墙、树干、岩石等处作垂直绿化和地面绿化，另外也可盆栽作为吊盆观赏。

7. 蔓长春花（图6-18）

学名：*Vinca major*

科属：夹竹桃科、蔓长春花属

图6-17 常春藤（左）
图6-18 蔓长春花
（右）

图 6—19 花叶蔓长春
花 （左）
图 6—20 马蹄金（右）

别名：攀缠长春花

识别要点：常绿宿根。枝条蔓性、匍匐生长，长达 2m 以上。对生，叶椭圆形或卵形。花单生，紫罗兰色，高脚碟状花冠，花期 4 ～ 5 月。

品种：花叶蔓长春花 （*Vinca major* cv.*Variegata*）（图 6—19）。叶亮绿色，有光泽，叶缘乳黄色。

分布：原产欧洲。中国江苏、浙江和台湾等省有栽培。

习性：喜温暖气候，适应性强，在半阴条件下生长良好。喜疏松、排水良好的土壤。

繁殖方式：扦插、压条或分枝法繁殖，也可播种。繁殖适期为 4 月上旬和 9 月上旬。蔓长春花栽培容易。

园林用途：蔓长春花蔓性强，耐半阴，是理想的地被植物，可植于林缘、林下或用作坡地及基础种植。

8．马蹄金（图 6—20）

学名：*Dichondra repens*

科属：旋花科、马蹄金属

别名：铜钱草

识别要点：宿根。茎细长，匍匐，被灰色短柔毛，节上生根。叶肾形至圆形，全缘。花单生叶腋。

分布：分布于中国台湾以及中国大陆的长江以南等地。

习性：耐阴，耐湿，稍耐旱，只耐轻微的践踏。温度降至 −7 ～ −6℃ 时会遭冻伤。

繁殖方式：可播种和分株繁殖。

园林用途：适用于庭院绿地等栽培观赏，也可用作沟坡、堤坡、路边等的固土材料。

9．连钱草（图 6—21）

学名：*Glechoma longituba*

科属：唇形科、活血丹属

别名：欧亚活血丹、金钱草

识别要点：宿根。茎四棱，匍匐，节上生根。叶对生，肾形或心脏形，边缘有圆齿，下面常带紫色。轮伞花序有 2 ～ 6 朵淡紫色小花，花期 3 ～ 4 月。

图 6—21　连钱草（左）
图 6—22　花叶连钱草
　　　　　（右）

图 6—23　大吴风草（左）
图 6—24　菲白竹（右）

品种：花叶连钱草（*Glechoma hederacea* cv.*Variegata*）（图 6—22）。枝条细，叶小肾形，叶缘具白色斑块。

分布：分布于欧亚地区。

习性：喜阴湿，耐寒，忌积水或干旱。对土壤要求不严，但以疏松、肥沃、排水良好的沙质壤土为佳。

繁殖方式：采用分株繁殖。

园林用途：适用于林缘、路边、林间草地、溪边河畔布置，是优良的地被植物。也可应用于花境，但由于长势强健，往往侵占周围植物生长的空间，故要注意控制。

10．大吴风草（图 6—23）

学名：*Ligularia tussilaginea*

科属：菊科、大吴风草属

别名：橐吾

识别要点：常绿宿根。株高 30 ～ 40cm。叶基生，有长柄，肾形。头状花序在顶端排成疏伞房状，舌状花黄色，花期 7 ～ 8 月。

分布：原产中国东部一些省份，及日本和朝鲜。

习性：喜阴湿，黏重土壤。

繁殖方式：一般用分株繁殖。

园林用途：常作地被植物。

11．菲白竹（图 6—24）

学名：*Sasa fortunei*

科属：禾本科、赤竹属

识别要点:常绿竹类。株高30cm以下。丛生状,节间无毛。叶片长5~9cm,宽7~10mm,叶片狭披针形,绿色底上有黄白色纵条纹,边缘有纤毛,两面近无毛,有明显的小横脉,叶柄极短。笋期4~6月。

分布:原产日本。在中国华东地区有分布。

习性:耐阴,浅根性。喜温暖、湿润气候。夏季怕炎热、日晒。

繁殖方式:在2~3月份进行分株繁殖。

园林用途:菲白竹植株低矮,叶片秀美,常植于庭园观赏;也可作地被、绿篱或盆栽观赏,与假石相配别具雅趣。

12. 石菖蒲 (图6-25)

学名:*Acorus gramineus*

科属:天南星科、菖蒲属

别名:山菖蒲、香菖蒲、药菖蒲

识别要点:常绿宿根。全株具香份气。株高30~40cm。叶基生,剑状条形,全缘,两列状密集互生,中脉不明显。花葶叶状,短于叶丛,顶生圆柱状肉穗花序,黄绿色,花期4~5月。

变种:金线蒲(*Acorus gramineus* var. *pusillus*)(图6-26)。具地下匍匐茎。叶线形,禾草状,叶缘及叶心有金黄色线条,株高30~50cm。肉穗花序圆柱状,花白色,2~4月开花。可用于花境布置,也能盆栽观赏或作为地被布置。

分布:产自黄河以南各省。印度东北部至泰国北部也有。

习性:耐寒、耐阴。喜阴湿环境,切忌干旱。

繁殖方式:一般在9~10月采用分株繁殖。

园林用途:可作为林下地被或在湿地栽植。

13. 麦门冬 (图6-27)

学名:*Liriope graminifolia*

科属:百合科、麦冬属

别名:细叶麦冬、沿阶草

识别要点:常绿宿根。地下具匍匐茎。叶丛生,长15~30cm,宽0.2~0.4cm。总状花序,花淡紫色或近白色,小花梗短而直立,子房上位,花期8~9月。

图6-25 石菖蒲（左）
图6-26 金线蒲（中）
图6-27 麦门冬（右）

图 6-28　阔叶麦冬（左）
图 6-29　沿阶草（右）

分布：原产于中国或日本。

习性：喜阴湿，忌阳光直射，耐寒。

繁殖方式：在春季 3 ~ 4 月进行分株繁殖。

园林用途：是一种良好的地被植物，也可盆栽观赏。

同科同属其他种类：阔叶麦冬（*Liriope platyphylla*）（图 6-28）。不具匍匐茎。叶宽线形，稍成镰刀状，长 25 ~ 65cm，宽 0.6 ~ 2.2cm。总状花序长 10 ~ 18cm，淡紫色，花期 7 ~ 8 月。

14. 沿阶草（图 6-29）

学名：***Ophiopogon japonicus***

科属：百合科、沿阶草属

别名：书带草、细叶麦冬

识别要点：常绿宿根。根状茎粗短，地下具匍匐茎。叶丛生，线形，长 10 ~ 30cm，宽 0.2 ~ 0.4cm。总状花序长 2 ~ 4cm，着花约 10 朵，淡紫色或白色，小花梗弯曲下垂，子房下位，花期 8 ~ 9 月。

分布：原产于中国和日本。

习性：喜半阴、湿润、通风的环境。耐寒。

繁殖方式：同麦门冬。

园林用途：同麦门冬。

15. 吉祥草（图 6-30）

学名：***Reineckia carnea***

科属：百合科、吉祥草属

别名：玉带草、观音草

识别要点：常绿宿根。株高 30cm。叶簇生根茎端，广线形至带状披针形。花葶短于叶丛，顶生疏散穗状花序，花紫红色，具芳香，花期夏秋季之间。

分布：原产于中国、日本。

习性：喜温暖、阴湿环境，较耐寒。

图 6-30　吉祥草

图6-31　石蒜（左）
图6-32　黄花石蒜（中）
图6-33　换景花（右）

繁殖方式：可在春季或秋季进行分株繁殖。

园林用途：吉祥草植株低矮、生长势强、萌蘗力较强，是很好的林下或林缘地被植物。也可盆栽观赏。

16．石蒜（图6-31）

学名：*Lycoris radiata*

科属：石蒜科、石蒜属

别名：蟑螂花

识别要点：高约30cm。鳞茎椭圆形至近球形。叶丛生，二列状，条形，深绿色，上有白粉。伞形花序，花色嫣红，花期8月。

分布：原产于我国。

习性：石蒜喜半阴，耐寒，要求腐殖质丰富、排水良好的土壤，耐干旱。

繁殖方式：一般在秋季花后进行分球繁殖。

园林用途：石蒜常作开花地被，也可进行盆栽观赏，还可布置花境、假山，或作切花使用。

同科同属其他种类：黄花石蒜（*Lycoris aurea*）（图6-32），又名忽地笑。鳞茎椭圆形，株高50～60cm。叶片线形，鲜黄色。换景花（*Lycoris sprengeri*）（图6-33）。鳞茎较小，直径2～3cm。叶较狭，色淡，蓝绿色。花淡紫红色，顶端带蓝色。

17．葱兰（图6-34）

学名：*Zephyranthes candida*

科属：石蒜科、葱兰属

别名：葱莲、白花韭兰

识别要点：多年生常绿草本。株高15～20cm。具颈部细长的鳞茎。叶基生，线形，稍肉质。花葶中空，高10～25cm，自叶丛一侧抽生；花单生，白色，花期7～11月。

分布：原产于温带及热带。

习性：耐半阴、低湿环境，耐寒。

图6-34 葱兰（左）
图6-35 韭兰（中）
图6-36 白芨（右）

繁殖方式：可用分球法繁殖。

园林用途：常作地被植物运用。

同科同属其他种类：韭兰（*Zephyranthes grandiflora*）（图6-35），又称红花葱兰、韭莲。叶条形，长30cm，宽0.4～0.7cm。花单生，粉红至玫瑰红色。鳞茎直径达2cm时就会抽花。每个鳞茎一般着花一朵，偶有三朵。5月中旬～10月底一直能见花。其中有两个盛花期，即5月下旬～6月上旬；8月下旬～9月初。一朵花一般可开三天，日开夜合。

18. 白芨（图6-36）

学名：*Bletilla striata*

科属：兰科、白芨

别名：连及草、甘根

识别要点：多年生草本。株高30～60cm。叶互生，广披针形，基部下延成鞘状抱茎。总状花序顶生，着花3～7朵，花淡紫红色，花期3～5月。

分布：原产于东亚，主要分布于华北和华东地区。

习性：喜温暖及稍阴湿的环境。

繁殖方式：一般用分株法繁殖。栽培管理简单。

园林用途：常作地被植物。

本章小结

草坪植物可以分为冷地型草坪植物和暖地型草坪植物。本章主要介绍了11种（包括品种、变种）草坪植物的识别要点、习性、繁殖方式，以及园林用途。

地被植物形状变化多种多样，有的是观花地被植物，有的不开花；有的是宿根地被植物，有的是球根地被植物。本章主要介绍了26种（包括品种、变种）地被植物的识别要点、习性、繁殖方式，以及园林用途。

复习思考题

6—1　草坪植物是指什么植物？它有哪些类型？

6—2　草坪植物的习性是怎样的？

6—3　举出两种冷地型草坪植物和两种暖地型草坪植物，描述它们的主要识别要点，说明它们的习性。

6—4　地被植物是指什么植物？它有哪些类型？

6—5　地被植物有哪些特点？

6—6　举出六种地被植物，并描述它们的主要识别要点，说明它们的习性和在园林中的用途。

本章实践指导

常见草坪植物和地被植物识别与分类

（本次教学可通过实训方式进行）

实训目的

熟悉各种草坪植物和地被植物的识别要点，掌握草坪植物和地被植物的园林用途。

实训材料和用具

登记表、植物标本、笔等。

实训条件

具有良好草坪植物和地被植物（形态特征标准）的公园、花园、花圃（苗圃）、标本园、公共绿地等处。

实训方法

在教师指导下到公园、花园、花圃（苗圃）、标本园、公共绿地对草坪植物和地被植物逐一观察、识别、记录。并将观察的内容记录在"常见草坪植物和地被植物识别和分类"表中（表6—1）。

实训内容

1. 观察草坪植物和地被植物

观察草坪植物和地被植物种类（品种、变种）；

观察地被植物观赏部位；

观察地被植物观赏部位的颜色；

观察草坪植物和地被植物的具体应用形式。

2. 记录

根据观察到的草坪植物和地被植物及其园林用途进行文字记录。

3. 填写表格，提交实训报告

填写"常见草坪植物和地被植物识别和分类"表格（表6—1），并作为实训报告提交。

常见草坪植物和地被植物识别和分类 表6-1

实训时间　　　　　　　　　姓名　　　　　　　评价等级
实训地点　　　　　　　　　班级　　　　　　　学号

序号	植物名称	科属	类别	观赏期及观赏部位	识别要点	园林用途
1						
2						
3						
4						
5						
6						
7						
8						
9						
10						
11						
12						
⋮						

参考文献

[1]　毛龙生．观赏树木学 [M]．上海：东南大学出版社，2003．

[2]　郑周满．浅析植物在园林建设中的应用 [J]．现代农业科技，2008(2)．

[3]　方彦，何国生等．园林植物 [M]．北京：高等教育出版社，2005．

[4]　邓小飞．园林植物 [M]．武汉：华中科技大学出版社，2008．

[5]　陈刚，郝勇．园林植物 [M]．北京：科学出版社，2012．

[6]　车代弟，樊金萍．园林植物 [M]．北京：中国农业科学技术出版社，2008．

[7]　李文敏．园林植物与应用 [M]．第二版．北京：中国建筑工业出版社，2011．

[8]　黄金凤，李玉舒．园林植物 [M]．北京：水利水电出版社，2012．

[9]　许桂芳．园林植物 [M]．河南：黄河水利出版社，2010．

[10]　贾东坡，齐伟．园林植物 [M]．重庆：重庆大学出版社，2009．

[11]　刘常富，陈玮．园林生态学 [M]．北京：科学出版社，2003．

[12]　中国科学院植物研究所．中国高等植物图鉴 [M]．北京：科学出版社，1982．

[13]　陈有民．园林树木学 [M]．北京：中国林业出版社，2011．

[14]　刘少宗．园林树木使用手册 [M]．武汉：华中科技大学出版社，2008．

[15]　（英）克里斯托弗·布里克尔．世界园林植物与花卉百科大全 [M]．北京：中国
建筑工业出版社，2012．

[16]　张天麟．园林树木 1600 种 [M]．北京：中国建筑工业出版社，2010．

[17]　上海园林学校．园林树木学 [M]．北京：中国林业出版社，1990．

[18]　盛宁，李百健等．华东地区园林观赏树木 [M]．上海：上海科学技术出版社，
2012．

[19]　郑万钧．中国树木志 [M]．北京：中国林业出版社，1983．

[20]　尤伟忠．园林树木栽植与养护 [M]．北京：中国劳动社会保障出版社，2009．

[21]　陈俊愉，程绪珂．中国花经 [M]．上海：上海文化出版社，1990．

[22]　北京林业大学园林系花卉教研组．花卉学 [M]．北京：中国林业出版社，1990．

[23]　余树勋，吴应祥．花卉词典 [M]．北京：中国农业出版社，1993．

[24]　黄智明．珍奇花卉栽培（一）[M]．广州：广东科技出版社，1995．

[25]　叶剑秋．花卉园艺 [M]．上海：上海文化出版社，1997．

[26]　熊济华．菊花 [M]．上海：上海科学技术出版社，1998．

[27]　黄智明．珍奇花卉栽培（二）[M]．广州：广东科技出版社，1998．

[28]　张行言，王其超．荷花 [M]．上海：上海科学技术出版社，1998．

[29]　陈心启，吉占和．中国兰花全书 [M]．北京：中国林业出版社，1998．

[30]　邹秀文等. 水生花卉 [M]. 北京：金盾出版社，1999.

[31]　傅玉兰. 花卉学 [M]. 北京：中国农业出版社，2001.

[32]　曹春英. 花卉栽培 [M]. 北京：中国农业出版社，2001.

[33]　刘建秀等. 草坪·地被植物·观赏草 [M]. 南京：东南大学出版社，2001.

[34]　宛成刚. 花卉栽培学 [M]. 上海：上海交通大学出版社，2002.

[35]　李景侠，康永祥. 观赏植物学 [M]. 北京：中国林业出版社，2005.

[36]　顾顺仙，林爱寿. 花境新优植物应用及养护 [M]. 上海：上海科学技术出版社，2005.

[37]　俞仲辂. 新优园林植物选编 [M]. 杭州：浙江科学技术出版社，2005.

[38]　刘燕. 园林花卉学 [M]. 北京：中国林业出版社，2009.

[39]　徐晔春，崔晓东，李钱鱼. 园林树木鉴赏 [M]. 北京：化学工业出版社，2012.